U0463389

"十四五"时期国家重点出版物出版专项规划项目

非线性发展方程动力系统丛书 5

Zakharov-Kuznetsov 方程

郭柏灵 巫 军 张 颖 班颖哲 著

科学出版社

北 京

内 容 简 介

本书主要介绍了 Zakharov-Kuznetsov (ZK) 方程的物理和力学背景,在物理上和数学理论上开展的一系列理论研究,以及取得的一系列的重要成果,其中包括 ZK 方程的物理推导、二维 ZK 方程在 H^s 中局部适定性最佳结果、利用 Martel-Merle 方法证明在高维能量空间的渐近稳定性、ZK 方程孤立子不稳定性的解的爆破性研究等.

本书介绍了关于 ZK 方程研究的最新成果. 内容简明扼要,通俗易懂,既可作为高等院校讲授 ZK 方程课程的教材,也可供相关科研人员参考.

图书在版编目(CIP)数据

Zakharov-Kuznetsov 方程 / 郭柏灵等著. —— 北京:科学出版社,2025.6. —— ISBN 978-7-03-082625-1

I. O175.29

中国国家版本馆 CIP 数据核字第 2025V0C236 号

责任编辑:李月婷 李 萍 / 责任校对:彭珍珍
责任印制:张 伟 / 封面设计:无极书装

科 学 出 版 社 出版

北京东黄城根北街 16 号
邮政编码:100717
http://www.sciencep.com

北京中石油彩色印刷有限责任公司印刷
科学出版社发行 各地新华书店经销
*

2025 年 6 月第 一 版 开本:720×1000 1/16
2025 年 6 月第一次印刷 印张:15
字数:302 000

定价:**128.00 元**
(如有印装质量问题,我社负责调换)

"非线性发展方程动力系统丛书"编委会

主　编: 郭柏灵

编　委: (以姓氏拼音为序)

郭　岩　　江　松　　李　勇　　李海梁

苗长兴　　王　术　　王保祥　　王亚光

辛周平　　闫振亚　　杨　彤　　殷朝阳

庾建设　　曾崇纯　　赵会江　　朱长江

"非线性发展方程动力系统丛书" 序

科学出版社出版的"纯粹数学与应用数学专著丛书"和"现代数学基础丛书"都取得了很好的效果, 使广大青年学子和专家学者受益匪浅.

"非线性发展方程动力系统丛书"的内容是针对当前非线性发展方程动力系统取得的最新进展, 由该领域处于第一线工作并取得创新成果的专家, 用简明扼要、深入浅出的语言描述该研究领域的研究进展、动态、前沿, 以及需要进一步深入研究的问题和对未来的展望.

我们希望这一套丛书能得到广大读者, 包括大学数学专业的高年级本科生、研究生、青年学者以及从事这一领域的各位专家的喜爱. 我们对于撰写丛书的作者表示深深的谢意, 也对编辑人员的辛勤劳动表示崇高的敬意, 我们希望这套丛书越办越好, 为我国偏微分方程的研究工作作出贡献.

郭柏灵

2023 年 3 月

前　言

1974 年, Zakharov 和 Kuznetsov [80] 在描述低压磁化等离子体中的三维孤立波的传播模型时, 以流体力学方程组为框架在形式上推导出了 Zakharov-Kuznetsov 方程及其三组孤立子解. 该方程是 Korteweg-de Vries (KdV) 方程的相关高维推广, 此后在物理和数学理论上开展了一系列的理论研究, 并取得了一系列的重要成果. 2013 年, Lannes, Linares 和 Saut [42] 在数学上严格证明了 ZK 方程是 Euler-Possion 方程的长波小振幅极限. 2014 年, Han-Kwan [29] 由 Vlasov‐Poisson 方程在外加磁场的条件下的长波低温极限情形推导出 KdV 方程和二维、三维 ZK 方程. 2022 年, Maysaa 等 [58] 利用 Shehu 变换与 Adomian 分解方法得到了在 Caputo 意义下具有分数阶的 ZK 方程.

关于 ZK 方程初值问题在 Sobolev 空间中的适定性问题研究始于 1995 年. 易知 ZK 方程的伸缩不变空间为 $H^{s_c}(\mathbb{R}^n)$, $s_c = \dfrac{n}{2} - \dfrac{2}{p-1}$. 随着 Bourgain 空间的运用和调和分析技术的发展, 关于 ZK 方程适定性的研究已有较为丰富的结果. 第 2 章展开介绍二维 ZK 方程的适定性结果, 尤其是借助 Whitney 不等式证明了二维 ZK 方程在 H^s, $s > -1/4$ 中的局部适定性, 这是目前已知的最佳结果.

第 3 章利用 Martel-Merle 的方法 [51] 证明了高维方程的渐近稳定性; 研究了 ZK 方程在能量空间的强渐近稳定性, 该方程具有混合 KdV 和非线性 Schrödinger (NLS) 动力学的性质; 讨论了排列整齐的孤立子之和在同一空间是稳定的; 将质量和能量的几个单调性质扩展到了高维情况, 而且还证明了关于 ZK 孤立子的 Liouville 型性质以及 ZK 动力学中线性和非线性部分的 Virial 型等式, 该性质的获得独立于混合 KdV-NLS 动力学.

第 4 章考虑二维 ZK 方程的孤立子不稳定性. Bona, Souganidis 和 Strauss [7] 最早研究了 gKdV 方程的不稳定性, 随后 gZK 方程的稳定性问题也有相应的研究结果. 相比于 KdV 方程, 二维的 ZK 方程更为困难, 第 4 章利用变位移和变孤立子速率方法得到了 [7] 无法得到的结果.

第 5 章考虑方程解的爆破性. 与非线性 Schrödinger 方程等其他色散方程不同, KdV 型方程不具有方便的 Virial 估计, 这通常给出爆破解存在的直接证明. 由于缺乏良好的 Virial 估计, 很难证明 gKdV 型方程有限时间爆破解的存在, 可以参见在文献 [17] 的数值研究. (gKP-I 是一个例外, 它的 Virial 估计可以说明爆破解的存在性, 参见 [48,74,77].) Merle 和 Martel-Merle 在 [56,59] 中证明了

gKdV $(p = 5)$ 的爆破解存在. 特别地, 他们构造了孤立子解附近的爆破解的显式形式. 然后在文献 [57] 中提出了有限时间爆破解的证明, 前提是初值具有一定的空间衰减性, 还给出了爆破速率的上限估计; 后来在文献 [52] 中推广了一般的下界估计. 本章主要证明了二维三次聚焦 ZK 方程在近阈值负能量条件下, 其 H^1 解在有限时间内爆破. 证明思路是: 首先根据反证法证明, 如果爆破结论是错误的, 那么临界解附近存在负能量解在 H^1 中整体有界并且关于时间是一致的; 然后证明这样的解实际上就是精确再调制的基态解, 因此能量为零, 从而产生矛盾.

由于作者水平有限, 涉及面广, 难免有不足之处, 望读者予以批评指正.

郭柏灵

2025 年 1 月

目　　录

第 1 章 Zakharov-Kuznetsov 方程的物理背景和基本性质

1.1 Zakharov-Kuznetsov 方程简介

Zakharov-Kuznetsov 方程如下:

$$\partial_t u + \partial_{x_1}(\Delta u + u^2) = 0, \tag{1.1}$$

其中 $u(x,t)$ 为实值函数, $x = (x_1, x_2) \in \mathbb{R} \times \mathbb{R}^{d-1}$, $t \in \mathbb{R}$, $\Delta = \sum_{j=1}^{d} \partial_{x_j}^2$ 为 Laplace 算子. ZK 方程是如下广义 ZK 方程的一个特例:

$$\partial_t u + \partial_{x_1}(\Delta u + u^p) = 0, \tag{1.2}$$

其中, 若 $d = 1, 2$, 则 $p \in \mathbb{Z}_+$ 且 $2 \leqslant p < \infty$; 若 $d \geqslant 3$, 则 $2 \leqslant p < 1 + \dfrac{4}{d-2}$. 可知当空间维数 $d = 1$ 时, 方程(1.2)为著名的广义 Korteweg-de Vries (gKdV) 方程.

ZK 方程由 Kuznetsov 和 Zakharov [39] 提出, 用于描述二维和三维情况下离子声波在均匀磁化等离子体中的传播. Lannes, Linares 和 Saut [42] 由长波极限下带磁场的 Euler-Poisson 方程组推导出了 ZK 方程. Han-Kwan [29] 同样由冷离子和长波联合极限下的 Vlasov-Poisson 方程组推导出这个方程. ZK 方程有如下守恒量:

$$M(u) = \int u(x,t)^2 \, \mathrm{d}x \tag{1.3}$$

和

$$H(u) = \int \left(\frac{1}{2} |\nabla u(x,t)|^2 - \frac{1}{p+1} u(x,t)^{p+1} \right) \mathrm{d}x. \tag{1.4}$$

近年来, 人们对 ZK 和 gZK 的适定性理论进行了广泛研究. 在二维情况下, Faminskii [18] 证明了能量空间 $H^1(\mathbb{R}^2)$ 中 ZK 方程 Cauchy 问题的整体适定性. Linares 和 Pastor [45] 将 $H^s(\mathbb{R}^2)$ 中局部适定性结果降低至 $s > \dfrac{3}{4}$, Grünrock 和 Herr [26] 以及 Molinet 和 Pilod [67] 将局部适定性降低至 $s > \dfrac{1}{2}$. Ribaud 和 Vento [71] 得到了三维情况下 ZK 方程的最佳结果, 他们证明了当 $s > 1$ 时在

$H^s(\mathbb{R}^3)$ 中的局部适定性, 且在 [67] 中得到了关于时间的整体适定性. 关于 $p \geqslant 3$ 的 gZK 方程的适定性结果, 可以参考 [19, 25, 45, 46, 72]; 关于 ZK 的唯一延续结果, 可参考 [9, 10, 69].

注意到, 若 u 为方程 (1.2) 关于初值 u_0 的解, 则 $u_\lambda(x,t) = \lambda^{2/(p-1)} u\left(\lambda x, \lambda^3 t\right)$ 为方程 (1.2) 关于初值 $u_{0,\lambda}(x) = \lambda^{2/(p-1)} u_0(\lambda x)$ 的解, 其中 $\lambda > 0$. 因此, $\|u_{0,\lambda}\|_{\dot{H}^s} = \lambda^{2/(p-1)+s-d/2} \|u_0\|_{\dot{H}^s}$, 则 gZK 方程的尺度不变 Sobolev 空间为 $H^{s_c(p)}\left(\mathbb{R}^d\right)$, 其中 $s_c(p) = \dfrac{d}{2} - \dfrac{2}{p-1}$. 事实上, 当 $p = 1 + \dfrac{4}{d}$ 时 gZK 方程是 L^2-临界的. 类似地, 当 $p < 1 + \dfrac{4}{d}$ 时它是次临界的, 当 $p > 1 + \dfrac{4}{d}$ 时它是超临界的.

1.2　Zakharov-Kuznetsov 方程的物理来源

若考虑非等温等离子体的慢动作 $(T_e \gg T_i)$, 它位于均匀的磁场 H_0 中 (它的特征频率 $\omega \leqslant \omega_{H_i}$, ω_{H_i} 为回旋加速器的频率), 我们能用流体力学方程描述, 其中密度为 n, 离子速度为 υ, 设电场是有势的, $\beta \ll 1$, 于是

$$\frac{\partial n}{\partial t} + \operatorname{div} n\upsilon = 0, \tag{1.5}$$

$$\frac{\partial \upsilon}{\partial t} + (\upsilon \cdot \nabla)\upsilon = -e\frac{\nabla \varphi}{m} + [\upsilon \times w_{H_i}], \tag{1.6}$$

$$\nabla^2 \varphi = -4\pi e \left(n - n_0 \exp\left(\frac{e\varphi}{T_e}\right) \right). \tag{1.7}$$

这组方程 [80] 描述了两种类型的振荡: 离子声速和回旋加速器. 在长波极限下有色散要素

$$\omega_1(k) = k_z c_s \left(1 - \frac{1}{2} k_\perp^2 r_H^2 - \frac{1}{2} k^2 r_d^2 \right),$$

$$\omega_2(k) = \omega_{H_i} \left(1 + \frac{1}{2} k_\perp^2 r_H^2 \right),$$

其中 r_d 为 Debye 半径, $r_H = \dfrac{c_s}{w_{H_i}}$, c_s 为音速. 从 (1.7) 可以得到长波振荡电子位势 $(kr_d \ll 1)$ 和非线性 $\left(\dfrac{\delta n}{n_0} \ll 1\right)$ 与弱非线性的关系

$$\frac{e\varphi}{T_e} = (1 + r_d^2)\frac{\delta n}{n_0} - \frac{1}{2}\left(\frac{\delta n}{n_0}\right)^2.$$

从 (1.6) 中消去 φ 可得

$$\frac{\partial v}{\partial t} + (v \cdot \nabla)v = -c_s^2 \nabla \left\{ (1 + r_d^2 \nabla^2) \frac{\delta n}{n_0} - \frac{1}{2} \left(\frac{\delta n}{n_0} \right)^2 \right\} + [v \times \omega_{H_i}]. \tag{1.8}$$

将方程 (1.5)—(1.8) 分裂为低频运动和离子音速振荡, 此时可得离子音速波 $\omega_2(k) \gg \omega_1(k)$, 离子速度可近似沿着 z 轴, 即磁场方向. 此时 δn, v_z 描述离子声振荡

$$\frac{\partial \delta n}{\partial t} + n_0 \frac{\partial}{\partial z}(1 + r_H^2 \nabla_\perp^2)v_z + \frac{\partial}{\partial z} \delta n v_z = 0,$$

$$\frac{\partial v_z}{\partial t} + v_z \frac{\partial v_z}{\partial z} = -c_s^2 \frac{\partial}{\partial z} \left\{ (1 + r_d^2 \nabla^2) \frac{\delta n}{n_0} - \frac{1}{2} \left(\frac{\delta n}{n_0} \right)^2 \right\}. \tag{1.9}$$

离子声速振荡的群速度直接沿着磁场, 此时波传播在相反的方向, 和另一个弱相互作用. 此时 (1.8), (1.9) 可化为一个方程

$$\frac{\partial v_z}{\partial t} + c_s \frac{\partial}{\partial z} \left\{ 1 + \frac{1}{2}(r_H^2 + r_d^2)\nabla_\perp^2 + \frac{1}{2}r_d^2 \frac{\partial^2}{\partial z^2} + \frac{1}{2}\frac{v_z}{c_s} \right\} v_z = 0, \tag{1.10}$$

(1.10) 为 KdV [28] 方程空间上的拓展. 沿磁场方向作变换

$$\xi_z = r_d^{-1}(z - c_s t), \quad \xi_\perp = (r_H^2 + r_d^2)^{-\frac{1}{2}} r_\perp,$$

$$\tau = \frac{1}{2} w_{p_i} t, \quad u = \frac{v_z}{2c_s},$$

可得 (1.9) 的无量纲形式

$$\frac{\partial u}{\partial \tau} + \frac{\partial}{\partial \xi_z}(\nabla_{\xi\xi}^2 u + u)u = 0. \tag{1.11}$$

(1.11) 进一步可写为形式

$$\frac{\partial u}{\partial \tau} = \frac{\partial}{\partial \xi_z} \left(\frac{\delta \mathcal{H}}{\delta u} \right),$$

其中 Hamilton 出数 $\mathcal{H}$ [81] 为

$$\mathcal{H} = \int \left(\frac{1}{2}(\nabla_\xi u)^2 - \frac{1}{2}u^2 \right) \mathrm{d}\xi.$$

从 (1.11) 可得 $\mathcal{H}$ 的守恒量

$$M(\xi_\perp) = \int u \mathrm{d}\xi_z,$$

$$p = \int u^2 \mathrm{d}\xi.$$

考虑 (1.11) 的正常孤立波解 $u = u(\xi_z - \lambda t)$, 可得

$$\Delta_{\xi\xi} u - (\lambda - u)u = 0, \tag{1.12}$$

$\lambda = c^2 > 0$, u 当 $|\xi| \to 0$ 时指数衰减. 为简单化, 设为球对称, 满足方程

$$\frac{1}{\xi^2} \frac{\partial}{\partial \xi} \xi^2 \frac{\partial u}{\partial \xi} - (c^2 - u)u = 0.$$

由 (1.12) 得

$$\frac{\delta}{\delta n} \left(\frac{\lambda p}{2} + \mathcal{H} \right) = 0,$$

易证孤立子 Lyapunov 是稳定的, 这是由于

$$\int u^2 \mathrm{d}\xi \leqslant \left(\int u^2 \mathrm{d}\xi \right)^{\frac{1}{2}} \left(\int u^4 \mathrm{d}\xi \right)^{\frac{1}{2}},$$

$$\int u^4 \mathrm{d}\xi \leqslant 4 \left(\int u^2 \mathrm{d}\xi \right)^{\frac{1}{2}} \left(\int |\nabla u|^2 \mathrm{d}\xi \right)^{\frac{1}{2}},$$

$$\mathcal{H} \geqslant \int \frac{|\nabla u|^2}{2} \mathrm{d}\xi - \frac{2}{3} \left(\int u^2 \mathrm{d}\xi \right)^{\frac{1}{2}} \left(\int |\nabla u|^2 \mathrm{d}\xi \right)^{\frac{1}{2}} \geqslant -\frac{1}{6} \left(\int u^2 \mathrm{d}\xi \right)^3.$$

1.3　从 Euler-Poisson 方程推导 ZK 方程

考虑用磁场等离子体的非线性离子声波的 Euler-Poisson 方程推导 ZK 方程

$$\begin{cases} n_t + \mathrm{div}(nv) = 0, \\ v_t + (v \cdot \nabla)v + \nabla\varphi + a e_x \times v = 0, \\ \nabla\varphi - e^\varphi + n = 0. \end{cases} \tag{1.13}$$

考虑在 $n = 1$, $v = 0$, $\varphi = 0$ 附近的线性化方程组 [42]

$$\begin{cases} n_t + \mathrm{div}\, v = 0, \\ v_t + \nabla\varphi + a e_x \times v = 0, \\ -\Delta\varphi + \varphi = n, \end{cases}$$

其中 $e_x \times v = (0, -v_3, v_2)$. 平面波 $e^{i(\omega t - k \cdot x)}$, $k = (k_1, k_2, k_3)$ 的色散关系满足

$$\omega^4(k) + \omega^2(k) \left(a^2 - \frac{|k|^2}{1 + |k|^2} \right) - a^2 \frac{k_1^2}{1 + |k|^2} = 0$$

或者

$$(1 + |k|^2) - \frac{k_1^2}{w^2(k)} - \frac{|k_\perp|^2}{\omega^2(k) + a^2} = 0,$$

其中 $|k_\perp|^2 = k_2^2 + k_3^2$. 若 $a = 0$, 则

$$\omega^2(k) = \frac{|k^2|}{1 + |k|^2}.$$

近似展开解

$$n^\epsilon = \epsilon n^{(1)}(\epsilon^{\frac{1}{2}}(x - t), \epsilon^{\frac{1}{2}}y, \epsilon^{\frac{1}{2}}z, \epsilon^{\frac{3}{2}}t) + \epsilon^2 n^{(2)} + \epsilon^3 n^{(3)},$$

$$\varphi^\epsilon = \epsilon \varphi^{(1)}(\epsilon^{\frac{1}{2}}(x - t), \epsilon^{\frac{1}{2}}y, \epsilon^{\frac{1}{2}}z, \epsilon^{\frac{3}{2}}t) + \epsilon^2 \varphi^{(2)} + \epsilon^3 \varphi^{(3)},$$

$$v_x^\epsilon = \epsilon v_x^{(1)}(\epsilon^{\frac{1}{2}}(x - t), \epsilon^{\frac{1}{2}}y, \epsilon^{\frac{1}{2}}z, \epsilon^{\frac{3}{2}}t) + \epsilon^2 v_x^{(2)} + \epsilon^3 v_x^{(3)},$$

$$v_y^\epsilon = \epsilon^{\frac{3}{2}} v_y^{(1)}(\epsilon^{\frac{1}{2}}(x - t), \epsilon^{\frac{1}{2}}y, \epsilon^{\frac{1}{2}}z, \epsilon^{\frac{3}{2}}t) + \epsilon^2 v_y^{(2)} + \epsilon^{\frac{5}{2}} v_y^{(3)},$$

$$v_z^\epsilon = \epsilon^{\frac{3}{2}} v_z^{(1)}(\epsilon^{\frac{1}{2}}(x - t), \epsilon^{\frac{1}{2}}y, \epsilon^{\frac{1}{2}}z, \epsilon^{\frac{3}{2}}t) + \epsilon^2 v_z^{(2)} + \epsilon^{\frac{5}{2}} v_z^{(3)}.$$

令 $X = \epsilon^{\frac{1}{2}}(x - t)$, $Y = \epsilon^{\frac{1}{2}}y$, $Z = \epsilon^{\frac{1}{2}}z$, $T = \epsilon^{\frac{3}{2}}t$, 将上述方程组代入 (5.2) 中可得

$$n_t^\epsilon + \operatorname{div}(n^\epsilon v^\epsilon) = \epsilon^{\frac{3}{2}} N^1 + \epsilon^2 N^2 + \epsilon^{\frac{5}{2}} N^3 + \epsilon^3 N^4 + \epsilon^{\frac{7}{2}} N^5 + o(\epsilon^4),$$

其中

$$
\begin{cases}
N^1 = -\dfrac{\partial}{\partial X} n^{(1)} + \dfrac{\partial}{\partial X} v_x^{(1)}, \\[2mm]
N^2 = \dfrac{\partial}{\partial Y} v_y^{(1)} + \dfrac{\partial}{\partial Z} v_z^{(1)}, \\[2mm]
N^3 = \dfrac{\partial}{\partial T} n^{(1)} - \dfrac{\partial}{\partial X} n^{(2)} + \dfrac{\partial}{\partial X}(n^{(1)} v_x^{(1)}) + \dfrac{\partial}{\partial X} v_x^{(2)} + \dfrac{\partial}{\partial Y} v_y^{(2)} + \dfrac{\partial}{\partial Z} v_z^{(2)}, \\[2mm]
N^4 = \dfrac{\partial}{\partial Y} v_y^{(3)} + \dfrac{\partial}{\partial Z} v_z^{(3)} + \dfrac{\partial}{\partial Y}(n^{(1)} v_y^{(1)}) + \dfrac{\partial}{\partial Z}(n^{(1)} v_z^{(1)}), \\[2mm]
N^5 = \dfrac{\partial}{\partial T} n^{(2)} - \dfrac{\partial}{\partial X} n^{(3)} + \dfrac{\partial}{\partial X} v_x^{(3)} + \dfrac{\partial}{\partial X}(n^{(1)} v_x^{(2)}) \\[2mm]
\qquad + \dfrac{\partial}{\partial Y}(n^{(1)} v_y^{(2)}) + \dfrac{\partial}{\partial Z}(n^{(1)} v_z^{(2)}) + \dfrac{\partial}{\partial X}(n^{(2)} v_x^{(1)}).
\end{cases}
$$

$$\frac{\partial}{\partial T} v_x^\epsilon + v_x^\epsilon \frac{\partial}{\partial X} v_x^\epsilon + v_y^\epsilon \frac{\partial}{\partial Y} v_x^\epsilon + v_z^\epsilon \frac{\partial}{\partial Z} v_x^\epsilon + \frac{\partial}{\partial X} \varphi^\epsilon$$

$$= \epsilon^{\frac{3}{2}} R_1^1 + \epsilon^{\frac{5}{2}} R_1^2 + \epsilon^3 R_1^3 + \epsilon^{\frac{7}{2}} R_1^4 + o(\epsilon^4),$$

其中

$$
\begin{cases}
R_1^1 = -\dfrac{\partial}{\partial X} v_x^{(1)} + \dfrac{\partial}{\partial X} \varphi^{(1)}, \\[2mm]
R_1^2 = \dfrac{\partial}{\partial T} v_x^{(1)} - \dfrac{\partial}{\partial X} v_x^{(2)} + v_x^{(1)} \dfrac{\partial}{\partial X} v_x^{(1)} + \dfrac{\partial}{\partial X} \varphi^{(2)}, \\[2mm]
R_1^3 = v_y^{(1)} \dfrac{\partial}{\partial Y} v_x^{(1)} + v_z^{(1)} \dfrac{\partial}{\partial Z} v_x^{(1)}, \\[2mm]
R_1^4 = \dfrac{\partial}{\partial T} v_x^{(2)} - \dfrac{\partial}{\partial X} v_x^{(3)} + \dfrac{\partial}{\partial X} (v_x^{(1)} v_x^{(2)}) + v_y^{(2)} \dfrac{\partial}{\partial Y} (v_x^{(2)}) \\[2mm]
\qquad + v_z^{(2)} \dfrac{\partial}{\partial Z} (v_x^{(1)}) + \dfrac{\partial}{\partial X} \varphi^{(2)}.
\end{cases}
$$

$$
\frac{\partial}{\partial T} v_y^\epsilon + v_x^\epsilon \frac{\partial}{\partial X} v_y^\epsilon + v_y^\epsilon \frac{\partial}{\partial Y} v_y^\epsilon + v_z^\epsilon \frac{\partial}{\partial Z} v_y^\epsilon + \frac{\partial}{\partial Y} \varphi^\epsilon - a v_z^\epsilon
$$
$$
= \epsilon^{\frac{3}{2}} R_2^1 + \epsilon^2 R_2^2 + \epsilon^{\frac{5}{2}} R_2^3 + \epsilon^3 R_2^4 + \epsilon^{\frac{7}{2}} R_2^5 + o(\epsilon^4),
$$

其中

$$
\begin{cases}
R_2^1 = -\dfrac{\partial}{\partial Y} \varphi^{(1)} - a v_z^{(1)}, \\[2mm]
R_2^2 = -\left(\dfrac{\partial}{\partial X} v_y^{(1)} + a v_z^{(1)} \right), \\[2mm]
R_2^3 = -\dfrac{\partial}{\partial X} v_y^{(2)} + \dfrac{\partial}{\partial Y} \varphi^{(2)} - a v_z^{(3)}, \\[2mm]
R_2^4 = \dfrac{\partial}{\partial T} v_y^{(1)} - \dfrac{\partial}{\partial X} v_y^3 + v_x^{(1)} \dfrac{\partial}{\partial X} v_y^{(1)} - a v_z^{(4)}, \\[2mm]
R_2^5 = \dfrac{\partial}{\partial T} v_y^{(2)} + v_x^{(1)} \dfrac{\partial}{\partial X} v_y^{(2)} + v_y^{(1)} \dfrac{\partial}{\partial Y} v_y^{(1)} + v_z^{(1)} \dfrac{\partial}{\partial Z} v_y^{(1)} + \dfrac{\partial}{\partial Y} \varphi^{(3)} - a \varphi_z^{(5)}.
\end{cases}
$$

$$
\frac{\partial}{\partial T} v_z^\epsilon + v_x^\epsilon \frac{\partial}{\partial X} v_z^\epsilon + v_y^\epsilon \frac{\partial}{\partial Y} v_z^\epsilon + v_z^\epsilon \frac{\partial}{\partial Z} v_z^\epsilon + \frac{\partial}{\partial Z} \varphi^\epsilon + a v_y^\epsilon
$$
$$
= \epsilon^{\frac{3}{2}} R_3^1 + \epsilon^2 R_3^2 + \epsilon^{\frac{5}{2}} R_3^3 + \epsilon^3 R_3^4 + \epsilon^{\frac{7}{2}} R_3^5 + o(\epsilon^4),
$$

其中

$$
\begin{cases}
R_3^1 = \dfrac{\partial}{\partial Z} \varphi^{(1)} + a v_y^{(1)}, \\[2mm]
R_3^2 = -\dfrac{\partial}{\partial X} v_z^{(1)} + a v_y^2, \\[2mm]
R_3^3 = -\dfrac{\partial}{\partial X} v_z^{(2)} + \dfrac{\partial}{\partial Z} \varphi^{(2)} + a v_y^{(3)}, \\[2mm]
R_3^4 = \dfrac{\partial}{\partial T} v_z^{(1)} - \dfrac{\partial}{\partial X} v_z^{(3)} + v_x^{(1)} \dfrac{\partial}{\partial X} v_z^{(1)} + a v_y^4, \\[2mm]
R_3^5 = \dfrac{\partial}{\partial T} v_z^{(2)} + v_x^{(1)} \dfrac{\partial}{\partial X} v_z^{(2)} + v_y^{(1)} \dfrac{\partial}{\partial Y} v_z^{(1)} + v_z^{(1)} \dfrac{\partial}{\partial Z} v_z^{(1)} + \dfrac{\partial}{\partial Z} \varphi^{(3)} - a v_y^{(5)}
\end{cases}
$$

且

$$\Delta\varphi^\epsilon - \varphi^\epsilon + n^\epsilon = \epsilon\Phi^1 + \epsilon^2\Phi^2 + \epsilon^3\Phi^3 + o(\epsilon^4),$$

其中

$$\Phi^1 = \varphi^{(1)} - n^{(1)},$$

$$\Phi^2 = -\Delta'\varphi^{(1)} + \varphi^{(2)} + \frac{1}{2}(\varphi^{(1)})^2 - n^{(2)},$$

$$\Phi^3 = \varphi^{(3)} - \varphi^{(1)}\varphi^{(2)} - n^{(3)} - \Delta\varphi^{(2)},$$

Δ' 表示对变元 (x, y, z) 作用 Laplace 算符.

(1) 消去 ϵ 项得

$$\varphi^{(1)} = n^{(1)}. \tag{1.14}$$

(2) 消去 $\epsilon^{\frac{3}{2}}$ 项得

$$\frac{\partial}{\partial X}v_x^{(1)} = \frac{\partial}{\partial X}\varphi^{(1)}, \tag{1.15}$$

$$\frac{\partial}{\partial Y}\varphi^{(1)} = av_z^{(1)}, \tag{1.16}$$

$$\frac{\partial}{\partial Z}\varphi^{(1)} = -av_y^{(1)}, \tag{1.17}$$

$$\frac{\partial}{\partial X}n^{(1)} = \frac{\partial}{\partial X}v_y^{(1)}. $$

(3) 消去 ϵ^2 项得

$$-\Delta'\varphi^{(1)} + \varphi^{(2)} + \frac{1}{2}(\varphi^{(1)})^2 = n^{(2)}, \tag{1.18}$$

$$\frac{\partial}{\partial X}v_y^{(1)} = -av_z^{(2)}, \tag{1.19}$$

$$\frac{\partial}{\partial X}v_z^{(1)} = av_y^{(2)}, \tag{1.20}$$

$$\frac{\partial}{\partial Y}v_y^{(1)} + \frac{\partial}{\partial Z}v_z^{(1)} = 0.$$

(4) 消去 $\epsilon^{\frac{5}{2}}$ 项得

$$\frac{\partial}{\partial T}v_x^{(1)} - \frac{\partial}{\partial X}v_x^{(1)} + v_x^{(1)}\frac{\partial}{\partial X}v_x^{(1)} + \frac{\partial}{\partial X}\varphi^{(2)} = 0, \tag{1.21}$$

$$-\frac{\partial}{\partial X}v_y^{(1)} + \frac{\partial}{\partial Y}\varphi^{(2)} - av_z^{(3)} = 0,$$

$$-\frac{\partial}{\partial Z}v_x^{(2)} + \frac{\partial}{\partial Z}\varphi^{(2)} + av_y^3 = 0,$$

$$\frac{\partial}{\partial T}n^{(1)} - \frac{\partial}{\partial X}n^{(2)} + \frac{\partial}{\partial X}(n^{(1)}v_x^{(1)}) + \frac{\partial}{\partial X}v_x^{(2)} + \frac{\partial}{\partial Y}v_y^{(2)} + \frac{\partial}{\partial Z}v_z^{(2)} = 0. \quad (1.22)$$

ZK 的形成

从 (1.14) 得

$$\varphi^{(1)} = n^{(1)}. \tag{1.23}$$

利用 (1.15) 可得 $\partial_X v_x^{(1)} = \partial_X n^{(1)}$, 设 $v_x^{(1)}, n^{(1)} \to 0, |x| \to \infty$, 即

$$v_x^{(1)} = n^{(1)}.$$

利用 (1.16), (1.17)

$$v_y^{(1)} = -\frac{1}{a}\frac{\partial}{\partial Z}n^{(1)},$$

$$v_z^{(1)} = -\frac{1}{a}\frac{\partial}{\partial Y}n^{(1)}.$$

利用 (1.23), (1.18) 对 x 求导有

$$\frac{\partial}{\partial X}(\varphi^{(2)} - n^{(2)}) = \Delta\frac{\partial}{\partial X}n^{(1)} - n^{(1)}\frac{\partial}{\partial X}n^{(1)}. \tag{1.24}$$

由 (1.21) 和 (1.22) 相加得

$$2\frac{\partial}{\partial T}n^{(1)} + 3n^{(1)}\frac{\partial}{\partial X}n^{(1)} + \frac{\partial}{\partial X}(\varphi^{(2)} - n^{(2)}) + \frac{\partial}{\partial Y}v_y^{(2)} + \frac{\partial}{\partial Z}v_z^{(2)} = 0. \tag{1.25}$$

由 (1.19), (1.20),

$$v_y^{(2)} = \frac{1}{a^2}\frac{\partial^2}{\partial X\partial Y}n^{(1)},$$

$$v_z^{(2)} = \frac{1}{a^2}\frac{\partial^2}{\partial Z^2}n^{(1)},$$

因此

$$\frac{\partial}{\partial Y}v_y^{(2)} + \frac{\partial}{\partial Z}v_z^{(2)} = \frac{1}{a^2}\Delta_\perp\frac{\partial}{\partial X}n^{(1)},$$

$$\Delta_\perp = \frac{\partial^2}{\partial Y^2} + \frac{\partial^2}{\partial Z^2}. \tag{1.26}$$

于是由 (1.24)—(1.26) 可得

$$2\frac{\partial}{\partial T}n^{(1)} + 2n^{(1)}\frac{\partial}{\partial X}n^{(1)} + \frac{\partial}{\partial X}n^{(1)} + \left(1 + \frac{1}{a^2}\right)\Delta_{\perp}\frac{\partial}{\partial X}n^{(1)} = 0.$$

利用变元变换可得方程

$$\tilde{y} = Y\left(1 + \frac{1}{a^2}\right)^{-1}, \quad \tilde{z} = Z\left(1 + \frac{1}{a^2}\right)^{-1},$$

$$\tilde{x} = X, \quad \tilde{t} = \frac{1}{2}T, \quad u = n^{(1)},$$

可得 ZK 方程

$$u_t + uu_{\tilde{x}}u + \frac{\partial}{\partial \tilde{x}}(\tilde{\Delta}u) = 0,$$

其中 $\tilde{\Delta}$ 表示对变元 $(\tilde{x}, \tilde{y}, \tilde{z})$ 作用 Laplace 算符.

第 2 章 Zakharov-Kuznetsov 方程的适定性

本章讨论初值问题

$$\begin{cases} \partial_t u + \partial_x \Delta u + u^{p-1}\partial_x u = 0, & (x,y) \in \mathbb{R} \times \mathbb{R}^{d-1}, \quad t \in \mathbb{R}, \quad p \in \mathbb{Z}^+, \\ u(x,y,0) = u_0(x,y) \in H^s(\mathbb{R}^n) \end{cases} \tag{2.1}$$

的适定性研究情况. 这里的适定性指的是方程初值问题解的存在性、唯一性和解对初值的连续依赖性, 其中 $\Delta = \partial_x^2 + \sum_{j=1}^{d-1}\partial_{y_j}^2$. 当 $p = 3$ 时, 方程称为修正 ZK(mZK) 方程; 当 $p \geqslant 4$ 时称为广义 ZK(gZK) 方程.

ZK 方程可以看作 KdV 方程的高维推广, 其色散性质与 KdV 方程有很多类似之处. 但 ZK 方程不是可积系统, 只有如下三个不变量:

$$I(t) = \int_{\mathbb{R}^n} u \mathrm{d}x = I(0),$$

$$M(t) = \int_{\mathbb{R}^n} u^2 \mathrm{d}x = M(0),$$

$$H(t) = \frac{1}{2}\int_{\mathbb{R}^n} \left[|\nabla u|^2 - \frac{u^3}{3} \right] \mathrm{d}x = H(0).$$

1995 年, Faminskii [18] 首先建立了二维 ZK 方程的线性估计, 并通过光滑函数逼近的方法证明了当 $u_0 \in H^m$, $m \in \mathbb{Z}^+$ 时的局部适定性. 容易验证, ZK 方程的伸缩不变空间为 $H^{s_c}(\mathbb{R}^d)$, $s_c = \dfrac{d}{2} - \dfrac{2}{p-1}$.

20 世纪初, Bourgain 引入了与色散关系有关的一类新的函数空间, 使色散方程的适定性研究可以得到更精细的结果. 相比于一维的 KdV 方程, ZK 方程的色散关系更复杂, 因此其共振项处理起来更为困难. 2014 年, Grünrock 和 Herr [26], Molinet 和 Pilod [67] 分别证明了 $s > 1/2$ 时的双线性估计, 进而得到了初值问题在 $H^s(\mathbb{R}^2)$, $s > 1/2$ 中的局部适定性. 2021 年, Kinoshita [36] 通过更为精细的 Whitney 分解, 证明了 $s > -1/4$ 时的局部适定性和 L^2 中的整体适定性, 这是目前已知的最佳结果.

对于二维 mZK 方程 (即 $p=3$), 目前已知的最佳结果是 2019 年 [35] 得到的 $s \geqslant -\dfrac{1}{4}$ 时的局部适定性和 2020 年 [3] 用 I 方法证明的 $s > \dfrac{3}{4}$ 时的整体适定性.

对二维 gZK 方程, 在 $k = 4$ 的情形下, 2012 年 [72] 得到了 $s > \dfrac{5}{12}$ 时的局部适定性; 还得到了在 $k \geqslant 5$ 的情形下 $s > 1 - \dfrac{2}{p-1}$ 时的局部适定性, 此即 gZK 的临界指标. 为进一步降低正则性条件, 2015 年 [27], 2017 年 [32] 分别讨论了 Besov 空间 $B_{2,q}^{S_c}(\mathbb{R}^2)$ 和模空间 $M_{2,1}(\mathbb{R}^2)$. 此外, 还有关于加权 Sobolev 空间中的适定性、周期 ZK 方程的适定性、条状区域上 ZK 方程的适定性等方面的研究结果.

对于三维 ZK 方程, 2009 年, Linares 和 Saut [47] 得到了三维 ZK 方程在 $H^s(\mathbb{R}^3)$, $s > 9/8$ 中的局部适定性; 2012 年, Ribaud 和 Vento [71] 证明了 $H^s(\mathbb{R}^3)$, $s > 1$ 中和 $B_{1,1}^2(\mathbb{R}^3)$ 的局部适定性; 2015 年, Molinet 和 Pilod [67] 得到 $H^s(\mathbb{R}^3), s > 1$ 中的整体适定性; 2016 年, Li 等 [44] 得到了 $H^1(\mathbb{R}^3)$ 的整体适定性; 2023 年, Herr 和 Kinoshita [30] 证明了 $H^s(\mathbb{R}^3), s > -\dfrac{1}{2}$ 中的局部适定性并推出了 $L^2(\mathbb{R}^3)$ 的整体适定性. 对于 $k \geqslant 2$ 的情形, Grünrock 在 2014 年 [25] 得到了三维 mZK 方程在 $s > \dfrac{1}{2}$ 时的局部适定性; 2015 年, [27] 研究了 $k \geqslant 3$ 时 $\dot{B}_{2,q}^{s_k}$ 的局部适定性; Kato 在 2017 年 [32], 2018 年 [33] 证明了 $k = 3$ 时 $M_{2,1}^{\frac{1}{2}}$, 以及 $k \geqslant 4$ 时 $M_{2,1}$ 中的适定性.

本章以二维 ZK 方程为例, 着重介绍 [36] 的工作.

2.1 空间变量对称化和 Bourgain 空间介绍

将 ZK 方程中的 x, y 对称化并忽略系数, ZK 方程可以化为

$$\partial_t v + (\partial_x^3 + \partial_y^3)v = (\partial_x + \partial_y)(v^2). \tag{2.2}$$

易见该方程与 ZK 方程的适定性是等价的.

方程 (2.2) 的色散关系为 $\tilde{w} = \xi^3 + \eta^3$, 对 $|(\xi, \eta)|$ 和 $\tau - \xi^3 - \eta^3$ 进行二进制分解, 并记

$$P_N = \mathscr{F}_{\xi\eta}^{-1} \psi_N(|(\xi, \eta)|) \mathscr{F}_{xy},$$

$$Q_L = \mathscr{F}_{\xi\eta\tau}^{-1} \psi_L(\tau - \xi^3 - \eta^3) \mathscr{F}_{xyt},$$

其中 $N \in 2^{\mathbb{N}}$, $\psi_N(t) = \psi(tN^{-1}) - \psi(2tN^{-1})$, $\psi \in C_0^\infty((-2, 2))$ 非负, 且 $|t| \leqslant 1$ 时 $\psi(t) = 1$.

于是对应的 Bourgain 空间范数记为

$$\|f\|_{X^{s,b}} = \left(\sum_{N,L} N^{2s} L^{2b} \|P_N Q_L f\|_{L_{xyt}^2} \right)^{\frac{1}{2}}.$$

由 Strichartz 估计可以得到以下引理.

引理 2.1   当 $p > 2, \dfrac{2}{p} + \dfrac{2}{q} = 1$ 时, 有

$$\||\nabla_x|^{\frac{1}{2p}}|\nabla_y|^{\frac{1}{2p}} Q_L u\|_{L_t^p L_{xy}^q} \lesssim L^{\frac{1}{2}} \|Q_L u\|_{L_{xyt}^2}, \tag{2.3}$$

当 $p > 3, \dfrac{3}{p} + \dfrac{2}{q} = 1$ 时, 有

$$\|Q_L u\|_{L_t^p L_{xy}^q} \lesssim L^{\frac{1}{2}} \|Q_L u\|_{L_{xyt}^2}, \tag{2.4}$$

当 $p \geqslant 4, \dfrac{2}{p} + \dfrac{2}{q} = 1$ 时, 有

$$\|Q_L u\|_{L_t^p L_{xy}^q} \lesssim L^{\frac{2}{3p} + \frac{1}{q}} \|Q_L u\|_{L_{xyt}^2}. \tag{2.5}$$

Kinoshita [36] 通过 Whitney 分解定理, 证明了

引理 2.2   对任意 $s > -\dfrac{1}{4}$, 存在 $b \in \left(\dfrac{1}{2}, 1\right)$ 和 $\varepsilon > 0$, 使得

$$\|(\partial_x + \partial_y)(uv)\|_{X^{s,b-1+\varepsilon}} \lesssim \|u\|_{X^{s,b}} \|v\|_{X^{s,b}}. \tag{2.6}$$

从而得到了 $H^s(\mathbb{R}^2), s > -1/4$ 中的局部适定性. 进一步地, 根据 ZK 方程质量守恒, 即得到 $L^2(\mathbb{R}^2)$ 的整体适定性.

2.2   双线性估计的证明

本节证明引理 2.2. 等价地, 只需证明

$$\sum_{\substack{N_j, L_j \\ (j=0,1,2)}} \left| \int \left((\partial_x + \partial_y)\left(Q_{L_0} P_{N_0} w\right)\right) \left(Q_{L_1} P_{N_1} u\right) \left(Q_{L_2} P_{N_2} v\right) \mathrm{d}t\mathrm{d}x\mathrm{d}y \right| \tag{2.7}$$

$$\lesssim \|u\|_{X^{s,b}} \|v\|_{X^{s,b}} \|w\|_{X^{-s,1-b-\varepsilon}}.$$

以下我们简记

$$L_{012}^{\max} := \max\left(L_0, L_1, L_2\right), \quad N_{012}^{\max} := \max\left(N_0, N_1, N_2\right),$$

$$w_{N_0, L_0} := Q_{L_0} P_{N_0} w, u_{N_1, L_1} := Q_{L_1} P_{N_1} u, v_{N_2, L_2} := Q_{L_2} P_{N_2} v.$$

并根据 $L_{012}^{\max}$ 的大小及 (ξ_1, η_1) 与 (ξ_2, η_2) 的夹角分三类情况分别证明.

情形 1: 高模情形; 即

$$L_{012}^{\max} \geqslant 2^{-100} \left(N_{012}^{\max}\right)^3.$$

情形 2: 低模, 非平行; 即

(i) $L_{012}^{\max} \leqslant 2^{-100} \left(N_{012}^{\max}\right)^3$;

(ii) $N_{012}^{\max} \leqslant 2^{22} \min\left(N_0, N_1, N_2\right)$;

(iii) $\left|\sin\angle\left((\xi_1, \eta_1),(\xi_2, \eta_2)\right)\right| \geqslant 2^{-22}$, 其中 $\angle\left((\xi_1, \eta_1),(\xi_2, \eta_2)\right) \in [0, \pi]$.

情形 3: 低模, 几乎平行; 即

(i) $L_{012}^{\max} \leqslant 2^{-100} \left(N_{012}^{\max}\right)^3$;

(ii)$'$ $\min\left(\left|\sin_{12}\right|, \left|\sin_{02}\right|, \left|\sin_{01}\right|\right) \leqslant 2^{-20}$, 其中 $\sin_{ij} = \sin\angle\left((\xi_i, \eta_i),(\xi_j, \eta_j)\right)$.

我们断言上述三种情况包含了全部情形. 事实上, 倘若存在 $N_0, N_1, N_2, (\xi, \eta)$, $(\xi_1, \eta_1), (\xi_2, \eta_2)$ 不满足第三种情形的条件 (ii)$'$, 则满足第二类情形的条件 (ii) 和 (iii). 假定 $\sin_{01} > 2^{-20}$, 即 $\left|\sin\angle\left((\xi, \eta),(\xi_1, \eta_1)\right)\right| > 2^{-20}$, 此时 $N_2 = \min\left(N_0, N_1, N_2\right)$. 令 $(\xi_1, \eta_1) = (r_1 \cos\theta_1, r_1 \sin\theta_1)$, $(\xi, \eta) = (r \cos\theta, r \sin\theta)$. 则有

$$
\begin{aligned}
\left|(\xi_2, \eta_2)\right| &= \left|(\xi - \xi_1, \eta - \eta_1)\right| \\
&= \sqrt{\left(r\cos\theta - r_1\cos\theta_1\right)^2 + \left(r\sin\theta - r_1\sin\theta_1\right)^2} \\
&= \sqrt{r^2 + r_1^2 - 2rr_1\left(\cos\theta\cos\theta_1 + \sin\theta\sin\theta_1\right)} \\
&= \sqrt{\left(r - r_1\right)^2 + 2rr_1\left(1 - \cos\left(\theta - \theta_1\right)\right)} \\
&\geqslant \sqrt{rr_1}\left|\sin\left(\theta - \theta_1\right)\right| \\
&\geqslant \frac{N_1}{2}\left|\sin\angle\left((\xi, \eta),(\xi_2, \eta_2)\right)\right| > 2^{-21}N_1,
\end{aligned}
$$

于是第二类情形的条件 (ii) 成立.

$$
\begin{aligned}
\left|\sin\angle\left((\xi_1, \eta_1),(\xi_2, \eta_2)\right)\right| &= \frac{\left|\xi_1\eta_2 - \xi_2\eta_1\right|}{\left|(\xi_1, \eta_1)\right|\left|(\xi_2, \eta_2)\right|} \\
&\geqslant \frac{\left|\xi_1\eta - \xi\eta_1\right|}{4\left|(\xi_1, \eta_1)\right|\left|(\xi, \eta)\right|} \\
&= 2^{-2}\left|\sin\angle\left((\xi, \eta),(\xi_1, \eta_1)\right)\right| > 2^{-22},
\end{aligned}
$$

于是第二类情形的条件 (iii) 成立.

Loomis-Whitney 不等式

在证明引理 2.2 之前, 首先介绍非线性 Loomis-Whitney 不等式, 可以看作超曲面上的一个卷积估计. Loomis-Whitney 不等式是基于三个特征超曲面的, 对 ZK 方程, 正交性依赖于两条相交的波的频率大小和夹角, 为此还将引入几乎正交分解, 从而在小区域内应用 Loomis-Whitney 不等式.

命题 2.1 (Loomis-Whitney 不等式. [5] 推论 1.5)　设 $S_i (i = 1, 2, 3)$ 分别为超曲面 S_i^* 的有界开子集, S_i^* 满足如下条件:

(i) 存在凸集 $U_i \subset \mathbb{R}^3$, 使得

$$S_i^* = \left\{ \lambda_i \in U_i \mid \Phi_i(\lambda_i) = 0, \nabla \Phi_i \neq 0, \Phi_i \in C^{1,1}(U_i) \right\},$$

且 $\operatorname{dist}(S_i, U_i^c) \geqslant \operatorname{diam}(S_i)$;

(ii) S_i^* 的单位法向量 $\mathfrak{n}_i$ 满足 Hölder 条件, 即

$$\sup_{\lambda, \lambda' \in S_i^*} \frac{|\mathfrak{n}_i(\lambda) - \mathfrak{n}_i(\lambda')|}{|\lambda - \lambda'|} + \frac{|\mathfrak{n}_i(\lambda)(\lambda - \lambda')|}{|\lambda - \lambda'|^2} \lesssim 1;$$

(iii) 存在 $d > 0$ 使得矩阵 $\mathbf{N}(\lambda_1, \lambda_2, \lambda_3) = (\mathfrak{n}_1(\lambda_1), \mathfrak{n}_2(\lambda_2), \mathfrak{n}_3(\lambda_3))$ 对任意 $(\lambda_1, \lambda_2, \lambda_3) \in S_1^* \times S_2^* \times S_3^*$ 都满足正交性条件

$$d \leqslant |\det \mathbf{N}(\lambda_1, \lambda_2, \lambda_3)| \leqslant 1,$$

当 $\operatorname{diam}(S_i) \lesssim d$ 时, 对函数 $f \in L^2(S_1)$ 和 $g \in L^2(S_2)$, 卷积 $f * g$ 满足

$$\|f * g\|_{L^2(S_3)} \lesssim \frac{1}{\sqrt{d}} \|f\|_{L^2(S_1)} \|g\|_{L^2(S_2)}.$$

2.2.1　第一类情形: 高模

命题 2.2　当 $L_{012}^{\max} \gtrsim (N_{012}^{\max})^3$ 时, (2.7) 式成立.

证明　只需证明

$$\left| \int w_{N_0, L_0} u_{N_1, L_1} v_{N_2, L_2} \mathrm{d}t \mathrm{d}x \mathrm{d}y \right| \lesssim (N_{012}^{\max})^{-\frac{5}{4}} (L_0 L_1 L_2)^{\frac{5}{12}} \|u\|_{L^2} \|v\|_{L^2} \|w\|_{L^2}.$$

在 (2.5) 式中令 $p = q = 4$, 得

$$\|Q_L f\|_{L_t^4 L_{x,y}^4} \lesssim L^{\frac{5}{12}} \|f\|_{L^2}.$$

又因 $L_0 = L_{012}^{\max} \gtrsim (N_{012}^{\max})^3$, 由 Hölder 不等式即得

$$\left| \int w_{N_0, L_0} u_{N_1, L_1} v_{N_2, L_2} \mathrm{d}t \mathrm{d}x \mathrm{d}y \right| \lesssim \|w_{N_0, L_0}\|_{L^2} \|u_{N_1, L_1}\|_{L^4} \|v_{N_2, L_2}\|_{L^4}$$

$$\lesssim (N_{012}^{\max})^{-\frac{5}{4}} (L_0 L_1 L_2)^{\frac{5}{12}} \|u\|_{L^2} \|v\|_{L^2} \|w\|_{L^2}.$$

类似地, 可以得到 $L_1 = L_{012}^{\max}$ 或 $L_2 = L_{012}^{\max}$ 时也成立.　　　　　□

2.2.2 第二类情形: 低模, 非平行

命题 2.2 意味着只需考虑 $L_{012}^{\max} \ll (N_{012}^{\max})^3$ 的情形即可. 由 Plancherel 等式和 (2.7) 式, 只需证明

$$\sum_{\substack{N_j,L_j \\ (j=0,1,2)}} \left| \iint N_0 \widehat{w}_{N_0,L_0} \left(\widehat{u}_{N_1,L_1} * \widehat{v}_{N_2,L_2} \right) \mathrm{d}\tau \mathrm{d}\xi \mathrm{d}\eta \right| \lesssim \|u\|_{X^{s,b}} \|v\|_{X^{s,b}} \|w\|_{X^{-s,1-b-\varepsilon}}.$$

又由于 $s > -1/4$, 因此只需证明

$$\left| \int_* \widehat{w}_{N_0,L_0}(\tau,\xi,\eta) \widehat{u}_{N_1,L_1}(\tau_1,\xi_1,\eta_1) \widehat{v}_{N_2,L_2}(\tau_2,\xi_2,\eta_2) \mathrm{d}\sigma_1 \mathrm{d}\sigma_2 \right|$$

$$\lesssim (N_{012}^{\max})^{-\frac{5}{4}} (L_0 L_1 L_2)^{\frac{5}{12}} \|\widehat{u}_{N_1,L_1}\|_{L^2} \|\widehat{v}_{N_2,L_2}\|_{L^2} \|\widehat{w}_{N_0,L_0}\|_{L^2}, \tag{2.8}$$

其中 $\mathrm{d}\sigma_j = \mathrm{d}\tau_j \mathrm{d}\xi_j \mathrm{d}\eta_j$, $*$ 表示 $(\tau,\xi,\eta) = (\tau_1 + \tau_2, \xi_1 + \xi_2, \eta_1 + \eta_2)$. 注意到在这种情况下, 由于频率 (ξ_1, η_1) 和 (ξ_2, η_2) 的夹角有下界, 故 N_0, N_1, N_2 都不小, 换言之, 这类情形下三条波各自有不同的方向.

非线性 Loomis-Whitney 不等式将在证明中起到关键作用. 三个超曲面的法向量构成的矩阵行列式主要因式为 $|\xi_1 \eta_2 - \xi_2 \eta_1| \cdot |\xi_1 \eta_2 + \xi_2 \eta_1 + 2(\xi_1 \eta_1 + \xi_2 \eta_2)|$. 当 $N_1 \sim N_2 \gg 1$ 时, $|\xi_1 \eta_2 - \xi_2 \eta_1| \sim N_1^2 |\sin \angle((\xi_1, \eta_1), (\xi_2, \eta_2))|$, 从而可以应用 Loomis-Whitney 不等式. 其中 $a \sim b$ 表示 $\exists C > O$ 使得 $\frac{1}{c} a < b < Ca$. 因此困难将集中在处理 $|\xi_1 \eta_2 + \xi_2 \eta_1 + 2(\xi_1 \eta_1 + \xi_2 \eta_2)|$ 式, 为此对频率空间进行如下的一致分解.

定义 2.1 令 A 为大于 2^{100} 的二进制数, $k = (k_{(1)}, k_{(2)}) \in \mathbb{Z}^2$. 定义边长为 $A^{-1} N_1$ 的方形区域 $\{\mathcal{T}_k^A\}_{k \in \mathbb{Z}^2}$ 和对应的棱柱形区域 $\{\tilde{\mathcal{T}}_k^A\}_{k \in \mathbb{Z}^2}$:

$$\mathcal{T}_k^A := \left\{ (\xi, \eta) \in \mathbb{R}^2 \mid (\xi, \eta) \in A^{-1} N_1 \left([k_{(1)}, k_{(1)} + 1) \times [k_{(2)}, k_{(2)} + 1) \right) \right\},$$

$$\tilde{\mathcal{T}}_k^A := \mathbb{R} \times \mathcal{T}_k^A.$$

注记 2.1 易见, 对任意的 A,

$$\mathbb{R}^2 = \bigcup_{k \in \mathbb{Z}^2} \mathcal{T}_k^A \quad \text{且} \quad k_1 \neq k_2 \Longleftrightarrow \mathcal{T}_{k_1}^A \cap \mathcal{T}_{k_2}^A = \varnothing.$$

在情形 2 中要证明 (2.8) 式主要需要命题 2.4、命题 2.5 和 Whitney 分解. 首先介绍如下的双线性 Strichartz 估计. 用 χ_A 表示 A 上的特征函数.

命题 2.3 在情形 2 的假设下, 设二进制数 $A \geqslant 2^{100}$, 且 $k_1, k_2 \in \mathbb{Z}^2$. 则有

$$\left\| \chi_{G_{N_0,L_0}} \int (\chi_{\tilde{\mathcal{T}}_{k_2}^A} \widehat{u}_{N_1,L_1})(\tau_1, \xi_1, \eta_1)(\chi_{\tilde{\mathcal{T}}_{k_2}^A} \widehat{v}_{N_2,L_2})(\tau - \tau_1, \xi - \xi_1, \eta - \eta_1) \mathrm{d}\sigma_1 \right\|_{L^2_{\xi,\eta,\tau}}$$

$$\lesssim (AN_1)^{-\frac{1}{2}} (L_1 L_2)^{\frac{1}{2}} \left\| \chi_{\tilde{T}_{k_2}^A} \widehat{u}_{N_1,L_1} \right\|_{L^2} \left\| \chi_{\tilde{T}_{k_2}^A} \widehat{u}_{N_2,L_2} \right\|_{L^2}, \tag{2.9}$$

$$\left\| \chi_{G_{N_1,L_1} \cap \tilde{T}_{k_1}^A} \int (\chi_{\tilde{T}_{k_2}^A} \widehat{v}_{N_2,L_2})(\tau_2,\xi_2,\eta_2) \widehat{w}_{N_0,L_0}(\tau_1+\tau_2,\xi_1+\xi_2,\eta_1+\eta_2) \mathrm{d}\sigma_1 \right\|_{L^2_{\xi,\eta,\tau}}$$

$$\lesssim (AN_1)^{-\frac{1}{2}} (L_0 L_2)^{\frac{1}{2}} \left\| \chi_{\tilde{T}_{k_2}^A} \widehat{v}_{N_2,L_2} \right\|_{L^2} \left\| \widehat{w}_{N_0,L_0} \right\|_{L^2}, \tag{2.10}$$

$$\left\| \chi_{G_{N_2,L_2} \cap \tilde{T}_{k_2}^A} \int \widehat{w}_{N_0,L_0}(\tau_1+\tau_2,\xi_1+\xi_2,\eta_1+\eta_2)(\chi_{\tilde{T}_{k_1}^A} \widehat{u}_{N_1,L_1})(\tau_1,\xi_1,\eta_1) \mathrm{d}\sigma_1 \right\|_{L^2_{\xi,\eta,\tau}}$$

$$\lesssim (AN_1)^{-\frac{1}{2}} (L_0 L_1)^{\frac{1}{2}} \left\| \widehat{w}_{N_0,L_0} \right\|_{L^2} \left\| \chi_{\tilde{T}_{k_1}^A} \widehat{u}_{N_1,L_1} \right\|_{L^2}. \tag{2.11}$$

证明　以下给出 (2.9) 式的证明, (2.10) 和 (2.11) 的证明类似.

可以断言, 在情形 2 的条件下, 有

$$\max \left(\left| \xi_1^2 - (\xi-\xi_1)^2 \right|, \left| \eta_1^2 - (\eta-\eta_1)^2 \right| \right) \geqslant 2^{-200} N_1^2.$$

事实上, 倘若上式不成立, 则如下情形之一成立:

(1) $|\xi_1 - (\xi-\xi_1)| \leqslant 2^{-100} N_1$ 且 $|\eta_1 - (\eta-\eta_1)| \leqslant 2^{-100} N_1$;

(2) $|\xi_1 - (\xi-\xi_1)| \leqslant 2^{-100} N_1$ 且 $|\eta_1 + (\eta-\eta_1)| \leqslant 2^{-100} N_1$;

(3) $|\xi_1 + (\xi-\xi_1)| \leqslant 2^{-100} N_1$ 且 $|\eta_1 - (\eta-\eta_1)| \leqslant 2^{-100} N_1$;

(4) $|\xi_1 + (\xi-\xi_1)| \leqslant 2^{-100} N_1$ 且 $|\eta_1 + (\eta-\eta_1)| \leqslant 2^{-100} N_1$.

显然 (1) 和 (4) 都与情形 2 的条件 (iii) 矛盾. 以下证明 (2) 与情形 2 矛盾.

注意到 $\max(|\xi_1|, |\xi-\xi_1|) \geqslant 2^{-30} N_1$, 否则 (iii) 不成立. 不失一般性, 可以假定 $|\xi_1| \geqslant 2^{-30} N_1$. 由于 $|\xi_1 - (\xi-\xi_1)| \leqslant 2^{-100} N_1$, 因此 $\min(|\xi|, |\xi-\xi_1|) \geqslant 2^{-31} N_1$. 结合 $|\eta| = |\eta_1 + (\eta-\eta_1)| \leqslant 2^{-100} N_1$ 可以得到

$$3 \max \left(\left| \tau - \xi^3 - \eta^3 \right|, \left| \tau_1 - \xi_1^3 - \eta_1^3 \right|, \left| \tau - \tau_1 - (\xi-\xi_1)^3 - (\eta-\eta_1)^3 \right| \right)$$

$$\geqslant |\xi \xi_1 (\xi-\xi_1) + \eta \eta_1 (\eta-\eta_1)|$$

$$\geqslant |\xi \xi_1 (\xi-\xi_1)| - |\eta \eta_1 (\eta-\eta_1)|$$

$$\geqslant 2^{-92} N_1^3 - 2^{-98} N_1^3 \geqslant 2^{-93} N_1^3.$$

这与情形 2 的条件 (i) 矛盾, 因此在情形 2 下 (2) 不成立. 类似地可证明 (3) 也不能成立. 断言得证.

于是可以假设 $\left| \xi_1^2 - (\xi-\xi_1)^2 \right| \geqslant 2^{-200} N_1^2$. 现在证明 (2.9) 式.

$$\left\| \chi_{G_{N_0,L_0}} \int (\chi_{\tilde{T}_{k_2}^A} \widehat{u}_{N_1,L_1})(\tau_1,\xi_1,\eta_1)(\chi_{\tilde{T}_{k_2}^A} \widehat{v}_{N_2,L_2})(\tau-\tau_1,\xi-\xi_1,\eta-\eta_1) \mathrm{d}\sigma_1 \right\|_{L^2_{\xi,\eta,\tau}}$$

$$\leqslant \left\| \chi_{G_{N_0,L_0}} \left(|\chi_{\tilde{\mathcal{T}}_{k_2}^A} \widehat{u}_{N_1,L_1}|^2 * |\chi_{\tilde{\mathcal{T}}_{k_2}^A} \widehat{v}_{N_2,L_2}|^2 \right)^{\frac{1}{2}} |E(\tau,\xi,\eta)|^{\frac{1}{2}} \right\|_{L^2_{\xi,\eta,\tau}}$$

$$\leqslant \sup_{(\tau,\xi,\eta)\in G_{N_0,L_0}} |E(\tau,\xi,\eta)|^{1/2} \left\| \left|\chi_{\tilde{\mathcal{T}}_{k_1}^A} \widehat{u}_{N_1,L_1}\right|^2 * \left|\chi_{\tilde{\mathcal{T}}_{k_2}^A} \widehat{v}_{N_2,L_2}\right|^2 \right\|_{L^1_{\xi,\eta,\tau}}^{1/2}$$

$$\leqslant \sup_{(\tau,\xi,\eta)\in G_{N_0,L_0}} |E(\tau,\xi,\eta)|^{1/2} \left\| \chi_{\tilde{\mathcal{T}}_{k_1}^A} \widehat{u}_{N_1,L_1} \right\|_{L^2} \left\| \chi_{\tilde{\mathcal{T}}_{k_2}^A} \widehat{v}_{N_2,L_2} \right\|_{L^2}, \tag{2.12}$$

其中

$$E(\tau,\xi,\eta)$$
$$:= \left\{ (\tau_1,\xi_1,\eta_1) \in G_{N_1,L_1} \cap \tilde{\mathcal{T}}_{k_1}^A \mid (\tau-\tau_1, \xi-\xi_1, \eta-\eta_1) \in G_{N_2,L_2} \cap \tilde{\mathcal{T}}_{k_2}^A \right\}.$$

因此只需证明

$$\sup_{(\tau,\xi,\eta)\in G_{N_0,L_0}} |E(\tau,\xi,\eta)| \lesssim (AN_1)^{-1} L_1 L_2. \tag{2.13}$$

固定 (ξ_1, η_1) 可得

$$\sup_{(\tau,\xi,\eta)\in G_{N_0,L_0}} |\{\tau_1 \mid (\tau_1,\xi_1,\eta_1) \in E(\tau,\xi,\eta)\}| \lesssim \min(L_1, L_2). \tag{2.14}$$

又由于

$$\max(L_1, L_2) \gtrsim \left| (\tau_1 - \xi_1^3 - \eta_1^3) + (\tau - \tau_1) - (\xi-\xi_1)^3 - (\eta-\eta_1)^3 \right|$$
$$= \left| (\tau - \xi^3 - \eta^3) + 3 (\xi\xi_1 (\xi-\xi_1) + \eta\eta_1 (\eta-\eta_1)) \right|,$$

以及 $|\partial_{\xi_1} (\xi\xi_1 (\xi-\xi_1))| = \left| \xi_1^2 - (\xi-\xi_1)^2 \right| \gtrsim N_1^2$, 因此对固定的 η_1, 可以得到

$$\sup_{(\tau,\xi,\eta)\in G_{N_0,L_0}} |\{\xi_1 \mid (\tau_1,\xi_1,\eta_1) \in E(\tau,\xi,\eta)\}| \lesssim N_1^{-2} \max(L_1, L_2). \tag{2.15}$$

由 $(\tau_1, \xi_1, \eta_1) \in \tilde{\mathcal{T}}_{k_1}^A$ 即得

$$\sup_{(\tau,\xi,\eta)\in G_{N_0,L_0}} |\{\eta_1 \mid (\tau_1,\xi_1,\eta_1) \in E(\tau,\xi,\eta)\}| \lesssim N_1 A^{-1}. \tag{2.16}$$

结合估计 (2.14)—(2.16), 于是 (2.13) 的证明完成. □

由命题 2.3, 可以得到如下估计.

命题 2.4　在情形 2 的假设下, 令二进制数 $A \geqslant 2^{100}$, 设 $k_1, k_2 \in \mathbb{Z}^2$ 满足

$$|\xi_1 \xi_2 (\xi_1 + \xi_2) + \eta_1 \eta_2 (\eta_1 + \eta_2)| \geqslant A^{-1} N_1^3, \quad \forall (\xi_j, \eta_j) \in \mathcal{T}_{k_j}^A,$$

其中 $j = 1, 2$. 则有

$$\left| \int_* \widehat{w}_{N_0, L_0}(\tau, \xi, \eta) \widehat{u}_{N_1, L_1} \big|_{\tilde{\mathcal{T}}_{k_1}^A} (\tau_1, \xi_1, \eta_1) \widehat{v}_{N_2, L_2} \big|_{\tilde{\mathcal{T}}_{k_2}^A} (\tau_2, \xi_2, \eta_2) \, \mathrm{d}\sigma_1 \mathrm{d}\sigma_2 \right|$$

$$\lesssim N_1^{-2} (L_0 L_1 L_2)^{1/2} \left\| \widehat{u}_{N_1, L_1} \big|_{\tilde{\mathcal{T}}_{k_1}^A} \right\|_{L^2} \left\| \widehat{v}_{N_2, L_2} \big|_{\tilde{\mathcal{T}}_{k_2}^A} \right\|_{L^2} \| \widehat{w}_{N_0, L_0} \|_{L^2},$$

其中 $\mathrm{d}\sigma_j = \mathrm{d}\tau_j \mathrm{d}\xi_j \mathrm{d}\eta_j$ 且 $*$ 表示 $(\tau, \xi, \eta) = (\tau_1 + \tau_2, \xi_1 + \xi_2, \eta_1 + \eta_2)$.

证明　注意到

$$3 L_{012}^{\max} \geqslant |\xi_1 \xi_2 (\xi_1 + \xi_2) + \eta_1 \eta_2 (\eta_1 + \eta_2)|$$

$$\geqslant A^{-1} N_1^3.$$

当 $L_0 = L_{012}^{\max}$ 时, 由命题 2.3 中的 (2.9) 得到

$$\left| \int_* \widehat{w}_{N_0, L_0}(\tau, \xi, \eta) \widehat{u}_{N_1, L_1} \big|_{\tilde{\mathcal{T}}_{k_1}^A} (\tau_1, \xi_1, \eta_1) \widehat{v}_{N_2, L_2} \big|_{\tilde{\mathcal{T}}_{k_2}^A} (\tau_2, \xi_2, \eta_2) \, \mathrm{d}\sigma_1 \mathrm{d}\sigma_2 \right|$$

$$\leqslant (2.9) \text{ 左端} \times \| \widehat{w}_{N_0, L_0} \|_{L^2}$$

$$\lesssim (N_1 A)^{-\frac{1}{2}} (L_1 L_2)^{\frac{1}{2}} \left\| \widehat{u}_{N_1, L_1} \big|_{\tilde{\mathcal{T}}_{k_1}^A} \right\|_{L^2} \left\| \widehat{v}_{N_2, L_2} \big|_{\tilde{\mathcal{T}}_{k_2}^A} \right\|_{L^2} \| \widehat{w}_{N_0, L_0} \|_{L^2}$$

$$\lesssim N_1^{-2} (L_0 L_1 L_2)^{\frac{1}{2}} \left\| \widehat{u}_{N_1, L_1} \big|_{\tilde{\mathcal{T}}_{k_1}^A} \right\|_{L^2} \left\| \widehat{v}_{N_2, L_2} \big|_{\tilde{\mathcal{T}}_{k_2}^A} \right\|_{L^2} \| \widehat{w}_{N_0, L_0} \|_{L^2}.$$

$L_1 = L_{012}^{\max}$ 和 $L_2 = L_{012}^{\max}$ 的情形分别由 (2.10) 和 (2.11) 可得.　　□

下述命题将用于处理几乎共振项.

命题 2.5　在情形 2 的假设下, 令二进制数 $A \geqslant 22^{100}$. 假设 $k_1, k_2 \in \mathbb{Z}^2$ 满足

$$|\xi_1 \eta_2 + \xi_2 \eta_1 + 2(\xi_1 \eta_1 + \xi_2 \eta_2)| \geqslant A^{-1} N_1^2, \quad \forall (\xi_j, \eta_j) \in \mathcal{T}_{k_j}^A,$$

其中 $j = 1, 2$, 则有

$$\left| \int_* \widehat{w}_{N_0, L_0}(\tau, \xi, \eta) \widehat{u}_{N_1, L_1} \big|_{\tilde{\mathcal{T}}_{k_1}^A} (\tau_1, \xi_1, \eta_1) \widehat{v}_{N_2, L_2} \big|_{\tilde{\mathcal{T}}_{k_2}^A} (\tau_2, \xi_2, \eta_2) \, \mathrm{d}\sigma_1 \mathrm{d}\sigma_2 \right|$$

$$\lesssim A^{\frac{1}{2}} N_1^{-2} (L_0 L_1 L_2)^{\frac{1}{2}} \left\| \widehat{u}_{N_1, L_1} \big|_{\tilde{\mathcal{T}}_{k_1}^A} \right\|_{L^2} \left\| \widehat{v}_{N_2, L_2} \big|_{\tilde{\mathcal{T}}_{k_2}^A} \right\|_{L^2} \| \widehat{w}_{N_0, L_0} \|_{L^2},$$

其中 $\mathrm{d}\sigma_j = \mathrm{d}\tau_j \mathrm{d}\xi_j \mathrm{d}\eta_j$, $*$ 表示 $(\tau, \xi, \eta) = (\tau_1 + \tau_2, \xi_1 + \xi_2, \eta_1 + \eta_2)$.

证明 由于 $\widehat{u}_{N_1,L_1}\big|_{\mathcal{T}_{k_1}^A}$ 和 $\widehat{v}_{N_2,L_2}\big|_{\mathcal{T}_{k_2}^A}$ 分别支撑在 $\tilde{\mathcal{T}}_{k_1}^A$ 和 $\tilde{\mathcal{T}}_{k_2}^A$ 上, 假定存在 $k_3 \in \mathbb{Z}^2$ 使得 $\widehat{w}_{N_0,L_0}$ 支撑在 $\tilde{\mathcal{T}}_{k_3}^A$ 上. 不妨设 $\widehat{u}_{N_1,L_1}$, $\widehat{v}_{N_2,L_2}$ 和 $\widehat{w}_{N_0,L_0}$ 分别支撑在棱长为 $2^{-100}N_1A^{-1}$ 的棱柱上, 否则可以通过分解实现. 令 $A' = 2^{-100}A$, 假定 $f, g, h \in L^2(\mathbb{R}^3)$ 满足

$$\operatorname{supp} f \subset G_{N_1,L_1} \cap \tilde{\mathcal{T}}_{k_1}^{A'}, \quad \operatorname{supp} g \subset G_{N_2,L_2} \cap \tilde{\mathcal{T}}_{k_2}^{A'}, \quad \operatorname{supp} h \subset G_{N_0,L_0} \cap \tilde{\mathcal{T}}_{k_3}^{A'}.$$

于是只需证明对 $(\xi_j, \eta_j) \in \mathcal{T}_{k_j}^{A'}$, $j = 1, 2$, 若

$$|\sin\angle((\xi_1, \eta_1), (\xi_2, \eta_2))| \geqslant 2^{-23}, \tag{2.17}$$

$$|\xi_1\eta_2 + \xi_2\eta_1 + 2(\xi_1\eta_1 + \xi_2\eta_2)| \geqslant A^{-1}N_1^2, \tag{2.18}$$

则

$$\left| \int_{\mathbb{R}^3 \times \mathbb{R}^3} h(\tau_1 + \tau_2, \xi_1 + \xi_2, \eta_1 + \eta_2) f(\tau_1, \xi_1, \eta_1) g(\tau_2, \xi_2, \eta_2) \, \mathrm{d}\sigma_1 \mathrm{d}\sigma_2 \right|$$

$$\lesssim A^{\frac{1}{2}} N_1^{-2} (L_0 L_1 L_2)^{\frac{1}{2}} \|f\|_{L^2} \|g\|_{L^2} \|h\|_{L^2}. \tag{2.19}$$

作变量替换 $\tau_1 = \xi_1^3 + \eta_1^3 + c_1$, $\tau_2 = \xi_2^3 + \eta_2^3 + c_2$. 由 Fubini 定理, 只需证明

$$\left| \int h(\phi_{c_1}(\xi_1, \eta_1) + \phi_{c_2}(\xi_2, \eta_2)) f(\phi_{c_1}(\xi_1, \eta_1)) g(\phi_{c_2}(\xi_2, \eta_2)) \, \mathrm{d}\xi_1 \mathrm{d}\eta_1 \mathrm{d}\xi_2 \mathrm{d}\eta_2 \right|$$

$$\lesssim A^{\frac{1}{2}} N_1^{-2} \|f \circ \phi_{c_1}\|_{L^2_{\xi,\eta}} \|g \circ \phi_{c_2}\|_{L^2_{\xi,\eta}} \|h\|_{L^2_{\xi,\eta,\tau}}, \tag{2.20}$$

其中 $h(\tau, \xi, \eta)$ 支撑在 $c_0 \leqslant \tau - \xi^3 - \eta^3 \leqslant c_0 + 1$ 上, 且

$$\phi_{c_j}(\xi) = (\xi^3 + \eta^3 + c_k, \xi, \eta), \quad j = 1, 2.$$

作伸缩变换 $(\tau, \xi, \eta) \to (N_1^3 \tau, N_1 \xi, N_1 \eta)$ 并定义

$$\tilde{f}(\tau_1, \xi_1, \eta_1) = f(N_1^3 \tau_1, N_1 \xi_1, N_1 \eta_1),$$

$$\tilde{g}(\tau_2, \xi_2, \eta_2) = g(N_1^3 \tau_2, N_1 \xi_2, N_1 \eta_2),$$

$$\tilde{h}(\tau, \xi, \eta) = h(N_1^3 \tau, N_1 \xi, N_1 \eta).$$

设 $\tilde{c}_j = N_1^{-3} c_j$, 则不等式 (2.20) 化为

$$\left| \int \tilde{h}(\phi_{\tilde{c}_1}(\xi_1, \eta_1) + \phi_{\tilde{c}_2}(\xi_2, \eta_2)) \tilde{f}(\phi_{\tilde{c}_1}(\xi_1, \eta_1)) \tilde{g}(\phi_{\tilde{c}_2}(\xi_2, \eta_2)) \, \mathrm{d}\xi_1 \mathrm{d}\eta_1 \mathrm{d}\xi_2 \mathrm{d}\eta_2 \right|$$

$$\lesssim A^{\frac{1}{2}} N_1^{-\frac{3}{2}} \|\tilde{f} \circ \phi_{\tilde{c}_1}\|_{L^2_{\xi,\eta}} \|\tilde{g} \circ \phi_{\tilde{c}_2}\|_{L^2_{\xi,\eta}} \|\tilde{h}\|_{L^2_{\xi,\eta,\tau}}.$$

记 $\tilde{k}_i = k_i/N_1$, $i = 1,2,3$. 注意到 $\operatorname{supp} \tilde{f} \subset \tilde{\mathcal{T}}_{\tilde{k}_1}^{N_1^{-1}A'}$, $\operatorname{supp} \tilde{g} \subset \tilde{\mathcal{T}}_{\tilde{k}_2}^{N_1^{-1}A'}$, $\operatorname{supp} \tilde{h} \subset S_3\left(N_1^{-3}\right)$, 其中

$$S_3\left(N_1^{-3}\right) = \left\{ (\tau, \xi, \eta) \in \tilde{\mathcal{T}}_{\tilde{k}_3}^{N_1^{-1}A'} \,\middle|\, \xi^3 + \eta^3 + \frac{c_0}{N_1^3} \leqslant \tau \leqslant \xi^3 + \eta^3 + \frac{c_0+1}{N_1^3} \right\}.$$

由对偶性和连续函数的稠密性, 只需证明当 $\tilde{f}$, $\tilde{g}$ 连续时,

$$\left\| \tilde{f}\big|_{S_1} * \tilde{g}\big|_{S_2} \right\|_{L^2\left(S_3\left(N_1^{-3}\right)\right)} \lesssim A^{\frac{1}{2}} N_1^{-\frac{3}{2}} \|\tilde{f}\|_{L^2(S_1)} \|\tilde{g}\|_{L^2(S_2)}, \tag{2.21}$$

其中

$$S_1 = \left\{ \phi_{\tilde{c}_1}(\xi_1, \eta_1) \in \mathbb{R}^3 \,\middle|\, (\xi_1, \eta_1) \in \mathcal{T}_{\tilde{k}_1}^{N_1^{-1}A'} \right\},$$

$$S_2 = \left\{ \phi_{\tilde{c}_2}(\xi_2, \eta_2) \in \mathbb{R}^3 \,\middle|\, (\xi_2, \eta_2) \in \mathcal{T}_{\tilde{k}_2}^{N_1^{-1}A'} \right\}.$$

(2.21) 由下式可以直接推出

$$\left\| \tilde{f}\big|_{S_1} * \tilde{g}\big|_{S_2} \right\|_{L^2(S_3)} \lesssim A^{\frac{1}{2}} \|\tilde{f}\|_{L^2(S_1)} \|\tilde{g}\|_{L^2(S_2)}, \tag{2.22}$$

其中 c_0' 为 $[c_0, c_0+1]$ 内任意固定的值,

$$S_3 = \left\{ (\psi(\xi, \eta), \xi, \eta) \in \mathbb{R}^3 \,\middle|\, (\xi, \eta) \in \mathcal{T}_{\tilde{k}_3}^{N_1^{-1}A'}, \psi(\xi, \eta) = \xi^3 + \eta^3 + \frac{c_0'}{N_1^3} \right\},$$

由情形 2 的条件 (ii) 推出

$$\operatorname{diam}(S_i) \leqslant 2^{-80} A^{-1}, \quad i = 1,2,3. \tag{2.23}$$

$\forall \lambda_i \in S_i$, 存在 $(\xi_1, \eta_1), (\xi_2, \eta_2), (\xi, \eta)$ 使得

$$\lambda_1 = \phi_{\tilde{c}_1}(\xi_1, \eta_1), \quad \lambda_2 = \phi_{\tilde{c}_2}(\xi_2, \eta_2), \quad \lambda_3 = (\psi(\xi, \eta), \xi, \eta),$$

且 λ_i 上的单位法向量 $\mathfrak{n}_i$ 为

$$\mathfrak{n}_1(\lambda_1) = \frac{1}{\sqrt{1 + 9\xi_1^4 + 9\eta_1^4}} \left(-1, 3\xi_1^2, 3\eta_1^2\right),$$

$$\mathfrak{n}_2(\lambda_2) = \frac{1}{\sqrt{1 + 9\xi_2^4 + 9\eta_2^4}} \left(-1, 3\xi_2^2, 3\eta_2^2\right),$$

$$\mathfrak{n}_3(\lambda_3) = \frac{1}{\sqrt{1 + 9\xi^4 + 9\eta^4}} \left(-1, 3\xi^2, 3\eta^2\right).$$

显然 S_1, S_2, S_3 满足 Hölder 条件

$$\sup_{\lambda_i, \lambda_i' \in S_i} \frac{|\mathfrak{n}_i(\lambda_i) - \mathfrak{n}_i(\lambda_i')|}{|\lambda_i - \lambda_i'|} + \frac{|\mathfrak{n}_i(\lambda_i)(\lambda_i - \lambda_i')|}{|\lambda_i - \lambda_i'|^2} \leqslant 2^3. \tag{2.24}$$

为使 (2.22) 的左端存在, 可以假设存在 $(\xi_1', \eta_1'), (\xi_2', \eta_2'), (\xi', \eta')$ 使得

$$(\xi_1', \eta_1') + (\xi_2', \eta_2') = (\xi', \eta'),$$

$$\phi_{\tilde{c}_1}(\xi_1', \eta_1') \in S_1, \quad \phi_{\tilde{c}_2}(\xi_2', \eta_2') \in S_2, \quad (\psi(\xi', \eta'), \xi', \eta') \in S_3,$$

令 $\lambda_1' = \phi_{\tilde{c}_1}(\xi_1', \eta_1'), \lambda_2' = \phi_{\tilde{c}_2}(\xi_2', \eta_2'), \lambda_3' = (\psi(\xi', \eta'), \xi', \eta'). \forall \lambda_1 = \phi_{\tilde{c}_1}(\xi_1, \eta_1) \in S_1$, 由 $\lambda_1, \lambda_1' \in S_1$ 和 (2.23) 推出

$$|\mathfrak{n}_1(\lambda_1) - \mathfrak{n}_1(\lambda_1')| \leqslant 2^{-70} A^{-1}. \tag{2.25}$$

类似地, 对 $\forall \lambda_2 \in S_2$ 和 $\lambda_3 \in S_3$ 有

$$|\mathfrak{n}_2(\lambda_2) - \mathfrak{n}_2(\lambda_2')| \leqslant 2^{-70} A^{-1}. \tag{2.26}$$

$$|\mathfrak{n}_3(\lambda_3) - \mathfrak{n}_3(\lambda_3')| \leqslant 2^{-70} A^{-1}. \tag{2.27}$$

由 (2.23) 和 (2.24) 可以推出如下的正交性条件.

$$2^{-70} A^{-1} \leqslant |\det \mathbf{N}(\lambda_1, \lambda_2, \lambda_3)|, \quad \forall \lambda_i \in S_i.$$

由 Whitney 不等式 (命题 2.1), 令 $d = 2^{-70} A^{-1}$, 即得 (2.22).

由 (2.25)—(2.27), 只需证明

$$2^{-65} A^{-1} \leqslant |\det \mathbf{N}(\lambda_1', \lambda_2', \lambda_3')|.$$

由 $\lambda_1' = \phi_{\tilde{c}_1}(\xi_1', \eta_1'), \lambda_2' = \phi_{\tilde{c}_2}(\xi_2', \eta_2'), \lambda_3' = (\psi(\xi', \eta'), \xi', \eta')$ 和 $(\xi', \eta') = (\xi_1', \eta_1') + (\xi_2', \eta_2')$ 及

$$|\sin \angle((\xi_1', \eta_1'), (\xi_2', \eta_2'))| = \frac{|\xi_1' \eta_2' - \xi_2' \eta_1'|}{|(\xi_1', \eta_1')| |(\xi_2', \eta_2')|},$$

结合 (2.17) 和 (2.18) 可以推出

$$|\det \mathbf{N}(\lambda_1', \lambda_2', \lambda_3')|$$

$$\geqslant 2^{-25} \frac{1}{\langle(\xi_1, \eta_1)\rangle^2 \langle(\xi_2, \eta_2)\rangle^2} \left| \det \begin{pmatrix} -1 & -1 & -1 \\ 3(\xi_1')^2 & 3(\xi_2')^2 & 3(\xi')^2 \\ 3(\eta_1')^2 & 3(\eta_2')^2 & 3(\eta')^2 \end{pmatrix} \right|$$

$$\geqslant 2^{-25} \frac{|\xi_1' \eta_2' - \xi_2' \eta_1'|}{\langle(\xi_1, \eta_1)\rangle^2 \langle(\xi_2, \eta_2)\rangle^2} |\xi_1' \eta_2' + \xi_2' \eta_1' + 2(\xi_1' \eta_1' + \xi_2' \eta_2')|$$

$$\geqslant 2^{-25} \frac{|(\xi_1', \eta_1')| \, |(\xi_2', \eta_2')|}{\langle(\xi_1', \eta_1')\rangle^2 \, \langle(\xi_2', \eta_2')\rangle^2} \frac{|\xi_1' \eta_2' - \xi_2' \eta_1'|}{|(\xi_1', \eta_1')| \, |(\xi_2', \eta_2')|} A^{-1}$$

$$\geqslant 2^{-65} A^{-1}. \hspace{6cm} \square$$

在上述命题中假定了 $\widehat{u}_{N_1, L_1}$ 和 $\widehat{v}_{N_2, L_2}$ 分别限制在方形棱柱 $\tilde{\mathcal{T}}_{k_1}^A$ 和 $\tilde{\mathcal{T}}_{k_2}^A$ 上, 直接求和会发生正则性损失. 根据函数 $\xi_1 \xi_2 (\xi_1 + \xi_2) + \eta_1 \eta_2 (\eta_1 + \eta_2)$ 和函数 $\xi_1 \eta_2 + \xi_2 \eta_1 + 2 (\xi_1 \eta_1 + \xi_2 \eta_2)$ 引入如下 Whitney 型分解.

定义 2.2 (Whitney 型分解)   令 A 为大于 2^{100} 的二进制数,

$$\Phi(\xi_1, \eta_1, \xi_2, \eta_2) = \xi_1 \xi_2 (\xi_1 + \xi_2) + \eta_1 \eta_2 (\eta_1 + \eta_2),$$

$$F(\xi_1, \eta_1, \xi_2, \eta_2) = \xi_1 \eta_2 + \xi_2 \eta_1 + 2 (\xi_1 \eta_1 + \xi_2 \eta_2).$$

定义

$$Z_A^1 = \left\{ (k_1, k_2) \in \mathbb{Z}^2 \times \mathbb{Z}^2 \, \middle| \, |\Phi(\xi_1, \eta_1, \xi_2, \eta_2)| \geqslant A^{-1} N_1^3, \forall (\xi_j, \eta_j) \in \mathcal{T}_{k_j}^A \right\},$$

$$Z_A^2 = \left\{ (k_1, k_2) \in \mathbb{Z}^2 \times \mathbb{Z}^2 \, \middle| \, |F(\xi_1, \eta_1, \xi_2, \eta_2)| \geqslant A^{-1} N_1^2, \forall (\xi_j, \eta_j) \in \mathcal{T}_{k_j}^A \right\},$$

$$Z_A = Z_A^1 \cup Z_A^2 \subset \mathbb{Z}^2 \times \mathbb{Z}^2, \quad R_A = \bigcup_{(k_1, k_2) \in Z_A} \mathcal{T}_{k_1}^A \times \mathcal{T}_{k_2}^A \subset \mathbb{R}^2 \times \mathbb{R}^2.$$

显然, $A_1 \leqslant A_2 \Longrightarrow R_{A_1} \subset R_{A_2}$. 进一步定义

$$Q_A = \begin{cases} R_A \backslash R_{\frac{A}{2}}, & \text{当 } A \geqslant 2^{101}, \\ R_{2^{100}}, & \text{当 } A = 2^{100}, \end{cases}$$

定义整数对集合 $Z_A' \subset Z_A$ 使得

$$\bigcup_{(k_1, k_2) \in Z_A'} \mathcal{T}_{k_1}^A \times \mathcal{T}_{k_2}^A = Q_A.$$

易见 Z_A' 是唯一定义的, 且对二进制数 $A_0 \geqslant 2^{100}$,

$$\bigcup_{2^{100} \leqslant A \leqslant A_0} Q_A = R_{A_0}, \quad A_1 \neq A_2 \Longrightarrow Q_{A_1} \cap Q_{A_2} = \varnothing,$$

从而 $\mathbb{R}^2 \times \mathbb{R}^2$ 被分解为

$$\mathbb{R}^2 \times \mathbb{R}^2 = \left(\bigcup_{2^{100} \leqslant A \leqslant A_0} Q_A \right) \cup (R_{A_0})^c.$$

最后再定义

$$\mathcal{A} = \left\{ (\tau_1, \xi_1, \eta_1) \times (\tau_2, \xi_2, \eta_2) \in \mathbb{R}^3 \times \mathbb{R}^3 \,\middle|\, |\sin \angle ((\xi_1, \eta_1), (\xi_2, \eta_2))| \geqslant 2^{-22} \right\},$$

$$\tilde{Z}_A = \left\{ (k_1, k_2) \in Z'_A \,\middle|\, \left(\tilde{\mathcal{T}}^A_{k_1} \times \tilde{\mathcal{T}}^A_{k_2} \right) \cap (G_{N_1, L_1} \times G_{N_2, L_2}) \cap \mathcal{A} \neq \varnothing \right\}.$$

假定 N_1, L_1, N_2, L_2 满足情形 (2) 中的条件 (i) 和 (ii). 要使各小区域可以求和, 还需如下的 "几乎正交" 条件.

条件 2.1   固定 $k_1 \in \mathbb{Z}^2$, 满足 $(k_1, k_2) \in \tilde{Z}_A$ 的 $k_2 \in \mathbb{Z}^2$ 的数量少于 2^{1000}.

注记 2.2   对称地, 固定 $k_2 \in \mathbb{Z}^2$, 满足 $(k_1, k_2) \in \tilde{Z}_A$ 的 $k_1 \in \mathbb{Z}^2$ 的数量少于 2^{1000}. 从而可以称满足 $(k_1, k_2) \in \tilde{Z}_A$ 的 k_1 和 k_2 几乎一一对应.

注意到几乎正交的条件并不总是成立, 为分别处理满足该条件和不满足该条件的小区域, 还需对 $\mathbb{R}^2 \times \mathbb{R}^2$ 作如下分解.

定义 2.3   令 $\mathcal{K}_0, \mathcal{K}_1, \mathcal{K}_2, \mathcal{K}'_0, \mathcal{K}'_1, \mathcal{K}'_2 \subset \mathbb{R}^2$ 和 $\tilde{\mathcal{K}}_0, \tilde{\mathcal{K}}_1, \tilde{\mathcal{K}}_2, \tilde{\mathcal{K}}'_0, \tilde{\mathcal{K}}'_1, \tilde{\mathcal{K}}'_2 \subset \mathbb{R}^3$ 如下定义:

$$\mathcal{K}_0 = \left\{ (\xi, \eta) \in \mathbb{R}^2 \,\middle|\, |\eta - (\sqrt{2} - 1)^{\frac{4}{3}} \xi| \leqslant 2^{-20} N_1 \right\},$$

$$\mathcal{K}_1 = \left\{ (\xi, \eta) \in \mathbb{R}^2 \,\middle|\, |\eta - (\sqrt{2} + 1)^{\frac{2}{3}} (\sqrt{2} + \sqrt{3}) \xi| \leqslant 2^{-20} N_1 \right\},$$

$$\mathcal{K}_2 = \left\{ (\xi, \eta) \in \mathbb{R}^2 \,\middle|\, |\eta + (\sqrt{2} + 1)^{\frac{2}{3}} (\sqrt{3} - \sqrt{2}) \xi| \leqslant 2^{-20} N_1 \right\},$$

$$\mathcal{K}'_0 = \left\{ (\xi, \eta) \in \mathbb{R}^2 \,\middle|\, (\eta, \xi) \in \mathcal{K}_0 \right\},$$

$$\mathcal{K}'_1 = \left\{ (\xi, \eta) \in \mathbb{R}^2 \,\middle|\, (\eta, \xi) \in \mathcal{K}^1 \right\},$$

$$\mathcal{K}'_2 = \left\{ (\xi, \eta) \in \mathbb{R}^2 \,\middle|\, (\eta, \xi) \in \mathcal{K}^2 \right\},$$

$$\tilde{\mathcal{K}}_j = \mathbb{R} \times \mathcal{K}_j, \quad \tilde{\mathcal{K}}'_j = \mathbb{R} \times \mathcal{K}'_j, \quad j = 0, 1, 2.$$

对 $\mathbb{R}^2 \times \mathbb{R}^2$ 和 $\mathbb{R}^3 \times \mathbb{R}^3$ 的子集, 定义

$$\mathcal{K} = (\mathcal{K}_0 \times (\mathcal{K}_1 \cup \mathcal{K}_2)) \cup ((\mathcal{K}_1 \cup \mathcal{K}_2) \times \mathcal{K}_0) \subset \mathbb{R}^2 \times \mathbb{R}^2,$$

$$\tilde{\mathcal{K}} = \left(\tilde{\mathcal{K}}_0 \times \left(\tilde{\mathcal{K}}_1 \cup \tilde{\mathcal{K}}_2 \right) \right) \cup \left(\left(\tilde{\mathcal{K}}_1 \cup \tilde{\mathcal{K}}_2 \right) \times \tilde{\mathcal{K}}_0 \right) \subset \mathbb{R}^3 \times \mathbb{R}^3,$$

$$\mathcal{K}' = (\mathcal{K}'_0 \times (\mathcal{K}'_1 \cup \mathcal{K}'_2)) \cup ((\mathcal{K}'_1 \cup \mathcal{K}'_2) \times \mathcal{K}'_0) \subset \mathbb{R}^2 \times \mathbb{R}^2,$$

$$\tilde{\mathcal{K}}' = \left(\tilde{\mathcal{K}}'_0 \times \left(\tilde{\mathcal{K}}'_1 \cup \tilde{\mathcal{K}}'_2 \right) \right) \cup \left(\left(\tilde{\mathcal{K}}'_1 \cup \tilde{\mathcal{K}}'_2 \right) \times \tilde{\mathcal{K}}'_0 \right) \subset \mathbb{R}^3 \times \mathbb{R}^3,$$

及其补集

$$(\mathcal{K})^c = \left(\mathbb{R}^2 \times \mathbb{R}^2 \right) \backslash \mathcal{K}, \quad (\tilde{\mathcal{K}})^c = \left(\mathbb{R}^3 \times \mathbb{R}^3 \right) \backslash \tilde{\mathcal{K}},$$

$$(\mathcal{K}')^c = \left(\mathbb{R}^2 \times \mathbb{R}^2 \right) \backslash \mathcal{K}', \quad (\tilde{\mathcal{K}}')^c = \left(\mathbb{R}^3 \times \mathbb{R}^3 \right) \backslash \tilde{\mathcal{K}}'.$$

最后定义

$$\widehat{Z}_A = \left\{ (k_1, k_2) \in \tilde{Z}_A \,\middle|\, \left(\mathcal{T}_{k_1}^A \times \mathcal{T}_{k_2}^A \right) \cap \left((\mathcal{K})^c \cap (\mathcal{K}')^c \right) \neq \varnothing \right\}$$

和 $\bar{Z}_A$ 为满足

$$\mathcal{T}_{k_1}^A \times \mathcal{T}_{k_2}^A \not\subset \bigcup_{2^{100} \leqslant A' \leqslant A} \bigcup_{(k_1', k_2') \in \widehat{Z}_A} \left(\mathcal{T}_{k_1'}^{A'} \times \mathcal{T}_{k_2'}^{A'} \right),$$

$$\left(\tilde{\mathcal{T}}_{k_1}^A \times \tilde{\mathcal{T}}_{k_2}^A \right) \cap (G_{N_1, L_1} \times G_{N_2, L_2}) \cap \mathcal{A} \cap \left((\tilde{\mathcal{K}})^c \cap (\tilde{\mathcal{K}}')^c \right) \neq \varnothing$$

的指标对 $(k_1, k_2) \in \mathbb{Z}^2 \times \mathbb{Z}^2$ 的集合.

引理 2.3 固定 $k_1 \in \mathbb{Z}^2$, 使 $(k_1, k_2) \in \widehat{Z}_A$ 成立的 $k_2 \in \mathbb{Z}^2$ 的数量少于 2^{1000}. 同样的断言对 $\bar{Z}_A$ 也成立.

证明 设二进制数 $A \geqslant 2^{300}$, $\mathcal{T}_{k_1}^A \times \mathcal{T}_{k_2}^A \not\subset (\mathcal{K} \cup \mathcal{K}')$.

定义 $\check{Z}_A = \check{Z}_A(k_1) \in \mathbb{Z}^2$ 为满足

$$\mathcal{T}_{k_1}^A \times \mathcal{T}_{k_2}^A \subset (\mathcal{K} \cup \mathcal{K}') \cup \left\{ (\xi_1, \eta_1) \times (\xi_2, \eta_2) \,\middle|\, |\sin \angle ((\xi_1, \eta_1), (\xi_2, \eta_2))| < 2^{-22} \right\}$$

的 $k_2 \in \mathbb{Z}^2$ 的集合.

不妨假设 $N_2 \leqslant N_1$. 于是 $k_1' = k_1'(k_1) \in \mathbb{Z}^2$, $k_2' = k_2'(k_2) \in \mathbb{Z}^2$ 分别使得 $\mathcal{T}_{k_1}^A \subset \mathcal{T}_{k_1'}^{A/2}$ 和 $\mathcal{T}_{k_2}^A \subset \mathcal{T}_{k_2'}^{A/2}$ 成立.

由定义, $(k_1, k_2) \in \widehat{Z}_A$ 意味着 $(k_1', k_2') \notin Z_{A/2}'$, 从而存在 $(\xi_1, \eta_1), (\tilde{\xi}_1, \tilde{\eta}_1) \in \mathcal{T}_{k_1'}^{A/2}$ 和 $(\xi_2, \eta_2), (\tilde{\xi}_2, \tilde{\eta}_2) \in \mathcal{T}_{k_2'}^{A/2}$ 满足

$$|\Phi(\xi_1, \eta_1, \xi_2, \eta_2)| \leqslant 2A^{-1}N_1^3, \quad \left| F\left(\tilde{\xi}_1, \tilde{\eta}_1, \tilde{\xi}_2, \tilde{\eta}_2 \right) \right| \leqslant 2A^{-1}N_1^2.$$

于是, 令 (ξ_1', η_1') 为 $\mathcal{T}_{k_1}^A$ 的中心, 只需证明存在 $k_{2,(\ell)} \in \mathbb{Z}^2 (\ell = 1, 2, 3, 4)$ 使得

$$\left\{ (\xi_2, \eta_2) \in \mathbb{R}^2 \setminus \bigcup_{k_2 \in \check{Z}_A} \mathcal{T}_{k_2}^A \,\middle|\, \begin{array}{l} |\Phi(\xi_1', \eta_1', \xi_2, \eta_2)| \leqslant 2^4 A^{-1}N_1^3, \\ |F(\xi_1', \eta_1', \xi_2, \eta_2)| \leqslant 2^4 A^{-1}N_1^2 \end{array} \right\} \subset \bigcup_{\ell=1}^4 \mathcal{T}_{k_{2,(\ell)}}^{2^{-200}A}.$$

这意味着 $(k_1, k_2) \in \bar{Z}_A$ 几乎一一对应.

考虑到 $|\Phi(\xi_1', \eta_1', \xi_2, \eta_2)| \leqslant 2^4 A^{-1}N_1^3$ 和 $|F(\xi_1', \eta_1', \xi_2, \eta_2)| \leqslant 2^4 A^{-1}N_1^2$ 分别意味着

$$|\Phi(\xi_1', \eta_1', \xi_2, \eta_2)| = |\xi_1' \xi_2 (\xi_1' + \xi_2) + \eta_1' \eta_2 (\eta_1' + \eta_2)| \leqslant 2^4 A^{-1}N_1^3, \tag{2.28}$$

$$|F(\xi_1', \eta_1', \xi_2, \eta_2)| = |\xi_1 \eta_2 + \xi_2 \eta_1' + 2(\xi_1' \eta_1' + \xi_2 \eta_2)| \leqslant 2^4 A^{-1}N_1^2, \tag{2.29}$$

经过变换 $\xi_2' = \xi_2 + \xi_1'/2, \eta_2' = \eta_2 + \eta_1'/2$, (2.28) 和 (2.29) 分别等价于

$$\left|\tilde{\Phi}\left(\xi_2', \eta_2'\right)\right| := \left|\xi_1'\xi_2'^2 + \eta_1'\eta_2'^2 - \frac{\xi_1'^3 + \eta_1'^3}{4}\right| \leqslant 2^4 A^{-1} N_1^3, \tag{2.30}$$

$$\left|\tilde{F}\left(\xi_2', \eta_2'\right)\right| := \left|\frac{3}{2}\xi_1'\eta_1' + 2\xi_2'\eta_2'\right| \leqslant 2^4 A^{-1} N_1^2. \tag{2.31}$$

因此将证明 $k_{2,(\ell)}' \in \mathbb{Z}^2$ 使得 (ξ_2', η_2') 满足 $(\xi_2' - \xi_1'/2, \eta_2' - \eta_1'/2) \notin \bigcup_{k_2 \in \check{Z}_A} \mathcal{T}_{k_2}^A$,
(2.30) 和 (2.31) 且包含于 $\bigcup_{\ell=1}^4 \mathcal{T}_{k_{2,(\ell)}'}^{2^{-200}A}$.

首先注意到

$$\min\left(|\xi_1'|, |\eta_1'|\right) \geqslant 2^{-55} N_1, \tag{2.32}$$

$$\max\left(|\xi_2'|, |\eta_2'|\right) \geqslant 2^{-30} N_1, \tag{2.33}$$

于是可以推出 (2.32). 如果 $|\xi_1'| < 2^{-55} N_1$, 可以假设 $|\eta_1'| \geqslant 2^{-2} N_1$. 因此有

$$(2.30) \Longleftrightarrow \left|\xi_1'\xi_2'^2 + \eta_1'\eta_2'^2 - \frac{\xi_1'^3 + \eta_1'^3}{4}\right| \leqslant 2^4 A^{-1} N_1^3$$

$$\Longrightarrow |\eta_1'|\left|\eta_2'^2 - \frac{\eta_1'^2}{4}\right| \leqslant 2^{-50} N_1^3$$

$$\Longrightarrow \left||\eta_2'| - \frac{|\eta_1'|}{2}\right| \leqslant 2^{-45} N_1$$

$$\Longrightarrow |\eta_2'| \geqslant 2^{-4} N_1.$$

于是有 $|\xi_2'| \geqslant 2^{-50} N_1$. 事实上, 由于 $\xi_2' = \xi_2 + \xi_1'/2$, 只需证明 $|\xi_2| > 2^{-49} N_1$. 又
因 $A \geqslant 2^{300}$, 注意到 $(\xi_2, \eta_2) \notin \bigcup_{k_2 \in \check{Z}_A} \mathcal{T}_{k_2}^A$, 因此

$$\frac{|\xi_1'\eta_2 - \xi_2\eta_1'|}{|(\xi_1', \eta_1')| |(\xi_2, \eta_2)|} > 2^{-23}. \tag{2.34}$$

由 $N_1 \leqslant 2^{22} N_2$ 即可推出

$$\frac{|\xi_1'\eta_2 - \xi_2\eta_1'|}{|(\xi_1', \eta_1')| |(\xi_2, \eta_2)|} > 2^{-23} \Longrightarrow \frac{|\xi_2\eta_1'| + |\xi_1'\eta_2|}{|(\xi_1', \eta_1')|} > 2^{-47} N_1 \Longrightarrow |\xi_2| > 2^{-49} N_1.$$

因此 $|\xi_2| > 2^{-49} N_1$, 从而 $|\xi_2'| \geqslant 2^{-50} N_1$. 且有下式成立

$$\left|\tilde{F}\left(\xi_2', \eta_2'\right)\right| = \left|\frac{3}{2}\xi_1'\eta_1' + 2\xi_2'\eta_2'\right|$$

$$\geqslant 2\left|\xi_2'\eta_2'\right| - \frac{3}{2}\left|\xi_1'\eta_1'\right|$$

$$\geqslant 2^{-54} N_1^2,$$

因此 (2.31) 成立.

类似地, 如果 $\max(|\xi_2'|, |\eta_2'|) < 2^{-30} N_1$, 由于 $\xi_2 = \xi_2' - \xi_1'/2, \eta_2 = \eta_2' - \eta_1'/2$, 可以得到

$$\frac{|\xi_1' \eta_2 - \xi_2 \eta_1'|}{|(\xi_1', \eta_1')| \, |(\xi_2, \eta_2)|} < 2^{-23},$$

这与 (2.34) 矛盾. 因此 (2.33) 成立.

不妨设 $2^{-30} N_1 \leqslant |\xi_2'|$. 由 (2.31) 可以推出

$$\left| \frac{3}{2} \xi_1' \eta_1' + 2 \xi_2' \eta_2' \right| \leqslant 2^4 A^{-1} N_1^2$$

$$\Longrightarrow \left| \eta_2' + \frac{3 \xi_1' \eta_1'}{4 \xi_2'} \right| \leqslant \frac{2^3 A^{-1} N_1^2}{|\xi_2'|} \leqslant 2^{33} A^{-1} N_1. \tag{2.35}$$

又由 (2.30) 和 (2.35) 得

$$\left| \xi_1' \xi_2'^2 + \eta_1' \eta_2'^2 - \frac{\xi_1'^3 + \eta_1'^3}{4} \right| \leqslant 2^4 A^{-1} N_1^3$$

$$\overset{(2.35)}{\Longrightarrow} \left| \xi_1' \xi_2'^2 + \eta_1' \frac{9 \xi_1'^2 \eta_1'^2}{16 \xi_2'^2} - \frac{\xi_1'^3 + \eta_1'^3}{4} \right| \leqslant 2^{70} A^{-1} N_1^3. \tag{2.36}$$

定义

$$G(\xi_2') := \xi_1' \xi_2'^2 + \frac{9 \xi_1'^2 \eta_1'^3}{16 \xi_2'^2} - \frac{\xi_1'^3 + \eta_1'^3}{4}.$$

于是, 只需证明对满足 (2.36) 的任意 ξ_2' 有

$$\left| \left(\frac{\mathrm{d}G}{\mathrm{d}\xi_2'} \right) (\xi_2') \right| = \left| \frac{2\xi_1'}{\xi_2'^3} \left(\xi_2'^4 - \frac{9 \xi_1' \eta_1'^3}{16} \right) \right| \geqslant 2^{-100} N_1^2, \tag{2.37}$$

即可得到至多存在四个常数 $c_{(\ell)}(\xi_1', \eta_1')$ $(\ell = 1, 2, 3, 4)$ 使得

$$\left| \xi_2' - c_{(\ell)}(\xi_1', \eta_1') \right| \leqslant 2^{170} A^{-1} N_1, \quad \forall \xi_2' \text{ 满足 } (2.36),$$

由于 (2.35) 给了 η_2' 类似的限制, 于是可以完成证明.

至此, 只需证明对任意满足 $(3.35), (3.36)$ 的 ξ_2', 将满足 (2.37) 且

$$(\xi_2' - \xi_1'/2, \eta_2' - \eta_1'/2) \notin \bigcup_{k_2 \in \check{Z}_A} \mathcal{T}_{k_2}^A.$$

为应用反证法, 假设 ξ_2' 满足

$$|G(\xi_2')| \leqslant 2^{70} A^{-1} N_1^3 \text{ 且 } |G'(\xi_2')| = \left| \left(\frac{\mathrm{d}G}{\mathrm{d}\xi_2'} \right) (\xi_2') \right| \leqslant 2^{-100} N_1^2. \tag{2.38}$$

显然, $\xi_1'\eta_1' \leqslant 0$ 意味着 $|G'(\xi_2')| \geqslant 2|\xi_1'\xi_2'| \geqslant 2^{-75}N_1^2$. 因此假设 $\xi_1'\eta_1' > 0$. 并不妨设 $\xi_1' > 0$, $\eta_1' > 0$. $\xi_1' < 0$, $\eta_1' < 0$ 的情形类似.

计算

$$|G'(\xi_2')| \leqslant 2^{-100}N_1^2$$

$$\Longleftrightarrow \left|\frac{2\xi_1'}{\xi_2'^3}\left(\xi_2'^2 + \frac{3}{4}\sqrt{\xi_1'\eta_1'^3}\right)\left(\xi_2'^2 - \frac{3}{4}\sqrt{\xi_1'\eta_1'^3}\right)\right| \leqslant 2^{-100}N_1^2$$

$$\Longrightarrow \left|\xi_2'^2 - \frac{3}{4}\sqrt{\xi_1'\eta_1'^3}\right| \leqslant 2^{-65}N_1^2. \tag{2.39}$$

由 $|G(\xi_2')| \leqslant 2^{70}A^{-1}N_1^3$ 和 (2.39) 得

$$|G(\xi_2')| \leqslant 2^{70}A^{-1}N_1^3$$

$$\overset{(2.39)}{\Longrightarrow} \left|\frac{3}{2}\sqrt{\xi_1'^3\eta_1'^3} - \frac{\xi_1'^3 + \eta_1'^3}{4}\right| \leqslant 2^{-55}N_1^3$$

$$\Longrightarrow \left|\left(\xi_1'^{\frac{3}{2}}\right)^2 - 6\xi_1'^{\frac{3}{2}}\eta_1'^{\frac{3}{2}} + \left(\eta_1'^{\frac{3}{2}}\right)^2\right| \leqslant 2^{-50}N_1^3$$

$$\Longrightarrow \left|\left(\xi_1^{\frac{3}{2}} - (\sqrt{2}+1)^2\eta_1'^{\frac{3}{2}}\right)\left(\xi_1^{\frac{3}{2}} - (\sqrt{2}-1)^2\eta_1'^{\frac{3}{2}}\right)\right| \leqslant 2^{-50}N_1^3.$$

从而有

$$\left|\eta_1' - (\sqrt{2}-1)^{\frac{4}{3}}\xi_1'\right| \leqslant 2^{-45}N_1 \quad \text{或} \quad \left|\eta_1' - (\sqrt{2}+1)^{\frac{4}{3}}\xi_1'\right| \leqslant 2^{-45}N_1.$$

当 $\left|\eta_1' - (\sqrt{2}-1)^{\frac{4}{3}}\xi_1'\right| \leqslant 2^{-45}N_1$ 时. 首先考虑 $\left|\eta_1' - (\sqrt{2}-1)^{\frac{4}{3}}\xi_1'\right| \leqslant 2^{-45}N_1$. 由 (2.39) 得

$$\left|\xi_2'^2 - \frac{3}{4}(\sqrt{2}-1)^2\xi_1'^2\right| \leqslant 2^{-40}N_1^2,$$

从而有

$$\left|\xi_2' - \frac{\sqrt{3}}{2}(\sqrt{2}-1)\xi_1'\right| \leqslant 2^{-35}N_1 \quad \text{或} \quad \left|\xi_2' + \frac{\sqrt{3}}{2}(\sqrt{2}-1)\xi_1'\right| \leqslant 2^{-35}N_1.$$

设 $\left|\xi_2' - \frac{\sqrt{3}}{2}(\sqrt{2}-1)\xi_1'\right| \leqslant 2^{-35}N_1$, 则由 (2.35) 得

$$\left|\eta_2' + \frac{3\xi_1'\eta_1'}{4\xi_2'}\right| \leqslant 2^{16}A^{-1}N_1 \Longrightarrow \left|\eta_2' + \frac{\sqrt{3}}{2}(\sqrt{2}-1)^{\frac{1}{3}}\xi_1'\right| \leqslant 2^{-30}N_1.$$

由于 $\xi_2 = \xi_2' - \xi_1'/2$, $\eta_2 = \eta_2' - \eta_1'/2$, 因此

$$
\begin{cases}
\left| \xi_2' - \dfrac{\sqrt{3}}{2}(\sqrt{2}-1)\xi_1' \right| \leqslant 2^{-35}N_1, \\[3mm]
\left| \eta_2' + \dfrac{\sqrt{3}}{2}(\sqrt{2}-1)^{\frac{1}{3}}\xi_1' \right| \leqslant 2^{-30}N_1
\end{cases}
$$

$$
\Longrightarrow
\begin{cases}
\left| \xi_2 + \dfrac{1-\sqrt{3}(\sqrt{2}-1)}{2}\xi_1' \right| \leqslant 2^{-30}N_1, \\[3mm]
\left| \eta_2 + \dfrac{\sqrt{3}+\sqrt{2}-1}{2}(\sqrt{2}-1)^{\frac{1}{3}}\xi_1' \right| \leqslant 2^{-25}N_1.
\end{cases}
$$

从而有

$$
\left| \eta_2 - (\sqrt{2}+1)^{\frac{2}{3}}(\sqrt{2}+\sqrt{3})\xi_2 \right| \leqslant 2^{-23}N_1.
$$

类似地, 假设 $\left| \xi_2' + \dfrac{\sqrt{3}}{2}(\sqrt{2}-1)\xi_1' \right| \leqslant 2^{-35}N_1$, 同样的计算可以得到

$$
\left| \eta_2 + (\sqrt{2}+1)^{\frac{2}{3}}(\sqrt{3}-\sqrt{2})\xi_2 \right| \leqslant 2^{-23}N_1.
$$

当 $\left| \eta_1' - (\sqrt{2}+1)^{\frac{4}{3}}\xi_1' \right| \leqslant 2^{-45}N_1$ **时.** 考虑 $\left| \eta_1' - (\sqrt{2}+1)^{\frac{4}{3}}\xi_1' \right| \leqslant 2^{-45}N_1$. 类似于上一种情况, 可以证明 (ξ_2, η_2) 满足

$$
\left| \eta_2 + (\sqrt{2}-1)^{\frac{2}{3}}(\sqrt{2}+\sqrt{3})\xi_2 \right| \leqslant 2^{-23}N_1
$$

或

$$
\left| \eta_2 - (\sqrt{2}-1)^{\frac{2}{3}}(\sqrt{3}-\sqrt{2})\xi_2 \right| \leqslant 2^{-23}N_1.
$$

综上所述, 已证明了 (ξ_2', η_2') 满足 (2.35) 和 (2.38), 因此对使 $(\xi_1', \eta_1') \in \mathcal{T}_{k_1}^A$, $(\xi_2, \eta_2) \in \mathcal{T}_{k_2}^A$ 成立的 $\forall k_1, k_2 \in \mathbb{Z}^2$, 有

$$
\mathcal{T}_{k_1}^A \times \mathcal{T}_{k_2}^A \subset (\mathcal{K} \cup \mathcal{K}'),
$$

这与最初的假设 $\mathcal{T}_{k_1}^A \times \mathcal{T}_{k_2}^A \not\subset (\mathcal{K} \cup \mathcal{K}')$ 矛盾. □

注记 2.3　在证明满足 $(k_1, k_2) \in \tilde{Z}_A$ 的 k_1 和 k_2 几乎正交时之所以要排除 $\mathcal{K} \cup \mathcal{K}'$ 的情形, 是因为在引理 (2.3) 的证明中, 几乎正交等价于存在 $k_{2,(\ell)}' \in \mathbb{Z}^2$ 使得满足

$$
\left| \tilde{\Phi}\left(\xi_2', \eta_2'\right) \right| := \left| \xi_1'\xi_2'^2 + \eta_1'\eta_2'^2 - \dfrac{\xi_1'^3 + \eta_1'^3}{4} \right| \leqslant 2^4 A^{-1} N_1^3,
$$

$$\left| \tilde{F} \left(\xi_2', \eta_2' \right) \right| := \left| \frac{3}{2} \xi_1' \eta_1' + 2 \xi_2' \eta_2' \right| \leqslant 2^4 A^{-1} N_1^2$$

的集合 (ξ_2', η_2') 包含于 $\bigcup_{\ell=1}^4 \mathcal{T}_{k_{2,(\ell)}'}^{2^{-200}} A$.

当存在 $a \in \mathbb{R}^2$ 使得 $\tilde{\Phi}(a) = \tilde{F}(a) = 0$, 且 $\tilde{\Phi}(\xi_2', \eta_2') = 0$ 在 a 处的切线和 $\tilde{F}(\xi_2', \eta_2') = 0$ 在 a 处的切线重合时, 几乎一一对应不成立. 因此证明中从 $\mathbb{R}^2 \times \mathbb{R}^2$ 中去掉 $\mathcal{K} \cup \mathcal{K}'$.

在假设 $(\xi_1, \eta_1) \times (\xi_2, \eta_2) \in (\mathcal{K})^c \cap (\mathcal{K}')^c$ 下, 由命题 2.4、命题 2.5 和引理 2.3 可以得到估计 (2.8).

命题 2.6 在情形 2 的条件下, 成立

$$\left| \iint_* \widehat{w}_{N_0, L_0}(\tau, \xi, \eta) \chi_1 \left((\xi_1, \eta_1), (\xi_2, \eta_2) \right) \widehat{u}_{N_1, L_1} (\tau_1, \xi_1, \eta_1) \widehat{v}_{N_2, L_2}(\tau_2, \xi_2, \eta_2) \, \mathrm{d}\sigma_1 \mathrm{d}\sigma_2 \right|$$

$$\lesssim (N_1)^{-\frac{5}{4}} (L_0 L_1 L_2)^{\frac{5}{12}} \| \widehat{u}_{N_1, L_1} \|_{L^2} \| \widehat{v}_{N_2, L_2} \|_{L^2} \| \widehat{w}_{N_0, L_0} \|_{L^2}, \tag{2.40}$$

其中 $\mathrm{d}\sigma_j = \mathrm{d}\tau_j \mathrm{d}\xi_j \mathrm{d}\eta_j$, $*$ 表示 $(\tau, \xi, \eta) = (\tau_1 + \tau_2, \xi_1 + \xi_2, \eta_1 + \eta_2)$, $\chi_1 = \chi_{\{(\mathcal{K})^c \cap (\mathcal{K}')^c\}}$.

证明 只需对非负函数 $\widehat{w}_{N_0, L_0}, \widehat{u}_{N_1, L_1}, \widehat{v}_{N_2, L_2}$ 证明 (2.40). 令 $\widehat{w}_{N_0, L_0}, \widehat{u}_{N_1, L_1}, \widehat{v}_{N_2, L_2}$ 非负. 二进制数 $A_0 \geqslant 2^{100}$. 由 $\widehat{Z}_A$ 和 $\bar{Z}_{A_0}$ 的定义, 易见 $(G_{N_1, L_1} \times G_{N_2, L_2}) \cap \mathcal{A} \cap (\tilde{\mathcal{K}})^c \cap \left(\tilde{\mathcal{K}}' \right)^c$ 包含于

$$\bigcup_{2^{100} \leqslant A \leqslant A_0} \bigcup_{(k_1, k_2) \in \widehat{Z}_A} \left(\tilde{\mathcal{T}}_{k_1}^A \times \tilde{\mathcal{T}}_{k_2}^A \right) \cup \bigcup_{(k_1, k_2) \in \bar{Z}_{A_0}} \left(\tilde{\mathcal{T}}_{k_1}^{A_0} \times \tilde{\mathcal{T}}_{k_2}^{A_0} \right).$$

于是 (2.40) 左端

$$\leqslant \sum_{2^{100} \leqslant A \leqslant A_0} \sum_{(k_1, k_2) \in \widehat{Z}_A} \left| \int_* \widehat{w}_{N_0, L_0}(\tau, \xi, \eta) \widehat{u}_{N_1, L_1} \big|_{\tilde{\mathcal{T}}_{k_1}^A} (\tau_1, \xi_1, \eta_1) \right.$$

$$\left. \times \widehat{v}_{N_2, L_2} \big|_{\tilde{\mathcal{T}}_{k_2}^A} (\tau_2, \xi_2, \eta_2) \, \mathrm{d}\sigma_1 \mathrm{d}\sigma_2 \right|$$

$$+ \sum_{(k_1, k_2) \in \bar{Z}_{A_0}} \left| \int_* \widehat{w}_{N_0, L_0}(\tau, \xi, \eta) \widehat{u}_{N_1, L_1} \big|_{\tilde{\mathcal{T}}_{k_1}^{A_0}} (\tau_1, \xi_1, \eta_1) \right.$$

$$\left. \times \widehat{v}_{N_2, L_2} \big|_{\tilde{\mathcal{T}}_{k_2}^{A_0}} (\tau_2, \xi_2, \eta_2) \, \mathrm{d}\sigma_1 \mathrm{d}\sigma_2 \right|$$

$$=: \sum_{2^{100} \leqslant A \leqslant A_0} \sum_{(k_1, k_2) \in \widehat{Z}_A} I_1 + \sum_{(k_1, k_2) \in \bar{Z}_{A_0}} I_2.$$

由命题 2.4、命题 2.5 和引理 2.3 推出

$$\sum_{(k_1,k_2)\in\widehat{Z}_A} I_1$$

$$\lesssim \sum_{(k_1,k_2)\in\widehat{Z}_A} A^{\frac{1}{2}} N_1^{-2} (L_0 L_1 L_2)^{\frac{1}{2}} \left\| \widehat{u}_{N_1,L_1}|_{\tilde{\mathcal{T}}_{k_1}^A} \right\|_{L^2} \left\| \widehat{v}_{N_2,L_2}|_{\tilde{\mathcal{T}}_{k_2}^A} \right\|_{L^2} \|\widehat{w}_{N_0,L_0}\|_{L^2}$$

$$\lesssim A^{\frac{1}{2}} N_1^{-2} (L_0 L_1 L_2)^{\frac{1}{2}} \|\widehat{u}_{N_1,L_1}\|_{L^2} \|\widehat{v}_{N_2,L_2}\|_{L^2} \|\widehat{w}_{N_0,L_0}\|_{L^2}.$$

记 A_0 为不小于 $(L_{012}^{\max})^{-1/2} N_1^{3/2}$ 的最小二进制数. 于是有

$$\sum_{2^{100}\leqslant A\leqslant A_0} \sum_{(k_1,k_2)\in\widehat{Z}_A} I_1 \lesssim (N_1)^{-\frac{5}{4}} (L_0 L_1 L_2)^{\frac{5}{12}} \|\widehat{u}_{N_1,L_1}\|_{L^2} \|\widehat{v}_{N_2,L_2}\|_{L^2} \|\widehat{w}_{N_0,L_0}\|_{L^2}.$$

接下来处理第二项. 不妨设 $L_0 = L_{012}^{\max}$. $L_1 = L_{012}^{\max}$ 或 $L_2 = L_{012}^{\max}$ 的情形类似. 由估计 (2.9) 和引理 2.3 得

$$\sum_{(k_1,k_2)\in\bar{Z}_{A_0}} I_2$$

$$\lesssim (N_1 A_0)^{-\frac{1}{2}} (L_1 L_2)^{\frac{1}{2}} \sum_{(k_1,k_2)\in\bar{Z}_{A_0}} \left\| \widehat{u}_{N_1,L_1}|_{\tilde{\mathcal{T}}_{k_1}^{A_0}} \right\|_{L^2} \left\| \widehat{v}_{N_2,L_2}|_{\tilde{\mathcal{T}}_{k_2}^{A_0}} \right\|_{L^2} \|\widehat{w}_{N_0,L_0}\|_{L^2}$$

$$\lesssim (N_1)^{-\frac{5}{4}} (L_0 L_1 L_2)^{\frac{5}{12}} \|\widehat{u}_{N_1,L_1}\|_{L^2} \|\widehat{v}_{N_2,L_2}\|_{L^2} \|\widehat{w}_{N_0,L_0}\|_{L^2}.$$

于是命题得证.　　　　　　　　　　　　　　　　　　　　　　　　　　　　　□

以下对 $(\xi_1,\eta_1)\times(\xi_2,\eta_2)\in(\mathcal{K}\cup\mathcal{K}')$ 的情况证明估计 (2.8). 此时 k_1, k_2 不再几乎一一对应, 因此引入新的分解.

由对称性, 只需证明 $(\xi_1,\eta_1)\times(\xi_2,\eta_2)\in(\mathcal{K}_1\cup\mathcal{K}_2)\times\mathcal{K}_0$ 时 (2.8) 成立. 简记 $\widehat{\mathcal{K}} := (\mathcal{K}_1\cup\mathcal{K}_2)\times\mathcal{K}_0$.

定义 2.4　令 $m=(n,z)\in\mathbb{N}\times\mathbb{Z}$. 定义单调序列 $\{a_{A,n}\}_{n\in\mathbb{N}}$:

$$a_{A,1}=0, \quad a_{A,n+1}=a_{A,n}+\frac{N_1}{\sqrt{(n+1)A}},$$

集合 $\mathcal{R}_{A,m,1}, \mathcal{R}_{A,m,2}$:

$$\mathcal{R}_{A,m,1} = \left\{ (\xi,\eta)\in\mathbb{R}^2 \,\middle|\, \begin{array}{l} a_{A,n}\leqslant \left|\eta-(\sqrt{2}+1)^{\frac{2}{3}}(\sqrt{2}+\sqrt{3})\xi\right| < a_{A,n+1}, \\ zA^{-1}N_1\leqslant \eta-(\sqrt{2}+1)^{\frac{2}{3}}\xi < (z+1)A^{-1}N_1 \end{array} \right\},$$

$$\mathcal{R}_{A,m,2} = \left\{ (\xi,\eta)\in\mathbb{R}^2 \,\middle|\, \begin{array}{l} a_{A,n}\leqslant \left|\eta+(\sqrt{2}+1)^{\frac{2}{3}}(\sqrt{3}-\sqrt{2})\xi\right| < a_{A,n+1}, \\ zA^{-1}N_1\leqslant \eta-(\sqrt{2}+1)^{\frac{2}{3}}\xi < (z+1)A^{-1}N_1 \end{array} \right\},$$

$$\tilde{\mathcal{R}}_{A,m,1} = \mathbb{R} \times \mathcal{R}_{A,m,1}, \quad \tilde{\mathcal{R}}_{A,m,2} = \mathbb{R} \times \mathcal{R}_{A,m,2}.$$

对如上的集合进行 Whitney 分解. 对 $i=1,2$ 定义

$$M_{A,i}^1 = \left\{ (m,k) \in (\mathbb{N} \times \mathbb{Z}) \times \mathbb{Z}^2 \,\middle|\, \begin{array}{l} |\Phi(\xi_1,\eta_1,\xi_2,\eta_2)| \geqslant A^{-1}N_1^3 \\ \forall (\xi_1,\eta_1) \in \mathcal{R}_{A,m,i}; \forall (\xi_2,\eta_2) \in \mathcal{T}_k^A \end{array} \right\},$$

$$M_{A,i}^2 = \left\{ (m,k) \in (\mathbb{N} \times \mathbb{Z}) \times \mathbb{Z}^2 \,\middle|\, \begin{array}{l} |F(\xi_1,\eta_1,\xi_2,\eta_2)| \geqslant A^{-1}N_1^3 \\ \forall (\xi_1,\eta_1) \in \mathcal{R}_{A,m,i}; \forall (\xi_2,\eta_2) \in \mathcal{T}_k^A \end{array} \right\},$$

$$M_{A,i} = M_{A,i}^1 \cup M_{A,i}^2 \subset (\mathbb{N} \times \mathbb{Z}) \times \mathbb{Z}^2,$$

$$R_{A,i} = \bigcup_{(m,k) \in M_{A,i}} \mathcal{R}_{A,m,i} \times \mathcal{T}_k^A \subset \mathbb{R}^2 \times \mathbb{R}^2.$$

又定义 $M'_{A,i} \subset M_{A,i}$ 为满足

$$\mathcal{R}_{A,m,i} \times \mathcal{T}_k^A \subset \bigcup_{2^{100} \leqslant A' < A} R_{A',i}$$

的 $(m,k) \in \mathbb{N} \times \mathbb{Z}$ 集合. 对 $M'_{A,i}$, 又定义

$$Q_{A,i} = \begin{cases} R_{A,i} \setminus \bigcup_{(m,k) \in M'_{A,i}} \left(\mathcal{R}_{A,m,i} \times \mathcal{T}_k^A \right) & \text{当 } A \geqslant 2^{101}, \\ R_{2^{100},i} & \text{当 } A = 2^{100}, \end{cases}$$

并记 $\tilde{M}_{A,i} = M_{A,i} \setminus M'_{A,i}$. 于是有

$$\bigcup_{(m,k) \in \tilde{M}_{A,i}} \mathcal{R}_{A,m,i} \times \mathcal{T}_k^A = Q_{A,i}, \quad \bigcup_{2^{100} \leqslant A \leqslant A_0} Q_{A,i} = R_{A_0,i},$$

其中 A_0 为不小于 2^{100} 的二进制数. 最后定义

$$\hat{Z}_{A,i} = \left\{ (m,k) \in \tilde{M}_{A,i} \,\middle|\, \left(\tilde{\mathcal{R}}_{A,m,i} \times \tilde{\mathcal{T}}_k^A \right) \cap (G_{N_1,L_1} \times G_{N_2,L_2}) \cap \left(\tilde{\mathcal{K}}_i \times \tilde{\mathcal{K}}_0 \right) \neq \varnothing \right\},$$

$$\bar{Z}_{A,i} = \left\{ (m,k) \in M_{A,i}^c \,\middle|\, \left(\tilde{\mathcal{R}}_{A,m,i} \times \tilde{\mathcal{T}}_k^A \right) \cap (G_{N_1,L_1} \times G_{N_2,L_2}) \cap \left(\tilde{\mathcal{K}}_i \times \tilde{\mathcal{K}}_0 \right) \neq \varnothing \right\},$$

其中 $M_{A,i}^c = (\mathbb{N} \times \mathbb{Z}) \setminus M_{A,i}$, N_1, L_1, N_2, L_2 满足情形 2 的条件 (i) 和 (ii). 易见

$$(G_{N_1,L_1} \times G_{N_2,L_2}) \cup (\tilde{\mathcal{K}}_i \times \tilde{\mathcal{K}}_0)$$

$$\subset \bigcup_{(m,k) \in \hat{Z}_{A,i}} \left(\tilde{\mathcal{R}}_{A,m,i} \times \tilde{\mathcal{T}}_k^A \right) \bigcup \bigcup_{(m,k) \in \bar{Z}_{A,i}} \left(\tilde{\mathcal{R}}_{A,m,i} \times \tilde{\mathcal{T}}_k^A \right).$$

引理 2.4　$i = 1, 2$. 固定 $m \in \mathbb{N} \times \mathbb{Z}$, 使 $(m, k) \in \widehat{Z}_{A,i}$ 成立的 $k \in \mathbb{Z}^2$ 的数量少于 2^{1000}. 另一方面, 固定 $k \in \mathbb{Z}^2$, 使得 $(m, k) \in \widehat{Z}_{A,i}$ 成立的 $m \in \mathbb{N} \times \mathbb{Z}$ 的数量少于 2^{1000}. 上述断言中, 将 $\widehat{Z}_{A,i}$ 换作 $\bar{Z}_{A,i}$ 仍成立.

命题 2.7　在情形 2 的条件下, 有

$$\left| \int_* \widehat{w}_{N_0,L_0}(\tau, \xi, \eta) \chi_{\widehat{\mathcal{K}}}((\xi_1, \eta_1), (\xi_2, \eta_2)) \widehat{u}_{N_1,L_1}(\tau_1, \xi_1, \eta_1) \widehat{v}_{N_2,L_2}(\tau_2, \xi_2, \eta_2) d\sigma_1 d\sigma_2 \right|$$

$$\lesssim (N_1)^{-\frac{5}{4}} (L_0 L_1 L_2)^{\frac{5}{12}} \|\widehat{u}_{N_1,L_1}\|_{L^2} \|\widehat{v}_{N_2,L_2}\|_{L^2} \|\widehat{w}_{N_0,L_0}\|_{L^2},$$

其中 $d\sigma_j = d\tau_j d\xi_j d\eta_j$, $*$ 表示 $(\tau, \xi, \eta) = (\tau_1 + \tau_2, \xi_1 + \xi_2, \eta_1 + \eta_2)$.

证明　证明与命题 2.6 的技术相同. 为简单起见, 只需考虑 $(\xi_1, \eta_1) \times (\xi_2, \eta_2) \in \mathcal{K}_1 \times \mathcal{K}_0 =: \widehat{\mathcal{K}}_1$. $(\xi_1, \eta_1) \times (\xi_2, \eta_2) \in \mathcal{K}_2 \times \mathcal{K}_0$ 的情形类似. 由于

$$(G_{N_1,L_1} \times G_{N_2,L_2}) \cup (\tilde{\mathcal{K}}_i \times \tilde{\mathcal{K}}_0)$$

$$\subset \bigcup_{(m,k) \in \widehat{Z}_{A,i}} \left(\tilde{\mathcal{R}}_{A,m,i} \times \tilde{\mathcal{T}}_k^A \right) \bigcup \bigcup_{(m,k) \in \bar{Z}_{A,i}} \left(\tilde{\mathcal{R}}_{A,m,i} \times \tilde{\mathcal{T}}_k^A \right),$$

因此

$$\left| \int_* \widehat{w}_{N_0,L_0}(\tau, \xi, \eta) \chi_{\widehat{\mathcal{K}}_1}((\xi_1, \eta_1), (\xi_2, \eta_2)) \widehat{u}_{N_1,L_1}(\tau_1, \xi_1, \eta_1) \right.$$

$$\left. \times \widehat{v}_{N_2,L_2}(\tau_2, \xi_2, \eta_2) d\sigma_1 d\sigma_2 \right|$$

$$\leqslant \sum_{2^{100} \leqslant A \leqslant A_0} \sum_{(m,k) \in \widehat{Z}_{A,1}} \left| \int_* \widehat{w}_{N_0,L_0}(\tau, \xi, \eta) \widehat{u}_{N_1,L_1} \big|_{\tilde{\mathcal{R}}_{A,m,1}}(\tau_1, \xi_1, \eta_1) \right.$$

$$\left. \times \widehat{v}_{N_2,L_2} \big|_{\tilde{\mathcal{T}}_k^A}(\tau_2, \xi_2, \eta_2) d\sigma_1 d\sigma_2 \right|$$

$$+ \sum_{(m,k) \in \bar{Z}_{A_0,1}} \left| \int_* \widehat{w}_{N_0,L_0}(\tau, \xi, \eta) \widehat{u}_{N_1,L_1} \big|_{\tilde{\mathcal{R}}_{A_0,m,1}}(\tau_1, \xi_1, \eta_1) \right.$$

$$\left. \times \widehat{v}_{N_2,L_2} \big|_{\tilde{\mathcal{T}}_k^{A_0}}(\tau_2, \xi_2, \eta_2) d\sigma_1 d\sigma_2 \right|$$

$$=: \sum_{2^{100} \leqslant A \leqslant A_0} \sum_{(m,k) \in \widehat{Z}_{A,1}} I_1 + \sum_{(m,k) \in \bar{Z}_{A_0,1}} I_2.$$

由命题 2.4、命题 2.5、引理 2.4 和几乎正交性, 可得

$$\sum_{(m,k) \in \widehat{Z}_{A,1}} I_1$$

$$\lesssim \sum_{(m,k) \in \widehat{Z}_{A,1}} A^{\frac{1}{2}} N_1^{-2} (L_0 L_1 L_2)^{\frac{1}{2}} \left\| \widehat{u}_{N_1, L_1} |_{\tilde{\mathcal{R}}_{A,m,1}} \right\|_{L^2} \left\| \widehat{v}_{N_2, L_2} |_{\tilde{T}_k^A} \right\|_{L^2} \left\| \widehat{w}_{N_0, L_0} \right\|_{L^2}$$

$$\lesssim A^{\frac{1}{2}} N_1^{-2} (L_0 L_1 L_2)^{\frac{1}{2}} \left\| \widehat{u}_{N_1, L_1} \right\|_{L^2} \left\| \widehat{v}_{N_2, L_2} \right\|_{L^2} \left\| \widehat{w}_{N_0, L_0} \right\|_{L^2}.$$

令 A_0 为不小于 $(L_{012}^{\max})^{-1/2} N_1^{3/2}$ 的最小的二进制数, 有

$$\sum_{2^{100} \leqslant A \leqslant A_0} \sum_{(m,k) \in \widehat{Z}_{A,1}} I_1 \lesssim (N_1)^{-\frac{5}{4}} (L_0 L_1 L_2)^{\frac{5}{12}} \left\| \widehat{u}_{N_1, L_1} \right\|_{L^2} \left\| \widehat{v}_{N_2, L_2} \right\|_{L^2} \left\| \widehat{w}_{N_0, L_0} \right\|_{L^2}.$$

接下来处理第二项. 不妨设 $L_0 = L_{012}^{\max}$. 由 (2.9) 式、命题 2.3、引理 2.4 和几乎正交性, 可得

$$\sum_{(m,k) \in \tilde{Z}_{A_0,1}} I_2$$

$$\lesssim (N_1 A_0)^{-\frac{1}{2}} (L_1 L_2)^{\frac{1}{2}} \sum_{(m,k) \in \tilde{Z}_{A_0,1}} \left\| \widehat{u}_{N_1, L_1} |_{\tilde{\mathcal{R}}_{A,m,1}} \right\|_{L^2} \left\| \widehat{v}_{N_2, L_2} |_{\tilde{T}_k^{A_0}} \right\|_{L^2} \left\| \widehat{w}_{N_0, L_0} \right\|_{L^2}$$

$$\lesssim (N_1)^{-\frac{5}{4}} (L_0 L_1 L_2)^{\frac{5}{12}} \left\| \widehat{u}_{N_1, L_1} \right\|_{L^2} \left\| \widehat{v}_{N_2, L_2} \right\|_{L^2} \left\| \widehat{w}_{N_0, L_0} \right\|_{L^2}. \qquad \square$$

2.2.3 第三类情形: 低模, 几乎平行

本小节将证明情形 3 的条件下, (2.41) 成立.

$$\left| \int_* (\xi + \eta) \widehat{w}_{N_0, L_0}(\tau, \xi, \eta) \widehat{u}_{N_1, L_1}(\tau_1, \xi_1, \eta_1) \widehat{v}_{N_2, L_2}(\tau_2, \xi_2, \eta_2) d\sigma_1 d\sigma_2 \right|$$

$$\lesssim \|u\|_{X^{s,b}} \|v\|_{X^{s,b}} \|w\|_{X^{-s,1-b-\varepsilon}}. \tag{2.41}$$

定义 2.5 对 $\mathbb{R}$ 作如下分解:

$$1 = \sum_{j \in \mathbb{Z}} \omega_j, \quad \omega_j(s) = \psi(s - j) \left(\sum_{k \in \mathbb{Z}} \psi(s - k) \right)^{-1}.$$

对二进制数 $A \geqslant 64$, 定义单位圆的分解如下:

$$1 = \sum_{j=0}^{A-1} \omega_j^A, \quad \omega_j^A(\theta) = \omega_j \left(\frac{A\theta}{\pi} \right) + \omega_{j-A} \left(\frac{A\theta}{\pi} \right).$$

注意到 ω_j^A 的支集为

$$\Theta_j^A = \left[\frac{\pi}{A}(j-2), \frac{\pi}{A}(j+2) \right] \cup \left[-\pi + \frac{\pi}{A}(j-2), -\pi + \frac{\pi}{A}(j+2) \right].$$

定义三角频率局部化算子 R_j^A,

$$\mathcal{F}_{x,y}\left(R_j^A f\right)(\xi,\eta) = \omega_j^A(\theta)\mathcal{F}_{x,y}f(\xi,\eta), \quad \text{其中 } (\xi,\eta) = |(\xi,\eta)|(\cos\theta,\sin\theta).$$

对函数 $u : \mathbb{R}\times\mathbb{R}^2 \to \mathbb{C}, (t,x,y)\mapsto u(t,x,y)$, 令

$$\left(R_j^A u\right)(t,x,y) = \left(R_j^A u(t,\cdot)\right)(x,y).$$

这些算子将函数频率局部化限制在集合 $\tilde{\mathfrak{D}}_j^A = \mathbb{R}\times\mathfrak{D}_j^A$ 上, 其中

$$\mathfrak{D}_j^A = \left\{(|(\xi,\eta)|\cos\theta, |(\xi,\eta)|\sin\theta)\in\mathbb{R}^2 \mid \theta\in\Theta_j^A\right\}.$$

于是有

$$u = \sum_{j=0}^{A-1} R_j^A u.$$

再定义

$$\mathcal{I}_1 = \left(\mathfrak{D}_0^{2^{11}}\times\mathfrak{D}_0^{2^{11}}\right)\cup\left(\mathfrak{D}_{2^{10}}^{2^{11}}\times\mathfrak{D}_{2^{10}}^{2^{11}}\right), \quad \tilde{\mathcal{I}}_1 = \left(\tilde{\mathfrak{D}}_0^{2^{11}}\times\tilde{\mathfrak{D}}_0^{2^{11}}\right)\cup\left(\tilde{\mathfrak{D}}_{2^{10}}^{2^{11}}\times\tilde{\mathfrak{D}}_{2^{10}}^{2^{11}}\right),$$

$$\mathcal{I}_2 = \left(\mathfrak{D}_{2^9\times 3}^{2^{11}}\times\mathfrak{D}_{2^9\times 3}^{2^{11}}\right), \qquad\qquad \tilde{\mathcal{I}}_2 = \left(\tilde{\mathfrak{D}}_{2^9\times 3}^{2^{11}}\times\tilde{\mathfrak{D}}_{2^9\times 3}^{2^{11}}\right),$$

$$\mathcal{I}_3 = \left(\mathbb{R}^2\times\mathbb{R}^2\right)\setminus\left(\mathcal{I}_1\cup\mathcal{I}_2\right), \qquad \tilde{\mathcal{I}}_3 = \left(\mathbb{R}^3\times\mathbb{R}^3\right)\setminus\left(\tilde{\mathcal{I}}_1\cup\tilde{\mathcal{I}}_2\right).$$

注意到

$$\mathfrak{D}_0^{2^{11}} = \left\{(|(\xi,\eta)|\cos\theta, |(\xi,\eta)|\sin\theta)\in\mathbb{R}^2 \mid \min(|\theta|, |\theta-\pi|)\leqslant 2^{-10}\pi\right\},$$

$$\mathfrak{D}_{2^{10}}^{2^{11}} = \left\{(|(\xi,\eta)|\cos\theta, |(\xi,\eta)|\sin\theta)\in\mathbb{R}^2 \,\middle|\, \min\left(\left|\theta-\frac{\pi}{2}\right|, \left|\theta+\frac{\pi}{2}\right|\right)\leqslant 2^{-10}\pi\right\},$$

$$\mathfrak{D}_{2^9\times 3}^{2^{11}} = \left\{(|(\xi,\eta)|\cos\theta, |(\xi,\eta)|\sin\theta)\in\mathbb{R}^2 \,\middle|\, \min\left(\left|\theta-\frac{3\pi}{4}\right|, \left|\theta+\frac{\pi}{4}\right|\right)\leqslant 2^{-10}\pi\right\}.$$

下面证明 (2.41). 只考虑 $\min(N_0, N_1, N_2) = N_2$ 和 $\min(N_0, N_1, N_2) = N_0$ 的情形. 由对称性 $\min(N_0, N_1, N_2) = N_1$ 的情形与 $\min(N_0, N_1, N_2) = N_2$ 类似. 着重介绍 $\min(N_0, N_1, N_2) = N_2$ 情形下的证明.

设 $\min(N_0, N_1, N_2) = N_2$. 分三类情形证明 (2.41).

(I) $(\xi_1,\eta_1)\times(\xi,\eta)\in\mathcal{I}_1$;

(II) $(\xi_1,\eta_1)\times(\xi,\eta)\in\mathcal{I}_2$;

(III) $(\xi_1,\eta_1)\times(\xi,\eta)\in\mathcal{I}_3$.

在 (I) 中, (ξ_1,η_1) 和 (ξ,η) 都接近 ξ 轴或接近 η 轴. $|\xi_1\eta + \xi\eta_1 + 2(\xi_1\eta_1+\xi\eta)|$ 和 $|\xi_1\eta - \xi\eta_1|$ 的值都非常小, 因此 $|\xi_1\eta-\xi\eta_1||\xi_1\eta+\xi\eta_1+2(\xi_1\eta_1+\xi\eta)|$ 的值接近 0, 这是最复杂的情形. 以下首先考虑情形 (III), 然后处理情形 (II), 最后再证明情形 (I).

(III)

命题 2.8 设情形 3 中的条件 (i), (ii)′ 成立, 且 $\min(N_0, N_1, N_2) = N_2$. 则有

$$\left| \iint_{**} \widehat{v}_{N_2, L_2}(\tau_2, \xi_2, \eta_2) \chi_{\mathcal{I}_3}((\xi_1, \eta_1), (\xi, \eta)) \widehat{u}_{N_1, L_1}(\tau_1, \xi_1, \eta_1) \widehat{w}_{N_0, L_0}(\tau, \xi, \eta) d\sigma_1 d\sigma \right|$$

$$\lesssim N_1^{-\frac{5}{4}} L_0^{\frac{1}{4}} (L_1 L_2)^{\frac{1}{2}} \|\widehat{u}_{N_1, L_1}\|_{L^2} \|\widehat{v}_{N_2, L_2}\|_{L^2} \|\widehat{w}_{N_0, L_0}\|_{L^2}, \tag{2.42}$$

其中 $d\sigma_1 = d\tau_1 d\xi_1 d\eta_1$, $d\sigma = d\tau d\xi d\eta$, $**$ 表示 $(\tau_2, \xi_2, \eta_2) = (\tau_1 + \tau, \xi_1 + \xi, \eta_1 + \eta)$.

注意到, 由于 (ξ_1, η_1) 和 (ξ, η) 几乎平行, 因此在低模条件 $L_{012}^{\max} \leqslant 2^{-20} \times A^{-1}(N_{012}^{\max})^3$ 下, 频率也较低.

引理 2.5 令 $A \geqslant 2^{25}$,

$$(\tau_1, \xi_1, \eta_1) \in G_{N_1, L_1} \cap \widetilde{\mathfrak{D}}_{j_1}^A,$$

$$(\tau, \xi, \eta) \in G_{N_0, L_0} \cap \widetilde{\mathfrak{D}}_j^A,$$

$$(\tau_1 + \tau, \xi_1 + \xi, \eta_1 + \eta) \in G_{N_2, L_2}.$$

设 $L_{012}^{\max} \leqslant 2^{-20} A^{-1} N_1^3$, $|j_1 - j| \leqslant 32$, $\min(N_0, N_1, N_2) = N_2$ 且 $(\xi_1, \eta_1) \times (\xi, \eta) \notin \mathcal{I}_2$. 则成立 $N_2 \leqslant 2^{11} A^{-1} N_1$.

证明 记 $r_1 = |(\xi_1, \eta_1)|$, $r = |(\xi, \eta)|$, $\theta_1, \theta \in [0, 2\pi)$ 使得

$$(\xi_1, \eta_1) = r_1(\cos\theta_1, \sin\theta_1), \quad (\xi, \eta) = r(\cos\theta, \sin\theta).$$

由于 $(\xi_1, \eta_1) \times (\xi, \eta) \notin \mathcal{I}_2$, 不妨设 $(\xi_1, \eta_1) \notin \mathfrak{D}_{2^9 \times 3}^{2^{11}}$, 于是有

$$|\cos\theta_1 + \sin\theta_1| = \sqrt{2}|\sin(\theta_1 + \pi/4)| > 2^{-11}\pi.$$

由于 $|j_1 - j| \leqslant 32$, 因此有

$$|(\cos\theta_1, \sin\theta_1) - (\cos\theta, \sin\theta)| \leqslant 2^7 A^{-1}$$

或

$$|(\cos\theta_1, \sin\theta_1) + (\cos\theta, \sin\theta)| \leqslant 2^7 A^{-1}.$$

对第一种情况, 注意到

$$|\Phi(\xi_1, \eta_1, \xi, \eta)|$$

$$= |\xi_1 \xi(\xi_1 + \xi) + \eta_1 \eta(\eta_1 + \eta)|$$

$$\geqslant r_1 r(r_1 + r)|\cos^3\theta_1 + \sin^3\theta_1| - 2^9 A^{-1} r_1 r(r_1 + r)$$

$$= r_1 r(r_1 + r)(1 - 2^{-1}\sin 2\theta_1)|\cos\theta_1 + \sin\theta_1| - 2^9 A^{-1} r_1 r(r_1 + r)$$

$$\geqslant 2^{-13} r_1 r(r_1 + r),$$

这与假设 $L_{012}^{\max} \leqslant 2^{-20}A^{-1}N_1^3$ 矛盾. 类似地, 后一种情况可以推出 $|\Phi(\xi_1, \eta_1, \xi, \eta)|$
$\geqslant 2^{-13}r_1r(r_1-r)$. 又由假设 $L_{012}^{\max} \leqslant 2^{-20}A^{-1}N_1^3$ 推出 $|r_1-r| \leqslant A^{-1}N_1$. 因此有

$$|(\xi_1+\xi, \eta_1+\eta)| \leqslant |(r_1\cos\theta_1 + r\cos\theta, r_1\sin\theta_1 + r\sin\theta)|$$
$$\leqslant |r_1-r| + 2^8 A^{-1} r \leqslant 2^{10}A^{-1}N_1. \qquad \square$$

注记 2.4　对满足 $|\sin\angle((\xi,\eta),(\xi_1,\eta_1))| \leqslant 2^{-20}$ 的任意 $(\xi_1,\eta_1),(\xi,\eta)$, 存在 j_1, j 使得 $|j_1-j| \leqslant 32$ 且 $(\xi_1,\eta_1)\times(\xi,\eta)\in\mathfrak{D}_{j_1}^{25}\times\mathfrak{D}_j^{25}$. 因此, 引理 2.5 意味着当情形 3 中的条件 (i), (ii)′ 成立且 $\min(N_0, N_1, N_2) = N_2$, $(\xi_1,\eta_1)\times(\xi,\eta)\notin\mathcal{I}_2$ 时, 有 $N_2 \leqslant 2^{-14}N_1$.

接下来证明双线性 Strichartz 估计.

命题 2.9　设情形 3 的条件 (i), (ii)′ 成立, 且 $\min(N_0, N_1, N_2) = N_2$. 令二进制数 $A \geqslant 2^{25}$, $|j_1-j| \leqslant 32$ 且 $(\mathfrak{D}_{j_1}^A \times \mathfrak{D}_j^A) \subset \mathcal{I}_3$. 于是有

$$\left\| \chi_{G_{N_2,L_2}} \int \widehat{u}_{N_1,L_1}\big|_{\tilde{\mathfrak{D}}_{j_1}^A}(\tau_1, \xi_1, \eta_1)\,\widehat{w}_{N_0,L_0}\big|_{\mathfrak{D}_j^A}(\tau_2-\tau_1, \xi_2-\xi_1, \eta_2-\eta_1)\,\mathrm{d}\sigma_1 \right\|_{L^2_{\xi_2,\eta_2,\tau_2}}$$
$$\lesssim N_1^{-\frac{1}{2}}(L_0L_1)^{\frac{1}{2}}\left\| \widehat{u}_{N_1,L_1}\big|_{\tilde{\mathfrak{D}}_{j_1}^A} \right\|_{L^2}\left\| \widehat{w}_{N_0,L_0}\big|_{\tilde{\mathfrak{D}}_j^A} \right\|_{L^2}, \tag{2.43}$$

$$\left\| \chi_{G_{N_1,L_1}\cap\tilde{\mathfrak{D}}_{j_1}^A} \int \widehat{w}_{N_0,L_0}\big|_{\mathfrak{D}_j^A}(\tau, \xi, \eta)\,\widehat{v}_{N_2,L_2}(\tau_1+\tau, \xi_1+\xi, \eta_1+\eta)\,\mathrm{d}\sigma \right\|_{L^2_{\xi_1,\eta_1,\tau_1}}$$
$$\lesssim (AN_1)^{-\frac{1}{2}}(L_0L_2)^{\frac{1}{2}}\left\| \widehat{w}_{N_0,L_0}\big|_{\tilde{D}_j^A} \right\|_{L^2}\left\| \widehat{v}_{N_2,L_2} \right\|_{L^2}, \tag{2.44}$$

$$\left\| \chi_{G_{N_0,L_0}\cap\tilde{\mathfrak{D}}_j^A} \int \widehat{v}_{N_2,L_2}(\tau_1+\tau, \xi_1+\xi, \eta_1+\eta)\,\widehat{u}_{N_1,L_1}\big|_{\tilde{\mathfrak{D}}_{j_1}^A}(\tau_1, \xi_1, \eta_1)\,\mathrm{d}\sigma_1 \right\|_{L^2_{\xi,\eta,\tau}}$$
$$\lesssim (AN_1)^{-\frac{1}{2}}(L_1L_2)^{\frac{1}{2}}\left\| \widehat{v}_{N_2,L_2} \right\|_{L^2}\left\| \widehat{u}_{N_1,L_1}\big|_{\tilde{D}_{j_1}^A} \right\|_{L^2}. \tag{2.45}$$

证明　假设 $(\mathfrak{D}_{j_1}^A \times \mathfrak{D}_j^A) \subset \mathcal{I}_3$ 和引理 2.5 意味着 $N_2 \leqslant 2^{-14}N_1$. 由于 $(\mathfrak{D}_{j_1}^A \times \mathfrak{D}_j^A) \subset \mathcal{I}_3$, 可以假设 (2.43) 式左端中 $\min(|\xi_1|, |\eta_1|, |\xi_2-\xi_1|, |\eta_2-\eta_1|) \gtrsim N_1$. 于是由 Hölder 不等式和 Strichartz 估计即得 (2.43).

对 (2.45) 式, 类似命题 2.3, 只需证明

$$\sup_{(\tau,\xi,\eta)\in G_{N_0,L_0}\cap\tilde{\mathfrak{D}}_j^A} |E(\tau, \xi, \eta)| \lesssim (AN_1)^{-1}L_1L_2, \tag{2.46}$$

其中

$$E(\tau, \xi, \eta) := \left\{ (\tau_1, \xi_1, \eta_1) \in G_{N_1,L_1}\cap\tilde{\mathfrak{D}}_{j_1}^A \mid (\tau_1+\tau, \xi_1+\xi, \eta_1+\eta) \in G_{N_2,L_2} \right\}.$$

首先, 对固定的 (ξ, η), 由 $(\tau_1, \xi_1, \eta_1) \in G_{N_1, L_1}$ 和 $(\tau_1 + \tau, \xi_1 + \xi, \eta_1 + \eta) \in G_{N_2, L_2}$ 可以推出

$$\sup_{(\tau, \xi, \eta) \in G_{N_0, L_0} \cap \tilde{\mathfrak{D}}_j^A} \left| \{ \tau_1 \mid (\tau_1, \xi_1, \eta_1) \in E(\tau, \xi, \eta) \} \right| \lesssim \min(L_1, L_2). \tag{2.47}$$

注意到

$$\left| 3\Phi(\xi_1, \eta_1, \xi, \eta) - \tau + \xi^3 + \eta^3 \right|$$

$$= \left| 3\xi_1 \xi(\xi_1 + \xi) + 3\eta_1 \eta(\eta_1 + \eta) - \tau + \xi^3 + \eta^3 \right|$$

$$= \left| (\tau_1 - \xi_1^3 - \eta_1^3) - \left(\tau_1 + \tau - (\xi_1 + \xi)^3 - (\eta_1 + \eta)^3 \right) \right|$$

$$\lesssim \max(L_1, L_2).$$

记 $(\xi_1, \eta_1) = (r_1 \cos\theta_1, r_1 \sin\theta_1)$ 和 $(\xi, \eta) = r(\cos\theta, \sin\theta)$. 于是

$$\left| \partial_{r_1} \Phi(\xi_1, \eta_1, \xi, \eta) \right|$$

$$= \left| (\cos\theta_1 \partial_{\xi_1} + \sin\theta_1 \partial_{\eta_1}) \Phi(\xi_1, \eta_1, \xi, \eta) \right|$$

$$= r \left| \cos\theta_1 \cos\theta(r_1 \cos\theta_1 + \xi_1 + \xi) + \sin\theta_1 \sin\theta(r_1 \sin\theta_1 + \eta_1 + \eta) \right|$$

$$\geqslant r_1 r \left| \cos^2\theta_1 \cos\theta + \sin^2\theta_1 \sin\theta \right| - r(|\xi_1 + \xi| + |\eta_1 + \eta|)$$

$$\geqslant r_1 r \left(1 - 2^{-1} \sin 2\theta_1 \right) |\cos\theta_1 + \sin\theta_1| - 2^{-11} r N_1$$

$$\geqslant 2^{-12} N_1^2,$$

其中用到了 $A \geqslant 2^{25}$ 和 $|j_1 - j| \leqslant 32$, $|(\cos\theta_1, \sin\theta_1) - (\cos\theta, \sin\theta)| \leqslant 2^{-18}$ 或 $|(\cos\theta_1, \sin\theta_1) + (\cos\theta, \sin\theta)| \leqslant 2^{-18}$. 上述两个估计意味着对固定的 θ_1, r_1 限制在测度不超过 $(L_1, L_2)/N_1^2$ 的集合中. 又由 $(\xi_1, \eta_1) \in \mathfrak{D}_{j_1}^A$ 知 θ_1 的取法限制在测度 $\sim A^{-1}$ 的集合中.

注意到

$$\left| \{ (\xi_1, \eta_1) \mid (\tau_1, \xi_1, \eta_1) \in E(\tau, \xi, \eta) \} \right| = \int_{\theta_1} \int_{r_1} \chi_{E(\tau, \xi, \eta)} (|\xi_1|, \theta_1) r_1 \mathrm{d}r_1 \mathrm{d}\theta_1$$

$$\lesssim (N_1 A)^{-1} \max(L_1, L_2).$$

上式和 (2.47) 可以推出 (2.46). (2.44) 可由 (2.45) 的对偶得到. □

命题 2.10 设情形 3 的条件 (i), (ii)′ 成立, $\min(N_0, N_1, N_2) = N_2$. 令二进制数 $A \geqslant 2^{25}$, j_1, j 满足 $16 \leqslant |j_1 - j| \leqslant 32$ 且 $(\mathfrak{D}_{j_1}^A \times \mathfrak{D}_j^A) \subset \mathcal{I}_3$. 则有

$$\left| \int_{**} \widehat{v}_{N_2, L_2}(\tau_2, \xi_2, \eta_2) \, \widehat{u}_{N_1, L_1} \big|_{\tilde{D}_{j_1}^A}(\tau_1, \xi_1, \eta_1) \, \widehat{w}_{N_0, L_0} \big|_{\tilde{D}_j^A}(\tau, \xi, \eta) \mathrm{d}\sigma_1 \mathrm{d}\sigma \right|$$

$$\lesssim A^{\frac{1}{2}} N_1^{-2} (L_0 L_1 L_2)^{\frac{1}{2}} \left\| \widehat{u}_{N_1, L_1} \big|_{\mathfrak{D}_{j_1}^A} \right\|_{L^2} \left\| \widehat{v}_{N_2, L_2} \right\|_{L^2} \left\| \widehat{w}_{N_0, L_0} \big|_{\mathfrak{D}_j^A} \right\|_{L^2}, \tag{2.48}$$

其中 $\mathrm{d}\sigma_1 = \mathrm{d}\tau_1 \mathrm{d}\xi_1 \mathrm{d}\eta_1, \mathrm{d}\sigma = \mathrm{d}\tau \mathrm{d}\xi \mathrm{d}\eta$, ** 表示 $(\tau_2, \xi_2, \eta_2) = (\tau_1 + \tau, \xi_1 + \xi, \eta_1 + \eta)$.

证明　若 $N_2 \geqslant 2^{100} N_1 A^{-1}$, 由引理 2.5 可得 $|\Phi(\xi_1, \eta_1, \xi, \eta)| \gtrsim N_1^3 A^{-1}$. 又由命题 2.9 即得 (2.48). 于是只需考虑 $N_2 \leqslant 2^{100} N_1 A^{-1}$ 的情况.

设 $A \geqslant 2^{100}$. 由于 $N_2 \leqslant 2^{100} N_1 A^{-1}$, 不妨设 $\widehat{u}_{N_1, L_1}, \widehat{v}_{N_2, L_2}, \widehat{w}_{N_0, L_0}$ 支持在边长为 $2^{-100} N_1 A^{-1}$ 的方形棱柱中. 令 $A' = 2^{100} A$. 设 f, g, h 满足

$$\operatorname{supp} f \subset G_{N_1, L_1} \cap \tilde{\mathcal{T}}_{k_1}^{A'}, \quad \operatorname{supp} g \subset G_{N_0, L_0} \cap \tilde{\mathcal{T}}_{k_2}^{A'}, \quad \operatorname{supp} h \subset G_{N_2, L_2} \cap \tilde{\mathcal{T}}_{k_3}^{A'},$$

其中 $\left(\mathcal{T}_{k_1}^{A'} \times \mathcal{T}_{k_2}^{A'} \right) \cap \left(\mathfrak{D}_{j_1}^A \times \mathfrak{D}_j^A \right) \neq \varnothing$. 于是 (2.48) 可以化为

$$\left| \int_{\mathbb{R}^3 \times \mathbb{R}^3} h(\tau_1 + \tau_2, \xi_1 + \xi_2, \eta_1 + \eta_2) f(\tau_1, \xi_1, \eta_1) g(\tau_2, \xi_2, \eta_2) \, \mathrm{d}\sigma_1 \mathrm{d}\sigma_2 \right|$$
$$\lesssim A^{\frac{1}{2}} N_1^{-2} (L_0 L_1 L_2)^{\frac{1}{2}} \|f\|_{L^2} \|g\|_{L^2} \|h\|_{L^2}. \tag{2.49}$$

由命题 2.5 的证明知, 只需证明

$$\left\| \tilde{f} \big|_{S_1} * \tilde{g} \big|_{S_2} \right\|_{L^2(S_3)} \lesssim A^{\frac{1}{2}} \|\tilde{f}\|_{L^2(S_1)} \|\tilde{g}\|_{L^2(S_2)}. \tag{2.50}$$

记 $\tilde{f}, \tilde{g}, S_1, S_2, S_3$ 如下:

$$\tilde{f}(\tau_1, \xi_1, \eta_1) = f(N_1^3 \tau_1, N_1 \xi_1, N_1 \eta_1),$$

$$\tilde{g}(\tau_2, \xi_2, \eta_2) = g(N_1^3 \tau_2, N_1 \xi_2, N_1 \eta_2),$$

$$S_1 = \left\{ \phi_{\tilde{c}_1}(\xi, \eta) = (\xi^3 + \eta^3 + \tilde{c}_1, \xi, \eta) \in \mathbb{R}^3 \, \middle| \, (\xi, \eta) \in \mathcal{T}_{\tilde{k}_1}^{N_1^{-1} A'} \right\},$$

$$S_2 = \left\{ \phi_{\tilde{c}_2}(\xi, \eta) = (\xi^3 + \eta^3 + \tilde{c}_2, \xi, \eta) \in \mathbb{R}^3 \, \middle| \, (\xi, \eta) \in \mathcal{T}_{\tilde{k}_2}^{N_1^{-1} A'} \right\},$$

$$S_3 = \left\{ (\psi(\xi, \eta), \xi, \eta) \in \mathbb{R}^3 \, \middle| \, (\xi, \eta) \in \mathcal{T}_{\tilde{k}_3}^{N_1^{-1} A'}, \psi(\xi, \eta) = \xi^3 + \eta^3 + \frac{c_0'}{N_1^3} \right\},$$

其中 $\tilde{k}_i = k_i / N_1, i = 1, 2, 3$. 易见

$$\operatorname{diam}(S_i) \leqslant 2^{-80} A^{-1}, \quad i = 1, 2, 3. \tag{2.51}$$

对任意 $\lambda_i \in S_i$, 存在 $(\xi_1, \eta_1), (\xi_2, \eta_2), (\xi, \eta)$ 满足

$$\lambda_1 = \phi_{\tilde{c}_1}(\xi_1, \eta_1), \quad \lambda_2 = \phi_{\tilde{c}_2}(\xi_2, \eta_2), \quad \lambda_3 = (\psi(\xi, \eta), \xi, \eta).$$

令 $(\xi_1', \eta_1'), (\xi_2', \eta_2'), (\xi', \eta')$ 满足

$$(\xi_1', \eta_1') + (\xi_2', \eta_2') = (\xi', \eta'),$$

$$\lambda_1' = \phi_{\tilde{c}_1}(\xi_1', \eta_1') \in S_1, \quad \lambda_2' = \phi_{\tilde{c}_2}(\xi_2', \eta_2') \in S_2, \quad \lambda_3' = (\psi(\xi', \eta'), \xi', \eta') \in S_3.$$

超曲面 S_1, S_2, S_3 满足如下估计:

$$\sup_{\lambda_i, \lambda_i' \in S_i} \frac{|\mathfrak{n}_i(\lambda_i) - \mathfrak{n}_i(\lambda_i')|}{|\lambda_i - \lambda_i'|} + \frac{|\mathfrak{n}_i(\lambda_i)(\lambda_i - \lambda_i')|}{|\lambda_i - \lambda_i'|^2} \leqslant 2^3,$$

$$|\mathfrak{n}_1(\lambda_1) - \mathfrak{n}_1(\lambda_1')| \leqslant 2^{-70} A^{-1},$$

$$|\mathfrak{n}_2(\lambda_2) - \mathfrak{n}_2(\lambda_2')| \leqslant 2^{-70} A^{-1},$$

$$|\mathfrak{n}_3(\lambda_3) - \mathfrak{n}_3(\lambda_3')| \leqslant 2^{-70} A^{-1}.$$

因此只需说明

$$2^{-30} A^{-1} \leqslant |\det \mathbf{N}(\lambda_1', \lambda_2', \lambda_3')|.$$

由于 $\lambda_1' = \phi_{\tilde{c}_1}(\xi_1', \eta_1'), \lambda_2' = \phi_{\tilde{c}_2}(\xi_2', \eta_2'), \lambda_3' = (\psi(\xi', \eta'), \xi', \eta')$ 且 $(\xi_1', \eta_1') + (\xi_2', \eta_2') = (\xi', \eta')$, 即有

$$|\det \mathbf{N}(\lambda_1', \lambda_2', \lambda_3')|$$

$$\geqslant 2^{-10} \frac{1}{\langle(\xi_1, \eta_1)\rangle^2 \langle(\xi_2, \eta_2)\rangle^2} \left| \det \begin{pmatrix} -1 & -1 & -1 \\ 3(\xi_1')^2 & 3(\xi_2')^2 & 3(\xi')^2 \\ 3(\eta_1')^2 & 3(\eta_2')^2 & 3(\eta')^2 \end{pmatrix} \right|$$

$$\geqslant 2^{-10} \frac{|\xi_1' \eta_2' - \xi_2' \eta_1'|}{\langle(\xi_1, \eta_1)\rangle^2 \langle(\xi_2, \eta_2)\rangle^2} |\xi_1' \eta_2' + \xi_2' \eta_1' + 2(\xi_1' \eta_1' + \xi_2' \eta_2')|$$

$$\geqslant 2^{-20} \frac{|\xi_1' \eta_2' - \xi_2' \eta_1'|}{|(\xi_1', \eta_1')| |(\xi_2', \eta_2')|} |\xi_1' \eta_2' + \xi_2' \eta_1' + 2(\xi_1' \eta_1' + \xi_2' \eta_2')|$$

$$\geqslant 2^{-20} A^{-1} |\xi_1' \eta_2' + \xi_2' \eta_1' + 2(\xi_1' \eta_1' + \xi_2' \eta_2')|.$$

这里用到了 $\left(\mathcal{T}_{k_1}^{N_1^{-1} A'} \times \mathcal{T}_{k_2}^{N_1^{-1} A'}\right) \cap \left(\mathfrak{D}_{j_1}^A \times \mathfrak{D}_j^A\right) \neq \varnothing$, 于是

$$\frac{|\xi_1' \eta_2' - \xi_2' \eta_1'|}{|(\xi_1', \eta_1')| |(\xi_2', \eta_2')|} \geqslant A^{-1}.$$

现在只需证明

$$|\xi_1' \eta_2' + \xi_2' \eta_1' + 2(\xi_1' \eta_1' + \xi_2' \eta_2')| \geqslant 2^{-10}.$$

由 $\left(\mathcal{T}_{k_1}^{N_1^{-1} A'} \times \mathcal{T}_{k_2}^{N_1^{-1} A'}\right) \cap \left(\mathfrak{D}_{j_1}^A \times \mathfrak{D}_j^A\right) \neq \varnothing$ 和 $\left(\mathfrak{D}_{j_1}^A \times \mathfrak{D}_j^A\right) \subset \mathcal{I}_3$ 可得 $|\xi_1' \eta_1'| \geqslant$ 2^{-10}. 于是有

$$|\xi_1'\eta_2' + \xi_2'\eta_1' + 2(\xi_1'\eta_1' + \xi_2'\eta_2')| \geqslant 2\,|\xi_1'\eta_1' + \xi_2'(\eta_1' + \eta_2')| - |\xi_1'\eta_2' - \xi_2'\eta_1'|$$

$$\geqslant 2\,|\xi_1'\eta_1'| - 2^2\frac{N_2}{N_1} - 2^2 A^{-1}$$

$$\geqslant 2^{-10}. \qquad\qquad \square$$

命题 2.8 的证明　只需对非负函数 $\widehat{w}_{N_0,L_0}, \widehat{u}_{N_1,L_1}, \widehat{v}_{N_2,L_2}$ 估计 (2.42). 定义

$$J_A^{\mathcal{I}_3} = \left\{(j_1,j) \mid 0 \leqslant j_1, j \leqslant A-1, \left(\mathfrak{D}_{j_1}^A \times \mathfrak{D}_j^A\right) \subset \mathcal{I}_3\right\},$$

并记

$$J_1 = \left\{(j_1,j) \,\middle|\, (j_1,j) \in J_A^{\mathcal{I}_3}, 16 \leqslant |j_1 - j| \leqslant 32\right\},$$

$$J_2 = \left\{(j_1,j) \,\middle|\, (j_1,j) \in J_{A_0}^{\mathcal{I}_3}, |j_1 - j| \leqslant 16\right\}.$$

记 $A_0 \geqslant 2^{25}$ 为待定的二进制数. 对 $\mathcal{I}_3$ 进行角变量的 Whitney 分解:

$$\mathcal{I}_3 = \bigcup_{64 \leqslant A \leqslant A_0} \bigcup_{(j_1,j)\in J_1} \mathfrak{D}_{j_1}^A \times \mathfrak{D}_j^A \cup \bigcup_{(j_1,j)\in J_2} \mathfrak{D}_{j_1}^{A_0} \times \mathfrak{D}_j^{A_0}.$$

由情形 3 的条件 (ii)′, 可以假设 $A \geqslant 2^{25}$. 于是可以计算

(2.42) 左端

$$\leqslant \sum_{2^25 \leqslant A \leqslant A_0} \sum_{(j_1,j)\in J_1} \left| \int_{**} \widehat{v}_{N_2,L_2}(\tau_2,\xi_2,\eta_2)\widehat{u}_{N_1,L_1}\big|_{\tilde{\mathfrak{D}}_{j_1}^A}(\tau_1,\xi_1,\eta_1) \right.$$

$$\left. \times \widehat{w}_{N_0,L_0}\big|_{\tilde{\mathfrak{D}}_j^A}(\tau,\xi,\eta)\mathrm{d}\sigma_1\mathrm{d}\sigma \right|$$

$$+ \sum_{(j_1,j)\in J_2} \left| \int_{**} \widehat{v}_{N_2,L_2}(\tau_2,\xi_2,\eta_2)\widehat{u}_{N_1,L_1}\big|_{\tilde{\mathfrak{D}}_{j_1}^{A_0}}(\tau_1,\xi_1,\eta_1)\widehat{w}_{N_0,L_0}\big|_{\tilde{\mathfrak{D}}_j^{A_0}}(\tau,\xi,\eta)\mathrm{d}\sigma_1\mathrm{d}\sigma \right|$$

$$=: \sum_{2^{25} \leqslant A \leqslant A_0} \sum_{(j_1,j)\in J_1} I_1 + \sum_{(j_1,j)\in J_2} I_2. \qquad (2.52)$$

由命题 2.10 可以得到

$$\sum_{(j_1,j)\in J_1} I_1$$

$$\lesssim \sum_{(j_1,j)\in J_1} A^{\frac{1}{2}} N_1^{-2}(L_0 L_1 L_2)^{\frac{1}{2}} \left\|\widehat{u}_{N_1,L_1}\big|_{\tilde{\mathfrak{D}}_{j_1}^A}\right\|_{L^2} \|\widehat{v}_{N_2,L_2}\|_{L^2} \left\|\widehat{w}_{N_0,L_0}\big|_{\tilde{\mathfrak{D}}_j^A}\right\|_{L^2}$$

$$\lesssim A^{\frac{1}{2}} N_1^{-2}(L_0 L_1 L_2)^{\frac{1}{2}} \|\widehat{u}_{N_1,L_1}\|_{L^2} \|\widehat{v}_{N_2,L_2}\|_{L^2} \|\widehat{w}_{N_0,L_0}\|_{L^2}.$$

令 A_0 为不小于 $L_0^{-1/2} N_1^{3/2}$ 的最小二进制数, 于是可以得到

$$\sum_{2^{25} \leqslant A \leqslant A_0} \sum_{(j_1, j) \in J_1} I_1 \lesssim N_1^{-\frac{5}{4}} L_0^{\frac{1}{4}} (L_1 L_2)^{\frac{1}{2}} \|\widehat{u}_{N_1, L_1}\|_{L^2} \|\widehat{v}_{N_2, L_2}\|_{L^2} \|\widehat{w}_{N_0, L_0}\|_{L^2} .$$

对 $\sum_{(j_1, j) \in J_2} I_2$, 由估计 (2.45) 可以得到

$$\sum_{(j_1, j) \in J_2} I_2 \lesssim (N_1)^{-\frac{5}{4}} L_0^{\frac{1}{4}} (L_1 L_2)^{\frac{1}{2}} \|\widehat{u}_{N_1, L_1}\|_{L^2} \|\widehat{v}_{N_2, L_2}\|_{L^2} \|\widehat{w}_{N_0, L_0}\|_{L^2} .$$

于是完成了证明.   □

(II)

接下来考虑情况 (II), $(\xi_1, \eta_1) \times (\xi, \eta) \subset \mathcal{I}_2$. 如下命题给出估计 (2.41).

命题 2.11   在情形 3 的条件 (i), (ii)′ 和 $\min(N_0, N_1, N_2) = N_2$ 条件下, 有

$$\left| \iint_{**} |\xi + \eta| \widehat{v}_{N_2, L_2} (\tau_2, \xi_2, \eta_2) \chi_{\mathcal{I}_2} ((\xi_1, \eta_1), (\xi, \eta)) \widehat{u}_{N_1, L_1} (\tau_1, \xi_1, \eta_1) \right.$$

$$\left. \times \widehat{w}_{N_0, L_0}(\tau, \xi, \eta) d\sigma_1 d\sigma \right|$$

$$\lesssim N_1^{-\frac{1}{4}} (L_0 L_1 L_2)^{\frac{1}{2}} \|\widehat{u}_{N_1, L_1}\|_{L^2} \|\widehat{v}_{N_2, L_2}\|_{L^2} \|\widehat{w}_{N_0, L_0}\|_{L^2} , \tag{2.53}$$

其中 $d\sigma_1 = d\tau_1 d\xi_1 d\eta_1$, $d\sigma = d\tau d\xi d\eta$, ** 表示 $(\tau_2, \xi_2, \eta_2) = (\tau_1 + \tau, \xi_1 + \xi, \eta_1 + \eta)$.

如前所述, 证明的关键是 (2.53) 左端的 $|\xi + \eta|$. 引入 $\mathcal{I}_2$ 的分解.

定义 2.6   令二进制数 $M \geqslant 2^{11}$, 定义

$$\mathcal{I}_2^M = \left(\mathfrak{D}_{2^{-2}M \times 3}^M \times \mathfrak{D}_{2^{-2}M \times 3}^M \right) \setminus \left(\mathfrak{D}_{2^{-1}M \times 3}^{2M} \times \mathfrak{D}_{2^{-1}M \times 3}^{2M} \right),$$

$$\tilde{\mathcal{I}}_2^M = \left(\tilde{\mathfrak{D}}_{2^{-2}M \times 3}^M \times \tilde{\mathfrak{D}}_{2^{-2}M \times 3}^M \right) \setminus \left(\tilde{\mathfrak{D}}_{2^{-1}M \times 3}^{2M} \times \tilde{\mathfrak{D}}_{2^{-1}M \times 3}^{2M} \right).$$

易见

$$(r \cos \theta, r \sin \theta) \in \mathcal{I}_2^M \Longleftrightarrow M^{-1} \pi \leqslant \min \left(\left| \theta - \frac{3\pi}{4} \right|, \left| \theta + \frac{\pi}{4} \right| \right) \leqslant 2M^{-1} \pi$$

且对于二进制数 $M_0 \geqslant 2^{11}$,

$$\mathcal{I}_2 = \bigcup_{2^{11} \leqslant M < M_0} \mathcal{I}_2^M \cup \left(\mathfrak{D}_{2^{-2}M_0 \times 3}^{M_0} \times \mathfrak{D}_{2^{-2}M_0 \times 3}^{M_0} \right).$$

注意到当 $(\xi_1, \eta_1) \times (\xi, \eta) \in \mathcal{I}_2^M$ 时有 $|\xi + \eta| \lesssim M^{-1} N_1$.

命题 2.12　设情形 3 的条件 (i)(ii)′ 成立, 且 $\min(N_0, N_1, N_2) = N_2$. 令 $M \geqslant 2^{11}$, 二进制数 $A \geqslant 2^{20}M$, $|j_1 - j| \leqslant 32$ 且 $(\mathfrak{D}_{j_1}^A \times \mathfrak{D}_j^A) \subset \mathcal{I}_2^M$.

若 $||(\xi_1, \eta_1)| - |(\xi_2 - \xi_1, \eta_2 - \eta_1)|| \geqslant 2^{-3}N_1$, 则有

$$\left\| \chi_{G_{N_2,L_2}} \int \widehat{u}_{N_1,L_1}|_{\mathfrak{D}_{j_1}^A}(\tau_1, \xi_1, \eta_1)\, \widehat{w}_{N_0,L_0}|_{\tilde{\mathfrak{D}}_j^A}(\tau_2 - \tau_1, \xi_2 - \xi_1, \eta_2 - \eta_1)\, d\sigma_1 \right\|_{L^2_{\xi_2,\eta_2,\tau_2}}$$

$$\lesssim A^{-\frac{1}{2}} M^{\frac{1}{2}} N_1^{-\frac{1}{2}} (L_0 L_1)^{\frac{1}{2}} \left\| \widehat{u}_{N_1,L_1}|_{\tilde{D}_{j_1}^A} \right\|_{L^2} \left\| \widehat{w}_{N_0,L_0}|_{\tilde{\mathfrak{D}}_j^A} \right\|_{L^2}. \tag{2.54}$$

若 $||(\xi, \eta)| - |(\xi_1 + \xi, \eta_1 + \eta)|| \geqslant 2^{-3}N_1$, 则有

$$\left\| \chi_{G_{N_1,L_1} \cap \tilde{\mathfrak{D}}_{j_1}^A} \int \widehat{w}_{N_0,L_0}|_{\mathfrak{D}_j^A}(\tau, \xi, \eta)\, \widehat{v}_{N_2,L_2}(\tau_1 + \tau, \xi_1 + \xi, \eta_1 + \eta)\, d\sigma \right\|_{L^2_{\xi_1,\eta_1,\tau_1}}$$

$$\lesssim A^{-\frac{1}{2}} M^{\frac{1}{2}} N_1^{-\frac{1}{2}} (L_0 L_2)^{\frac{1}{2}} \left\| \widehat{w}_{N_0,L_0}|_{\mathfrak{D}_j^A} \right\|_{L^2} \left\| \widehat{v}_{N_2,L_2} \right\|_{L^2}. \tag{2.55}$$

若 $||(\xi_1, \eta_1)| - |(\xi_1 + \xi, \eta_1 + \eta)|| \geqslant 2^{-3}N_1$, 则有

$$\left\| \chi_{G_{N_0,L_0} \cap \tilde{\mathfrak{D}}_j^A} \int \widehat{v}_{N_2,L_2}(\tau_1 + \tau, \xi_1 + \xi, \eta_1 + \eta)\, \widehat{u}_{N_1,L_1}|_{\tilde{\mathfrak{D}}_{j_1}^A}(\tau_1, \xi_1, \eta_1)\, d\sigma_1 \right\|_{L^2_{\xi,\eta,\tau}}$$

$$\lesssim A^{-\frac{1}{2}} M^{\frac{1}{2}} N_1^{-\frac{1}{2}} (L_1 L_2)^{\frac{1}{2}} \left\| \widehat{v}_{N_2,L_2} \right\|_{L^2} \left\| \widehat{u}_{N_1,L_1}|_{\tilde{\mathfrak{D}}_{j_1}^A} \right\|_{L^2}. \tag{2.56}$$

证明　只考虑估计 (2.54). 另外两个类似. 由于 $(\mathfrak{D}_{j_1}^A \times \mathfrak{D}_j^A) \subset \mathcal{I}_2^M$, 不失一般性, 设 $(\xi_1, \eta_1) \in \mathfrak{D}_{2^{-2}M \times 3}^M \backslash \mathfrak{D}_{2^{-1}M \times 3}^{2M}$. 于是只需证明

$$\sup_{(\tau_2, \xi_2, \eta_2) \in G_{N_2,L_2}} |E(\tau_2, \xi_2, \eta_2)| \lesssim A^{-1} M N_1^{-1} L_1 L_2, \tag{2.57}$$

其中

$$E(\tau_2, \xi_2, \eta_2)$$

$$= \left\{ (\tau_1, \xi_1, \eta_1) \in G_{N_1,L_1} \cap \tilde{\mathfrak{D}}_{j_1}^A \middle| (\tau_2 - \tau_1, \xi_2 - \xi_1, \eta_2 - \eta_1) \in G_{N_0,L_0} \cap \tilde{\mathfrak{D}}_j^A \right\}.$$

固定 (ξ, η), 由 $(\tau_1, \xi_1, \eta_1) \in G_{N_1,L_1}$ 和 $(\tau_2 - \tau_1, \xi_2 - \xi_1, \eta_2 - \eta_1) \in G_{N_0,L_0}$ 可得

$$\sup_{(\tau_2, \xi_2, \eta_2) \in G_{N_2,L_2}} |\{\tau_1 \mid (\tau_1, \xi_1, \eta_1) \in E(\tau_2, \xi_2, \eta_2)\}| \lesssim \min(L_0, L_1). \tag{2.58}$$

令 $(\xi_1, \eta_1) = (r_1 \cos\theta_1, r_1 \sin\theta_1)$, $(\xi_2 - \xi_1, \eta_2 - \eta_1) = (r\cos\theta, r\sin\theta)$. 由假设 $(\xi_1, \eta_1) \in \mathfrak{D}_{2^{-2}M \times 3}^M \backslash \mathfrak{D}_{2^{-1}M \times 3}^{2M}$ 可得 $|\sin\theta_1 + \cos\theta_1| \geqslant M^{-1}$. 又由 $|j_1 - j| \leqslant 32$ 得

$$|(\cos\theta_1, \sin\theta_1) - (\cos\theta, \sin\theta)| \leqslant 2^7 A^{-1}$$

或

$$|(\cos\theta_1, \sin\theta_1) + (\cos\theta, \sin\theta)| \leqslant 2^7 A^{-1}.$$

于是有

$$|\partial_{r_1}\Phi(\xi_1, \eta_1, -\xi_2, -\eta_2)| = |(\cos\theta_1\partial_{\xi_1} + \sin\theta_1\partial_{\eta_1})\Phi(\xi_1, \eta_1, -\xi_2, -\eta_2)|$$

$$= |\cos\theta_1(\xi_1 - (\xi_2 - \xi_1))(\xi_1 + (\xi_2 - \xi_1)) + \sin\theta_1(\eta_1 - (\eta_2 - \eta_1))(\eta_1 + (\eta_2 - \eta_1))|$$

$$\geqslant (r_1 + r)|r_1 - r||\cos^3\theta_1 + \sin^3\theta_1| - 2^{10}A^{-1}N_1^2$$

$$\geqslant 2^{-4}(1 - 2^{-1}\sin 2\theta_1)|\cos\theta_1 + \sin\theta_1|N_1^2 - 2^{10}A^{-1}N_1^2$$

$$\geqslant 2^{-8}M^{-1}N_1^2.$$

其中用到了 $|r_1 - r| = ||(\xi_1, \eta_1)| - |(\xi_2 - \xi_1, \eta_2 - \eta_1)|| \geqslant 22^{-3}N_1$ 和 $A \geqslant 2^{20}M$. 注意到

$$|\Phi(\xi_1, \eta_1, -\xi_2, -\eta_2) + (\tau_2 - \xi_2^3 - \eta_2^3)| \lesssim \max(L_0, L_1).$$

于是对固定的 θ_1, r_1 限制在测度为至多 $(L_0, L_1)M/N_1^2$ 的集合内, 且

$$|\{(\xi_1, \eta_1) \mid (\tau_1, \xi_1, \eta_1) \in E(\tau_2, \xi_2, \eta_2)\}|$$

$$= \int_{\theta_1}\int_{r_1}\chi_{E(\tau_2, \xi_2, \eta_2)}(|\xi_1|, \theta_1)r_1 dr_1 d\theta_1$$

$$\lesssim A^{-1}MN_1^{-1}\max(L_1, L_2).$$

结合 (2.58) 即得 (2.57). □

命题 2.13 在情形 3 的假设 (i), (ii)′ 条件下, 设 $\min(N_0, N_1, N_2) = N_2$. 二进制数 A 和 M 满足 $2^{11} \leqslant M \leqslant N_1$, $A \geqslant \max(2^{25}, M)$. 设 j_1, j 满足 $16 \leqslant |j_1 - j| \leqslant 32$ 且 $(\mathfrak{D}_{j_1}^A \times \mathfrak{D}_j^A) \subset \mathcal{I}_2^M$. 则有

$$\left|\int_{**}\widehat{v}_{N_2, L_2}(\tau_2, \xi_2, \eta_2)\widehat{u}_{N_1, L_1}|_{\mathfrak{D}_{j_1}^A}(\tau_1, \xi_1, \eta_1)\widehat{w}_{N_0, L_0}|_{\mathfrak{D}_j^A}(\tau, \xi, \eta)d\sigma_1 d\sigma\right|$$

$$\lesssim (AM)^{\frac{1}{2}}N_1^{-2}(L_0 L_1 L_2)^{\frac{1}{2}}\left\|\widehat{u}_{N_1, L_1}|_{\tilde{D}_{j_1}^A}\right\|_{L^2}\left\|\widehat{v}_{N_2, L_2}\right\|_{L^2}\left\|\widehat{w}_{N_0, L_0}|_{\tilde{\mathfrak{D}}_j^A}\right\|_{L^2}, \quad (2.59)$$

其中 $d\sigma_1 = d\tau_1 d\xi_1 d\eta_1, d\sigma = d\tau d\xi d\eta$, ** 表示 $(\tau_2, \xi_2, \eta_2) = (\tau_1 + \tau, \xi_1 + \xi, \eta_1 + \eta)$.

证明 若 $|\Phi(\xi_1, \eta_1, \xi, \eta)| \gtrsim A^{-1}N_1^3$, 则由 Strichartz 估计即得. 只需证明 $|\Phi(\xi_1, \eta_1, \xi, \eta)| \leqslant 2^{-20}A^{-1}N_1^3$ 的情况.

注意到 $|\Phi(\xi_1, \eta_1, \xi, \eta)| \leqslant 2^{-20} A^{-1} N_1^3$ 意味着

$$\left| \left| (\xi_1, \eta_1) \right| - \left| (\xi, \eta) \right| \right| \leqslant 2^{15} A^{-1} M N_1. \tag{2.60}$$

令 $(\xi_1, \eta_1) = (r_1 \cos \theta_1, r_1 \sin \theta_1), (\xi, \eta) = (r \cos \theta, r \sin \theta)$. 由于 $\left(\mathfrak{D}_{j_1}^A \times \mathfrak{D}_j^A \right) \subset \mathcal{I}_2^M$, 不妨设 $(\xi_1, \eta_1) \in \mathfrak{D}_{2^{-2}M \times 3}^M \backslash \mathfrak{D}_{2^{-1}M \times 3}^{2M}$. 由 $|j_1 - j| \leqslant 32$ 得

$$|(\cos \theta_1, \sin \theta_1) - (\cos \theta, \sin \theta)| \leqslant 2^7 A^{-1},$$

$$\text{或 } |(\cos \theta_1, \sin \theta_1) + (\cos \theta, \sin \theta)| \leqslant 2^7 A^{-1}.$$

若 $|(\cos \theta_1, \sin \theta_1) - (\cos \theta, \sin \theta)| \leqslant 2^7 A^{-1}$ 成立, 则

$$|\Phi(\xi_1, \eta_1, \xi, \eta)|$$
$$= r_1 r \left| \cos \theta_1 \cos \theta (r_1 \cos \theta_1 + r \cos \theta) + \sin \theta_1 \sin \theta (r_1 \sin \theta_1 + r \sin \theta) \right|$$
$$\geqslant r_1 r (r_1 + r) \left(1 - 2^{-1} \sin 2\theta_1 \right) |(\cos \theta_1 + \sin \theta_1)|$$
$$\geqslant 2^{-10} M^{-1} N_1^3.$$

这与 $|\Phi(\xi_1, \eta_1, \xi, \eta)| \leqslant 2^{-20} A^{-1} N_1^3$ 矛盾.

若 $|(\cos \theta_1, \sin \theta_1) + (\cos \theta, \sin \theta)| \leqslant 2^7 A^{-1}$, 则

$$|\Phi(\xi_1, \eta_1, \xi, \eta)| \leqslant 2^{-20} A^{-1} N_1^3$$
$$\Longrightarrow r_1 r |r_1 - r| \left| (\cos \theta_1 + \sin \theta_1) \left(1 - 2^{-1} \sin 2\theta_1 \right) \right| \leqslant 2^{10} A^{-1} N_1^3$$
$$\Longrightarrow |r_1 - r| \leqslant 2^{15} A^{-1} M N_1.$$

于是 (2.60) 成立. 又由几乎正交性, 可以假设 r_1 和 r 分别限制在测度 $\sim A^{-1} M N_1$ 的集合上. 不妨设

$$\text{supp}\, \widehat{u}_{N_1, L_1} \subset \mathbb{S}_{A^{-1} M N_1}^{\ell_1}, \quad \text{supp}\, \widehat{w}_{N_0, L_0} \subset \mathbb{S}_{A^{-1} M N_1}^{\ell},$$

其中 $|\ell_1 - \ell| \leqslant 2^{10}$,

$$\mathbb{S}_\delta^\ell = \left\{ (\tau, \xi, \eta) \in \mathbb{R}^3 \mid N_1 + \ell\delta \leqslant \langle \xi \rangle \leqslant N_1 + (\ell+1)\delta \right\}.$$

注意到集合 $\mathbb{S}_{A^{-1} M N_1}^{\ell_1} \cap \mathfrak{D}_{j_1}^A$ 包含于一个宽为 $\sim A^{-1} N_1$, 长为 $\sim A^{-1} M N_1$ 的矩形内. 于是对 $A' = 2^{-100} A$, 存在约为 M 个小棱柱 $\left\{ \mathcal{T}_{k_1}^{A'} \right\}_{k_1}$ 使得

$$\mathbb{S}_{A^{-1} M N_1}^{\ell_1} \cap \mathfrak{D}_{j_1}^A \cap \mathcal{T}_{k_1}^{A'} \neq \varnothing, \quad \mathbb{S}_{A^{-1} M N_1}^{\ell_1} \cap \mathfrak{D}_{j_1}^A \subset \bigcup_{\#k_1 \sim M} \mathcal{T}_{k_1}^{A'}. \tag{2.61}$$

(2.59) 等价于

$$\left|\iint_{\mathbb{R}^3 \times \mathbb{R}^3} h\left(\tau_1 + \tau_2, \xi_1 + \xi_2, \eta_1 + \eta_2\right) f\left(\tau_1, \xi_1, \eta_1\right) g\left(\tau_2, \xi_2, \eta_2\right) \mathrm{d}\sigma_1 \mathrm{d}\sigma_2\right|$$

$$\lesssim A^{\frac{1}{2}} N_1^{-2} \left(L_0 L_1 L_2\right)^{\frac{1}{2}} \|f\|_{L^2} \|g\|_{L^2} \|h\|_{L^2}, \tag{2.62}$$

其中 f, g, h 满足

$$\operatorname{supp} f \subset G_{N_1, L_1} \cap \tilde{\mathcal{T}}_{k_1}^{A'}, \quad \operatorname{supp} g \subset G_{N_0, L_0} \cap \mathbb{S}_{A^{-1}MN_1}^{\ell} \cap \tilde{\mathfrak{D}}_j^A, \quad \operatorname{supp} h \subset G_{N_2, L_2}.$$

事实上, 由 (2.61) 和几乎正交性,

$$\left|\iint_{**} \widehat{v}_{N_2, L_2}\left(\tau_2, \xi_2, \eta_2\right) \widehat{u}_{N_1, L_1}\big|_{\tilde{\mathfrak{D}}_{j_1}^A \cap \mathbb{S}_{A^{-1}M_1}^{\ell_1}}\left(\tau_1, \xi_1, \eta_1\right)\right.$$

$$\left.\times \widehat{w}_{N_0, L_0}\big|_{\mathfrak{D}_j^A \cap \mathbb{S}_{A^{-1}M_1}^{\ell}}(\tau, \xi, \eta) \mathrm{d}\sigma_1 \mathrm{d}\sigma\right|$$

$$\lesssim \sum_{\#k_1 \sim M} \left|\iint_{**} \widehat{v}_{N_2, L_2}\left(\tau_2, \xi_2, \eta_2\right) \widehat{u}_{N_1, L_1}\big|_{\tilde{\mathcal{T}}_{k_1}^{A'}}\left(\tau_1, \xi_1, \eta_1\right)\right.$$

$$\left.\times \widehat{w}_{N_0, L_0}\big|_{\mathfrak{D}_j^A \cap \mathbb{S}_{A^{-1}M_1}^{\ell}}(\tau, \xi, \eta) \mathrm{d}\sigma_1 \mathrm{d}\sigma\right|$$

$$\underset{(2.62)}{\lesssim} A^{\frac{1}{2}} N_1^{-2} \left(L_0 L_1 L_2\right)^{\frac{1}{2}} \sum_{\#k_1 \sim M} \left\|\widehat{u}_{N_1, L_1}\big|_{\tilde{\mathcal{T}}_{k_1}^{A'}}\right\|_{L^2} \|\widehat{v}_{N_2, L_2}\|_{L^2} \left\|\widehat{w}_{N_0, L_0}\big|_{\mathfrak{D}_j^A \cap \mathbb{S}_{A^{-1}M_1}^{\ell}}\right\|_{L^2}$$

$$\lesssim (AM)^{\frac{1}{2}} N_1^{-2} \left(L_0 L_1 L_2\right)^{\frac{1}{2}} \left\|\widehat{u}_{N_1, L_1}\big|_{\tilde{\mathfrak{D}}_{j_1}^A \cap \mathbb{S}_{A^{-1}MN_1}^{\ell}}\right\|_{L^2} \|\widehat{v}_{N_2, L_2}\|_{L^2}$$

$$\times \left\|\widehat{w}_{N_0, L_0}\big|_{\tilde{\mathfrak{D}}_j^A \cap \mathbb{S}_{A^{-1}MN_1}^{\ell}}\right\|_{L^2}. \qquad\qquad \square$$

命题 2.11 的证明 令二进制数 $A_0 \geqslant 2^{25}$, $M_0 \geqslant 2^{11}$. 定义

$$J_A^{\mathcal{I}_2^M} = \left\{(j_1, j) \mid 0 \leqslant j_1, j \leqslant A - 1, \left(\mathfrak{D}_{j_1}^A \times \mathfrak{D}_j^A\right) \subset \mathcal{I}_2^M\right\}.$$

引入 $\mathcal{I}_2^M$ 的角分解. 在本节证明中记

$$J_1 = \left\{(j_1, j) \,\middle|\, (j_1, j) \in J_A^{\mathcal{I}_2^M}, 16 \leqslant |j_1 - j| \leqslant 32\right\},$$

$$J_2 = \left\{(j_1, j) \,\middle|\, (j_1, j) \in J_{A_0}^{\mathcal{I}_2^M}, |j_1 - j| \leqslant 16\right\}.$$

对 $\mathcal{I}_2$ 进行角变量的 Whitney 分解:

$$\mathcal{I}_2 = \bigcup_{64 \leqslant A \leqslant A_0} \bigcup_{(j_1, j) \in J_1} \mathfrak{D}_{j_1}^A \times \mathfrak{D}_j^A \cup \bigcup_{(j_1, j) \in J_2} \mathfrak{D}_{j_1}^{A_0} \times \mathfrak{D}_j^{A_0}.$$

又由于

$$\mathcal{I}_2 = \bigcup_{2^{11} \leqslant M < M_0} \mathcal{I}_2^M \cup \left(\mathfrak{D}_{2^{-2}M_0 \times 3}^{M_0} \times \mathfrak{D}_{2^{-2}M_0 \times 3}^{M_0} \right),$$

简记

$$I_A = \left| \int_{**} \widehat{v}_{N_2,L_2}(\tau_2,\xi_2,\eta_2) \, \widehat{u}_{N_1,L_1}\big|_{\tilde{\mathfrak{D}}_{j_1}^A}(\tau_1,\xi_1,\eta_1) \, \widehat{w}_{N_0,L_0}\big|_{\tilde{\mathfrak{D}}_j^A}(\tau,\xi,\eta) \mathrm{d}\sigma_1 \mathrm{d}\sigma \right|,$$

于是有

(2.53)左端

$$\lesssim \sum_{2^{11} \leqslant M \leqslant M_0} \sum_{2^{25} \leqslant A \leqslant A_0} \sum_{(j_1,j) \in J_1} N_1 M^{-1} I_A + \sum_{2^{11} \leqslant M \leqslant M_0} \sum_{(j_1,j) \in J_2} N_1 M^{-1} I_{A_0}$$

$$+ N_1 M_0^{-1} \left| \int_{**} \widehat{v}_{N_2,L_2}(\tau_2,\xi_2,\eta_2) \, \widehat{u}_{N_1,L_1}\big|_{\tilde{\mathfrak{D}}_{2^{-2}M_0 \times 3}^{M_0}}(\tau_1,\xi_1,\eta_1) \right.$$

$$\left. \times \widehat{w}_{N_0,L_0}\big|_{\tilde{\mathfrak{D}}_{2^{-2}M_0 \times 3}^{M_0}}(\tau,\xi,\eta) \mathrm{d}\sigma_1 \mathrm{d}\sigma \right|. \tag{2.63}$$

对其中第一项, 由命题 2.13 可得

$$\sum_{2^{25} \leqslant A \leqslant A_0} \sum_{\substack{(j_1,j) \in J_A^M \\ 16 \leqslant |j_1-j| \leqslant 32}} N_1 M^{-1} I_A$$

$$\lesssim \sum_{2^{25} \leqslant A \leqslant A_0} \sum_{\substack{(j_1,j) \in J_A^M \\ 16 \leqslant |j_1-j| \leqslant 32}} A^{\frac{1}{2}} M^{-\frac{1}{2}} N_1^{-1} (L_0 L_1 L_2)^{\frac{1}{2}} \left\| \widehat{u}_{N_1,L_1}\big|_{\tilde{\mathfrak{D}}_{j_1}^A} \right\|_{L^2} \|\widehat{v}_{N_2,L_2}\|_{L^2}$$

$$\times \left\| \widehat{w}_{N_0,L_0}\big|_{\tilde{D}_j^A} \right\|_{L^2}$$

$$\lesssim A_0 M^{\frac{1}{2}} M^{-\frac{1}{2}} N_1^{-1} (L_0 L_1 L_2)^{\frac{1}{2}} \|\widehat{u}_{N_1,L_1}\|_{L^2} \|\widehat{v}_{N_2,L_2}\|_{L^2} \|\widehat{w}_{N_0,L_0}\|_{L^2}.$$

选取 A_0 为大于 $N_1^{3/2}$ 的最小二进制数, 则上式可以被 (2.53) 右端控制.

注意到

$$\max\left(\big|\,|(\xi_1,\eta_1)| - |(\xi,\eta)|\,\big|, \big|\,|(\xi_1,\eta_1)| - |(\xi_2,\eta_2)|\,\big|, \big|\,|(\xi,\eta)| - |(\xi_2,\eta_2)|\,\big|\right) \geqslant 2^{-3} N_1,$$

其中 $(\xi_2,\eta_2) = (\xi_1+\xi,\eta_1+\eta)$, $(\xi_1,\eta_1) \times (\xi,\eta) \in \mathfrak{D}_{j_1}^{A_0} \times \mathfrak{D}_j^{A_0}$, $|j_1-j| \leqslant 16$. 于是由命题 2.12 即得

$$\sum_{2^{11} \leqslant M \leqslant M_0} \sum_{(j_1,j) \in J_2} N_1 M^{-1} I_{A_0}$$

$$\lesssim \sum_{2^{11} \leqslant M \leqslant M_0} \sum_{(j_1,j) \in J_2} A_0^{-\frac{1}{2}} M^{-\frac{1}{2}} N_1^{\frac{1}{2}} (L_0 L_1 L_2)^{\frac{1}{2}} \left\| \widehat{u}_{N_1,L_1} \big|_{\tilde{\mathcal{D}}_{j_1}^{A_0}} \right\|_{L^2}$$

$$\times \left\| \widehat{v}_{N_2,L_2} \right\|_{L^2} \left\| \widehat{w}_{N_0,L_0} \big|_{\tilde{\mathcal{D}}_j^{A_0}} \right\|_{L^2}$$

$$\lesssim (2.53) 右端.$$

令 $M_0 = N_1$. 由 Strichartz 估计, 后一项也可以被 (2.53) 右端控制. □

(I)

最后考虑情形 (I) $(\xi_1, \eta_1) \times (\xi, \eta) \subset \mathcal{I}_1$. 由 (ξ_1, ξ) 和 (η_1, η) 的对称性, 只需证明下述估计.

命题 2.14 设情形 3 的条件 (i), (ii)′ 成立, $\min(N_0, N_1, N_2) = N_2$.

$$\left| \int_{**} \widehat{v}_{N_2,L_2}(\tau_2, \xi_2, \eta_2) \, \widehat{u}_{N_1,L_1} \big|_{\tilde{D}_0^{2^{11}}}(\tau_1, \xi_1, \eta_1) \, \widehat{w}_{N_0,L_0} \big|_{\tilde{\mathcal{D}}_0^{2^{11}}}(\tau, \xi, \eta) \mathrm{d}\sigma_1 \mathrm{d}\sigma \right|$$

$$\lesssim N_1^{-1} N_2^{-\frac{1}{4}} L_0^{\frac{1}{4}} (L_1 L_2)^{\frac{1}{2}} \left\| \widehat{u}_{N_1,L_1} \right\|_{L^2} \left\| \widehat{v}_{N_2,L_2} \right\|_{L^2} \left\| \widehat{w}_{N_0,L_0} \right\|_{L^2}, \tag{2.64}$$

其中 $\mathrm{d}\sigma_1 = \mathrm{d}\tau_1 \mathrm{d}\xi_1 \mathrm{d}\eta_1$, $\mathrm{d}\sigma = \mathrm{d}\tau \mathrm{d}\xi \mathrm{d}\eta$, ** 表示 $(\tau_2, \xi_2, \eta_2) = (\tau_1 + \tau, \xi_1 + \xi, \eta_1 + \eta)$.

定义 2.7 令二进制数 $A \geqslant 2^{25}$, K 满足 $2^{10} \leqslant K \leqslant 2^{-10} A$. 定义

$$\mathfrak{J}_A^K = \left\{ j \in \mathbb{N} \,\Big|\, \frac{A}{K} \leqslant j \leqslant 2\frac{A}{K}, \, A - 2\frac{A}{K} \leqslant j \leqslant A - \frac{A}{K} \right\},$$

$$\mathfrak{J}_A = \left\{ j \in \mathbb{N} \mid 0 \leqslant j \leqslant 2^{10}, \quad A - 2^{10} \leqslant j \leqslant A - 1 \right\}.$$

命题 2.15 设情形 3 的条件 (i), (ii)′ 成立, $\min(N_0, N_1, N_2) = N_2$. 令二进制数 $A \geqslant 2^{25}$, $|j_1 - j| \leqslant 32$ 且 $(\mathfrak{D}_{j_1}^A \times \mathfrak{D}_j^A) \subset \mathcal{I}_1$. 则有

$$\left\| \chi_{G_{N_1,L_1} \cap \tilde{\mathfrak{D}}_{j_1}^A} \int \widehat{w}_{N_0,L_0} \big|_{\tilde{D}_j^A}(\tau, \xi, \eta) \widehat{v}_{N_2,L_2}(\tau_1 + \tau, \xi_1 + \xi, \eta_1 + \eta) \, \mathrm{d}\sigma \right\|_{L^2_{\xi_1,\eta_1,\tau_1}}$$

$$\lesssim (A N_1)^{-\frac{1}{2}} (L_0 L_2)^{\frac{1}{2}} \left\| \widehat{w}_{N_0,L_0} \big|_{\tilde{\mathfrak{D}}_j^A} \right\|_{L^2} \left\| \widehat{v}_{N_2,L_2} \right\|_{L^2}, \tag{2.65}$$

$$\left\| \chi_{G_{N_0,L_0} \cap \tilde{\mathfrak{D}}_j^A} \int \widehat{v}_{N_2,L_2}(\tau_1 + \tau, \xi_1 + \xi, \eta_1 + \eta) \widehat{u}_{N_1,L_1} \big|_{\tilde{\mathfrak{D}}_{j_1}^A}(\tau_1, \xi_1, \eta_1) \, \mathrm{d}\sigma_1 \right\|_{L^2_{\xi,\eta,\tau}}$$

$$\lesssim (A N_1)^{-\frac{1}{2}} (L_1 L_2)^{\frac{1}{2}} \left\| \widehat{v}_{N_2,L_2} \right\|_{L^2} \left\| \widehat{u}_{N_1,L_1} \big|_{\tilde{\mathfrak{D}}_{j_1}^A} \right\|_{L^2}. \tag{2.66}$$

(1) 若再设 $j_1 \in \mathfrak{J}_A^K$, 则有

$$\left\| \chi_{G_{N_2,L_2}} \int \widehat{u}_{N_1,L_1} \big|_{\tilde{\mathfrak{D}}_{j_1}^A}(\tau_1, \xi_1, \eta_1) \, \widehat{w}_{N_0,L_0} \big|_{\tilde{\mathfrak{D}}_j^A}(\tau_2 - \tau_1, \xi_2 - \xi_1, \eta_2 - \eta_1) \, \mathrm{d}\sigma_1 \right\|_{L^2_{\xi_2,\eta_2,\tau_2}}$$

$$\lesssim K^{\frac{1}{4}} N_1^{-\frac{1}{2}} (L_0 L_1)^{\frac{1}{2}} \left\| \widehat{u}_{N_1,L_1} |_{\tilde{\mathfrak{D}}_{j_1}^A} \right\|_{L^2} \left\| \widehat{w}_{N_0,L_0} |_{\tilde{\mathfrak{D}}_j^A} \right\|_{L^2}. \tag{2.67}$$

(2) 假设 $j_1 \in \mathfrak{J}_A$ 且 $16 \leqslant |j_1 - j| \leqslant 32$, 则有

$$\left\| \chi_{G_{N_2,L_2}} \int \widehat{u}_{N_1,L_1} |_{\tilde{\mathfrak{D}}_{j_1}^A} (\tau_1, \xi_1, \eta_1) \, \widehat{w}_{N_0,L_0} |_{\tilde{\mathfrak{D}}_j^A} (\tau_2 - \tau_1, \xi_2 - \xi_1, \eta_2 - \eta_1) \, \mathrm{d}\sigma_1 \right\|_{L^2_{\xi_2, \eta_2, \tau_2}}$$

$$\lesssim A^{\frac{1}{4}} N_1^{-\frac{1}{2}} (L_0 L_1)^{\frac{1}{2}} \left\| \widehat{u}_{N_1,L_1} |_{\tilde{\mathfrak{D}}_{j_1}^A} \right\|_{L^2} \left\| \widehat{w}_{N_0,L_0} |_{\tilde{\mathfrak{D}}_j^A} \right\|_{L^2}. \tag{2.68}$$

证明　由引理 2.5, $N_2 \leqslant 2^{-14} N_1$ 成立. (2.65) 和 (2.66) 的证明方法与命题 2.9 中的 (2.44), (2.45) 一样. 对 (2.67), 由于 $j_1 \in \mathfrak{J}_A^K$, $N_2 \leqslant 2^{-14} N_1$, 因此

$$|\xi_1| \sim |\xi_2 - \xi_1| \sim N_1, \quad |\eta_1| \sim |\eta_2 - \eta_1| \sim K^{-1} N_1.$$

由 Strichartz 估计即得 (2.67).

最后证明 (2.68). 由于 $16 \leqslant |j_1 - j| \leqslant 32$, 不妨设 $|\eta_1| \geqslant A^{-1} N_1$. 若 $|\eta_2 - \eta_1| \sim A^{-1} N_1$, 则由 Strichartz 估计即得 (2.68). 因此设 $|\eta_2 - \eta_1| \leqslant 2^{-10} \times A^{-1} N_1$. 于是只需证明

$$\sup_{(\tau_2, \xi_2, \eta_2) \in G_{N_2,L_2}} |E(\tau_2, \xi_2, \eta_2)| \lesssim A^{\frac{1}{2}} N_1^{-1} L_0 L_1, \tag{2.69}$$

其中

$$E(\tau_2, \xi_2, \eta_2)$$

$$:= \left\{ (\tau_1, \xi_1, \eta_1) \in G_{N_1,L_1} \cap \tilde{\mathfrak{D}}_{j_1}^A \Big| (\tau_2 - \tau_1, \xi_2 - \xi_1, \eta_2 - \eta_1) \in G_{N_0,L_0} \cap \tilde{\mathfrak{D}}_j^A \right\}.$$

以下分两种情况证明 (2.69).

当 $|\xi_2| \leqslant A^{-3/2} N_1$ 时, 由几乎正交性, 可以设 ξ_1 限制在测度 $\sim N_1 A^{-3/2}$ 的集合中. 对 $(\tau_1, \xi_1, \eta_1) \in E(\tau_2, \xi_2, \eta_2)$, 计算得

$$|3\Phi(\xi_1, \eta_1, -\xi_2, -\eta_2) + \tau_2 - \xi_2^3 - \eta_2^3| \lesssim \max(L_0, L_1),$$

$$|\partial_{\eta_1} \Phi(\xi_1, \eta_1, -\xi_2, -\eta_2)| = |(\eta_1 + (\eta_2 - \eta_1))(\eta_1 - (\eta_2 - \eta_1))|$$

$$\geqslant (|\eta_1| - |\eta_2 - \eta_1|)^2 \gtrsim A^{-2} N_1^2.$$

固定 ξ_1, 上述不等式意味着 η_1 限制在测度 $\sim A^2 N_1^{-2} \max(L_0, L_1)$ 的集合中. 因此有

$$\int_{\xi_1} \int_{\eta_1} \int_{\tau_1} \chi_{E(\tau_2, \xi_2, \eta_2)} (\tau_1, \xi_1, \eta_1) \, \mathrm{d}\tau_1 \mathrm{d}\eta_1 \mathrm{d}\xi_1 \lesssim A^{\frac{1}{2}} N_1^{-1} (L_0 L_1)^{\frac{1}{2}}.$$

当 $|\xi_2| \geqslant A^{-3/2} N_1$ 时, 注意到

$$|\partial_{\xi_1} \Phi(\xi_1, \eta_1, -\xi_2, -\eta_2)| = |\xi_2(2\xi_1 - \xi_2)| \geqslant N_1^2 A^{-\frac{3}{2}}.$$

又由于 $(\xi_1, \eta_1) \in \mathfrak{D}_{j_1}^A$, $j_1 \in \mathfrak{J}_A$, 同理可证 (2.69) 成立. $\square$

接下来在条件 $(\xi_1, \eta_1) \times (\xi, \eta) \in \mathfrak{D}_{j_1}^A \times \mathfrak{D}_j^A$, $j_1 \in \mathfrak{J}_A$, $16 \leqslant |j_1 - j| \leqslant 32$ 下证明关键的估计.

命题 2.16 设情形 3 中的条件 (i), (ii)′ 成立, $\min(N_0, N_1, N_2) = N_2$. 令二进制数 $A \geqslant 2^{25}$, $j_1 \in \mathfrak{J}_A^K$, j 满足 $16 \leqslant |j_1 - j| \leqslant 32$. 于是有

$$\left| \int_{**} \widehat{v}_{N_2,L_2}(\tau_2, \xi_2, \eta_2) \, \widehat{u}_{N_1,L_1}\big|_{\mathfrak{D}_{j_1}^A}(\tau_1, \xi_1, \eta_1) \, \widehat{w}_{N_0,L_0}\big|_{\mathfrak{D}_j^A}(\tau, \xi, \eta) \mathrm{d}\sigma_1 \mathrm{d}\sigma \right|$$

$$\lesssim (AK)^{\frac{1}{2}} N_1^{-2} (L_0 L_1 L_2)^{\frac{1}{2}} \left\| \widehat{u}_{N_1,L_1}\big|_{\mathfrak{D}_{j_1}^A} \right\|_{L^2} \left\| \widehat{v}_{N_2,L_2} \right\|_{L^2} \left\| \widehat{w}_{N_0,L_0}\big|_{\mathfrak{D}_j^A} \right\|_{L^2}, \qquad (2.70)$$

其中 $\mathrm{d}\sigma_1 = \mathrm{d}\tau_1 \mathrm{d}\xi_1 \mathrm{d}\eta_1$, $\mathrm{d}\sigma = \mathrm{d}\tau \mathrm{d}\xi \mathrm{d}\eta$, $**$ 表示 $(\tau_2, \xi_2, \eta_2) = (\tau_1 + \tau, \xi_1 + \xi, \eta_1 + \eta)$.

证明 分两种情况证明.

(1) 当 $|\xi_2| \geqslant 2^{10} A^{-1} K^{-1/2} N_1$ 时.

证明 $|\Phi(\xi_1, \eta_1, \xi, \eta)| \gtrsim A^{-1} K^{-1/2} N_1^3$. 再结合命题 2.15 即得 (2.70).

记 $(\xi_1, \eta_1) = (r_1 \cos\theta_1, r_1 \sin\theta_1)$, $(\xi, \eta) = (r\cos\theta, r\sin\theta)$. 由于 $j_1 \in \mathfrak{J}_A^K$, $16 \leqslant |j_1 - j| \leqslant 32$, 不妨设 $|\sin\theta_1| \sim K^{-1}$, $|\cos\theta_1| \geqslant 4/5$, $|\cos\theta_1 + \cos\theta| \leqslant 2^5 A^{-1} K^{-1}$, $|\sin\theta_1 + \sin\theta| \leqslant 2^5 A^{-1}$. 注意到

$$|\Phi(\xi_1, \eta_1, \xi, \eta)| = |\xi_1 \xi(\xi_1 + \xi) + \eta_1 \eta(\eta_1 + \eta)|$$

$$\geqslant 2^{-1} r_1 r |r_1 - r| - 2^{10} A^{-1} K^{-1} N_1^3.$$

因此只需证明 $|\xi_1 + \xi| \leqslant 2^{-2} |r_1 - r|$. 易见

$$|\xi_1 + \xi| = |r_1 \cos\theta_1 + r\cos\theta| \leqslant \frac{4}{5} |r_1 - r| + 2^5 A^{-1} K^{-1} N_1,$$

又 $|\xi_1 + \xi| \geqslant 2^{10} A^{-1} K^{-1/2} N_1$, 于是有 $|\xi_1 + \xi| \leqslant 2^{-2} |r_1 - r|$.

(2) 当 $|\xi_2| \leqslant 2^{10} A^{-1} K^{-1/2} N_1$ 时.

由假设 $|\xi_2| \leqslant 2^{10} A^{-1} K^{-1/2} N_1$ 和 $(\xi_1, \eta_1) \times (\xi, \eta) \in \mathfrak{D}_{j_1}^A \times \mathfrak{D}_j^A$ 可知 (ξ_2, η_2) 限制在一个短边平行于 ξ 轴且长度为 $\sim A^{-1} K^{-1/2} N_1$, 长边长度为 $\sim A^{-1} N_1$ 的矩形中. 因此, 由几乎正交性, 只需证明

$$\left| \int_{\mathbb{R}^3 \times \mathbb{R}^3} h(\tau_1 + \tau_2, \xi_1 + \xi_2, \eta_1 + \eta_2) f(\tau_1, \xi_1, \eta_1) g(\tau_2, \xi_2, \eta_2) \mathrm{d}\sigma_1 \mathrm{d}\sigma_2 \right|$$

$$\lesssim (AK)^{\frac{1}{2}} N_1^{-2} (L_0 L_1 L_2)^{\frac{1}{2}} \|f\|_{L^2} \|g\|_{L^2} \|h\|_{L^2}, \qquad (2.71)$$

其中

$$\operatorname{supp} f \subset G_{N_1,L_1} \cap \tilde{\mathfrak{R}}_1^A, \quad \operatorname{supp} g \subset G_{N_0,L_0} \cap \tilde{\mathfrak{R}}_2^A, \quad \operatorname{supp} h \subset G_{N_2,L_2} \cap \tilde{\mathfrak{R}}_3^A,$$

$\tilde{\mathfrak{R}}_1^A, \tilde{\mathfrak{R}}_2^A, \tilde{\mathfrak{R}}_3^A$ 为由 $\alpha_i, \beta_i \in \mathbb{R}(i=1,2,3)$ 定义的棱柱:

$$\tilde{\mathfrak{R}}_1^A = \mathbb{R} \times \mathfrak{R}_1^A, \quad \tilde{\mathfrak{R}}_2^A = \mathbb{R} \times \mathfrak{R}_2^A, \quad \tilde{\mathfrak{R}}_3^A = \mathbb{R} \times \mathfrak{R}_3^A,$$

$$\mathfrak{R}_1^A = \left\{ (\xi,\eta) \,\middle|\, \alpha_1 \leqslant \xi \leqslant \alpha_1 + 2^{-30} A^{-1} K^{-\frac{1}{2}} N_1 , \beta_1 \leqslant \eta \leqslant \beta_1 + 2^{-30} A^{-1} N_1 \right\},$$

$$\mathfrak{R}_2^A = \left\{ (\xi,\eta) \,\middle|\, \alpha_2 \leqslant \xi \leqslant \alpha_2 + 2^{-30} A^{-1} K^{-\frac{1}{2}} N_1 , \beta_2 \leqslant \eta \leqslant \beta_2 + 2^{-30} A^{-1} N_1 \right\},$$

$$\mathfrak{R}_3^A = \left\{ (\xi,\eta) \,\middle|\, \alpha_3 \leqslant \xi \leqslant \alpha_3 + 2^{-30} A^{-1} K^{-\frac{1}{2}} N_1 , \beta_3 \leqslant \eta \leqslant \beta_3 + 2^{-30} A^{-1} N_1 \right\}.$$

选取 α_i, β_i 使得

$$|\alpha_3| \leqslant 2^{10} A^{-1} K^{-\frac{1}{2}} N_1, \quad |\beta_3| \sim K^{-1} N_1,$$

$$\left(\mathfrak{R}_1^A + \mathfrak{R}_2^A\right) \cap \mathfrak{R}_3^A \neq \varnothing, \quad \mathfrak{R}_1^A \cap \mathfrak{D}_{j1}^A \neq \varnothing, \quad \mathfrak{R}_2^A \cap \mathfrak{D}_j^A \neq \varnothing.$$

类似命题 2.11, (2.71) 式等价于

$$\left\| \tilde{f} \big|_{S_1} * \tilde{g} \big|_{S_2} \right\|_{L^2(S_3)} \lesssim (AK)^{\frac{1}{2}} \|\tilde{f}\|_{L^2(S_1)} \|\tilde{g}\|_{L^2(S_2)}, \tag{2.72}$$

其中

$$\tilde{f}(\tau_1,\xi_1,\eta_1) = f\left(N_1^3 \tau_1, N_1 \xi_1, N_1 \eta_1\right),$$

$$\tilde{g}(\tau_2,\xi_2,\eta_2) = g\left(N_1^3 \tau_2, N_1 \xi_2, N_1 \eta_2\right),$$

$$S_1 = \left\{ \phi_{\tilde{c}_1}(\xi,\eta) = \left(\xi^3 + \eta^3 + \tilde{c}_1, \xi, \eta\right) \in \mathbb{R}^3 \,\middle|\, (N_1\xi, N_1\eta) \in \mathfrak{R}_1^A \right\},$$

$$S_2 = \left\{ \phi_{\tilde{c}_2}(\xi,\eta) = \left(\xi^3 + \eta^3 + \tilde{c}_2, \xi, \eta\right) \in \mathbb{R}^3 \,\middle|\, (N_1\xi, N_1\eta) \in \mathfrak{R}_2^A \right\},$$

$$S_3 = \left\{ (\psi(\xi,\eta), \xi, \eta) \in \mathbb{R}^3 \,\middle|\, (N_1\xi, N_1\eta) \in \mathfrak{R}_3^A, \psi(\xi,\eta) = \xi^3 + \eta^3 + \frac{c_0'}{N_1^3} \right\}.$$

注意到 S_1, S_2, S_3 不满足正交条件, 因此 (2.72) 不能直接由 Loomis-Whitney 不等式得到. 通过一个伸缩变换克服这一困难. 令 $(\tau,\xi,\eta) \to \left(\tau,\xi,K^{1/2}\eta\right)$,

$$\tilde{f}_K(\tau_1,\xi_1,\eta_1) = \tilde{f}\left(\tau_1,\xi_1,K^{\frac{1}{2}}\eta_1\right),$$

$$\tilde{g}_K(\tau_2,\xi_2,\eta_2) = \tilde{g}\left(\tau_2,\xi_2,K^{\frac{1}{2}}\eta_2\right),$$

$$\tilde{h}_K(\tau,\xi,\eta) = \tilde{h}\left(\tau,\xi,K^{\frac{1}{2}}\eta\right).$$

于是 (2.72) 化为

$$\left\| \tilde{f}_K \big|_{S_1^K} * \tilde{g}_K \big|_{S_2^K} \right\|_{L^2(S_3^K)} \lesssim A^{\frac{1}{2}} K^{\frac{1}{4}} \|\tilde{f}_K\|_{L^2(S_1^K)} \|\tilde{g}_K\|_{L^2(S_2^K)}, \tag{2.73}$$

其中

$$S_1^K = \left\{ \phi_{\tilde{c}_1}^K(\xi, \eta) = \left(\xi^3 + K^{\frac{3}{2}} \eta^3 + \tilde{c}_1, \xi, \eta \right) \Big| \left(N_1 \xi, K^{\frac{1}{2}} N_1 \eta \right) \in \mathfrak{R}_1^A \right\},$$

$$S_2^K = \left\{ \phi_{\tilde{c}_2}^K(\xi, \eta) = \left(\xi^3 + K^{\frac{3}{2}} \eta^3 + \tilde{c}_2, \xi, \eta \right) \Big| \left(N_1 \xi, K^{\frac{1}{2}} N_1 \eta \right) \in \mathfrak{R}_2^A \right\},$$

$$S_3^K = \left\{ \left(\psi^K(\xi, \eta), \xi, \eta \right) \Big| \left(N_1 \xi, K^{\frac{1}{2}} N_1 \eta \right) \in \mathfrak{R}_3^A, \psi^K(\xi, \eta) = \xi^3 + K^{\frac{3}{2}} \eta^3 + \frac{c_0'}{N_1^3} \right\}.$$

下面证明 S_1^K, S_2^K, S_3^K 满足非线性 Loomis-Whitney 不等式的条件. 注意到 $\left(N_1 \xi, K^{\frac{1}{2}} N_1 \eta \right) \in \mathfrak{R}_i^A (i = 1, 2, 3)$ 意味着 (ξ, η) 限制在边长为 $2^{-30} A^{-1} K^{-1/2}$ 的方形中, 且 $|\xi| \leqslant 2, |\eta| \leqslant 2^5 K^{-3/2}$. 这意味着 $\mathrm{diam}(S_i) \leqslant 2^{-20} A^{-1} K^{-1/2}$. 记 $\mathfrak{n}_1(\lambda_1), \mathfrak{n}_2(\lambda_2), \mathfrak{n}_3(\lambda_3)$ 分别为 $\lambda_1 \in S_1^K, \lambda_2 \in S_2^K, \lambda_3 \in S_3^K$ 处的单位法向量, 令

$$\lambda_1 = \phi_{\tilde{c}_1}^K(\xi_1, \eta_1), \quad \lambda_2 = \phi_{\tilde{c}_2}^K(\xi_2, \eta_2), \quad \lambda_3 = \left(\psi^K(\xi, \eta), \xi, \eta \right).$$

于是有

$$\mathfrak{n}_1(\lambda_1) = \frac{1}{\sqrt{1 + 9\xi_1^4 + 9K^3 \eta_1^4}} \left(-1, 3\xi_1^2, 3K^{\frac{3}{2}} \eta_1^2 \right),$$

$$\mathfrak{n}_2(\lambda_2) = \frac{1}{\sqrt{1 + 9\xi_2^4 + 9K^3 \eta_2^4}} \left(-1, 3\xi_2^2, 3K^{\frac{3}{2}} \eta_2^2 \right),$$

$$\mathfrak{n}_3(\lambda_3) = \frac{1}{\sqrt{1 + 9\xi^4 + 9K^3 \eta^4}} \left(-1, 3\xi^2, 3K^{\frac{3}{2}} \eta^2 \right).$$

由于 $\left(N_1 \xi_i, K^{\frac{1}{2}} N_1 \eta_i \right) \in \mathfrak{R}_i^A$, 易验证 S_1^K, S_2^K, S_3^K 满足

$$\sup_{\lambda_i, \lambda_i' \in S_i^K} \frac{|\mathfrak{n}_i(\lambda_i) - \mathfrak{n}_i(\lambda_i')|}{|\lambda_i - \lambda_i'|} + \frac{|\mathfrak{n}_i(\lambda_i)(\lambda_i - \lambda_i')|}{|\lambda_i - \lambda_i'|^2} \leqslant 2^{10}. \tag{2.74}$$

选取 $(\xi_1', \eta_1'), (\xi_2', \eta_2'), (\xi', \eta')$ 使得

$$(\xi_1', \eta_1') + (\xi_2', \eta_2') = (\xi', \eta'),$$

$$\phi_{\tilde{c}_1}^K(\xi_1', \eta_1') \in S_1^K, \quad \phi_{\tilde{c}_2}^K(\xi_2', \eta_2') \in S_2^K, \quad \left(\psi^K(\xi', \eta'), \xi', \eta' \right) \in S_3^K.$$

令 $\lambda_1' = \phi_{\tilde{c}_1}^K(\xi_1', \eta_1'), \lambda_2' = \phi_{\tilde{c}_2}^K(\xi_2', \eta_2'), \lambda_3' = \left(\psi^K(\xi', \eta'), \xi', \eta'\right)$. 对 $\forall \lambda_1 \in S_1^K, \lambda_2 \in S_2^K, \lambda_3 \in S_3^K$, (2.74) 意味着

$$|\mathfrak{n}_1(\lambda_1) - \mathfrak{n}_1(\lambda_1')| \leqslant 2^{-10}A^{-1}K^{-\frac{1}{2}}, \tag{2.75}$$

$$|\mathfrak{n}_2(\lambda_2) - \mathfrak{n}_2(\lambda_2')| \leqslant 2^{-10}A^{-1}K^{-\frac{1}{2}}, \tag{2.76}$$

$$|\mathfrak{n}_3(\lambda_3) - \mathfrak{n}_3(\lambda_3')| \leqslant 2^{-10}A^{-1}K^{-\frac{1}{2}}. \tag{2.77}$$

要证明正交性, 只需证明

$$|\det \mathbf{N}(\lambda_1', \lambda_2', \lambda_3')| \geqslant 2^{-5}A^{-1}K^{-\frac{1}{2}}. \tag{2.78}$$

注意到

$$|\det \mathbf{N}(\lambda_1', \lambda_2', \lambda_3')| \geqslant 2^{-7}\left|\det \begin{pmatrix} -1 & -1 & -1 \\ 3(\xi_1')^2 & 3(\xi_2')^2 & 3(\xi')^2 \\ 3K^{\frac{3}{2}}(\eta_1')^2 & 3K^{\frac{3}{2}}(\eta_2')^2 & 3K^{\frac{3}{2}}(\eta')^2 \end{pmatrix}\right|$$

$$\geqslant 2^{-4}K^{\frac{3}{2}}|\xi_1'\eta_2' - \xi_2'\eta_1'|\,|\xi_1'\eta_2' + \xi_2'\eta_1' + 2(\xi_1'\eta_1' + \xi_2'\eta_2')|.$$

因此只需证明

$$|\mathfrak{A}(\xi_1', \eta_1', \xi_2', \eta_2')| := |\xi_1'\eta_2' - \xi_2'\eta_1'| \geqslant A^{-1}K^{-\frac{1}{2}}, \tag{2.79}$$

$$|F(\xi_1', \eta_1', \xi_2', \eta_2')| = |\xi_1'\eta_2' + \xi_2'\eta_1' + 2(\xi_1'\eta_1' + \xi_2'\eta_2')| \geqslant 2^{-1}K^{-\frac{3}{2}}. \tag{2.80}$$

等价地,

$$\left|\mathfrak{A}\left(N_1\xi_1', K^{\frac{1}{2}}N_1\eta_1', N_1\xi_2', K^{\frac{1}{2}}N_1\eta_2'\right)\right| = K^{\frac{1}{2}}N_1^2|\xi_1'\eta_2' - \xi_2'\eta_1'| \geqslant A^{-1}N_1^2, \tag{2.81}$$

$$\left|F\left(N_1\xi_1', K^{\frac{1}{2}}N_1\eta_1', N_1\xi_2', K^{\frac{1}{2}}N_1\eta_2'\right)\right| = K^{\frac{1}{2}}N_1^2|\xi_1'\eta_2' + \xi_2'\eta_1' + 2(\xi_1'\eta_1' + \xi_2'\eta_2')|$$

$$\geqslant 2^{-1}K^{-1}N_1^2, \tag{2.82}$$

由 $\left(N_1\xi_1', K^{\frac{1}{2}}N_1\eta_1'\right) \in \mathfrak{R}_1^A, \left(N_1\xi_2', K^{\frac{1}{2}}N_1\eta_2'\right) \in \mathfrak{R}_2^A, \mathfrak{R}_1^A \cap \mathfrak{D}_{j_1}^A \neq \varnothing$ 和 $\mathfrak{R}_2^A \cap \mathfrak{D}_j^A \neq \varnothing$ 可以推出 (2.81) 成立. 令 $(\xi_1, \eta_1) \in \mathfrak{R}_1^A, (\xi_2, \eta_2) \in \mathfrak{R}_2^A$. 又由 $\left(\mathfrak{R}_1^A + \mathfrak{R}_2^A\right) \cap \mathfrak{R}_3^A$ 可以推出 $|\xi_1 + \xi_2| \leqslant 2^{11}A^{-1}K^{-1/2}N_1$, 于是

$$|F(\xi_1, \eta_1, \xi_2, \eta_2)| = |\xi_1\eta_2 + \xi_2\eta_1 + 2(\xi_1\eta_1 + \xi_2\eta_2)|$$

$$\geqslant 2|\xi_2\eta_1 + \xi_1\eta_1 + \xi_2\eta_2| - |\xi_1\eta_2 - \xi_2\eta_1|$$

$$\geqslant 2|\xi_2\eta_2| - 2|\xi_1 + \xi_2|\,|\eta_2| - 2^7A^{-1}N_1^2$$

$$\geqslant K^{-1}N_1^2 - 2^8 A^{-1} N_1^2$$
$$\geqslant 2^{-1} K^{-1} N_1^2,$$

即 (2.82) 成立. 进而可以得到 (2.78), 从而 (2.73) 成立. □

接下来考虑 $j_1 \in \mathfrak{J}$ 的情形.

命题 2.17 设情形 3 中的条件 (i), (ii)′ 成立, $\min(N_0, N_1, N_2) = N_2$. 令二进制数 A 满足 $2^{25} \leqslant A \leqslant N_1 L_0^{-1/3}$, $j_1 \in \mathfrak{J}$, j 满足 $16 \leqslant |j_1 - j| \leqslant 32$. 于是有

$$\left| \int_{**} \widehat{v}_{N_2, L_2}(\tau_2, \xi_2, \eta_2) \, \widehat{u}_{N_1, L_1} \big|_{\tilde{\mathfrak{D}}_{j_1}^A}(\tau_1, \xi_1, \eta_1) \, \widehat{w}_{N_0, L_0} \big|_{\tilde{\mathfrak{D}}_j^A}(\tau, \xi, \eta) \mathrm{d}\sigma_1 \mathrm{d}\sigma \right|$$
$$\lesssim A^{\frac14} N_1^{-\frac54} L_0^{\frac14} (L_1 L_2)^{\frac12} \left\| \widehat{u}_{N_1, L_1} \big|_{\tilde{D}_{j_1}^A} \right\|_{L^2} \left\| \widehat{v}_{N_2, L_2} \right\|_{L^2} \left\| \widehat{w}_{N_0, L_0} \big|_{\tilde{\mathfrak{D}}_j^A} \right\|_{L^2}, \qquad (2.83)$$

其中 $\mathrm{d}\sigma_1 = \mathrm{d}\tau_1 \mathrm{d}\xi_1 \mathrm{d}\eta_1, \mathrm{d}\sigma = \mathrm{d}\tau \mathrm{d}\xi \mathrm{d}\eta, **$ 表示 $(\tau_2, \xi_2, \eta_2) = (\tau_1 + \tau, \xi_1 + \xi, \eta_1 + \eta)$.

不同于 $j_1 \in \mathfrak{J}_A^K$ 的情形, 此时可能存在 $(\xi_1, \eta_1) \times (\xi, \eta) \in \mathfrak{D}_{j_1}^A \times \mathfrak{D}_j^A$ 使得 $F(\xi_1, \eta_1, \xi, \eta) = 0$. 为克服这一困难, 还需继续引入如下的分解.

定义 2.8 令二进制数 $A \geqslant 2^{25}$, $d \geqslant 2^{20}$, $k = (k_{(1)}, k_{(2)}) \in \mathbb{Z}^2$. 定义短边平行于 ξ 轴且其宽为 $A^{-3/2} d^{-1} N_1$, 长为 $A^{-1} d^{-1} N_1$ 的矩形小区域 $\left\{ \mathcal{T}_k^{A,d} \right\}_{k \in \mathbb{Z}^2}$ 和棱柱 $\left\{ \tilde{\mathcal{T}}_k^{A,d} \right\}_{k \in \mathbb{Z}^2}$ 如下:

$$\mathcal{T}_k^{A,d} := \left\{ (\xi, \eta) \in \mathbb{R}^2 \,\middle|\, \xi \in A^{-\frac32} d^{-1} N_1 \left[k_{(1)}, k_{(1)} + 1 \right), \right.$$
$$\left. \eta \in A^{-1} d^{-1} N_1 \left[k_{(2)}, k_{(2)} + 1 \right) \right\},$$
$$\tilde{\mathcal{T}}_k^{A,d} := \mathbb{R} \times \mathcal{T}_k^{A,d}.$$

以下两个估计在证明命题 2.17 中将发挥重要作用.

命题 2.18 设情形 3 中的条件 (i), (ii)′ 成立, $\min(N_0, N_1, N_2) = N_2$. 令二进制数 $A \geqslant 2^{25}$, $d \geqslant 2^{20}$, $j_1 \in \mathfrak{J}$, j 满足 $16 \leqslant |j_1 - j| \leqslant 32$. 设 $k_1, k \in \mathbb{Z}^2$ 满足

$$\left(\mathcal{T}_{k_1}^{A,d} \times \mathcal{T}_k^{A,d} \right) \cap \left(\mathfrak{D}_{j_1}^A \times \mathfrak{D}_j^A \right) \neq \varnothing,$$
$$|\Phi(\xi_1, \eta_1, \xi, \eta)| \geqslant A^{-\frac32} d^{-1} N_1^3, \quad \forall (\xi_1, \eta_1) \times (\xi, \eta) \in \mathcal{T}_{k_1}^{A,d} \times \mathcal{T}_k^{A,d},$$

则有

$$\left| \int_{**} \widehat{v}_{N_2, L_2}(\tau_2, \xi_2, \eta_2) \, \widehat{u}_{N_1, L_1} \big|_{\tilde{\mathcal{T}}_{k_1}^{A,d}}(\tau_1, \xi_1, \eta_1) \, \widehat{w}_{N_0, L_0} \big|_{\tilde{\mathcal{T}}_k^{A,d}}(\tau, \xi, \eta) \mathrm{d}\sigma_1 \mathrm{d}\sigma \right|$$

$$\lesssim Ad^{\frac{1}{2}}N_1^{-2}\left(L_0L_1L_2\right)^{\frac{1}{2}}\left\|\widehat{u}_{N_1,L_1}\big|_{\tilde{\mathcal{T}}_{k_1}^{A,d}}\right\|_{L^2}\left\|\widehat{v}_{N_2,L_2}\right\|_{L^2}\left\|\widehat{w}_{N_0,L_0}\big|_{\tilde{\mathcal{T}}_k^{A,d}}\right\|_{L^2}, \quad (2.84)$$

其中 $\mathrm{d}\sigma_1 = \mathrm{d}\tau_1\mathrm{d}\xi_1\mathrm{d}\eta_1, \mathrm{d}\sigma = \mathrm{d}\tau\mathrm{d}\xi\mathrm{d}\eta$, ** 表示 $(\tau_2,\xi_2,\eta_2) = (\tau_1+\tau,\xi_1+\xi,\eta_1+\eta)$.

证明　由命题 2.15 中的 (2.65), (2.66), (2.68) 和假设 $|\Phi(\xi_1,\eta_1,\xi,\eta)| \geqslant A^{-3/2}d^{-1}N_1^3$ 即得 (2.84). □

命题 2.19　设情形 3 中的条件 (i), (ii)′ 成立, 且 $\min(N_0,N_1,N_2) = N_2$. 令二进制数 $A \geqslant 2^{25}$, $d \geqslant 2^{20}$, $j_1 \in \mathfrak{J}$, j 满足 $16 \leqslant |j_1-j| \leqslant 32$. 假设 $k_1,k \in \mathbb{Z}^2$ 满足

$$\left(\mathcal{T}_{k_1}^{A,d} \times \mathcal{T}_k^{A,d}\right) \cap \left(\mathfrak{D}_{j_1}^A \times \mathfrak{D}_j^A\right) \neq \varnothing,$$

$$|F(\xi_1,\eta_1,\xi,\eta)| \geqslant A^{-1}d^{-1}N_1^2, \quad \forall (\xi_1,\eta_1) \times (\xi,\eta) \in \mathcal{T}_{k_1}^{A,d} \times \mathcal{T}_k^{A,d},$$

则有

$$\left|\int_{**} \widehat{v}_{N_2,L_2}(\tau_2,\xi_2,\eta_2)\,\widehat{u}_{N_1,L_1}\big|_{\tilde{\mathcal{T}}_{k_1}^{A,d}}(\tau_1,\xi_1,\eta_1)\,\widehat{w}_{N_0,L_0}\big|_{\tilde{\mathcal{T}}_k^{A,d}}(\tau,\xi,\eta)\mathrm{d}\sigma_1\mathrm{d}\sigma\right|$$

$$\lesssim Ad^{\frac{1}{2}}N_1^{-2}\left(L_0L_1L_2\right)^{\frac{1}{2}}\left\|\widehat{u}_{N_1,L_1}\big|_{\tilde{\mathcal{T}}_{k_1}^{A,d}}\right\|_{L^2}\left\|\widehat{v}_{N_2,L_2}\right\|_{L^2}\left\|\widehat{w}_{N_0,L_0}\big|_{\tilde{\mathcal{T}}_k^{A,d}}\right\|_{L^2}, \quad (2.85)$$

其中 $\mathrm{d}\sigma_1 = \mathrm{d}\tau_1\mathrm{d}\xi_1\mathrm{d}\eta_1, \mathrm{d}\sigma = \mathrm{d}\tau\mathrm{d}\xi\mathrm{d}\eta$, ** 表示 $(\tau_2,\xi_2,\eta_2) = (\tau_1+\tau,\xi_1+\xi,\eta_1+\eta)$.

证明　假设 $(\xi_1,\eta_1) \in \mathcal{T}_{k_1}^{A,d}$, $(\xi,\eta) \in \mathcal{T}_k^{A,d}$, 只需证明

$$\left|\int_{\mathbb{R}^3 \times \mathbb{R}^3} h(\tau_1+\tau_2,\xi_1+\xi_2,\eta_1+\eta_2)\,f(\tau_1,\xi_1,\eta_1)\,g(\tau_2,\xi_2,\eta_2)\,\mathrm{d}\sigma_1\mathrm{d}\sigma_2\right|$$

$$\lesssim Ad^{\frac{1}{2}}N_1^{-2}\left(L_0L_1L_2\right)^{\frac{1}{2}}\|f\|_{L^2}\|g\|_{L^2}\|h\|_{L^2}. \quad (2.86)$$

其中

$$\operatorname{supp} f \subset G_{N_1,L_1} \cap \tilde{\mathfrak{R}}_1^{A,d}, \quad \operatorname{supp} g \subset G_{N_0,L_0} \cap \tilde{\mathfrak{R}}_2^{A,d}, \quad \operatorname{supp} h \subset G_{N_2,L_2} \cap \tilde{\mathfrak{R}}_3^{A,d}.$$

棱柱 $\tilde{\mathfrak{R}}_1^{A,d}, \tilde{\mathfrak{R}}_2^{A,d}, \tilde{\mathfrak{R}}_3^{A,d}$ 定义如下:

$$\tilde{\mathfrak{R}}_1^{A,d} = \mathbb{R} \times \mathfrak{R}_1^{A,d}, \quad \tilde{\mathfrak{R}}_2^{A,d} = \mathbb{R} \times \mathfrak{R}_2^{A,d}, \quad \tilde{\mathfrak{R}}_3^{A,d} = \mathbb{R} \times \mathfrak{R}_3^{A,d},$$

$$\mathfrak{R}_1^{A,d} = \left\{(\xi,\eta) \,\middle|\, \alpha_1 \leqslant \xi \leqslant \alpha_1 + 2^{-30}A^{-\frac{3}{2}}d^{-1}N_1,\ \beta_1 \leqslant \eta \leqslant \beta_1 + 2^{-30}A^{-1}d^{-1}N_1\right\},$$

$$\mathfrak{R}_2^{A,d} = \left\{(\xi,\eta) \,\middle|\, \alpha_2 \leqslant \xi \leqslant \alpha_2 + 2^{-30}A^{-\frac{3}{2}}d^{-1}N_1,\ \beta_2 \leqslant \eta \leqslant \beta_2 + 2^{-30}A^{-1}d^{-1}N_1\right\},$$

$$\mathfrak{R}_3^{A,d} = \left\{(\xi,\eta) \,\middle|\, \alpha_3 \leqslant \xi \leqslant \alpha_3 + 2^{-30}A^{-\frac{3}{2}}d^{-1}N_1,\ \beta_3 \leqslant \eta \leqslant \beta_3 + 2^{-30}A^{-1}d^{-1}N_1\right\}.$$

选取适当的 $\alpha_i, \beta_i \in \mathbb{R}$ 使得

$$|\beta_3| \leqslant 2^{10} A^{-1} N_1, \quad (\mathfrak{R}_1^A + \mathfrak{R}_2^A) \cap \mathfrak{R}_3^A \neq \varnothing, \quad \mathfrak{R}_1^A \cap \mathcal{T}_{k_1}^{A,d} \neq \varnothing, \quad \mathfrak{R}_2^A \cap \mathcal{T}_k^{A,d} \neq \varnothing.$$

于是只需证明

$$\left\| \tilde{f} \big|_{S_1} * \tilde{g} \big|_{S_2} \right\|_{L^2(S_3)} \lesssim A d^{\frac{1}{2}} \|\tilde{f}\|_{L^2(S_1)} \|\tilde{g}\|_{L^2(S_2)}, \tag{2.87}$$

其中

$$\tilde{f}(\tau_1, \xi_1, \eta_1) = f\left(N_1^3 \tau_1, N_1 \xi_1, N_1 \eta_1\right),$$

$$\tilde{g}(\tau_2, \xi_2, \eta_2) = g\left(N_1^3 \tau_2, N_1 \xi_2, N_1 \eta_2\right),$$

$$S_1 = \left\{ \phi_{\tilde{c}_1}(\xi, \eta) = \left(\xi^3 + \eta^3 + \tilde{c}_1, \xi, \eta\right) \in \mathbb{R}^3 \,\middle|\, (N_1 \xi, N_1 \eta) \in \mathfrak{R}_1^{A,d} \right\},$$

$$S_2 = \left\{ \phi_{\tilde{c}_2}(\xi, \eta) = \left(\xi^3 + \eta^3 + \tilde{c}_2, \xi, \eta\right) \in \mathbb{R}^3 \,\middle|\, (N_1 \xi, N_1 \eta) \in \mathfrak{R}_2^{A,d} \right\},$$

$$S_3 = \left\{ (\psi(\xi, \eta), \xi, \eta) \in \mathbb{R}^3 \,\middle|\, (N_1 \xi, N_1 \eta) \in \mathfrak{R}_3^{A,d}, \psi(\xi, \eta) = \xi^3 + \eta^3 + \frac{c_0'}{N_1^3} \right\}.$$

作伸缩变换 $(\tau, \xi, \eta) \to (\tau, \xi, A^{1/2}\eta)$ 并定义

$$\tilde{f}_A(\tau_1, \xi_1, \eta_1) = \tilde{f}\left(\tau_1, \xi_1, A^{\frac{1}{2}}\eta_1\right),$$

$$\tilde{g}_A(\tau_2, \xi_2, \eta_2) = \tilde{g}\left(\tau_2, \xi_2, A^{\frac{1}{2}}\eta_2\right),$$

$$\tilde{h}_A(\tau, \xi, \eta) = \tilde{h}\left(\tau, \xi, A^{\frac{1}{2}}\eta\right).$$

于是 (2.87) 等价于

$$\left\| \tilde{f}_A \big|_{S_1^A} * \tilde{g}_A \big|_{S_2^A} \right\|_{L^2(S_3^A)} \lesssim A^{\frac{3}{4}} d^{\frac{1}{2}} \|\tilde{f}_A\|_{L^2(S_1^A)} \|\tilde{g}_A\|_{L^2(S_2^A)}, \tag{2.88}$$

其中

$$S_1^A = \left\{ \phi_{\tilde{c}_1}^A(\xi, \eta) = \left(\xi^3 + A^{\frac{3}{2}}\eta^3 + \tilde{c}_1, \xi, \eta\right) \,\middle|\, \left(N_1 \xi, A^{\frac{1}{2}} N_1 \eta\right) \in \mathfrak{R}_1^{A,d} \right\},$$

$$S_2^A = \left\{ \phi_{\tilde{c}_2}^A(\xi, \eta) = \left(\xi^3 + A^{\frac{3}{2}}\eta^3 + \tilde{c}_2, \xi, \eta\right) \,\middle|\, \left(N_1 \xi, A^{\frac{1}{2}} N_1 \eta\right) \in \mathfrak{R}_2^{A,d} \right\},$$

$$S_3^A = \left\{ (\psi^A(\xi, \eta), \xi, \eta) \,\middle|\, \left(N_1 \xi, A^{\frac{1}{2}} N_1 \eta\right) \in \mathfrak{R}_3^{A,d}, \psi^A(\xi, \eta) = \xi^3 + A^{\frac{3}{2}}\eta^3 + \frac{c_0'}{N_1^3} \right\}.$$

可以验证 S_1^A, S_2^A, S_3^A 满足命题 2.1 的条件. 令 $\mathfrak{n}_1(\lambda_1), \mathfrak{n}_2(\lambda_2), \mathfrak{n}_3(\lambda_3)$ 分别为 $\lambda_1 \in S_1^A, \lambda_2 \in S_2^A, \lambda_3 \in S_3^A$ 处的单位法向量. 定义

$$\lambda_1 = \phi_{\tilde{c}_1}^A (\xi_1, \eta_1), \quad \lambda_2 = \phi_{\tilde{c}_2}^A (\xi_2, \eta_2), \quad \lambda_3 = \left(\psi^A(\xi, \eta), \xi, \eta \right).$$

则

$$\mathfrak{n}_1 (\lambda_1) = \frac{1}{\sqrt{1 + 9\xi_1^4 + 9A^3\eta_1^4}} \left(-1, 3\xi_1^2, 3A^{\frac{3}{2}}\eta_1^2 \right),$$

$$\mathfrak{n}_2 (\lambda_2) = \frac{1}{\sqrt{1 + 9\xi_2^4 + 9A^3\eta_2^4}} \left(-1, 3\xi_2^2, 3A^{\frac{3}{2}}\eta_2^2 \right),$$

$$\mathfrak{n}_3 (\lambda_3) = \frac{1}{\sqrt{1 + 9\xi^4 + 9A^3\eta^4}} \left(-1, 3\xi^2, 3A^{\frac{3}{2}}\eta^2 \right).$$

由 $\left(N_1\xi_i, A^{\frac{1}{2}} N_1\eta_i \right) \in \mathfrak{R}_i^A$ 得 S_1^A, S_2^A, S_3^A 满足正则性条件

$$\sup_{\lambda_i, \lambda_i' \in S_i^A} \frac{|\mathfrak{n}_i (\lambda_i) - \mathfrak{n}_i (\lambda_i')|}{|\lambda_i - \lambda_i'|} + \frac{|\mathfrak{n}_i (\lambda_i) (\lambda_i - \lambda_i')|}{|\lambda_i - \lambda_i'|^2} \leqslant 2^{10} \tag{2.89}$$

和直径条件

$$\operatorname{diam} (S_i) \leqslant 2^{-20} A^{-\frac{3}{2}} d^{-1}. \tag{2.90}$$

选取 $(\xi_1', \eta_1'), (\xi_2', \eta_2'), (\xi', \eta')$ 使得

$$(\xi_1', \eta_1') + (\xi_2', \eta_2') = (\xi', \eta'),$$

$$\phi_{\tilde{c}_1}^A (\xi_1', \eta_1') \in S_1^A, \quad \phi_{\tilde{c}_2}^A (\xi_2', \eta_2') \in S_2^A, \quad \left(\psi^A (\xi', \eta'), \xi', \eta' \right) \in S_3^A.$$

定义 $\lambda_1' = \phi_{\tilde{c}_1}^A (\xi_1', \eta_1'), \lambda_2' = \phi_{\tilde{c}_2}^A (\xi_2', \eta_2'), \lambda_3' = \left(\psi^A (\xi', \eta'), \xi', \eta' \right)$. 对任意的 $\lambda_1 \in S_1^A, \lambda_2 \in S_2^A, \lambda_3 \in S_3^A$, (2.89) 和 (2.90) 意味着

$$|\mathfrak{n}_1 (\lambda_1) - \mathfrak{n}_1 (\lambda_1')| \leqslant 2^{-10} A^{-\frac{3}{2}} d^{-1}, \tag{2.91}$$

$$|\mathfrak{n}_2 (\lambda_2) - \mathfrak{n}_2 (\lambda_2')| \leqslant 2^{-10} A^{-\frac{3}{2}} d^{-1}, \tag{2.92}$$

$$|\mathfrak{n}_3 (\lambda_3) - \mathfrak{n}_3 (\lambda_3')| \leqslant 2^{-10} A^{-\frac{3}{2}} d^{-1}. \tag{2.93}$$

最后验证超曲面满足正交性条件. 只需证明

$$|\det \mathbf{N} (\lambda_1', \lambda_2', \lambda_3')| \geqslant 2^{-5} A^{-\frac{3}{2}} d^{-1}. \tag{2.94}$$

计算

$$|\det \mathbf{N} (\lambda_1', \lambda_2', \lambda_3')| \geqslant 2^{-7} \left| \det \begin{pmatrix} -1 & -1 & -1 \\ 3 (\xi_1')^2 & 3 (\xi_2')^2 & 3 (\xi')^2 \\ 3A^{\frac{3}{2}} (\eta_1')^2 & 3A^{\frac{3}{2}} (\eta_2')^2 & 3A^{\frac{3}{2}} (\eta')^2 \end{pmatrix} \right|$$

$$\geqslant 2^{-4} A^{\frac{3}{2}} \left| \xi_1' \eta_2' - \xi_2' \eta_1' \right| \left| \xi_1' \eta_2' + \xi_2' \eta_1' + 2 \left(\xi_1' \eta_1' + \xi_2' \eta_2' \right) \right|.$$

于是只需证明

$$\left| \mathfrak{A} \left(\xi_1', \eta_1', \xi_2', \eta_2' \right) \right| = \left| \xi_1' \eta_2' - \xi_2' \eta_1' \right| \geqslant A^{-\frac{3}{2}}, \tag{2.95}$$

$$\left| F \left(\xi_1', \eta_1', \xi_2', \eta_2' \right) \right| = \left| \xi_1' \eta_2' + \xi_2' \eta_1' + 2 \left(\xi_1' \eta_1' + \xi_2' \eta_2' \right) \right| \geqslant 2^{-1} A^{-\frac{3}{2}} d^{-1}, \tag{2.96}$$

等价地,

$$\left| \mathfrak{A} \left(N_1 \xi_1', A^{\frac{1}{2}} N_1 \eta_1', N_1 \xi_2', A^{\frac{1}{2}} N_1 \eta_2' \right) \right| \geqslant A^{-1} N_1^2, \tag{2.97}$$

$$\left| F \left(N_1 \xi_1', A^{\frac{1}{2}} N_1 \eta_1', N_1 \xi_2', A^{\frac{1}{2}} N_1 \eta_2' \right) \right| \geqslant 2^{-1} A^{-1} d^{-1} N_1^2, \tag{2.98}$$

注意到 $\left(N_1 \xi_1', A^{\frac{1}{2}} N_1 \eta_1' \right) \in \mathfrak{R}_1^{A,d}, \left(N_1 \xi_2', A^{\frac{1}{2}} N_1 \eta_2' \right) \in \mathfrak{R}_2^A$, 又由 $\mathfrak{R}_1^A \cap \mathcal{T}_{k_1}^{A,d} \neq \varnothing, \mathfrak{R}_2^A \cap \mathcal{T}_k^{A,d} \neq \varnothing$ 和假设 $\mathcal{T}_{k_1}^{A,d} \cap \mathfrak{D}_{j_1}^A \neq \varnothing, \mathcal{T}_k^{A,d} \cap \mathfrak{D}_j^A \neq \varnothing$ 即得 (2.97). 进一步, 由于假设

$$\left| F \left(\xi_1, \eta_1, \xi, \eta \right) \right| \geqslant A^{-1} d^{-1} N_1^2, \quad \forall (\xi_1, \eta_1) \times (\xi, \eta) \in \mathcal{T}_{k_1}^{A,d} \times \mathcal{T}_k^{A,d},$$

因此有 (2.98). 从而 (2.95) 和 (2.96) 成立. 因此 (2.94) 成立, 进而得到 (2.88). $\square$

定义 2.9 令二进制数 $A \geqslant 2^{25}, d \geqslant 2^{20}$, 且 $j_1, j \in \mathfrak{J}_A$. 仍记

$$\Phi \left(\xi_1, \eta_1, \xi, \eta \right) = \xi_1 \xi \left(\xi_1 + \xi \right) + \eta_1 \eta \left(\eta_1 + \eta \right),$$

$$F \left(\xi_1, \eta_1, \xi, \eta \right) = \xi_1 \eta + \xi \eta_1 + 2 \left(\xi_1 \eta_1 + \xi \eta \right).$$

定义 $Z_{A,d,j_1,j}^1$ 为满足如下条件的 $(k_1, k) \in \mathbb{Z}^2 \times \mathbb{Z}^2$ 的集合:

$$\begin{cases} \left| \Phi \left(\xi_1, \eta_1, \xi, \eta \right) \right| \geqslant A^{-\frac{3}{2}} d^{-1} N_1^3, \quad \forall (\xi_1, \eta_1) \times (\xi, \eta) \in \mathcal{T}_{k_1}^{A,d} \times \mathcal{T}_k^{A,d}, \\ \left(\mathcal{T}_{k_1}^{A,d} \times \mathcal{T}_k^{A,d} \right) \cap \left(\mathfrak{D}_{j_1}^A \times \mathfrak{D}_j^A \right) \neq \varnothing, \\ \left| \xi_1 + \xi \right| \leqslant 2^{10} A^{-\frac{3}{2}} N_1, \quad \forall (\xi_1, \eta_1) \times (\xi, \eta) \in \mathcal{T}_{k_1}^{A,d} \times \mathcal{T}_k^{A,d}. \end{cases}$$

类似地, 定义 $Z_{A,d,j_1,j}^2$ 为满足

$$\begin{cases} \left| F \left(\xi_1, \eta_1, \xi, \eta \right) \right| \geqslant A^{-1} d^{-1} N_1^2, \quad \forall (\xi_1, \eta_1) \times (\xi, \eta) \in \mathcal{T}_{k_1}^{A,d} \times \mathcal{T}_k^{A,d}, \\ \left(\mathcal{T}_{k_1}^{A,d} \times \mathcal{T}_k^{A,d} \right) \cap \left(\mathfrak{D}_{j_1}^A \times \mathfrak{D}_j^A \right) \neq \varnothing, \\ \left| \xi_1 + \xi \right| \leqslant 2^{10} A^{-\frac{3}{2}} N_1, \quad \forall (\xi_1, \eta_1) \times (\xi, \eta) \in \mathcal{T}_{k_1}^{A,d} \times \mathcal{T}_k^{A,d} \end{cases}$$

的 $(k_1, k) \in \mathbb{Z}^2 \times \mathbb{Z}^2$ 的集合. 定义

$$Z_{A,d}^{j_1,j} = Z_{A,d,j_1,j}^1 \cup Z_{A,d,j_1,j}^2, \quad R_{A,d}^{j_1,j} = \bigcup_{(k_1, k) \in Z_{A,d}^{j_1,j}} \mathcal{T}_{k_1}^{A,d} \times \mathcal{T}_k^{A,d} \subset \mathbb{R}^2 \times \mathbb{R}^2.$$

显然 $d_1 \leqslant d_2 \Longrightarrow R^{j_1,j}_{A,d_1} \subset R^{j_1,j}_{A,d_2}$. 又定义

$$Q^{j_1,j}_{A,d} = \begin{cases} R^{j_1,j}_{A,d} \backslash R^{j_1,j}_{A,\frac{d}{2}}, & \text{若 } d \geqslant 2^{21}, \\ R^{j_1,j}_{A,2^{20}}, & \text{若 } d = 2^{20}, \end{cases}$$

定义 $Z^{j_1,j}_{A,d}$ 的子集 $\widehat{Z}^{j_1,j}_{A,d}$ 为

$$\bigcup_{(k_1,k)\in\widehat{Z}^{j_1,j}_{A,d}} \mathcal{T}^{A,d}_{k_1} \times \mathcal{T}^{A,d}_{k} = Q^{j_1,j}_{A,d}.$$

于是

$$d_1 \neq d_2 \Longrightarrow Q^{j_1,j}_{A,d_1} \cap Q^{j_1,j}_{A,d_2} = \varnothing, \qquad \bigcup_{2^{20}\leqslant d\leqslant d_0} Q^{j_1,j}_{A,d} = R^{j_1,j}_{A,d_0},$$

其中二进制数 $d_0 \geqslant 2^{20}$. 最后定义 $\bar{Z}^{j_1,j}_{A,d}$ 为满足

$$\begin{cases} \mathcal{T}^{A,d}_{k_1} \times \mathcal{T}^{A,d}_{k} \not\subset \displaystyle\bigcup_{2^{20}\leqslant d'\leqslant d} \bigcup_{(k'_1,k')\in\widehat{Z}^{j_1,j}_{A,d'}} \left(\mathcal{T}^{A,d'}_{k'_1} \times \mathcal{T}^{A,d'}_{k'} \right), \\ \left(\mathcal{T}^{A,d}_{k_1} \times \mathcal{T}^{A,d}_{k} \right) \cap \left(\mathfrak{D}^{A}_{j_1} \times \mathfrak{D}^{A}_{j} \right) \neq \varnothing, \\ |\xi_1 + \xi| \leqslant 2^{10} A^{-\frac{3}{2}} N_1, \ \forall (\xi_1,\eta_1) \times (\xi,\eta) \in \mathcal{T}^{A,d}_{k_1} \times \mathcal{T}^{A,d}_{k} \end{cases}$$

的 $(k_1,k) \in \mathbb{Z}^2 \times \mathbb{Z}^2$ 的集合.

引理 2.6　令二进制数 $A \geqslant 2^{25}$, $d \geqslant 2^{20}$, 且 $j_1, j \in \mathfrak{J}_A$. 对固定的 $k_1 \in \mathbb{Z}^2$, 满足 $(k_1,k_2) \in \widehat{Z}^{j_1,j}_{A,d}$ 的 $k_2 \in \mathbb{Z}^2$ 的数量不超过 2^{1000}. 结论对 $\bar{Z}^{j_1,j}_{A,d}$ 也成立.

证明　不失一般性, 假设 $d \geqslant 2^{100}$. 设 $(k_1,k) \in \widehat{Z}^{j_1,j}_{A,d}$, 定义 $k'_1 = k'_1(k_1) \in \mathbb{Z}^2$ 和 $k' = k'(k) \in \mathbb{Z}^2$ 使得 $\mathcal{T}^{A,d}_{k_1} \subset \mathcal{T}^{A,d/2}_{k'_1}$, $\mathcal{T}^{A,d}_{k} \subset \mathcal{T}^{A,d/2}_{k'}$.

由 $(k_1,k_2) \in \widehat{Z}^{j_1,j}_{A,d}$ 知存在 $(\bar{\xi}_1,\bar{\eta}_1), (\tilde{\xi}_1,\tilde{\eta}_1) \in \mathcal{T}^{A,d/2}_{k'_1}, (\bar{\xi},\bar{\eta}), (\tilde{\xi},\tilde{\eta}) \in \mathcal{T}^{A,d/2}_{k'}$ 满足

$$\left| \Phi\left(\bar{\xi}_1,\bar{\eta}_1,\bar{\xi},\bar{\eta}\right) \right| \leqslant 2A^{-\frac{3}{2}} d^{-1} N_1^3 \quad \text{且} \quad \left| F\left(\tilde{\xi}_1,\tilde{\eta}_1,\tilde{\xi},\tilde{\eta}\right) \right| \leqslant 2A^{-1} d^{-1} N_1^2. \quad (2.99)$$

令 (ξ'_1,η'_1) 为 $\mathcal{T}^{A,d}_{k_1}$ 的中心. 由于 $j_1, j \in \mathfrak{J}_A$, $\left(\mathcal{T}^{A,d}_{k_1} \times \mathcal{T}^{A,d}_{k} \right) \cap \left(\mathfrak{D}^{A}_{j_1} \times \mathfrak{D}^{A}_{j} \right) \neq \varnothing$, 因此, 对任意的 $(\xi_1,\eta_1) \times (\xi,\eta) \in \mathcal{T}^{A,d}_{k_1} \times \mathcal{T}^{A,d}_{k}$ 都有 $|\eta_1| \leqslant 2^{11} A^{-1} N_1, |\eta| \leqslant 2^{11} A^{-1} N_1$. 于是, 对 $(\xi,\eta) \in \mathcal{T}^{A,d}_{k}$, (2.99) 意味着

$$\left| \Phi\left(\xi'_1,\eta'_1,\xi,\eta\right) \right| \leqslant 2^5 A^{-\frac{3}{2}} d^{-1} N_1^3 \quad \text{且} \quad \left| F\left(\xi'_1,\eta'_1,\xi,\eta\right) \right| \leqslant 2^5 A^{-1} d^{-1} N_1^2.$$

因此只需证明存在 $\tilde{k} \in \mathbb{Z}^2$ 使得

$$\left\{ (\xi, \eta) \in \mathfrak{D}_j^A \left| \begin{array}{l} |\Phi(\xi_1', \eta_1', \xi, \eta)| \leqslant 2^5 A^{-\frac{3}{2}} d^{-1} N_1^3, \\ |F(\xi_1', \eta_1', \xi, \eta)| \leqslant 2^5 A^{-1} d^{-1} N_1^2, \end{array} \right. \quad |\xi_1' + \xi| \leqslant 2^{11} A^{-\frac{3}{2}} N_1 \right\}$$
$$\subset \mathcal{T}_{\tilde{k}}^{A, 2^{-20} d}.$$

类似引理 2.3, 令 $\xi' = \xi + \xi_1'/2, \eta' = \eta + \eta_1'/2$, 于是

$$|\Phi(\xi_1', \eta_1', \xi, \eta)| = |\xi_1' \xi (\xi_1' + \xi) + \eta_1' \eta (\eta_1' + \eta)| \leqslant 2^5 A^{-\frac{3}{2}} d^{-1} N_1^3,$$

$$|F(\xi_1', \eta_1', \xi, \eta)| = |\xi_1' \eta + \xi \eta_1' + 2(\xi_1' \eta_1' + \xi \eta)| \leqslant 2^5 A^{-1} d^{-1} N_1^2$$

分别等价于

$$\tilde{\Phi}(\xi', \eta') := \left| \xi_1' \xi'^2 + \eta_1' \eta'^2 - \frac{\xi_1'^3 + \eta_1'^3}{4} \right| \leqslant 2^5 A^{-\frac{3}{2}} d^{-1} N_1^3, \tag{2.100}$$

$$\tilde{F}(\xi', \eta') := \left| \frac{3}{2} \xi_1' \eta_1' + 2 \xi' \eta' \right| \leqslant 2^5 A^{-1} d^{-1} N_1^2, \tag{2.101}$$

由 $|\xi_1' + \xi| \leqslant 2^{11} A^{-\frac{3}{2}} N_1$ 可推出 $|\xi'| \geqslant |\xi|/2 - |\xi_1' + \xi|/2 \geqslant 2^{-2} N_1$. 注意到

$$(2.101) \Longrightarrow \left| \eta' + \frac{3 \xi_1' \eta_1'}{4 \xi'} \right| \leqslant \frac{2^4 A^{-1} d^{-1} N_1^2}{|\xi'|} \leqslant 2^6 A^{-1} d^{-1} N_1. \tag{2.102}$$

又 $|\eta_1'| \leqslant 2^{11} A^{-1} N_1$, 于是由 (2.100) 和 (2.102) 可得

$$\left| \xi_1' \xi'^2 + \eta_1' \eta'^2 - \frac{\xi_1'^3 + \eta_1'^3}{4} \right| \leqslant 2^5 A^{-\frac{3}{2}} d^{-1} N_1^3$$
$$\stackrel{(2.102)}{\Longrightarrow} \left| \xi_1' \xi'^2 + \eta_1' \frac{9 \xi_1'^2 \eta_1'^2}{16 \xi'^2} - \frac{\xi_1'^3 + \eta_1'^3}{4} \right| \leqslant 2^6 A^{-\frac{3}{2}} d^{-1} N_1^3. \tag{2.103}$$

令

$$G(\xi') := \xi_1' \xi'^2 + \frac{9 \xi_1'^2 \eta_1'^3}{16 \xi'^2} - \frac{\xi_1'^3 + \eta_1'^3}{4}.$$

由 $2^{-2} N_1 \leqslant |\xi_1'|, |\xi'| \leqslant 2 N_1$ 和 $|\eta_1'| \leqslant 2^{11} A^{-1} N_1$ 得

$$\left| \left(\frac{\mathrm{d}G}{\mathrm{d}\xi'} \right)(\xi') \right| = \left| \frac{2 \xi_1'}{\xi'^3} \left(\xi'^4 - \frac{9 \xi_1' \eta_1'^3}{16} \right) \right| \geqslant 2^{-5} N_1^2,$$

结合 (2.103) 即得存在常数 $c(\xi_1', \eta_1') \in \mathbb{R}$ 使得

$$|\xi' - c(\xi_1', \eta_1')| \leqslant 2^{12} A^{-\frac{3}{2}} d^{-1} N_1.$$

又由 (2.102) 即得, 存在常数 $c'\left(\xi_1', \eta_1'\right) \in \mathbb{R}$ 使得

$$\left|\eta' - c'\left(\xi_1', \eta_1'\right)\right| \leqslant 2^7 A^{-1} d^{-1} N_1,$$

引理得证.   □

于是可以证明命题 2.17.

命题 2.17 的证明 $|\xi_2| \geqslant 2^{10} A^{-1} K^{-1/2} N_1$ 时的证明类似命题 2.16, 注意到 $|\xi_2| \geqslant 2^9 A^{-3/2} N_1$ 意味着 $\left|\Phi\left(\xi_1, \eta_1, \xi, \eta\right)\right| \gtrsim A^{-3/2} N_1^3$. 由于 $A \leqslant N_1 L_0^{-1/3}$, 根据命题 2.15 即得到估计 (2.83).

因此假设 $|\xi_2| = |\xi_1 + \xi| \leqslant 2^{-9} A^{-3/2} N_1$, 于是由 $\widehat{Z}_{A,d}^{j_1,j}$ 和 $\bar{Z}_{A,d}^{j_1,j}$ 的定义得到

(2.83)左端

$$\leqslant \sum_{2^{20} \leqslant d \leqslant d_0} \sum_{(k_1,k) \in \widehat{Z}_{A,d}^{j_1,j}} \left| \int_{**} \widehat{v}_{N_2,L_2}\left(\tau_2, \xi_2, \eta_2\right) \widehat{u}_{N_1,L_1}\big|_{\widetilde{\mathcal{T}}_{k_1}^{A,d}}\left(\tau_1, \xi_1, \eta_1\right) \right.$$

$$\times \left. \widehat{w}_{N_0,L_0}\big|_{\mathcal{T}_k^{A,d}}^{A}\left(\tau, \xi, \eta\right) \mathrm{d}\sigma_1 \mathrm{d}\sigma \right|$$

$$+ \sum_{(k_1,k) \in \widehat{Z}_{A,d_0}^{j_1,j}} \left| \int_{**} \widehat{v}_{N_2,L_2}\left(\tau_2, \xi_2, \eta_2\right) \widehat{u}_{N_1,L_1}\big|_{\widetilde{\mathcal{T}}_{k_1}^{A,d_0}}\left(\tau_1, \xi_1, \eta_1\right) \right.$$

$$\times \left. \widehat{w}_{N_0,L_0}\big|_{\widetilde{\mathcal{T}}_k^{A,d_0}}\left(\tau, \xi, \eta\right) \mathrm{d}\sigma_1 \mathrm{d}\sigma \right|$$

$$=: \sum_{2^{20} \leqslant d \leqslant d_0} \sum_{(k_1,k) \in \widehat{Z}_{A,d}^{j_1,j}} I_1 + \sum_{(k_1,k) \in \widehat{Z}_{A,d_0}^{j_1,j}} I_2,$$

其中 d_0 为不小于 $2^{20} A^{-3/2} N_1^{3/2} L_0^{-1/2}$ 的最小二进制数.

对第一项, 根据命题 2.18、命题 2.19 和引理 2.6 有

$$\sum_{2^{20} \leqslant d \leqslant d_0} \sum_{(k_1,k) \in \widehat{Z}_{A,d}^{j_1,j}} I_1$$

$$\lesssim \sum_{2^{20} \leqslant d \leqslant d_0} \sum_{(k_1,k) \in \widehat{Z}_{A,d}^{j_1,j}} A d^{\frac{1}{2}} N_1^{-2} \left(L_0 L_1 L_2\right)^{\frac{1}{2}}$$

$$\times \left\| \widehat{u}_{N_1,L_1}\big|_{\widetilde{\mathcal{T}}_{k_1}^{A,d}} \right\|_{L^2} \left\| \widehat{v}_{N_2,L_2} \right\|_{L^2} \left\| \widehat{w}_{N_0,L_0}\big|_{\widetilde{\mathcal{T}}_k^{A,d}} \right\|_{L^2}$$

$$\lesssim \sum_{2^{20} \leqslant d \leqslant d_0} A d^{\frac{1}{2}} N_1^{-2} \left(L_0 L_1 L_2\right)^{\frac{1}{2}} \left\| \widehat{u}_{N_1,L_1} \right\|_{L^2} \left\| \widehat{v}_{N_2,L_2} \right\|_{L^2} \left\| \widehat{w}_{N_0,L_0} \right\|_{L^2}$$

$$\lesssim A^{\frac{1}{4}} N_1^{-\frac{5}{4}} L_0^{\frac{1}{4}} \left(L_1 L_2\right)^{\frac{1}{2}} \left\| \widehat{u}_{N_1,L_1} \right\|_{L^2} \left\| \widehat{v}_{N_2,L_2} \right\|_{L^2} \left\| \widehat{w}_{N_0,L_0} \right\|_{L^2}.$$

后一项的估计需要如下的 Strichartz 估计.

$$\left\| \chi_{\tilde{\mathcal{T}}_k^{A,d_0}} \int \widehat{v}_{N_2,L_2} \left(\tau_1 + \tau\xi_1 + \xi, \eta_1 + \eta \right) \widehat{u}_{N_1,L_1}|_{\tilde{\mathcal{T}}_{k_1}^{A,d_0}} \left(\tau_1, \xi_1, \eta_1 \right) d\sigma_1 \right\|_{L^2_{\xi,\eta,\tau}}$$

$$\lesssim \left(A d_0 N_1 \right)^{-\frac{1}{2}} \left(L_1 L_2 \right)^{\frac{1}{2}} \left\| \widehat{v}_{N_2,L_2} \right\|_{L^2} \left\| \widehat{u}_{N_1,L_1}|_{\tilde{\mathfrak{D}}_{j_1}^A} \right\|_{L^2}, \tag{2.104}$$

估计 (2.104) 可以由类似命题 2.9 的证明得到.

由引理 2.6 和 (2.104) 可得

$$\sum_{(k_1,k) \in \widehat{Z}_{A,d_0}^{j_1,j}} I_2$$

$$\lesssim \sum_{(k_1,k) \in \widehat{Z}_{A,d_0}^{j,j}} \left(A d_0 N_1 \right)^{-\frac{1}{2}} \left(L_1 L_2 \right)^{\frac{1}{2}} \left\| \widehat{u}_{N_1,L_1}|_{\tilde{\mathcal{T}}_{k_1}^{A,d}} \right\|_{L^2} \left\| \widehat{v}_{N_2,L_2} \right\|_{L^2} \left\| \widehat{w}_{N_0,L_0}|_{\mathcal{T}_k^{A,d}} \right\|_{L^2}$$

$$\lesssim A^{\frac{1}{4}} N_1^{-\frac{5}{4}} L_0^{\frac{1}{4}} \left(L_1 L_2 \right)^{\frac{1}{2}} \left\| \widehat{u}_{N_1,L_1} \right\|_{L^2} \left\| \widehat{v}_{N_2,L_2} \right\|_{L^2} \left\| \widehat{w}_{N_0,L_0} \right\|_{L^2}.$$

于是命题得证. □

命题 2.14 的证明 不妨设 $\widehat{w}_{N_0,L_0}, \widehat{u}_{N_1,L_1}, \widehat{v}_{N_2,L_2}$ 都是非负函数. 定义

$$J_A^{\mathcal{I}_1} = \left\{ (j_1,j) \mid 0 \leqslant j_1, j \leqslant A-1, \left(\mathfrak{D}_{j_1}^A \times \mathfrak{D}_j^A \right) \subset \left(\mathfrak{D}_0^{2^{11}} \times \mathfrak{D}_0^{2^{11}} \right) \right\}.$$

分如下三种情况证明

(I) $1 \leqslant N_2 \lesssim L_0^{1/3}$;

(II) $N_2 \gg L_0^{1/3}, |\xi_2| \geqslant 2^{-10} N_2$;

(III) $N_2 \gg L_0^{1/3}, |\xi_2| \leqslant 2^{-10} N_2$.

对情况 (I), 作分解

$$\mathfrak{D}_0^{2^{11}} \times \mathfrak{D}_0^{2^{11}} = \bigcup_{(j_1,j) \in J_{N_1/N_2}^{\mathcal{I}_1}} \mathfrak{D}_{j_1}^{N_1/N_2} \times \mathfrak{D}_j^{N_1/N_2}.$$

不妨设 $|j_1 - j| \leqslant 2$. 因此根据命题 2.15 中的 (2.66), 又由 $N_2^{1/2} \lesssim N_2^{-1/4} L_0^{1/4}$ 等价于 $N_2 \lesssim L_0^{1/3}$, 可得

(2.64) 左端

$$\lesssim \sum_{\substack{(j_1,j) \in \mathcal{J}_{N_1/N_2}^{\mathcal{I}_1} \\ |j_1-j| \leqslant 2}} N_1^{-1} N_2^{\frac{1}{2}} \left(L_1 L_2 \right)^{\frac{1}{2}} \left\| \widehat{u}_{N_1,L_1}|_{\tilde{\mathfrak{D}}_{j_1}^{N_1/N_2}} \right\|_{L^2} \left\| \widehat{v}_{N_2,L_2} \right\|_{L^2} \left\| \widehat{w}_{N_0,L_0}|_{\tilde{\mathfrak{D}}_j^{N_1/N_2}} \right\|_{L^2}$$

$$\lesssim N_1^{-1} N_2^{\frac{1}{2}} \left(L_1 L_2 \right)^{\frac{1}{2}} \left\| \widehat{u}_{N_1,L_1} \right\|_{L^2} \left\| \widehat{v}_{N_2,L_2} \right\|_{L^2} \left\| \widehat{w}_{N_0,L_0} \right\|_{L^2}$$

$$\lesssim N_1^{-1} N_2^{-\frac{1}{4}} L_0^{\frac{1}{4}} (L_1 L_2)^{\frac{1}{2}} \|\widehat{u}_{N_1,L_1}\|_{L^2} \|\widehat{v}_{N_2,L_2}\|_{L^2} \|\widehat{w}_{N_0,L_0}\|_{L^2}$$

$$= (2.64) \ 右端.$$

对情况 (II), $N_2 \gg L_0^{1/3}, |\xi_2| \geqslant 2^{-10} N_2$, 有 $|\Phi(\xi_1, \eta_1, \xi, \eta)| \gtrsim N_1^2 N_2$. 事实上,

$$|\Phi(\xi_1, \eta_1, \xi, \eta)| \geqslant |\xi_1 \xi (\xi_1 + \xi)| - |\eta_1 \eta (\eta_1 + \eta)|$$
$$\geqslant 2^{-12} N_1^2 N_2 - 2^{-20} N_1^2 N_2$$
$$\geqslant N_1^2 N_2.$$

因此只需证明如下的 Strichartz 估计:

$$\left\| \chi_{G_{N_2,L_2}} \int \widehat{u}_{N_1,L_1} \big|_{\tilde{\mathfrak{D}}_{j_1}^{N_1}} (\tau_1, \xi_1, \eta_1) \widehat{w}_{N_0,L_0} \big|_{\tilde{D}_j^{\frac{N_1}{N_2}}} (\tau_2 - \tau_1, \xi_2 - \xi_1, \eta_2 - \eta_1) \mathrm{d}\sigma_1 \right\|_{L^2_{\xi_2, \eta_2, \tau_2}}$$

$$\lesssim N_1^{-\frac{1}{2}} (L_0 L_1)^{\frac{1}{2}} \left\| \widehat{u}_{N_1,L_1} \big|_{\tilde{\mathfrak{D}}_{j_1}^A} \right\|_{L^2} \left\| \widehat{w}_{N_0,L_0} \big|_{\tilde{D}_j^A} \right\|_{L^2}, \tag{2.105}$$

其中 $(j_1, j) \in J_{N_1/N_2}^{\mathcal{I}_1}, |j_1 - j| \leqslant 2, |\xi_2| \geqslant 2^{-10} N_2$.

(2.105) 可以由下式得到

$$\sup_{\substack{(\tau_2, \xi_2, \eta_2) \in G_{N_2,L_2} \\ |\xi_2| \geqslant 2^{-10} N_2}} |E(\tau_2, \xi_2, \eta_2)| \lesssim N_1^{-1} L_0 L_1, \tag{2.106}$$

其中

$$E(\tau_2, \xi_2, \eta_2)$$
$$:= \left\{ (\tau_1, \xi_1, \eta_1) \in G_{N_1,L_1} \cap \tilde{\mathfrak{D}}_{j_1}^{N_1} \ \Big| \ (\tau_2 - \tau_1, \xi_2 - \xi_1, \eta_2 - \eta_1) \in G_{N_0,L_0} \cap \tilde{\mathfrak{D}}_j^{\frac{N_1}{N_2}} \right\}.$$

类似命题 2.15 的证明, 由 $|\partial_{\xi_1} \Phi(\xi_1, \eta_1, -\xi_2, -\eta_2)| = |\xi_2 (2\xi_1 - \xi_2)| \gtrsim N_1 N_2$ 可以推出 (2.106). 由双线性 Strichartz 估计 (2.65), (2.66), (2.105) 和 $|\Phi(\xi_1, \eta_1, \xi, \eta)| \gtrsim N_1^2 N_2$ 即得 (2.64).

最后考虑情况 (III), $N_2 \gg L_0^{1/3}, |\xi_2| \leqslant 2^{-10} N_2$. 令 A_0 为不大于 $2^{10} N_1/N_2$ 的最大二进制数. 由 $N_2 \gg L_0^{\frac{1}{3}}$ 得 $A_0 \leqslant N_1/L_0^{1/3}$. 由角变量的 Whitney 分解, 有

$$\mathfrak{D}_0^{2^{11}} \times \mathfrak{D}_0^{2^{11}} = \bigcup_{64 \leqslant A \leqslant A_0} \bigcup_{\substack{(j_1, j) \in J_A^{I_1} \\ 16 \leqslant |j_1 - j| \leqslant 32}} \mathfrak{D}_{j_1}^A \times \mathfrak{D}_j^A \cup \bigcup_{\substack{(j_1, j) \in J_{A_0}^{I_1} \\ |j_1 - j| \leqslant 16}} \mathfrak{D}_{j_1}^{A_0} \times \mathfrak{D}_j^{A_0}.$$

注意到

若 $(\xi_1,\eta_1)\times(\xi,\eta)\in\bigcup_{64\leqslant A\leqslant 2^{-10}A_0}\bigcup_{(j_1,j)\in J_A^{\mathcal{I}_1}\ 16\leqslant|j_1-j|\leqslant 32}\mathfrak{D}_{j_1}^A\times\mathfrak{D}_j^A,$

则 $|(\xi_1+\xi,\eta_1+\eta)|\geqslant 2^3 N_2;$

若 $(\xi_1,\eta_1)\times(\xi,\eta)\in\bigcup_{\substack{(j_1,j)\in J_{A_0}^{\mathcal{I}_1}\\|j_1-j|\leqslant 16}}\mathfrak{D}_{j_1}^{A_0}\times\mathfrak{D}_j^{A_0}$

且 $|(\xi_1+\xi,\eta_1+\eta)|\geqslant N_2$, 则 $|\xi_1+\xi|\geqslant 2^{-10}N_2.$

因此, 设

$$\mathrm{supp}\,\widehat{u}_{N_1,L_1}\times\mathrm{supp}\,\widehat{w}_{N_0,L_0}\subset\bigcup_{2^{-10}A_0\leqslant A\leqslant A_0}\bigcup_{\substack{(j_1,j)\in J_A^{\mathcal{I}_1}\\16\leqslant|j_1-j|\leqslant 32}}\tilde{\mathfrak{D}}_{j_1}^A\times\tilde{\mathfrak{D}}_j^A.$$

由命题 2.16 和命题 2.17, 有

(2.64) 左端

$$\leqslant\sum_{\substack{\frac{A_0}{2^{10}}\leqslant A\leqslant A_0}}\sum_{\substack{(j_1,j)\in J_A^{\mathcal{I}_1}\\16\leqslant|j_1-j|\leqslant 32}}\left|\int_{**}\widehat{v}_{N_2,L_2}(\tau_2,\xi_2,\eta_2)\,\widehat{u}_{N_1,L_1}\big|_{\tilde{\mathfrak{D}}_{j_1}^A}(\tau_1,\xi_1,\eta_1)\right.$$

$$\left.\times\widehat{w}_{N_0,L_0}\big|_{\tilde{\mathfrak{D}}_j^A}(\tau,\xi,\eta)\mathrm{d}\sigma_1\mathrm{d}\sigma\right|$$

$$\lesssim\sum_{2^{-10}A_0\leqslant A\leqslant A_0}\sum_{\substack{(j_1,j)\in J_A^{\mathcal{I}_1}\\16\leqslant|j_1-j|\leqslant 32}}A^{\frac{1}{4}}N_1^{-\frac{5}{4}}L_0^{\frac{1}{4}}(L_1L_2)^{\frac{1}{2}}\left\|\widehat{u}_{N_1,L_1}\big|_{\tilde{\mathfrak{D}}_{j_1}^A}\right\|_{L^2}$$

$$\times\|\widehat{v}_{N_2,L_2}\|_{L^2}\left\|\widehat{w}_{N_0,L_0}\big|_{\tilde{\mathfrak{D}}_j^A}\right\|_{L^2}$$

$$\lesssim\sum_{2^{-10}A_0\leqslant A\leqslant A_0}A^{\frac{1}{4}}N_1^{-\frac{5}{4}}L_0^{\frac{1}{4}}(L_1L_2)^{\frac{1}{2}}\|\widehat{u}_{N_1,L_1}\|_{L^2}\|\widehat{v}_{N_2,L_2}\|_{L^2}\|\widehat{w}_{N_0,L_0}\|_{L^2}$$

$$\lesssim(2.64)\text{ 右端}.$$

于是命题得证. □

最后对 $\min(N_0,N_1,N_2)=N_0$ 的情况证明 (2.41). 与 $\min(N_0,N_1,N_2)=N_2$ 情况类似, 分三类情况讨论.

(I)′ $(\xi_1,\eta_1)\times(\xi_2,\eta_2)\in\mathcal{I}_1;$

(II)′ $(\xi_1,\eta_1)\times(\xi_2,\eta_2)\in\mathcal{I}_2;$

(III)′ $(\xi_1,\eta_1)\times(\xi_2,\eta_2)\in\mathcal{I}_3.$

(I)′ 和 (III)′ 的情况与 $\min(N_0,N_1,N_2)=N_2$ 时类似. 因此主要证明 (II)′. 将证明如下的命题, 从而得到 (2.41).

命题 2.20　设情形 3 的条件 (i), (ii)′ 成立且 $\min(N_0, N_1, N_2) = N_0$. 则有

$$\left| \int_* |\xi + \eta| \widehat{w}_{N_0,L_0}(\tau, \xi, \eta) \chi_{\mathcal{I}_2}((\xi 1, \eta_1), (\xi_2, \eta_2)) \widehat{u}_{N_1,L_1}(\tau_1, \xi_1, \eta_1) \right.$$

$$\left. \times \widehat{v}_{N_2,L_2}(\tau_2, \xi_2, \eta_2) \, \mathrm{d}\sigma_1 \mathrm{d}\sigma_2 \right|$$

$$\lesssim N_0^{\frac{1}{4}} N_1^{-\frac{1}{2}} (L_0 L_1 L_2)^{\frac{1}{2}} \|\widehat{u}_{N_1,L_1}\|_{L^2} \|\widehat{v}_{N_2,L_2}\|_{L^2} \|\widehat{w}_{N_0,L_0}\|_{L^2}, \tag{2.107}$$

其中 $\mathrm{d}\sigma_j = \mathrm{d}\tau_j \mathrm{d}\xi_j \mathrm{d}\eta_j$, $*$ 表示 $(\tau, \xi, \eta) = (\tau_1 + \tau_2, \xi_1 + \xi_2, \eta_1 + \eta_2)$.

首先需要如下两个命题.

命题 2.21　设情形 3 的条件 (i), (ii)′ 成立且 $\min(N_0, N_1, N_2) = N_0$. 令二进制数 $M \geqslant 2^{12}$, $A \geqslant 2^{20} M$, $|j_1 - j_2| \leqslant 32$ 且 $(\mathfrak{D}_{j_1}^A \times \mathfrak{D}_{j_2}^A) \subset \mathcal{I}_2^M$. 若假设 $||(\xi_1, \eta_1)| - |(\xi - \xi_1, \eta - \eta_1)|| \geqslant 2^{-3} N_1$, 则

$$\left\| \chi_{G_{N_0,L_0}} \int \widehat{u}_{N_1,L_1}\big|_{\tilde{\mathfrak{D}}_{j_1}^A}(\tau_1, \xi_1, \eta_1) \widehat{v}_{N_2,L_2}\big|_{\tilde{\mathfrak{D}}_{j_2}^A}(\tau - \tau_1, \xi - \xi_1, \eta - \eta_1) \, \mathrm{d}\sigma_1 \right\|_{L^2_{\xi,\eta,\tau}}$$

$$\lesssim A^{-\frac{1}{2}} M^{\frac{1}{2}} N_1^{-\frac{1}{2}} (L_1 L_2)^{\frac{1}{2}} \left\| \widehat{u}_{N_1,L_1}\big|_{\tilde{\mathfrak{D}}_{j_1}^A} \right\|_{L^2} \left\| \widehat{v}_{N_2,L_2}\big|_{\tilde{\mathfrak{D}}_{j_2}^A} \right\|_{L^2}. \tag{2.108}$$

若 $||(\xi_1, \eta_1)| - |(\xi_1 + \xi_2, \eta_1 + \eta_2)|| \geqslant 2^{-3} N_1$, 则

$$\left\| \chi_{G_{N_2,L_2} \cap \tilde{\mathfrak{D}}_{j_2}^A} \int \widehat{u}_{N_1,L_1}\big|_{\tilde{\mathfrak{D}}_{j_1}^A}(\tau_1, \xi_1, \eta_1) \widehat{w}_{N_0,L_0}(\tau_1 + \tau_2, \xi_1 + \xi_2, \eta_1 + \eta_2) \, \mathrm{d}\sigma_1 \right\|_{L^2_{\xi_2,\eta_2,\tau_2}}$$

$$\lesssim A^{-\frac{1}{2}} M^{\frac{1}{2}} N_1^{-\frac{1}{2}} (L_0 L_1)^{\frac{1}{2}} \left\| \widehat{u}_{N_1,L_1}\big|_{\tilde{\mathfrak{D}}_{j_1}^A} \right\|_{L^2} \|\widehat{w}_{N_0,L_0}\|_{L^2}. \tag{2.109}$$

若 $||(\xi_2, \eta_2)| - |(\xi_1 + \xi_2, \eta_1 + \eta_2)|| \geqslant 2^{-3} N_1$, 则

$$\left\| \chi_{G_{N_1,L_1} \cap \tilde{\mathfrak{D}}_{j_1}^A} \int \widehat{v}_{N_2,L_2}\big|_{\tilde{\mathfrak{D}}_{j_2}^A}(\tau_2, \xi_2, \eta_2) \widehat{w}_{N_0,L_0}(\tau_1 + \tau_2, \xi_1 + \xi_2, \eta_1 + \eta_2) \, \mathrm{d}\sigma_2 \right\|_{L^2_{\xi_1,\eta_1,\tau_1}}$$

$$\lesssim A^{-\frac{1}{2}} M^{\frac{1}{2}} N_1^{-\frac{1}{2}} (L_0 L_2)^{\frac{1}{2}} \left\| \widehat{v}_{N_2,L_2}\big|_{\tilde{\mathfrak{D}}_{j_2}^A} \right\|_{L^2} \|\widehat{w}_{N_0,L_0}\|_{L^2}. \tag{2.110}$$

命题 2.22　设情形 3 中的条件 (i), (ii)′ 成立且 $\min(N_0, N_1, N_2) = N_0$. 令二进制数 A 和 M 满足 $2^{12} \leqslant M \leqslant N_1$, $A \geqslant \max(2^{25}, M)$. $16 \leqslant |j_1 - j_2| \leqslant 32$ 且

$$(\mathfrak{D}_{j_1}^A \times \mathfrak{D}_{j_2}^A) \subset \mathcal{I}_2^M.$$

则有

$$\left| \int_* \widehat{w}_{N_0,L_0}(\tau, \xi, \eta) \widehat{u}_{N_1,L_1}\big|_{\tilde{\mathfrak{D}}_{j_1}^A}(\tau_1, \xi_1, \eta_1) \widehat{v}_{N_2,L_2}\big|_{\tilde{\mathfrak{D}}_{j_2}^A}(\tau_2, \xi_2, \eta_2) \, \mathrm{d}\sigma_1 \mathrm{d}\sigma_2 \right|$$

$$\lesssim (AM)^{\frac{1}{2}} N_1^{-2} (L_0 L_1 L_2)^{\frac{1}{2}} \left\| \widehat{u}_{N_1,L_1} \big|_{\tilde{\mathfrak{D}}_{j_1}^A} \right\|_{L^2} \left\| \widehat{v}_{N_2,L_2} \big|_{\tilde{\mathfrak{D}}_{j_2}^A} \right\|_{L^2} \|\widehat{w}_{N_0,L_0}\|_{L^2} , \quad (2.111)$$

其中 $\mathrm{d}\sigma_j = \mathrm{d}\tau_j \mathrm{d}\xi_j \mathrm{d}\eta_j$, $*$ 表示 $(\tau,\xi,\eta) = (\tau_1+\tau_2, \xi_1+\xi_2, \eta_1+\eta_2)$.

命题 2.20 的证明 由于 $|\xi+\eta| \lesssim N_0$, 因此只需证明

$$\left| \int_* |\xi+\eta|^{\frac{3}{4}} \widehat{w}_{N_0,L_0}(\tau,\xi,\eta) \chi_{\mathcal{I}_2}((\xi_1,\eta_1),(\xi_2,\eta_2)) \widehat{u}_{N_1,L_1}(\tau_1,\xi_1,\eta_1) \right.$$

$$\left. \times \widehat{v}_{N_2,L_2}(\tau_2,\xi_2,\eta_2) \, \mathrm{d}\sigma_1 \mathrm{d}\sigma_2 \right|$$

$$\lesssim N_1^{-\frac{1}{2}} (L_0 L_1 L_2)^{\frac{1}{2}} \|\widehat{u}_{N_1,L_1}\|_{L^2} \|\widehat{v}_{N_2,L_2}\|_{L^2} \|\widehat{w}_{N_0,L_0}\|_{L^2} . \quad (2.112)$$

令二进制数 $A_0 \geqslant 2^{25}$, $M_0 \geqslant 2^{11}$. 注意到

$$J_A^{\mathcal{I}_2^M} = \left\{ (j_1,j_2) \mid 0 \leqslant j_1, j_2 \leqslant A-1, \left(\mathfrak{D}_{j_1}^A \times \mathfrak{D}_{j_2}^A\right) \subset \mathcal{I}_2^M \right\}$$

且

$$\mathcal{I}_2^M = \bigcup_{64 \leqslant A \leqslant A_0} \bigcup_{\substack{(j_1,j_2)\in J_A \\ 16 \leqslant j_1-j_2| \leqslant 32}} \mathfrak{D}_{j_1}^A \times \mathfrak{D}_{j_2}^A \cup \bigcup_{\substack{(j_1,j_2)\in J_{A_0} \\ \mathcal{I}_1-j_2| \leqslant 16}} \mathfrak{D}_{j_1}^{A_0} \times \mathfrak{D}_{j_2}^{A_0},$$

$$\mathcal{I}_2 = \bigcup_{2^{11} \leqslant M < M_0} \mathcal{I}_2^M \cup \left(\mathfrak{D}_{2^{-2}M_0 \times 3}^{M_0} \times \mathfrak{D}_{2^{-2}M_0 \times 3}^{M_0}\right).$$

记

$$I_A := \left| \int_* \widehat{w}_{N_0,L_0}(\tau,\xi,\eta) \widehat{u}_{N_1,L_1}\big|_{\tilde{D}_{j_1}^A}(\tau_1,\xi_1,\eta_1) \widehat{v}_{N_2,L_2}\big|_{\tilde{\mathfrak{D}}_{j_2}^A}(\tau_2,\xi_2,\eta_2) \, \mathrm{d}\sigma_1 \mathrm{d}\sigma_2 \right|,$$

注意到 $|\xi+\eta| \lesssim M^{-1}N_1$, 可以计算

(2.112) 左端

$$\lesssim \sum_{2^{11} \leqslant M \leqslant M_0} \sum_{2^{25} \leqslant A \leqslant A_0} \sum_{\substack{(j_1,j_j)\in J_A^{\mathcal{I}_2^M} \\ 16 \leqslant j_1-j_2| \leqslant 32}} N_1^{\frac{3}{4}} M^{-\frac{3}{4}} I_A + \sum_{2^{11} \leqslant M \leqslant M_0} \sum_{\substack{(j_1,j_2)\in J_{A_0}^{\mathcal{I}_2^M} \\ |j_1-j_2| \leqslant 16}} N_1^{\frac{3}{4}} M^{-\frac{3}{4}} I_{A_0}$$

$$+ N_1^{\frac{3}{4}} M_0^{-\frac{3}{4}} \left| \int_* \widehat{w}_{N_0,L_0}(\tau,\xi,\eta) \widehat{u}_{N_1,L_1}\big|_{\tilde{\mathfrak{D}}_{3M_0/4}^{M_0}}(\tau_1,\xi_1,\eta_1) \right.$$

$$\left. \times \widehat{v}_{N_2,L_2}\big|_{\tilde{\mathfrak{D}}_{3M_0/4}^{M_0}}(\tau_2,\xi_2,\eta_2) \, \mathrm{d}\sigma_1 \mathrm{d}\sigma_2 \right|.$$

其中第一项可以由命题 2.22 得

$$\sum_{\substack{2^{25}\leqslant A\leqslant A_0}}\sum_{\substack{(j_1,j_j)\in J_A^{\mathcal{I}_2^M}\\16\leqslant|j_1-j_2|\leqslant 32}} N_1^{\frac{3}{4}}M^{-\frac{3}{4}}I_A$$

$$\lesssim \sum_{\substack{2^{25}\leqslant A\leqslant A_0}}\sum_{\substack{(j_1,j_j)\in J_A^{\mathcal{I}_2^M}\\16\leqslant|j_1-j_2|\leqslant 32}} A^{\frac{1}{2}}M^{-\frac{1}{4}}N_1^{-\frac{5}{4}}\left(L_0L_1L_2\right)^{\frac{1}{2}}$$

$$\times \left\|\widehat{u}_{N_1,L_1}|_{\tilde{\mathfrak{D}}_{j_1}^A}\right\|_{L^2}\left\|\widehat{v}_{N_2,L_2}|_{\tilde{\mathfrak{D}}_{j_2}^A}\right\|_{L^2}\|\widehat{w}_{N_0,L_0}\|_{L^2}$$

$$\lesssim A_0^{\frac{1}{2}}M^{-\frac{1}{4}}N_1^{-\frac{5}{4}}\left(L_0L_1L_2\right)^{\frac{1}{2}}\|\widehat{u}_{N_1,L_1}\|_{L^2}\|\widehat{v}_{N_2,L_2}\|_{L^2}\|\widehat{w}_{N_0,L_0}\|_{L^2}.$$

因此, 当 A_0 为大于 $N_1^{3/2}$ 的最小二进制数时, 第一项被 (2.112) 右端控制. 易见

$$\max\left(||\,(\xi_1,\eta_1)\,|-|\,(\xi_2,\eta_2)\,||,||\,(\xi_1,\eta_1)\,|-|(\xi,\eta)||,||(\xi,\eta)|-|\,(\xi_2,\eta_2)\,||\right)$$

$$\geqslant 2^{-3}N_1,$$

其中 $(\xi,\eta)=(\xi_1+\xi_2,\eta_1+\eta_2)$, $(\xi_1,\eta_1)\times(\xi_2,\eta_2)\in\mathfrak{D}_{j_1}^{A_0}\times\mathfrak{D}_{j_2}^{A_0}$, $|j_1-j_2|\leqslant 16$. 因此, 由命题 2.21 可得

$$\sum_{\substack{2^{11}\leqslant M\leqslant M_0}}\sum_{\substack{(j_1,j_2)\in J_{A_0}^{\mathcal{I}_2^M}\\|j_1-j_2|\leqslant 16}} N_1^{\frac{3}{4}}M^{-\frac{3}{4}}I_{A_0}$$

$$\lesssim \sum_{\substack{2^{11}\leqslant M\leqslant M_0}}\sum_{\substack{(j_1,j_2)\in J_{A_0}^{\mathcal{I}_2^M}\\|j_1-j_2|\leqslant 16}} A_0^{-\frac{1}{2}}M^{-\frac{1}{4}}N_1^{\frac{1}{4}}\left(L_0L_1L_2\right)^{\frac{1}{2}}$$

$$\times \left\|\widehat{u}_{N_1,L_1}|_{\tilde{D}_{j_1}^A}\right\|_{L^2}\left\|\widehat{v}_{N_2,L_2}|_{\tilde{\mathfrak{D}}_{j_2}^A}\right\|_{L^2}\|\widehat{w}_{N_0,L_0}\|_{L^2}$$

$$\lesssim (2.112)\ 右端.$$

令 $M_0=N_1$. 由 Strichartz 估计可知最后一项被 (2.112) 右端控制. $\qquad\square$

第 3 章　Zakharov-Kuznetsov 孤立子解的渐近稳定性

本章研究了 Zakharov-Kuznetsov 方程在能量空间的强渐近稳定性, 其中该方程在等离子体物理学中是 Korteweg-de Vries 方程的相关高维推广, 而且具有混合 KdV 和非线性 Schrödinger 动力学. 本章同样讨论了排列整齐的孤立子之和在同一空间是稳定的. 特别地, 本章将质量和能量的几个单调性质扩展到了高维情况, 而且还证明了关于 ZK 孤立子的 Liouville 型性质以及 ZK 动力学中线性和非线性部分的 Virial 型等式, 该性质的获得是独立于混合 KdV-NLS 动力学的.

3.1　ZK 方程的孤立子与线性化算子

3.1.1　椭圆型问题

对方程 (1.2)

$$\partial_t u + \partial_{x_1}(\Delta u + u^p) = 0,$$

当 $c > 0$ 时, 方程有如下形式的特解:

$$u(x,t) = \mathcal{Q}_c(x_1 - ct, x_2, \cdots, x_d) \quad \text{且} \quad \mathcal{Q}_c(x) \underset{|x| \to +\infty}{\longrightarrow} 0, \tag{3.1}$$

其中 $\mathcal{Q}_c(x) = c^{1/(p-1)} \mathcal{Q}(c^{1/2}x)$ 和 $\mathcal{Q}$ 满足

$$-\Delta \mathcal{Q} + \mathcal{Q} - \mathcal{Q}^p = 0. \tag{3.2}$$

回顾以下关于椭圆 PDE (3.2) 的定理:

定理 3.1 ([4,40])　*假设若 $d = 1, 2$ 时, $2 \leqslant p < \infty$, 以及若 $d \geqslant 3$ 时 $2 \leqslant p < 1 + \dfrac{4}{d-2}$. 则在空间 $H^1(\mathbb{R}^d)$ 中 (3.2) 存在唯一的正径向对称解 Q, 这个解称为基态. 此外, 对于所有 $r > 0, Q \in C^\infty(\mathbb{R}^d), \partial_r Q(r) < 0$ 且存在 $\delta > 0$ 使得*

$$|\partial^\alpha Q(x)| \lesssim_\alpha e^{-\delta|x|}, \quad \forall x \in \mathbb{R}^d, \quad \forall \alpha \in \mathbb{Z}_+^d. \tag{3.3}$$

(1.2) 具有形如 (3.1) 的解, 称为孤立波或者孤立子解. de Bouard [14] 已经证明了在 $H^1(\mathbb{R}^d)$ 空间中, 若 $p < 1 + \dfrac{4}{d}$, 该孤立子解是轨道稳定的; 若 $p > 1 + \dfrac{4}{d}$,

则是不稳定的. 对于任意的 $c > 0$, 可记 $\mathcal{L}_c$ 为方程 (3.2) 在 Q_c 附近的线性化算子, 即

$$\mathcal{L}_c = -\Delta + c - pQ_c^{p-1}. \tag{3.4}$$

当 $c = 1$ 时, 有 $\mathcal{L} = \mathcal{L}_1$. 下面给出关于该算子的性质:

定理 3.2 ([12,39,79])　假设若 $d = 1,2$ 有 $2 \leqslant p < \infty$ 以及若 $d \geqslant 3$ 有 $2 \leqslant p < 1 + \dfrac{4}{d-2}$, 则如下结论成立:

(1) $\mathcal{L}$ 为自伴算子且

$$\sigma_{\mathrm{ess}}(\mathcal{L}) = [\lambda_{\mathrm{ess}}, +\infty), \quad \text{其中} \ \lambda_{\mathrm{ess}} > 0. \tag{3.5}$$

(2)

$$\ker \mathcal{L} = \mathrm{span}\left\{\partial_{x_j} Q : j = 1, \cdots, d\right\}. \tag{3.6}$$

(3) $\mathcal{L}$ 有唯一的负特征值 $-\lambda_0$ ($\lambda_0 > 0$) 且相关的正径向对称特征函数为 χ_0. 不失一般性, 可取 χ_0 使得 $\|\chi_0\|_{L^2} = 1$. 此外, 存在 $\tilde{\delta} > 0$ 使得 $|\chi_0(x)| \lesssim e^{-\tilde{\delta}|x|}$, 其中 $x \in \mathbb{R}^d$.

(4) 定义

$$\Lambda Q := \left(\frac{\mathrm{d}}{\mathrm{d}c} Q_c\right)_{c=1} = \frac{1}{p-1}Q + \frac{1}{2}x \cdot \nabla Q. \tag{3.7}$$

则

$$\mathcal{L}\Lambda Q = -Q \tag{3.8}$$

和

$$\int Q\Lambda Q \mathrm{d}x = c_{p,d}\|Q\|_{L^2}^2, \quad \text{其中} \quad c_{p,d} = \frac{1}{p-1} - \frac{\mathrm{d}}{4}. \tag{3.9}$$

3.1.2　主要结果

前面已经提到在次临界情况下, 有如下的轨道稳定性结果:

定理 3.3 ([14])　假设 $2 \leqslant p < 1 + \dfrac{4}{d}$ 且方程 (1.2) 的 Cauchy 问题在函数空间 $H^1(\mathbb{R}^d)$ 中是适定的. 令 $c_0 > 0$, 则存在 $\epsilon_0 > 0$ 以及 $K_0 > 0$ 使得若 $u_0 \in H^1(\mathbb{R}^d)$ 满足 $\|u_0 - Q_{c_0}\|_{H^1} \leqslant \epsilon \leqslant \epsilon_0$, 具有初值 $u(\cdot, 0) = u_0$ 的 (1.2) 的解 u 满足

$$\sup_{t \in \mathbb{R}} \inf_{\tau \in \mathbb{R}^d} \|u(\cdot, t) - Q_{c_0}(\cdot - \tau)\|_{H^1} \leqslant K_0 \epsilon.$$

本章的主要内容是 $d = 2$ 情况下, 方程 (5.1) 的孤立子解的渐近稳定性. 此外, 还将考虑多孤立子情况.

定理 3.4   假设 $d = 2$. 令 $c_0 > 0$. 对于任意的 $\beta > 0$, 存在 $\epsilon_0 > 0$ 使得若 $0 < \epsilon \leqslant \epsilon_0$ 以及 $u \in C\left(\mathbb{R} : H^1\left(\mathbb{R}^2\right)\right)$ 为方程 (5.1) 的解且满足

$$\inf_{\tau \in \mathbb{R}^2} \|u(\cdot, t) - Q_{c_0}(\cdot - \tau)\|_{H^1} \leqslant \epsilon, \quad \forall t \in \mathbb{R}, \tag{3.10}$$

则如下结论成立:

存在 $c_+ > 0$ 且 $|c_+ - c_0| \leqslant K_0 \epsilon$, 对于正常数 K_0, 以及 $\rho = (\rho_1, \rho_2) \in C^1\left(\mathbb{R} : \mathbb{R}^2\right)$ 使得

$$\left\|u(\cdot, t) - Q_{c_+}(\cdot - \rho(t))\right\|_{H^1(x_1 > \beta t)} \xrightarrow[t \to +\infty]{} 0, \tag{3.11}$$

$$\rho_1'(t) \xrightarrow[t \to +\infty]{} c_+, \quad \rho_2'(t) \xrightarrow[t \to +\infty]{} 0. \tag{3.12}$$

注记 3.1   从后面证明中可以看出, (3.11) 中的收敛性也可以在如下区域内得到

$$\mathcal{AS}(t, \theta) := \left\{(x_1, x_2) \in \mathbb{R}^2 : x_1 - \beta t + (\tan \theta) x_2 > 0\right\}, \ \text{其中} \ \theta \in \left(-\frac{\pi}{3}, \frac{\pi}{3}\right). \tag{3.13}$$

此外, 我们期望在 $\mathcal{AS}(t, \theta)$ 中与渐近稳定性结果相关的 θ 的范围是最优的. 事实上, 附录 3.C 将表明, 当且仅当群速度矢量具有负 x_1 分量并与 x_2 形成夹角满足 $|\theta| \in \left[\frac{\pi}{3}, \frac{\pi}{2}\right]$ (图 3.1) 时, 才存在 ZK 方程的线性平面波.

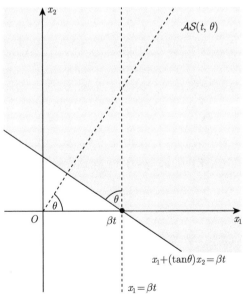

图 3.1 $\mathcal{AS}(t, \theta) := \left\{(x_1, x_2) \in \mathbb{R}^2 : x_1 - \beta t + (\tan \theta) x_2 > 0\right\}$

注记 3.2   本章的证明不依赖于方程 (1.1) 中非线性项的形式以及空间维数 d. 则本章的结果可推广到维数 $d=3$ 以及如下的广义 ZK 方程

$$\partial_t u + \partial_{x_1}\left(\Delta u + |u|^{p-1}u\right) = 0, \tag{3.14}$$

其中 $1 < p < 1 + \dfrac{4}{d}$ 且需满足如下条件:

- 方程 (1.1) 在维数 $d=3$ 时的 Cauchy 问题或者方程(3.14) 在 $H^1\left(\mathbb{R}^d\right)$ 上是适定的.

- 谱条件 $\displaystyle\int \mathcal{L}^{-1}\Lambda Q \Lambda Q \mathrm{d}x < 0$ 成立.

对于 $d=2$ 以及 $2 \leqslant p < p_2$, 在附录 3.A 中证明谱条件成立, 其中 p_2 是实数且满足 $2 < p_2 < 3$. 在另一方面, 对于 $d=3$, 附录 3.A 中将说明 $\displaystyle\int \mathcal{L}^{-1}\Lambda Q \mathrm{d}x, \Lambda Q > 0$. 在这种情况下, 可验证更一般的性质: 算子 $\mathcal{L}$ 在空间 $\{\ker \mathcal{L}, \Lambda Q\}^{\perp}$ 中是正定的.

定理 3.4 的证明依赖于如下的非线性 Louville 性质, 且本章主要考虑维数 $d=2$.

定理 3.5   假设 $d=2$. 令 $c_0 > 0$. 存在 $\epsilon_0 > 0$ 使得若 $0 < \epsilon \leqslant \epsilon_0$ 以及 $u \in C\left(\mathbb{R} : H^1\left(\mathbb{R}^2\right)\right)$ 为方程 (5.1) 的解且有 $\rho(t) = (\rho_1(t), \rho_2(t))$ 以及对于正常数 σ 有

$$\|u(\cdot + \rho(t)) - Q_{c_0}\|_{H^1} \leqslant \epsilon, \quad \forall t \in \mathbb{R} \tag{3.15}$$

和

$$\int_{x_2} u^2\left(x_1 + \rho_1(t), x_2 + \rho_2(t), t\right) \mathrm{d}x_2 \lesssim e^{-\sigma|x_1|}, \quad \forall(x_1, t) \in \mathbb{R}^2, \tag{3.16}$$

则存在 $c_1 > 0$ (c_0 附近) 以及 $\rho^0 = (\rho_1^0, \rho_2^0) \in \mathbb{R}^2$ 使得

$$u(x_1, x_2, t) = Q_{c_1}\left(x_1 - c_1 t - \rho_1^0, x_2 - \rho_2^0\right). \tag{3.17}$$

注记 3.3   由 de Bouard 在 [14] 中给出的稳定性结果, 可知定理 3.4 和定理 3.5 仍然成立如果假设 (3.18) 成立, 而非 (1.14) 式和 (1.19) 式

$$\|u_0 - Q_{c_0}\|_{H^1} \leqslant \epsilon, \tag{3.18}$$

替代 (3.10) 和 (3.15).

注记 3.4   若将 (3.16) 替换为解 u 在 x_1 方向的 L^2-紧条件, 定理 3.5 仍然成立, 即

$$\forall \epsilon > 0, \exists A > 0 \text{ 使得 } \sup_{t \in \mathbb{R}} \int_{|x_1| > A} u^2(x + \rho(t), t)\mathrm{d}x \leqslant \epsilon.$$

下面可给出关于线性化 gZK 方程的刚性定理.

定理 3.6 假设 $d = 2$. 存在 $2 < p_2 < 3$ 使得对于所有 $2 \leqslant p < p_2$, 如下结论成立:

令 $c_0 > 0$ 以及 $\eta \in C\left(\mathbb{R} : H^1\left(\mathbb{R}^2\right)\right)$ 为如下方程解:

$$\partial_t \eta = \partial_{x_1} \mathcal{L}_{c_0} \eta, \quad (x_1, x_2, t) \in \mathbb{R}^2 \times \mathbb{R}, \tag{3.19}$$

其中 $\mathcal{L}_{c_0}$ 在 (3.4) 中定义. 此外, 假设存在常数 $\sigma > 0$ 使得

$$\int_{x_2} \eta^2\left(x_1, x_2, t\right) \mathrm{d}x_2 \lesssim e^{-\sigma|x_1|}, \quad \forall\left(x_1, t\right) \in \mathbb{R}^2. \tag{3.20}$$

则存在 $(a_1, a_2) \in \mathbb{R}^2$ 使得

$$\eta(x, t) = a_1 \partial_{x_1} Q_{c_0}(x) + a_2 \partial_{x_2} Q_{c_0}(x), \quad \forall(x, t) \in \mathbb{R}^3. \tag{3.21}$$

注记 3.5 若将 (3.20) 假设为如下的关于 x_1 方向的弱紧性条件, 则定理 3.6 仍然成立, $\eta \in C_b\left(\mathbb{R} : H^1\left(\mathbb{R}^2\right)\right)$ 和

$$\forall \epsilon > 0, \exists A > 0, \quad \text{使得} \quad \sup_{t \in \mathbb{R}} \int_{|x_1| > A} \eta^2(x, t) \mathrm{d}x \leqslant \epsilon.$$

注记 3.6 由方程 (5.1) 的尺度不变性, 可知当 $c_0 = 1$ 时足以证明上述定理.

Pego 和 Weinstein [70] 在加权空间中证明了广义 KdV 方程孤立子渐近稳定性. 在 [50] 中, Martel 和 Merle 首次给出了能量空间 H^1 中 gKdV 孤立子的渐近结果. 他们在 [53] 中改进了这一结果, 并在 [54] 中把它推广到更一般的非线性项.

他们的证明依赖于孤立子周围 L^2 紧型解的 Liouville 型定理 (类似于一维的定理 3.5). 然后证明了孤立子附近的解收敛 (直到子序列) 到一个极限, 其解满足良好的衰变特性. 由于刚性结果, 这个极限必须是孤立子解. 值得注意的是, 这种证明方法还可用于证明其他一维模型在能量空间的渐近稳定性, 如 BBM 方程[16] 和 BO 方程[34]. 关于 KdV 和 mKdV 在 L^2 中的稳定性结果, 可参考 [1,62,65], 关于 Gross-Pitaevskii 方程在一维中的渐近稳定性结果, 可参考 [6,24]. 关于非线性薛定谔方程和波方程渐近稳定性的其他结果, 请参见 [8,37,41,76] 及其中的参考文献.

在证明定理 3.4 —定理 3.6 时, 将 Martel 和 Merle [50,53,54] 和 Martel [49] 的思想推广到一个多维模型中. 然而, 与之前的结果相比, 在高维情况下描述 ZK 动力学提出了新的挑战, 我们将在下面给出解释.

首先, 对线性化的动力学算子没有标准谱假设. 正如前面所表示的, 需要用数值方法验证

$$\int \mathcal{L}^{-1}\Lambda Q\Lambda Q \mathrm{d}x < 0. \tag{3.22}$$

由于孤立子 Q, 以及函数 $\mathcal{L}^{-1}\Lambda Q$ 并不具有明确的形式, 因此要直接证明这一结果似乎远非易事. 这是与一维情况的第一个不同之处: 我们处理的孤立波根本不明确.

我们将通过证明看到, ZK 在 x_1 方向上表现为 KdV 方程, 在 x_2 方向上表现为非线性薛定谔方程. 特别是, 我们能够证明沿 x_1 方向和沿围绕 x_1 方向的轻微扰动圆锥的单调性. 最后一个结果利用了孤立波周围非线性 ZK 动力学的几何特性. 注记 3.1 和如下集合中的渐近稳定性结果

$$\mathcal{AS}(t,\theta) := \left\{ (x_1, x_2) \in \mathbb{R}^2 : x_1 - \beta t + (\tan\theta)x_2 > 0 \right\}, \text{ 其中 } \theta \in \left(-\frac{\pi}{3}, \frac{\pi}{3} \right)$$

是与这些几何性质有密切的关系. 回顾一下, 一维情况下并不存在如此丰富的结构. 在附录 3.C 中进行了简单的线性分析, 得出了相同的形式结论, 从而补充了本章的结果.

在高维情况下出现的另一个困难是, 如果只假设 H^1 限制, 则缺乏对解的 L^∞ 控制. 需要这样的控制来确保解的紧部分在无穷远处围绕孤立子的逐点指数衰减. 在一维情况下, 这一事实的证明直接由 Sobolev 嵌入可得. 然而, 由于在 $\mathbb{R}^2$ 情况下 H^1 不包含在 L^∞ 中, 所以必须在 H^2 层面证明新的单调性属性, 这些性质是通过证明新的能量估计获得的.

如图 3.2 所示, 在 x_2 方向上似乎不存在单调性, 这主要是因为在 x_1 方向上存在一列向右运动的小孤立子, 但对 x_2 坐标没有限制. 从与 x_2 方向相关的角度来看, 这些解代表了质量沿 x_2 方向的运动. 特别是, 对于仅涉及 x_2 方向的半平面,

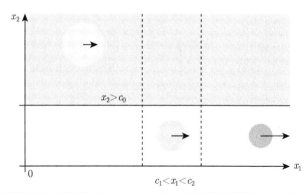

图 3.2　一个示意性例子, 说明为什么在 x_2 方向上没有渐近稳定性. 由固定的 $c_1 < x_1 < c_2$ 所定义的关于 x_2 方向的质量随时间的变化有增无减. 速度更快的孤立子颜色更深且更集中, 速度与箭头长度成正比

预计不会出现渐近稳定性结果. 这是许多二维模型（如 KP-I 和 NLS 方程）的标准情况. 然而, 在这里我们能够证明 ZK 孤立子的渐近稳定性, 因为 KdV 动力学恰好足以控制质量沿 x_2 方向的运动.

定理 3.4—定理 3.6 证明的第二个要素是高维空间中的一个新 Virial 性质, 它只在半空间 $\{x_1 > c_0 t\}$ 和 $p = 2$ 及稍大时成立. 相较于 Martel 和 Merle 的工作, 额外的维度会增加难度, 因为它们会引起横向变化, 而横向变化似乎会破坏任何 Virial 不等式. 为了克服这一困难, 对函数 v 附加了不同的正交条件:

$$\int v \Lambda Q \mathrm{d}x = 0. \tag{3.23}$$

需要强调, 如果我们想完全控制由 Virial 项的变化产生的 x_2 扰动, 这个条件在某种程度上是自然的, 也是必要的. 如果不使用这个修改过的条件, 任何形式的二维 Virial 特性都不再成立.

这里出现了非标准谱条件 (3.22): 根据正交条件 (3.23), 只要满足 (3.22), Virial 特性就成立. 我们通过附录 3.A 中的一些数值计算证明了, 在 $p = 2$ 和 $d = 2$ 的情况下, (3.22) 成立. 这个条件实际上概括了 [49] 中的条件, 似乎是二维情况下的自然条件, 正如在证明非线性稳定性结果时所述. 值得注意的是, Kenig 和 Martel 在 BO 背景下 [34] 出于不同原因已经使用了这一条件. 对于非线性的幂绝对大于 2 的情况, 或者仅仅是三维的 $p = 2$ 的情况, 我们在之前的频谱理论层面上有强烈的不稳定性效应, 这可能与 x_2 方向相应的孤立子周围的动力学有关, 而 Virial 特性似乎不再成立. 要很好地理解次幂接近临界情况 $p = 3$ 或超临界情况[49] 的动力学, 需要对条件进行深入扩展, 现在要考虑 x_2 变量的动力学, 鉴于 del Pino 等的一些结果 [15], 这可能会非常复杂. 将 Martel [49] 提出的观点扩展到任何 p 的幂次似乎是一个非常有趣的问题.

最后要提到的是, 引理 3.15 给出了扰动圆锥上单调性公式的另一个关键应用, 它需要在高维情况下使用. 在这里, 我们引入了一个新的平面紧凑区域 $\mathcal{R}$, 在这个区域之外, 证明了指数衰减. 由于使用了 Sobolev 嵌入定理, 构建这个集合是为了证明有界解序列的强收敛性.

还可以研究平面剩余部分的非线性动力学, 即区域 $\mathcal{AS}(t, \theta)^c$. 我们认为, 除了辐射之外, 我们还可以找到以非常缓慢的方式向右移动的小孤立子 Q_c. 正如以下定义和结果所示, 不存在沿 x_2 方向速度的有限能量孤波. 像往常一样, 使用相应的傅里叶表示 $\xi_1^{-1} \xi_j \mathcal{F}(\cdot)$ 来定义符号 $\partial_{x_1}^{-1} \partial_{x_j}$.

定义 3.1   说 $v \in H^1(\mathbb{R}^d), \partial_{x_1}^{-1} \partial_{x_2} v, \cdots, \partial_{x_1}^{-1} \partial_{x_d} v \in L^2(\mathbb{R}^d)$ 为速度 $(c_1, c_2, \cdots, c_d) \in \mathbb{R}^d$ 的孤立波的结构当

$$u(x_1, x_2, \cdots, x_d, t) := v(x_1 - c_1 t, x_2 - c_2 t, \cdots, x_d - c_d t), \quad v \not\equiv 0$$

为 (1.2) 的解.

注意到 v 必须满足如下方程:

$$\Delta v - c_1 v + v^p - \sum_{j=2}^{d} c_j \partial_{x_1}^{-1} \partial_{x_j} v = 0. \tag{3.24}$$

定理 3.7　假设 $c_j \neq 0$, 其中 $j \in \{2, 3, \cdots, d\}$, 则 (3.24) 无有限能量解.

最后, 能够证明 N 个基本不碰撞的孤立子之和的稳定性.

定义 3.2　令 $N \geqslant 2$ 为整数以及 $L \geqslant 0$. 考虑 N 孤立子及尺度 $c_1^0, \cdots, c_N^0 >$ 0, $\rho^{1,0}, \cdots, \rho^{N,0} \in \mathbb{R}^2$, 其中 $\rho^{j,0} = \left(\rho_1^{j,0}, \rho_2^{j,0}\right)$. 说 N 孤立子为 L-解耦若

$$\inf\left\{\left|\left(\left(c_k^0 - c_j^0\right) t, 0\right) + \rho^{k,0} - \rho^{j,0}\right| \,\middle|\, j \neq k, t \geqslant 0\right\} \geqslant L, \tag{3.25}$$

即, 在正时间范围内, 这些孤立子的中心之间始终保持着至少为 L 的距离, 如图 3.3 所示.

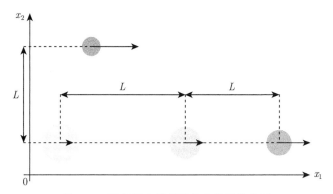

图 3.3　孤立子由其质量集中的圆盘表示

定理 3.8　假设 $d = 2$. 考虑 N 孤立子如下:

$$Q_{c_1^0}\left(x - \rho^{1,0}\right), Q_{c_2^0}\left(x - \rho^{2,0}\right), \cdots, Q_{c_N^0}\left(x - \rho^{N,0}\right),$$

其中 c_j^0 为正, $c_j^0 \neq c_k^0$, $j \neq k$ 以及 $\rho^{j,0} = \left(\rho_1^{j,0}, \rho_2^{j,0}\right) \in \mathbb{R}^2$. 假设 N 为 L-解耦, 如定义 3.2. 则存在 $\varepsilon_0 > 0, C_0 > 0$ 以及 $L_0 > 0$ 使得对于所有的 $\varepsilon \in (0, \varepsilon_0)$, 以及对于任意的 $L > L_0$, 如下结论成立:

假设 $u_0 \in H^1\left(\mathbb{R}^2\right)$ 满足

$$\left\|u_0 - \sum_{j=1}^{N} Q_{c_j^0}\left(x - \rho^{j,0}\right)\right\|_{H^1} < \varepsilon, \tag{3.26}$$

则对于所有的 $t \geqslant 0$ 存在 $\gamma_1 > 0$ 以及 $\rho^j(t) \in \mathbb{R}^2$ 使得 $u(t)$ 为方程 (1.1) 关于初值 u_0 的解且满足

$$\sup_{t \geqslant 0} \left\| u(t) - \sum_{j=1}^{N} Q_{c_j^0} \left(x - \rho^j(t) \right) \right\|_{H^1} < C_0 \left(\varepsilon + e^{-\gamma_1 L} \right). \tag{3.27}$$

这一结果的证明是通过改进 Martel, Merle 和 Tsai [55] 对广义一维 KdV 情况的想法而得到的. 注意到, 这里不需要 [55] 中严格的初值条件. 相反, 从 (3.25) 可知在孤立子具有相同 x_2 坐标的情况下, 期望得到有序的孤子以避免多次碰撞.

3.2 线性 Liouville 性质

本节主要证明定理 3.6, 由前文可假设 $c_0 = 1$.

3.2.1 单调性

本节证明一个关于 (3.19) 的解的单调性公式且这个解满足 (3.20).

令 L 为一个正数且 $L \geqslant 4$. 定义 $\psi_L \in C^{\infty}(\mathbb{R} : \mathbb{R})$ 为

$$\psi_L(y) = \frac{2}{\pi} \arctan \left(e^{y/L} \right), \tag{3.28}$$

则 $\lim_{y \to +\infty} \psi_L(y) = 1$ 且 $\lim_{y \to -\infty} \psi_L(y) = 0$. 注意到

$$\psi_L'(y) = \frac{1}{\pi L \cosh(y/L)} \quad \text{和} \quad |\psi'''(y)| \leqslant \frac{1}{L^2} \psi_L'(y) \leqslant \frac{1}{16} \psi_L'(y). \tag{3.29}$$

引理 3.1 令 $t_0 \in \mathbb{R}, y_0 > 0$ 以及 $\tilde{x}_1 = x_1 - \frac{1}{2}(t_0 - t) - y_0$, 其中 $t \leqslant t_0$. 令 $\eta \in C\left(\mathbb{R} : H^1\left(\mathbb{R}^2\right)\right)$ 为 (3.19) 的解且满足 (3.20). 定义 $L_0 = \max\left\{4, \dfrac{1}{(p-1)\delta}\right\}$, 其中 δ 为 (3.3) 中的正数. 则

$$\int (\partial^{\alpha} \eta)^2 (x, t_0) \psi_L(x_1 - y_0) \, \mathrm{d}x$$

$$+ \int_{-\infty}^{t_0} \int \left(|\nabla \partial^{\alpha} \eta|^2 + (\partial^{\alpha} \eta)^2 \right) (x, t) \psi_L'(\tilde{x}_1) \, \mathrm{d}x \mathrm{d}t$$

$$\lesssim_L e^{-y_0/L}, \tag{3.30}$$

其中 $\alpha \in \mathbb{N}^2, L \geqslant L_0$.

注记 3.7 正如下面对引理 3.1 的证明, 若将 (3.20) 替换为一个更弱的条件, 则定理 3.6 依然成立. 这个条件即为解 η 在 x_1 方向的 L^2 紧性: $\eta \in C_b\left(\mathbb{R} : H^1\left(\mathbb{R}^2\right)\right)$ 以及

$$\forall \epsilon > 0, \exists A > 0 \ \ 使得 \ \sup_{t \in \mathbb{R}} \int_{|x_1| > A} \eta^2(x, t)\mathrm{d}x \leqslant \epsilon.$$

证明　首先考虑在 $\alpha = (0, 0)$ 的情况下证明 (3.30). 固定 $L \geqslant L_0$. 由 (3.20) 可知

$$\sup_{t \in \mathbb{R}} \int \eta(x, t)^2 \mathrm{d}x \leqslant C. \tag{3.31}$$

由分部积分以及 (3.19), (3.29), 可得

$$\begin{aligned}
&\frac{\mathrm{d}}{\mathrm{d}t} \int \eta^2 \psi_L(\tilde{x}_1)\,\mathrm{d}x \\
&= 2 \int \eta \partial_t \eta \psi_L(\tilde{x}_1)\,\mathrm{d}x + \frac{1}{2} \int \eta^2 \psi_L'(\tilde{x}_1)\,\mathrm{d}x \\
&\leqslant - \int \left(3\,(\partial_{x_1}\eta)^2 + (\partial_{x_2}\eta)^2 \right) \psi_L'(\tilde{x}_1)\,\mathrm{d}x - \frac{1}{4} \int \eta^2 \psi_L'(\tilde{x}_1)\,\mathrm{d}x \\
&\quad + p \int \eta^2 \left(-\partial_{x_1} (Q^{p-1}) \psi_L(\tilde{x}_1) + Q^{p-1} \psi_L'(\tilde{x}_1) \right) \mathrm{d}x.
\end{aligned} \tag{3.32}$$

为了处理 (3.32) 右端最后一项, 定义

$$\mathcal{T}_0(\eta) = p \int \eta^2 \left(-\partial_{x_1} (Q^{p-1}) \psi_L(\tilde{x}_1) + Q^{p-1} \psi_L'(\tilde{x}_1) \right) \mathrm{d}x. \tag{3.33}$$

则断言有

$$|\mathcal{T}_0(\eta)| \leqslant C e^{-\left(\frac{1}{2}(t_0 - t) + y_0\right)/L} + \frac{1}{8} \int \eta^2 \psi_L'(\tilde{x}_1)\,\mathrm{d}x. \tag{3.34}$$

为了证明 (3.34), 类似于文献 [49] 的引理 5. 由 (3.3) 和 (3.28), 可知

$$\begin{aligned}
&\left| \partial_{x_1} (Q^{p-1}) \psi_L(\tilde{x}_1) \right| + \left| Q^{p-1} \psi_L'(\tilde{x}_1) \right| \\
&\lesssim e^{-\delta(p-1)|x|} \psi_L(\tilde{x}_1) \lesssim e^{-\delta(p-1)|x_1|} \psi_L(\tilde{x}_1).
\end{aligned}$$

令 $R_1 > 0$, 考虑如下三种情况:

情况 1　$x_1 < R_1$. 则 $\tilde{x}_1 < R_1 - \frac{1}{2}(t_0 - t) - y_0$, 有

$$e^{-\delta(p-1)|x_1|} \psi_L(\tilde{x}_1) \lesssim \psi_L(\tilde{x}_1) \leqslant e^{\tilde{x}_1/L} \leqslant e^{\left(R_1 - \frac{1}{2}(t_0 - t) - y_0\right)/L}.$$

情况 2　$R_1 < x_1 < \frac{1}{2}(t_0 - t) \mid + y_0$. 因为对于 $\tilde{x}_1 < 0$ 时有 $\psi_L(\tilde{x}_1) \lesssim \psi_L'(\tilde{x}_1)$. 则可得

$$e^{-\delta(p-1)|x_1|} \psi_L(\tilde{x}_1) \lesssim e^{-\delta(p-1)x_1} \psi_L'(\tilde{x}_1) \leqslant e^{-\delta(p-1)R_1} \psi_L'(\tilde{x}_1).$$

情况 3 $\frac{1}{2}(t_0-t)+y_0 < x_1$. 当 $L \geqslant \dfrac{1}{(p-1)\delta}$ 时, 有

$$e^{-\delta(p-1)|x_1|}\psi_L(\tilde{x}_1) \lesssim e^{-\delta(p-1)\left(\frac{1}{2}(t_0-t)+y_0\right)} \leqslant e^{-\left(\frac{1}{2}(t_0-t)+y_0\right)/L}.$$

因此可得

$$|\mathcal{T}_0(\eta)| \leqslant Ce^{\left(R_1-\frac{1}{2}(t_0-t)-y_0\right)/L}\int \eta^2 \mathrm{d}x + Ce^{-\delta(p-1)R_1}\int \eta^2 \psi_L'(\tilde{x}_1)\,\mathrm{d}x,$$

结合上式以及 (3.31), 且固定 R_1 足够大使得 $Ce^{-\delta(p-1)R_1} \leqslant \dfrac{1}{8}$, 则可得 (3.34).

由 (3.32)—(3.34), 在 t 到 t_0 上积分可得

$$\int \eta^2(x,t_0)\psi_L(x_1-y_0)\,\mathrm{d}x + \frac{1}{8}\int_t^{t_0}\int \left(|\nabla\eta|^2+\eta^2\right)(x,s)\psi_L'(\tilde{x}_1)\,\mathrm{d}x\mathrm{d}s$$

$$\lesssim e^{-y_0/L} + \int \eta^2(x,t)\psi_L\left(x_1-\frac{1}{2}(t_0-t)-y_0\right)\mathrm{d}x, \tag{3.35}$$

其中 $y_0 > 0$, $t < t_0$. 为了控制 (3.35) 右端第二项, 利用条件 (3.20). 给定 $\epsilon > 0$, 存在 $A > 0$ 使得

$$\int_{|x_1|>A}\eta^2(x,t)\mathrm{d}x \leqslant \int_{|x_1|>A}e^{-\sigma|x_1|}\mathrm{d}x_1 \leqslant \epsilon. \tag{3.36}$$

此外, 由 (3.31) 可得

$$\int_{|x_1|\leqslant A}\eta^2(x,t)\psi_L(\tilde{x}_1)\,\mathrm{d}x$$

$$\leqslant \psi_L\left(A-\frac{1}{2}(t_0-t)-y_0\right)\int \eta^2(x,t)\mathrm{d}x \xrightarrow[t\to-\infty]{} 0. \tag{3.37}$$

因此, 利用 (3.36)—(3.37) 以及对 (3.35) 取极限 $t \to -\infty$, 则可证明 $\alpha = (0,0)$ 情况的 (3.30).

下面证明 $k = |\alpha|$ 情况下的 (3.30). 令 $k \in \mathbb{N}$ 且满足 $1 \leqslant k \leqslant k_0$. 假设对于 $\tilde{\alpha} \in \mathbb{N}^2|, \tilde{\alpha}| \leqslant k-1$, (3.30) 成立. 令 $\alpha \in \mathbb{N}^2$ 且满足 $|\alpha| = k$. 正如 (3.32) 计算, 则可得

$$\frac{\mathrm{d}}{\mathrm{d}t}\int (\partial^\alpha\eta)^2\psi_L(\tilde{x}_1)\,\mathrm{d}x$$

$$\leqslant -\int \left(|\nabla\partial^\alpha\eta|^2+\frac{1}{4}(\partial^\alpha\eta)^2\right)\psi_L'(\tilde{x}_1)\,\mathrm{d}x + \mathcal{T}_\alpha(\eta), \tag{3.38}$$

其中

$$\mathcal{T}_\alpha(\eta) = -2p \int \partial_{x_1} \partial^\alpha \left(Q^{p-1}\eta\right) \partial^\alpha \eta \psi_L\left(\tilde{x}_1\right) \mathrm{d}x. \tag{3.39}$$

由 Leibniz 公式以及分部积分可得

$$\mathcal{T}_\alpha(\eta) = \sum_{0 \leqslant \beta \leqslant \alpha} C_\beta \int \partial_{x_1} \left(\partial^\beta \left(Q^{p-1}\right) \partial^{\alpha-\beta}\eta\right) \partial^\alpha \eta \psi_L\left(\tilde{x}_1\right) \mathrm{d}x$$

$$= \sum_{0 < \beta \leqslant \alpha} C_\beta \int \partial_{x_1} \left(\partial^\beta \left(Q^{p-1}\right) \partial^{\alpha-\beta}\eta\right) \partial^\alpha \eta \psi_L\left(\tilde{x}_1\right) \mathrm{d}x$$

$$- p \int \partial_{x_1} \left(Q^{p-1}\right) \left(\partial^\alpha \eta\right)^2 \psi_L\left(\tilde{x}_1\right) \mathrm{d}x$$

$$+ p \int Q^{p-1} \left(\partial^\alpha \eta\right)^2 \psi_L'\left(\tilde{x}_1\right) \mathrm{d}x. \tag{3.40}$$

此外, 由 (3.3) 可得

$$\left|\partial^\beta \left(Q^{p-1}\right) \psi_L\left(\tilde{x}_1\right)\right| \lesssim e^{-\delta(p-1)|x|} \psi_L\left(\tilde{x}_1\right)$$

$$\lesssim_L \psi_L'\left(\tilde{x}_1\right), \quad \text{对于所有 } |\beta| \leqslant k+1. \tag{3.41}$$

实际上, 当 $\tilde{x}_1 \leqslant 0$ 时, 有 $\psi_L\left(\tilde{x}_1\right) \lesssim_L \psi_L'\left(\tilde{x}_1\right)$. 当 $\tilde{x}_1 > 0$ 时, 则有 $0 < \tilde{x}_1 < x_1$ 和

$$e^{-\delta(p-1)|x|} \psi_L\left(\tilde{x}_1\right) \lesssim e^{-\delta(p-1)x_1} \lesssim e^{-\delta(p-1)\tilde{x}_1} \lesssim \psi_L'\left(\tilde{x}_1\right),$$

因为 $L \geqslant \dfrac{1}{(p-1)\delta}$, 所以根据(3.40)—(3.41) 以及 Young 不等式可得

$$\left|\mathcal{T}_\alpha(\eta)\right| \lesssim \sum_{0 \leqslant \beta \leqslant \alpha} \int \left(\partial^\beta \eta\right)^2 \psi_L'\left(\tilde{x}_1\right) \mathrm{d}x. \tag{3.42}$$

对 (3.38) 从 t 到 t_0 积分且由 (3.42) 可得

$$\int \left(\partial^\alpha \eta\right)^2 (x,t_0) \psi_L\left(x_1 - y_0\right) \mathrm{d}x + \int_t^{t_0} \int \left|\nabla \partial^\alpha \eta\right|^2 (x,t) \psi_L'\left(\tilde{x}_1\right) \mathrm{d}x\mathrm{d}t$$

$$\lesssim \sum_{0 \leqslant \beta \leqslant \alpha} \int_t^{t_0} \int \left(\partial^\beta \eta\right)^2 \psi_L'\left(\tilde{x}_1\right) \mathrm{d}x$$

$$+ \int \left(\partial^\alpha \eta\right)^2 (x,t) \psi_L\left(x_1 - \frac{1}{2}\left(t_0 - t\right) - y_0\right) \mathrm{d}x. \tag{3.43}$$

对 (3.43) 取极限 $t \to -\infty$ 且利用归纳假设可得

$$\int (\partial^\alpha \eta)^2 (x, t_0) \psi_L (x_1 - y_0)\, \mathrm{d}x + \int_{-\infty}^{t_0} \int |\nabla \partial^\alpha \eta|^2 (x, t) \psi_L' (\tilde{x}_1)\, \mathrm{d}x \mathrm{d}t$$

$$\lesssim e^{-y_0/L} + \liminf_{t \to -\infty} \int (\partial^\alpha \eta)^2 (x, t) \psi_L \left(x_1 - \frac{1}{2}(t_0 - t) - y_0 \right) \mathrm{d}x. \qquad (3.44)$$

为了控制 (3.44) 右侧第二项, 利用关于 $|\tilde{\alpha}| = k - 1$ 的 (3.30) 可得

$$\int_{-\infty}^{t_0} \int (\partial^\alpha \eta)^2 (x, t) \psi_L' (\tilde{x}_1)\, \mathrm{d}x \mathrm{d}t \lesssim e^{-y_0/L},$$

则有

$$\int_{-\infty}^{t_0} \int_{x_1 < (t_0 - t)/2 + y_0} (\partial^\alpha \eta)^2 (x, t) e^{(x_1 - \frac{1}{2}(t_0 - t))/L} \mathrm{d}x \mathrm{d}t \lesssim 1, \qquad (3.45)$$

其中当 $\tilde{x}_1 < 0$ 时, 有 $\psi_L' (\tilde{x}_1) \gtrsim e^{\tilde{x}_1/L}$. 对 (3.45) 取极限 $y_0 \to \infty$ 再乘以 $e^{-y_0/L}$ 可得

$$\int_{-\infty}^{t_0} \int (\partial^\alpha \eta)^2 (x, t) \psi_L \left(x_1 - \frac{1}{2}(t_0 - t) - y_0 \right) \mathrm{d}x \mathrm{d}t \lesssim e^{-y_0/L}, \qquad (3.46)$$

这里用到 $\psi_L (x_1) \leqslant e^{x_1/L}$ $(x_1 \in \mathbb{R})$. 因此

$$\liminf_{t \to -\infty} \int (\partial^\alpha \eta)^2 (x, t) \psi_L \left(x_1 - \frac{1}{2}(t_0 - t) - y_0 \right) \mathrm{d}x = 0, \qquad (3.47)$$

结合上式与 (3.44) 可得 $|\alpha| = k$ 情况下的 (3.30). 这就完成了引理的证明. $\qquad \square$

特别地, 从单调性公式推导出 (3.40) 的解在 x_1 方向上的指数衰减, 这就暗示了它们的所有导数在 x_1 方向上的指数衰减.

推论 3.9 令 $\eta \in C\left(\mathbb{R} : H^1\left(\mathbb{R}^2 \right) \right)$ 为 (3.40) 的解且满足 (3.41), 则存在 $\tilde{\sigma} > 0$ 使得

$$\sup_{t \in \mathbb{R}} \int (\partial^\alpha \eta)^2 (x, t) e^{\tilde{\sigma}|x_1|} \mathrm{d}x \lesssim 1, \quad \forall \alpha \in \mathbb{N}^2. \qquad (3.48)$$

证明 定义 $\tilde{\sigma} = \dfrac{1}{L_0}$, 其中 L_0 在引理 3.1 中给定. 因为对于 $\tilde{x}_1 < 0$, 有 $\psi_L (\tilde{x}_1) \gtrsim e^{\tilde{\sigma}\tilde{x}_1}$, 则由 (3.30) 可得

$$\int_{x_1 < y_0} (\partial^\alpha \eta)^2 (x, t) e^{\tilde{\sigma} x_1} \mathrm{d}x \lesssim 1, \quad \forall y_0 > 0, \quad t \in \mathbb{R}. \qquad (3.49)$$

对上式取极限 $y_0 \to \infty$ 可得

$$\sup_{t\in\mathbb{R}} \int (\partial^\alpha \eta)^2 (x,t) e^{\tilde{\sigma} x_1} \mathrm{d}x \lesssim 1. \tag{3.50}$$

为了得到 $x_1 < 0$ 方向的指数衰减, 可知 $\tilde{\eta}(x,t) = \eta(-x,-t)$ 同样为 (3.40) 的解且满足 (3.41). 因此, 同样可得

$$\sup_{t\in\mathbb{R}} \int (\partial^\alpha \eta)^2 (x,t) e^{-\tilde{\sigma} x_1} \mathrm{d}x = \sup_{t\in\mathbb{R}} \int (\partial^\alpha \tilde{\eta})^2 (x,t) e^{\tilde{\sigma} x_1} \mathrm{d}x \lesssim 1. \tag{3.51}$$

则由 (3.50) 和 (3.51) 可得 (3.48).   □

3.2.2   定理 3.6 的证明

本节考虑一个对偶问题, 定义

$$v = \mathcal{L}\eta - \alpha_0 Q, \quad \text{其中 } \alpha_0 = \frac{\int \mathcal{L}\eta(\cdot,0)\Lambda Q \mathrm{d}x}{\int Q\Lambda Q \mathrm{d}x}. \tag{3.52}$$

注意到 (3.9), 因为本章考虑次临界情况, 所以 (3.52) 是良定的. 则由 (3.6), (3.19) 和 v 的定义可知 v 满足

$$\partial_t v = \mathcal{L}\partial_{x_1} v + \alpha_0 \mathcal{L}\partial_{x_1} Q = \mathcal{L}\partial_{x_1} v \tag{3.53}$$

且 v 满足正交条件

$$\int v\partial_{x_1} Q \mathrm{d}x = \int v\partial_{x_2} Q \mathrm{d}x = 0 \tag{3.54}$$

和

$$\int v\Lambda Q \mathrm{d}x = 0. \tag{3.55}$$

为了验证 (3.55), 由 (3.8) 与 (3.54) 可得

$$\frac{\mathrm{d}}{\mathrm{d}t} \int v\Lambda Q \mathrm{d}x = \int \mathcal{L}\partial_{x_1} v\Lambda Q \mathrm{d}x = -\int v\partial_{x_1}\mathcal{L}\Lambda Q \mathrm{d}x = \int v\partial_{x_1} Q \mathrm{d}x = 0,$$

根据 α_0 的定义可知 (3.55) 成立.

由单调性质可知 $v \in C\left(\mathbb{R} : H^1\left(\mathbb{R}^2\right)\right)$ 且满足

$$\int_{x_2} v^2 (x_1, x_2, t) \, \mathrm{d}x_2 \lesssim e^{-\tilde{\sigma}|x_1|}, \quad \forall (x_1, t) \in \mathbb{R}^2. \tag{3.56}$$

实际上, 根据 v 的定义, Q 在 (3.3) 中的衰减性质以及关于 $|\alpha| \leqslant 3$ 的 (3.48) 可得

$$\sup_{t\in\mathbb{R}} \int \left(v^2 + (\partial_{x_1}v)^2\right)(x,t)e^{\tilde{\sigma}|x_1|}\mathrm{d}x \lesssim 1, \tag{3.57}$$

其中 $\tilde{\sigma} > 0$. 利用 Sobolev 嵌入 $H^1(\mathbb{R}) \hookrightarrow L^\infty(\mathbb{R})$ 以及关于 x_2 的 Cauchy-Schwartz 不等式可得

$$\left\|\left(\int_{x_2} v^2(x,t)e^{\tilde{\sigma}|x_1|}\mathrm{d}x_2\right)^{\frac{1}{2}}\right\|_{L^\infty_{x_1}}$$

$$\lesssim \left\|\left(\int_{x_2} v^2(x,t)e^{\tilde{\sigma}|x_1|}\mathrm{d}x_2\right)^{\frac{1}{2}}\right\|_{H^1_{x_1}}$$

$$\lesssim \left(\int v^2(x,t)e^{\tilde{\sigma}|x_1|}\mathrm{d}x\right)^{\frac{1}{2}} + \left(\int_{x_1} \frac{\left(\int_{x_2} vv_{x_1}\mathrm{d}x_2\right)^2}{\int_{x_2} v^2\mathrm{d}x_2}e^{\tilde{\sigma}|x_1|}\mathrm{d}x_1\right)^{\frac{1}{2}}$$

$$\lesssim \left(\int \left(v^2 + (\partial_{x_1}v)^2\right)(x,t)e^{\tilde{\sigma}|x_1|}\mathrm{d}x\right)^{\frac{1}{2}}, \tag{3.58}$$

结合上式与 (3.57) 可得 (3.56).

下面推导一个关于 (3.19) 解的 Virial 等式. 令 $\phi \in C^2(\mathbb{R})$ 为偶函数使得在 $\mathbb{R}_+$ 上有 $\phi' \leqslant 0$,

$$\phi_{[0,1]}=1,\ \phi(x_1)=e^{-x_1},\ x_1 \in [2,+\infty),\quad e^{-x_1} \leqslant \phi(x_1) \leqslant 3e^{-x_1},\ x_1 \in \mathbb{R}_+, \tag{3.59}$$

$$|\phi'(x_1)| \leqslant C\phi(x_1),\quad |\phi''(x_1)| \leqslant C\phi(x_1). \tag{3.60}$$

φ 定义为 $\varphi(x_1) = \int_0^{x_1}\phi(y)\mathrm{d}y$. 则 φ 为奇函数且有 $\varphi(x_1) = x_1$, $x_1 \in [-1,1]$ 以及 $|\varphi(x_1)| \leqslant 3$. 对于 A, 可设

$$\varphi_A(x_1) = A\varphi(x_1/A),\quad \varphi'_A(x_1) = \phi(x_1/A) =: \phi_A(x_1), \tag{3.61}$$

$$\varphi_A(x_1) = x_1,\quad x_1 \in [-A, A], \tag{3.62}$$

$$|\varphi_A(x_1)| \leqslant 3A,\quad e^{-|x|/A} \leqslant \phi'_A(x) \leqslant 3e^{-|x|/A},\quad x_1 \in \mathbb{R}.$$

则有

$$-\frac{1}{2}\frac{\mathrm{d}}{\mathrm{d}t}\int \varphi_A v^2\mathrm{d}x$$

$$= \int \phi_A(\partial_{x_1}v)^2\,\mathrm{d}x + \frac{1}{2}\int \phi_A\left(|\nabla v|^2 + v^2 - pQ^{p-1}v^2\right)\mathrm{d}x$$

$$-\frac{1}{2}\int \phi_A'' v^2 \mathrm{d}x - \frac{p}{2}\int \varphi_A \partial_{x_1}\left(Q^{p-1}\right) v^2 \mathrm{d}x. \tag{3.63}$$

下面给出一个强制性结论, 其将会在下一小节证明.

引理 3.2　考虑一个双线性形式

$$H_A(v,w) = \int \phi_A \left(\nabla v \cdot \nabla w + vw - pQ^{p-1}vw\right) \mathrm{d}x. \tag{3.64}$$

则存在 $2 < p_2 < 3$ 使得对于所有 $2 \leqslant p < p_2$ 如下结论成立:

存在 $\lambda > 0$ 及 $A_0 > 0$ 使得

$$H_A(v,v) \geqslant \lambda \int \phi_A \left(|\nabla v|^2 + v^2\right) \mathrm{d}x, \tag{3.65}$$

其中 $v \in H^1\left(\mathbb{R}^2\right)$ 且满足 $(v, \Lambda Q) = (v, \partial_{x_1} Q) = (v, \partial_{x_2} Q) = 0$, $A \geqslant A_0$.

由 φ_A 的性质可知 (3.63) 右端最后一项是非负的. 此外, 根据 (3.60), (3.61) 可知 $|\phi_A''(x_1)| \leqslant C/A^2 \phi_A(x_1)$. 固定 $A \geqslant \max\left\{A_0, 2\sqrt{\dfrac{C}{\lambda}}\right\}$, 由 (3.63) 以及 (3.65) 可知

$$-\frac{1}{2}\frac{\mathrm{d}}{\mathrm{d}t}\int \varphi_A(x_1) v^2 \mathrm{d}x \geqslant \int \phi_A(x_1)\left(\left(\partial_{x_1}v\right)^2 + \frac{\lambda}{2}|\nabla v|^2 + \frac{\lambda}{4}v^2\right)\mathrm{d}x. \tag{3.66}$$

对 (3.66) 积分可得

$$\int_{-\infty}^{+\infty}\int \phi_A(x_1) v^2(x,t)\mathrm{d}x\mathrm{d}t \leqslant \frac{12}{\lambda}A \sup_t \|v(\cdot,t)\|_{L^2}^2 < +\infty, \tag{3.67}$$

有限性根据 (3.56) 可得. 因此存在序列 $\{t_n\}$ 满足 $t_n \to +\infty$ 可得

$$\int \phi_A(x_1) v^2(x, t_n)\mathrm{d}x \xrightarrow[n\to+\infty]{} 0. \tag{3.68}$$

由 v 在 x_1 方向的衰减性可知

$$\int v^2(x, t_n)\mathrm{d}x \xrightarrow[n\to+\infty]{} 0. \tag{3.69}$$

实际上, 对于所有的 $R > 0$, 存在 $C_R > 0$ 使得 $\phi_A(x_1) \geqslant C_R$ 当且仅当 $|x_1| \leqslant R$. 则由 (3.56) 可得

$$\int v^2(x, t_n)\mathrm{d}x = \int_{|x_1|\leqslant R} v^2(x, t_n)\mathrm{d}x + \int_{|x_1|>R} v^2(x, t_n)\mathrm{d}x$$

$$\leqslant \frac{1}{C_R}\int \phi_A(x_1) v^2(x, t_n)\mathrm{d}x + \frac{2}{\tilde{\sigma}}e^{-\tilde{\sigma}R},$$

结合 (3.68) 可得 (3.69). 类似存在序列 $\{s_n\}$ 满足 $s_n \to -\infty$ 以及

$$\int v^2(x, s_n)\,\mathrm{d}x \xrightarrow[n \to +\infty]{} 0. \tag{3.70}$$

因此, 对 (3.66) 关于 s_n, t_n 积分且对 (3.69) 和 (3.70) 取极限 $n \to +\infty$ 可得

$$\int_{-\infty}^{+\infty} \int \phi_A(x_1)\, v^2(x, t)\mathrm{d}x\mathrm{d}t$$

$$\leqslant \frac{6}{\lambda} A \lim_{n \to +\infty} \left(\int v^2(x, s_n)^2\,\mathrm{d}x + \int v^2(x, t_n)^2\,\mathrm{d}x \right) = 0. \tag{3.71}$$

因为 ϕ_A 为正, 则有

$$v(x, t) = 0, \quad (x, t) \in \mathbb{R}^3. \tag{3.72}$$

因此, 根据 (3.6), (3.8), v 的定义以及 (3.72) 可知, 存在 $\beta_0 \in \mathbb{R}$ 和两个有界的 C^1 函数 α_1, α_2 使得

$$\eta(\cdot, t) = \beta_0 \Lambda Q + \alpha_1(t)\partial_{x_1}Q + \alpha_2(t)\partial_{x_2}Q. \tag{3.73}$$

利用 (3.19) 可得

$$\begin{cases} \alpha_1'(t) = \beta_0, \\ \alpha_2'(t) = 0 \end{cases} \Rightarrow \begin{cases} \beta_0 = 0, \\ \alpha_1(t) = a_1, \\ \alpha_2(t) = a_2. \end{cases} \tag{3.74}$$

3.2.3 双线性形式 H_A 的强制性

本小节的目的是证明引理 3.2. 首先证明非局域二次形式的一个类似的结果.

命题 3.1 考虑双线性形式

$$H(v, w) = (\mathcal{L}v, w) = \int (\nabla v \cdot \nabla w + vw - 2Qvw)\mathrm{d}x. \tag{3.75}$$

则存在 $\tilde{\lambda} > 0$ 使得

$$H(v, v) \geqslant \tilde{\lambda}\|v\|_{H^1}^2, \tag{3.76}$$

其中 $v \in H^1(\mathbb{R}^2)$ 满足 $(v, \Lambda Q) = (v, \partial_{x_1}Q) = (v, \partial_{x_2}Q) = 0$.

命题 3.1 的证明依赖于以下的谱性质.

命题 3.2 假设 $d = 2$. 存在 $2 < p_2 < 3$ 使得

$$(\mathcal{L}^{-1}\Lambda Q, \Lambda Q) < 0, \tag{3.77}$$

其中 $2 \leqslant p < p_2$.

命题 3.2 的证明根据数值方法在附录 3.A 中给出.

证明命题 3.1　由(3.8) 可得

$$(\Lambda Q, \chi_0) = -\frac{1}{\lambda_0}(\Lambda Q, \mathcal{L}\chi_0) = \frac{1}{\lambda_0}\int Q\chi_0 \mathrm{d}x > 0 \quad \text{且} \quad \Lambda Q \in (\ker\mathcal{L})^\perp.$$

因此结合命题 3.2 的结论以及文献 [79] 的引理 E.1, 可证明命题 3.1.　　　　□

为了根据命题 3.1 推导引理 3.2, 参考文献 [13,52] 给出了如下引理.

引理 3.3　*假设存在 $\kappa > 0$ (依赖于 $\tilde{\lambda}$) 使得*

$$H(v,v) = \int \left(|\nabla v|^2 + v^2 - pQ^{p-1}v^2\right)\mathrm{d}x \geqslant \frac{\tilde{\lambda}}{2}\|v\|_{H^1}^2, \tag{3.78}$$

其中 $v \in H^1\left(\mathbb{R}^2\right)$ 满足

$$\left|\left(v, \frac{\Lambda Q}{\|\Lambda Q\|_{L^2}}\right)\right| + \left|\left(v, \frac{\partial_{x_1}Q}{\|\partial_{x_1}Q\|_{L^2}}\right)\right| + \left|\left(v, \frac{\partial_{x_2}Q}{\|\partial_{x_2}Q\|_{L^2}}\right)\right| \leqslant \kappa\|v\|_{H^1}. \tag{3.79}$$

证明　令 v 属于 $H^1\left(\mathbb{R}^2\right)$ 且满足 (3.79). 利用如下分解

$$v = v_1 + b_0\frac{\Lambda Q}{\|\Lambda Q\|_{L^2}} + b_1\frac{\partial_{x_1}Q}{\|\partial_{x_1}Q\|_{L^2}} + b_2\frac{\partial_{x_2}Q}{\|\partial_{x_2}Q\|_{L^2}} = v_1 + v_2, \tag{3.80}$$

且有 $(v_1, \Lambda Q) = (v_1, \partial_{x_1}Q) = (v_1, \partial_{x_2}Q) = 0$, 则由 (3.79) 可得

$$|b_0| + |b_1| + |b_2| \leqslant \kappa\|v\|_{H^1}. \tag{3.81}$$

此外, 若 $0 < \kappa \leqslant \dfrac{1}{2}$, 由 (3.80) 和 (3.81) 可得

$$\frac{\sqrt{3}}{2}\|v\|_{H^1} \leqslant \|v_1\|_{H^1} \leqslant \|v\|_{H^1}. \tag{3.82}$$

注意到

$$H(v,v) = H(v_1, v_1) + H(v_2, v_2) + 2H(v_1, v_2), \tag{3.83}$$

此外, 根据 (3.76) 和 (3.82) 可得

$$H(v_1, v_1) \geqslant \tilde{\lambda}\|v_1\|_{H^1} \geqslant \frac{3\tilde{\lambda}}{4}\|v\|_{H^1}^2. \tag{3.84}$$

由 H 的连续性和 (3.81) 可知

$$H(v_2, v_2) \lesssim |b_0|^2 + |b_1|^2 + |b_2|^2 \lesssim \kappa^2\|v\|_{H^1}^2 \leqslant \frac{\tilde{\lambda}}{8}\|v\|_{H^1}^2 \tag{3.85}$$

和

$$H\left(v_1, v_2\right) \lesssim \|v_1\|_{H^1} \|v_2\|_{H^1} \lesssim \|v\|_{H^1} \left(|b_0| + |b_1| + |b_2|\right)$$

$$\lesssim \kappa\|v\|_{H^1}^2 \leqslant \frac{\tilde{\lambda}}{8}\|v\|_{H^1}^2. \tag{3.86}$$

则由(3.83)—(3.86) 可证引理 3.3. $\square$

引理 3.2 的证明   令 $v \in H^1\left(\mathbb{R}^2\right)$ 且 $(v, \Lambda Q) = (v, \partial_{x_1} Q) = (v, \partial_{x_2} Q) = 0$. 由 (3.59) 可知 ϕ_A 为正函数. 直接计算可得

$$H_A(v, v) = H\left(\sqrt{\phi_A}v, \sqrt{\phi_A}v\right) - \int \left(\partial_{x_1}\sqrt{\phi_A}\right)^2 v^2 \mathrm{d}x - \int \phi_A' v \partial_{x_1} v \mathrm{d}x. \tag{3.87}$$

由 v 的正交性、ϕ_A 的定义以及 Q 的性质 (3.3) 可知

$$\left|\int \sqrt{\phi_A}v\frac{\partial_{x_1}Q}{\|\partial_{x_1}Q\|_{L^2}}\mathrm{d}x\right| = \left|\int \left(1-\sqrt{\phi_A}\right) v\frac{\partial_{x_1}Q}{\|\partial_{x_1}Q\|_{L^2}}\mathrm{d}x\right| \leqslant \kappa \left\|\sqrt{\phi_A}v\right\|_{L^2}, \tag{3.88}$$

其中 A 充分大. 类似有

$$\left|\int \sqrt{\phi_A}v\frac{\partial_{x_2}Q}{\|\partial_{x_1}Q\|_{L^2}}\mathrm{d}x\right| \leqslant \kappa \left\|\sqrt{\phi_A}v\right\|_{L^2}, \tag{3.89}$$

$$\left|\int \sqrt{\phi_A}v\frac{\Lambda Q}{\|\Lambda Q\|_{L^2}}\mathrm{d}x\right| \leqslant \kappa \left\|\sqrt{\phi_A}v\right\|_{L^2}. \tag{3.90}$$

则由引理 3.3 可得

$$H\left(\sqrt{\phi_A}v, \sqrt{\phi_A}v\right) \geqslant \left\|\sqrt{\phi_A}v\right\|_{H^1}^2. \tag{3.91}$$

由 (3.87) 和 (3.91) 可得

$$H_A(v, v) \geqslant \frac{\tilde{\lambda}}{2} \int \phi_A \left(v^2 + |\nabla v|^2\right) - \int \left(\partial_{x_1}\sqrt{\phi_A}\right)^2 v^2 \mathrm{d}x$$

$$+ \left(\frac{\tilde{\lambda}}{2} - 1\right) \int \phi_A' v \partial_{x_1} v \mathrm{d}x. \tag{3.92}$$

由 (3.60), (3.61) 可控制 (3.92) 右端最后两项, 因此有

$$\int \left(\partial_{x_1}\sqrt{\phi_A}\right)^2 v^2 \mathrm{d}x \leqslant \frac{C}{A^2} \int \phi_A v^2 \mathrm{d}x \leqslant \frac{\tilde{\lambda}}{8} \int \phi_A v^2 \mathrm{d}x \tag{3.93}$$

和

$$\int \phi_A' v \partial_{x_1} v \mathrm{d}x \leqslant \frac{C}{2A^2} \int \phi_A \left(v^2 + (\partial_{x_1}v)^2\right) \mathrm{d}x$$

$$\leqslant \frac{\tilde{\lambda}}{8} \int \phi_A \left(v^2 + (\partial_{x_1} v)^2 \right) \mathrm{d}x. \tag{3.94}$$

所以由(3.92)—(3.94) 可证明(3.65). 这里可取 $\lambda = \dfrac{\tilde{\lambda}}{4}$. □

3.3　非线性 Liouville 性质

在本节, 给出定理 3.5 的证明. 不失一般性, 可假设 $c_0 = 1$.

3.3.1　孤立子附近解的调制

引理 3.4　存在 $\epsilon_0 > 0, \delta_0 > 0$ 和 $K_0 > 0$ 使得对于任意 $0 < \epsilon \leqslant \epsilon_0$ 如下结论成立:

(5.1) 的解 $u \in C \left(\mathbb{R} : H^1 \left(\mathbb{R}^2 \right) \right)$ 满足

$$\inf_{\tau \in \mathbb{R}^2} \|u(\cdot, t) - Q(\cdot - \tau)\|_{H^1} \leqslant \epsilon, \quad \forall t \in \mathbb{R}, \tag{3.95}$$

存在 $\rho = (\rho_1, \rho_2) \in C^1 \left(\mathbb{R} : \mathbb{R}^2 \right)$ 和 $c \in C^1 (\mathbb{R} : \mathbb{R})$ 使得

$$\eta(x, t) = u(x + \rho(t), t) - Q_{c(t)}(x) \tag{3.96}$$

满足

$$|c(t) - 1| + \|\eta(\cdot, t)\|_{H^1} \leqslant K_0 \epsilon, \tag{3.97}$$

$$\int \eta(x, t) \partial_{x_1} Q_{c(t)}(x) \mathrm{d}x = \int \eta(x, t) \partial_{x_2} Q_{c(t)}(x) \mathrm{d}x$$
$$= \int \eta(x, t) Q_{c(t)}(x) \mathrm{d}x = 0 \tag{3.98}$$

和

$$|c'(t)|^{\frac{1}{2}} + |\rho_1'(t) - c(t)| + |\rho_2'(t)| \leqslant K_0 \left(\int \eta(x, t)^2 e^{-\delta|x|} \mathrm{d}x \right)^{\frac{1}{2}}, \tag{3.99}$$

其中 $t \in \mathbb{R}$.

此外, 函数 ρ 和 c 唯一地满足 (3.96)—(3.99).

证明　引理 3.4 的证明可根据隐函数定理得到. 注意到, 正交条件 (3.98) 由如下公式可得

$$\int (\partial_{x_1} Q)^2 \mathrm{d}x > 0, \quad \int (\partial_{x_2} Q)^2 \mathrm{d}x > 0, \quad \int Q \Lambda Q \mathrm{d}x > 0. \tag{3.100}$$

因为本章考虑次临界情况, 故 (3.100) 最后一个情况成立.

为了完整起见, 我们解释了如何从 (3.96)—(3.98) 中推导出 (3.99). 特别地, $|c'(t)|$ 的有界性是 (3.98) 中 η 和 Q_c 正交性的结果, 在定理 3.5 的证明中具有至关重要的意义.

首先, 推导关于 η 的方程. 根据定义可得

$$\partial_t \eta = -\partial_{x_1} \left(\Delta u + u^2 \right) + \rho' \cdot \nabla u - c' \Lambda Q_c$$

$$= \partial_{x_1} \left(\mathcal{L}_c \eta - \eta^2 \right) + \left(\rho_1' - c \right) \partial_{x_1} \left(Q_c + \eta \right) + \rho_2' \partial_{x_2} \left(Q_c + \eta \right) - c' \Lambda Q_c, \quad (3.101)$$

其中 $\mathcal{L}_c$ 的定义可见 (3.4). 因此, 对 (3.98) 中的最后一个正交性条件关于时间求导可得

$$\int \partial_{x_1} \mathcal{L}_c \eta Q_c \mathrm{d}x - \int \partial_{x_1} \left(\eta^2 \right) Q_c \mathrm{d}x + \left(\rho_1' - c \right) \int \partial_{x_1} \left(Q_c + \eta \right) Q_c \mathrm{d}x$$

$$+ \rho_2' \int \partial_{x_2} \left(Q_c + \eta \right) Q_c \mathrm{d}x - c' \int Q_c \Lambda Q_c \mathrm{d}x + c' \int \eta \Lambda Q_c \mathrm{d}x = 0. \quad (3.102)$$

所以

$$\int \partial_{x_1} \mathcal{L}_c \eta Q_c \mathrm{d}x = -\int \eta \mathcal{L}_c \partial_{x_1} Q_c \mathrm{d}x = 0. \quad (3.103)$$

由 (3.98) 可得

$$\int \partial_{x_1} \left(Q_c + \eta \right) Q_c \mathrm{d}x = \int \partial_{x_2} \left(Q_c + \eta \right) Q_c \mathrm{d}x = 0. \quad (3.104)$$

由 (3.3), (3.97), (3.102)—(3.104) 可得

$$|c'| = \frac{\left| \int \eta^2 \partial_{x_1} Q_c \mathrm{d}x \right|}{\left| \int Q_c \Lambda Q_c \mathrm{d}x - \int \eta \Lambda Q_c \mathrm{d}x \right|} \leqslant \frac{\int \eta^2 e^{-\delta |x|} \mathrm{d}x}{\int Q_c \Lambda Q_c \mathrm{d}x - K_0 \epsilon_0}. \quad (3.105)$$

由 (3.9) 可得 $\int Q_c \Lambda Q_c \mathrm{d}x > 0$. 则由 (3.105) 可得 (3.99) 中 $|c'|$ 的估计. $\quad\square$

引理 3.5 给定引理 3.4 的假设. 假设存在 $\sigma > 0$ 以及函数 $\tilde{\rho} \in C \left(\mathbb{R} : \mathbb{R}^2 \right)$,

$$\int_{x_2} u^2 (x + \tilde{\rho}(t), t) \mathrm{d}x_2 \lesssim e^{-\sigma |x_1|}, \quad \forall (x_1, t) \in \mathbb{R}^2. \quad (3.106)$$

则

$$\int_{x_2} u^2 (x + \rho(t), t) \mathrm{d}x_2 \lesssim e^{-\sigma |x_1|}, \quad \forall (x_1, t) \in \mathbb{R}^2, \quad (3.107)$$

其中 ρ 由引理 3.4 给出.

证明　首先, 存在 $A > 0$ 使得

$$|\rho_1(t) - \tilde{\rho}_1(t)| \leqslant A, \quad \forall t \in \mathbb{R}. \tag{3.108}$$

事实上, 由三角不等式可得

$$\|u(\cdot + \rho(t), t)\|_{L^2(|x| \leqslant 1)} \geqslant \|Q\|_{L^2(|x| \leqslant 1)} - \|Q - Q_{c(t)}\|_{L^2} - \|\eta(\cdot, t)\|_{L^2}.$$

则因为函数: $t \in \mathbb{R} \mapsto Q_{c(t)} \in H^1(\mathbb{R}^2)$ 是连续的, 由 (3.97) 可得

$$\|u(\cdot + \rho(t), t)\|_{L^2(|x| \leqslant 1)} \geqslant \frac{1}{2} \|Q\|_{L^2(|x| \leqslant 1)}, \quad \forall t \in \mathbb{R}, \tag{3.109}$$

其中 ϵ_0 充分小. 此外, 由 (3.106) 可知存在 $\tilde{A} > 0$ 使得

$$\left(\int_{|x_1| \geqslant \tilde{A}} u^2(x + \tilde{\rho}(t), t) \mathrm{d}x \right)^{\frac{1}{2}} \lesssim \left(\int_{|x_1| \geqslant \tilde{A}} e^{-\sigma|x_1|} \mathrm{d}x_1 \right)^{\frac{1}{2}}$$

$$\leqslant \frac{1}{4} \|Q\|_{L^2(|x| \leqslant 1)}. \tag{3.110}$$

定义 $A = \tilde{A} + 1$. 由反证法可知 $|\tilde{\rho}(t) - \rho(t)| \geqslant A, t \in \mathbb{R}$. 则由 (3.110) 可得

$$\|u(\cdot + \rho(t), t)\|_{L^2(|x| \leqslant 1)} \leqslant \left(\int_{|x_1 + \rho_1(t) - \tilde{\rho}_1(t)| \leqslant 1} u^2(x + \tilde{\rho}(t), t) \mathrm{d}x \right)^{\frac{1}{2}}$$

$$\leqslant \frac{1}{4} \|Q\|_{L^2(|x| \leqslant 1)}.$$

这与 (3.109) 矛盾, 因此可得 (3.108).

最后, 由 (3.106) 可得

$$\int_{x_2} u^2(x + \rho(t), t) \mathrm{d}x_2 = \int_{x_2} u^2(x + \tilde{\rho}(t) + (\rho(t) - \tilde{\rho}(t)), t) \mathrm{d}x_2$$

$$\lesssim e^{-\sigma|x_1 + \rho_1(t) - \tilde{\rho}_1(t)|}.$$

结合上式与 (3.108) 可得 (3.107). 　　　　　　　　　　　　　　　　□

3.3.2　单调性

在本小节, 首先证明关于 u 的 L^2 模的单调性, 再则是关于 u 的 H^1 模, 最后是关于 $\partial^\alpha u$ 的 L^2 模, 其中 $\alpha \in \mathbb{N}^2$, 通过归纳法可得 $|\alpha| = k$ 的情形.

令 u 为 (1.1) 的解且满足 (3.15). 由引理 3.4 可知, 存在 $\rho = (\rho_1, \rho_2) \in C(\mathbb{R} : \mathbb{R}^2)$ 和 $c \in C^1(\mathbb{R} : \mathbb{R})$ 满足 (3.96)—(3.99).

定义 ψ_M 如 (3.28)—(3.29). 对于 $y_0 > 0, t_0 \in \mathbb{R}$ 以及 $t \leqslant t_0$, 定义

$$\tilde{x}_1 = x_1 - \rho_1(t_0) + \frac{1}{2}(t_0 - t) - y_0. \tag{3.111}$$

首先推导 L^2 单调性.

引理 3.6 假设 $u \in C(\mathbb{R} : H^1(\mathbb{R}^2))$ 为 (1.1) 的解且满足 (3.96)—(3.99). 对于 $y_0 > 0, t_0 \in \mathbb{R}$ 以及 $t \leqslant t_0$, 定义

$$I_{y_0,t_0}(t) = \int u^2(x,t)\psi_M(\tilde{x}_1)\,\mathrm{d}x, \tag{3.112}$$

其中 ψ_M 定义于 (3.28)—(3.29) 且 $\tilde{x}_1$ 为 (3.111). 则

$$I_{y_0,t_0}(t_0) - I_{y_0,t_0}(t) \lesssim e^{-y_0/M}, \tag{3.113}$$

其中 ϵ_0 充分小且 $M \geqslant 4$.

此外, u 满足衰减性质 (3.16), 则

$$\int u^2(x,t_0)\psi_M(x_1 - \rho_1(t_0) - y_0)\,\mathrm{d}x$$
$$+ \int_{-\infty}^{t_0} \int (|\nabla u|^2 + u^2)(x,t)\psi'_M(\tilde{x}_1)\,\mathrm{d}x\mathrm{d}t$$
$$\lesssim e^{-y_0/M}. \tag{3.114}$$

注记 3.8 若对于任意的 $0 < \beta < 1$, 重新定义 $I_{y_0,t_0}(t)$ 为

$$I_{y_0,t_0}(t) = \int u^2(x,t)\psi_M(x_1 - \rho_1(t_0) + \beta(t_0 - t) - y_0)\,\mathrm{d}x,$$

(3.113) 仍然成立, 其中 $M = M(\beta) > 0$ 充分大.

证明 给定 $M \geqslant 4$. 由 (1.1) 和 (3.29) 可得

$$\frac{\mathrm{d}}{\mathrm{d}t}I_{y_0,t_0}(t) = 2\int u\partial_t u\psi_M(\tilde{x}_1)\,\mathrm{d}x - \frac{1}{2}\int u^2\psi'_M(\tilde{x}_1)\,\mathrm{d}x$$
$$\leqslant -\int \left(3(\partial_{x_1}u)^2 + (\partial_{x_2}u)^2 + \frac{1}{4}u^2\right)\psi'_M(\tilde{x}_1)\,\mathrm{d}x$$
$$+ \frac{2}{3}\int u^3\psi'_M(\tilde{x}_1)\,\mathrm{d}x. \tag{3.115}$$

可将 (3.115) 右侧非线性项分解为

$$\int u^3\psi'_M(\tilde{x}_1)\,\mathrm{d}x = \int Q_c(\cdot - \rho)u^2\psi'_M(\tilde{x}_1)\,\mathrm{d}x$$

$$+ \int \left(u - Q_c(\cdot - \rho)\right) u^2 \psi'_M(\tilde{x}_1) \, \mathrm{d}x. \tag{3.116}$$

为了控制 (3.116) 右侧第二项, 利用 Sobolev 嵌入 $H^1(\mathbb{R}^2) \hookrightarrow L^3(\mathbb{R}^2)$, 则可得

$$\left| \int \left(u - Q_c(\cdot - \rho)\right) u^2 \psi'_M(\tilde{x}_1) \, \mathrm{d}x \right|$$

$$\lesssim \left\| u - Q_c(\cdot - \rho) \right\|_{H^1} \left\| \sqrt{\psi'_M} u \right\|_{H^1}^2$$

$$\lesssim K_0 \epsilon_0 \int \left(|\nabla u|^2 + u^2 \right) \psi'_M \mathrm{d}x. \tag{3.117}$$

下面考虑 (3.116) 右侧第二项. 令 R_1 为正数. 考虑 $|x - \rho(t)| \geqslant R_1$, 有

$$\left| \int_{|x-\rho(t)| \geqslant R_1} Q_c(\cdot - \rho) u^2 \psi'_M(\tilde{x}_1) \, \mathrm{d}x \right| \leqslant C e^{-\delta R_1} \int u^2 \psi'_M \, \mathrm{d}x, \tag{3.118}$$

其中 δ 在 (3.3) 中给定.

考虑 $|x - \rho(t)| \leqslant R_1$, 利用 (3.97), (3.99) 以及中值定理可得

$$|\tilde{x}_1| \geqslant |\rho_1(t_0) - \rho_1(t) + y_0| - \frac{1}{2}(t_0 - t) - |x_1 - \rho_1(t)|$$

$$\geqslant \frac{1}{4}(t_0 - t) + y_0 - R_1,$$

其中 ϵ_0 充分小. 因此

$$\left| \int_{|x-\rho(t)| \leqslant R_1} Q_c(\cdot - \rho) u^2 \psi'_M(\tilde{x}_1) \, \mathrm{d}x \right|$$

$$\leqslant e^{R_1/M} e^{-\left(\frac{1}{4}(t_0-t)+y_0\right)/M} \int u_0^2 \mathrm{d}x, \tag{3.119}$$

这里用到 $\psi'_M(\tilde{x}_1) \leqslant e^{-|\tilde{x}_1|/M}$ 以及 u 的 L^2-模守恒.

由 (3.116)—(3.119), 固定 R_1 以及选取 ϵ_0 充分小可得

$$\frac{2}{3} \left| \int u^3 \psi'_M(\tilde{x}_1) \, \mathrm{d}x \right|$$

$$\leqslant \frac{1}{8} \int \left(|\nabla u|^2 + u^2 \right) \psi'_M(\tilde{x}_1) \, \mathrm{d}x + C e^{-\left(\frac{1}{4}(t_0-t)+y_0\right)/M}. \tag{3.120}$$

因此, 根据 (3.115) 在 (t, t_0) 上积分以及 (3.120) 可得

$$I_{y_0,t_0}(t_0) - I_{y_0,t_0}(t) + \frac{1}{8} \int_t^{t_0} \int \left(|\nabla u|^2 + u^2 \right)(x,s) \psi'_M(\tilde{x}_1) \, \mathrm{d}x \mathrm{d}s$$

$$\lesssim e^{-y_0/M},\tag{3.121}$$

这就可得 (3.113).

现在假设 u 满足衰减估计 (3.16). 则类似于 (3.36)—(3.37), 可得

$$\lim_{t\to-\infty}\int u^2(x,t)\psi_M(\tilde{x}_1)\,\mathrm{d}x=0.$$

因此, 对 (3.121) 关于 $t\to-\infty$ 取极限可得 (3.114). 这就完成了引理 3.6 的证明. □

下面, 推导关于能量的单调性质.

引理 3.7 假设 $u\in C\left(\mathbb{R}:H^1\left(\mathbb{R}^2\right)\right)$ 为 (1.1) 的解且满足 (3.96)—(3.99). 对于 $y_0>0, t_0\in\mathbb{R}$ 以及 $t\leqslant t_0$, 定义

$$J_{y_0,t_0}(t)=\int\left(|\nabla u|^2-\frac{2}{3}u^3\right)(x,t)\psi_M(\tilde{x}_1)\,\mathrm{d}x,\tag{3.122}$$

其中 ψ_M 定义于 (3.28)—(3.29) 且 $\tilde{x}_1$ 定义于 (3.111). 则

$$J_{y_0,t_0}(t_0)-J_{y_0,t_0}(t)\lesssim e^{-y_0/M},\tag{3.123}$$

其中 ϵ_0 充分小以及 $M\geqslant 4$.

此外, 若 u 满足(3.16), 则

$$\int|\nabla u|^2(x,t_0)\psi_M(x_1-\rho_1(t_0)-y_0)\,\mathrm{d}x$$

$$+\int_{-\infty}^{t_0}\int\left(|\nabla^2 u|^2+|\nabla u|^2+u^4\right)(x,t)\psi_M'(\tilde{x}_1)\,\mathrm{d}x\mathrm{d}t$$

$$\lesssim e^{-y_0/M}.\tag{3.124}$$

注记 3.9 若对于任意的 $0<\beta<1$, 重新定义 $J_{y_0,t_0}(t)$ 为

$$J_{y_0,t_0}(t)=\int\left(|\nabla u|^2-\frac{2}{3}u^3\right)(x,t)\psi_M(x_1-\rho_1(t_0)+\beta(t_0-t)-y_0)\,\mathrm{d}x,$$

(3.123) 仍然成立, 其中 $M=M(\beta)>0$ 充分大.

证明 由 (1.1) 和 (3.29) 可得

$$\frac{\mathrm{d}}{\mathrm{d}t}\int|\nabla u|^2\psi_M(\tilde{x}_1)\,\mathrm{d}x$$

$$\leqslant-\int\left(|\nabla^2 u|^2+\frac{1}{4}|\nabla u|^2\right)\psi_M'(\tilde{x}_1)\,\mathrm{d}x+2\int u|\nabla u|^2\psi_M'(\tilde{x}_1)\,\mathrm{d}x$$

$$- 2 \int \left((\partial_{x_1} u)^3 + \partial_{x_1} u \, (\partial_{x_2} u)^2 \right) \psi_M (\tilde{x}_1) \, \mathrm{d}x \tag{3.125}$$

和

$$- \frac{2}{3} \frac{\mathrm{d}}{\mathrm{d}t} \int u^3 \psi_M (\tilde{x}_1) \, \mathrm{d}x$$

$$= - \int u^4 \psi_M' (\tilde{x}_1) \, \mathrm{d}x + \int \left(6u \, (\partial_{x_1} u)^2 + 2u \, (\partial_{x_2} u)^2 \right) \psi_M' (\tilde{x}_1) \, \mathrm{d}x$$

$$+ \frac{1}{3} \int u^3 \left(\psi_M' (\tilde{x}_1) - 2 \psi_M''' (\tilde{x}_1) \right) \mathrm{d}x$$

$$+ 2 \int \left((\partial_{x_1} u)^3 + \partial_{x_1} u \, (\partial_{x_2} u)^2 \right) \psi_M (\tilde{x}_1) \, \mathrm{d}x. \tag{3.126}$$

明显可知 (3.125) 和 (3.126) 右侧最后一项可抵消. 因此, 由 (3.125), (3.126) 和 (3.29) 可知

$$\frac{\mathrm{d}}{\mathrm{d}t} J_{y_0, t_0}(t)$$

$$\leqslant - \int \left(|\nabla^2 u|^2 + \frac{1}{4} |\nabla u|^2 + u^4 \right) \psi_M' (\tilde{x}_1) \, \mathrm{d}x + C \int u^3 \psi_M' (\tilde{x}_1) \, \mathrm{d}x$$

$$+ 4 \int \left(2u \, (\partial_{x_1} u)^2 + u \, (\partial_{x_2} u)^2 \right) \psi_M' (\tilde{x}_1) \, \mathrm{d}x. \tag{3.127}$$

类似于 (3.116)—(3.120) 可知 (3.127) 右侧最后两项有上界于

$$\frac{1}{8} \int \left(|\nabla^2 u|^2 + |\nabla u|^2 + u^2 \right) \psi_M' (\tilde{x}_1) \, \mathrm{d}x + C e^{- \left(\frac{1}{4} (t_0 - t) + y_0 \right) / M}.$$

因此对 (3.127) 在 t 与 t_0 之间积分, 且由 (3.121) 可得

$$J_{y_0, t_0} (t_0) - J_{y_0, t_0}(t) + \frac{1}{8} \int_t^{t_0} \int \left(|\nabla^2 u|^2 + |\nabla u|^2 + u^4 \right) (x, s) \psi_M' (\tilde{x}_1) \, \mathrm{d}x \mathrm{d}s$$

$$\lesssim e^{-y_0 / M}, \tag{3.128}$$

这就可得 (3.123).

下面, 假设 u 满足 (3.16). 一方面, 由 Sobolev 嵌入 $H^1 \left(\mathbb{R}^2 \right) \hookrightarrow L^3 \left(\mathbb{R}^2 \right)$ 以及 u 在 H^1 中的有界性可知

$$J_{y_0, t_0}(t) \leqslant \int \left(u^2 + |\nabla u|^2 \right) (x, t) \psi_M (\tilde{x}_1) \, \mathrm{d}x. \tag{3.129}$$

另一方面, 利用 (3.114) 且类似于 (3.45)—(3.47) 可得

$$\liminf_{t \to -\infty} \int \left(u^2 + |\nabla u|^2 \right)(x,t)\psi_M\left(\tilde{x}_1\right) \mathrm{d}x = 0.$$

对 (3.128) 取极限 $t \to -\infty$ 可得

$$J_{y_0,t_0}\left(t_0\right) + \frac{1}{8}\int_{-\infty}^{t_0}\int \left(\left|\nabla^2 u\right|^2 + |\nabla u|^2 + u^4\right)(x,s)\psi_M'\left(\tilde{x}_1\right)\mathrm{d}x\mathrm{d}s$$

$$\lesssim e^{-y_0/M}. \tag{3.130}$$

下面, 有

$$\int |\nabla u|^2\left(x,t_0\right)\psi_M\left(x_1 - \rho_1\left(t_0\right) - y_0\right)\mathrm{d}x$$

$$\leqslant J_{y_0,t_0}\left(t_0\right) + \frac{2}{3}\int u^3\left(x,t_0\right)\psi_M\left(x_1 - \rho_1\left(t_0\right) - y_0\right)\mathrm{d}x.$$

因此, 利用 (3.116), Sobolev 嵌入 $H^1\left(\mathbb{R}^2\right) \hookrightarrow L^3\left(\mathbb{R}^2\right)$, (3.97) 以及 (3.114) 可得

$$\int |\nabla u|^2\left(x,t_0\right)\psi_M\left(x_1 - \rho_1\left(t_0\right) - y_0\right)\mathrm{d}x \lesssim J_{y_0,t_0}\left(t_0\right) + e^{-y_0/M},$$

结合 (3.130) 可得 (3.124). □

推论 3.10 令 $u \in C\left(\mathbb{R} : H^1\left(\mathbb{R}^2\right)\right)$ 为 (1.1) 的解且满足 (3.96)—(3.99) 以及 (3.16). 假设 ϵ_0 充分小, 则存在 $\tilde{\sigma} > 0$ 使得

$$\sup_{t \in \mathbb{R}}\int |\nabla u|^2(x + \rho(t),t)e^{\tilde{\sigma}|x_1|}\mathrm{d}x \lesssim 1. \tag{3.131}$$

此外, 存在 $M_0 \geqslant 4$ 使得

$$\int_{-\infty}^{t_0}\int \left(\left|\nabla^2 u\right|^2 + |\nabla u|^2 + u^2\right)(x,t)e^{\tilde{x}_1/M}\mathrm{d}x\mathrm{d}t \lesssim e^{-y_0/M}, \tag{3.132}$$

其中 $M \geqslant M_0, t_0 \in \mathbb{R}, y_0 > 0$ 以及 $\tilde{x}_1$ 定义于 (3.111).

证明 (3.131) 可根据 (3.124) 以及推论 3.9 的思路证明.

对于 (3.132) 的证明, 因为 $\psi_M'\left(\tilde{x}_1\right) \gtrsim e^{\tilde{x}_1/M}$ $\left(\tilde{x}_1 < 0\right)$, 由 (3.114) 和 (3.124) 可得

$$\int_{-\infty}^{t_0}\int_{x_1 < \rho_1(t_0) - \frac{1}{2}(t_0 - t) + \tilde{y}_0}\left(\left|\nabla^2 u\right|^2 + |\nabla u|^2 + u^2\right)(x,t)$$

$$\times e^{\left(x_1 - \rho_1(t_0) + \frac{1}{2}(t_0 - t)\right)/M}\mathrm{d}x\mathrm{d}t \lesssim 1,$$

其中 $\tilde{y}_0 > 0$. 取极限 $\tilde{y}_0 \to +\infty$ 然后乘以 $e^{-\tilde{y}_0/M}$ 可得 (3.132). □

因为 Sobolev 嵌入 $H^1 \hookrightarrow L^\infty$ 在二维情况下不成立, 所以无法类似于 KdV 方程 [43] 根据归纳法推导出关于任意阶 $|\alpha|$ 的 $(\partial^\alpha u)^2$ 的单调性. 下面首先需要验证 H^2 中的单调性, 这反过来可推导出孤立子附近 (5.1) 的解在 H^3 中是有界的.

引理 3.8　假设 $u \in C\left(\mathbb{R} : H^1\left(\mathbb{R}^2\right)\right)$ 为 (5.1) 的解且满足 (3.96)—(3.99) 以及 (3.16). 如果 ϵ_0 充分小, 则存在 $M_0 \geqslant 12$ 使得

$$\int \left|\nabla^2 u\right|^2 (x, t_0) \psi_M \left(x_1 - \rho_1\left(t_0\right) - y_0\right) \mathrm{d}x$$

$$+ \int_{-\infty}^{t_0} \int \left(\left|\nabla^2 u\right|^2 + \sum_{|\alpha|=3} \left(\partial^\alpha u\right)^2\right) (x, t)\psi_M'\left(\tilde{x}_1\right) \mathrm{d}x\mathrm{d}t$$

$$\lesssim e^{-y_0/M}, \tag{3.133}$$

其中 $M \geqslant M_0, y_0 > 0, t_0 \in \mathbb{R}, t \leqslant t_0$ 且 ψ_M 定义于 (3.28)—(3.29), $\tilde{x}_1$ 定义于 (3.111).

证明　正如前文所言, 有

$$\frac{\mathrm{d}}{\mathrm{d}t} \int \left(\partial^\alpha u\right)^2 \psi_M \left(\tilde{x}_1\right) \mathrm{d}x$$

$$\leqslant -\int \left(\left|\nabla\partial^\alpha u\right|^2 + \frac{1}{4}\left(\partial^\alpha u\right)^2\right) \psi_M'\left(\tilde{x}_1\right) \mathrm{d}x + \mathcal{N}_\alpha(u), \tag{3.134}$$

其中多重指标 $\alpha \in \mathbb{N}^2$,

$$\mathcal{N}_\alpha(u) = 2 \int \partial^\alpha \partial_{x_1} \left(u^2\right) \partial^\alpha u\psi_M \left(\tilde{x}_1\right) \mathrm{d}x. \tag{3.135}$$

下面讨论如何控制 $\mathcal{N}_\alpha(u)$, $|\alpha| = 2$. 这里只考虑 $\mathcal{N}_{(2,0)}(u)$, 因为其他非线性项 $\mathcal{N}_\alpha(u)$ 可类似得到. 由分部积分和 Leibniz 准则可得

$$\mathcal{N}_{(2,0)}(u) = -20 \int u\partial_{x_1}^3 u\partial_{x_1}^2 u\psi_M(\tilde{x}_1)\mathrm{d}x - 24 \int u(\partial_{x_1}^2 u)^2 \psi_M'(\tilde{x}_1)\mathrm{d}x$$

$$=: -20\mathcal{N}_{(2,0)}^1(u) - 24\mathcal{N}_{(2,0)}^2(u). \tag{3.136}$$

为了处理 $\mathcal{N}_{(2,0)}^1(u)$, 利用分解

$$\mathcal{N}_{(2,0)}^1(u) = \mathcal{N}_{(2,0)}^{1.1}(u) + \mathcal{N}_{(2,0)}^{1.2}(u), \tag{3.137}$$

其中

$$\mathcal{N}_{(2,0)}^{1,1}(u) = \int Q_c(\cdot - \rho)\partial_{x_1}^3 u\partial_{x_1}^2 u\psi_M(\tilde{x}_1)\mathrm{d}x$$

和

$$\mathcal{N}^{1,2}_{(2,0)}(u) = \int \left(u - Q_c(\cdot - \rho)\right) \partial^3_{x_1} u \partial^2_{x_1} u \psi_M(\tilde{x}_1) \mathrm{d}x.$$

类似于 (3.41) 以及分部积分可得

$$\mathcal{N}^{1,1}_{(2,0)}(u) = -\frac{1}{2} \int \left(\partial^2_{x_1} u\right)^2 \partial_{x_1} \left(Q_c(\cdot - \rho)\psi_M(\tilde{x}_1)\right) \mathrm{d}x$$

$$\lesssim \int \left(\partial^2_{x_1} u\right)^2 \psi'_M(\tilde{x}_1) \mathrm{d}x. \tag{3.138}$$

另一方面, 由 Young 不等式可得

$$\mathcal{N}^{1,2}_{(2,0)}(u) \leqslant \frac{1}{32} \int \left(\partial^3_{x_1} u\right)^2 \psi'_M(\tilde{x}_1) \mathrm{d}x$$

$$+ C \int \left(u - Q_c(\cdot - \rho)\right)^2 \left(\partial^2_{x_1} u\right)^2 \frac{\psi_M(\tilde{x}_1)^2}{\psi'_M(\tilde{x}_1)} \mathrm{d}x. \tag{3.139}$$

再次利用 Young 不等式, 可知 (3.139) 右侧第二项有上界

$$C \int \left(u - Q_c(\cdot - \rho)\right)^4 \left(\partial^2_{x_1} u\right)^2 \psi'_M(\tilde{x}_1) \mathrm{d}x + C \int \left(\partial^2_{x_1} u\right)^2 \frac{\psi_M(\tilde{x}_1)^4}{\psi'_M(\tilde{x}_1)^3} \mathrm{d}x.$$

因为

$$\frac{\psi_M(\tilde{x}_1)^4}{\psi'_M(\tilde{x}_1)^3} \lesssim \psi'_M(\tilde{x}_1), \quad \tilde{x}_1 \leqslant 0; \quad \frac{\psi_M(\tilde{x}_1)^4}{\psi'_M(\tilde{x}_1)^3} \lesssim e^{3\tilde{x}_1/M}, \quad \tilde{x}_1 > 0,$$

由 Sobolev 嵌入 $H^1(\mathbb{R}^2) \hookrightarrow L^6(\mathbb{R}^2)$ 以及 (3.97) 可得

$$\mathcal{N}^{1,2}_{(2,0)}(u) \leqslant \frac{1}{16} \int \left(\left(\partial^3_{x_1} u\right)^2 + \left(\partial^2_{x_1} u\right)^2\right) \psi'_M(\tilde{x}_1) \mathrm{d}x$$

$$+ C \int \left(\partial^2_{x_1} u\right)^2 \left(\psi'_M(\tilde{x}_1) + e^{3\tilde{x}_1/M}\right) \mathrm{d}x. \tag{3.140}$$

类似于 (3.116) 和 (3.117), 可得

$$\mathcal{N}^2_{(2,0)}(u) \leqslant \frac{1}{16} \int \left(\left(\partial^3_{x_1} u\right)^2 + \left(\partial^2_{x_1} u\right)^2\right) \psi'_M(\tilde{x}_1) \mathrm{d}x$$

$$+ C \int \left(\partial^2_{x_1} u\right)^2 \psi'_M(\tilde{x}_1) \mathrm{d}x. \tag{3.141}$$

因此, 由 (3.134), (3.135), (3.140), (3.141) 且类似于 (3.136)—(3.138), 可得

$$\frac{\mathrm{d}}{\mathrm{d}t}\int |\nabla^2 u|^2(x,t)\psi_M(\tilde{x}_1)\mathrm{d}x + \frac{1}{8}\sum_{|\alpha|=3}\int (\partial^\alpha u)^2(x,t)\psi_M'(\tilde{x}_1)\mathrm{d}x$$

$$\lesssim \int |\nabla^2 u|^2\left(\psi_M'(\tilde{x}_1) + e^{3\tilde{x}_1/M}\right)\mathrm{d}x,$$

根据上式在 t 与 t_0 积分, 以及 (3.124), (3.132) 可得 (3.133). □

　　推论 3.11　假设 $u \in C(\mathbb{R}:H^1(\mathbb{R}^2))$ 为 (1.1) 的解且满足 (3.96)—(3.99) 以及衰减性质 (3.16). 若 ϵ_0 充分小, 则 u 在 H^3 中是有界的.

　　证明　类似于推论 3.10, 由 (3.133) 可得

$$\int_{-\infty}^{t_0}\int \left(|\nabla^2 u|^2 + \sum_{|\alpha|=3}(\partial^\alpha u)^2\right)(x,t)e^{x_1-\rho_1(t_0)+\frac{1}{2}(t_0-t)/M}\mathrm{d}x\mathrm{d}t \lesssim 1, \quad (3.142)$$

其中 $M \geqslant 12$. 此外, 由 (3.97), (3.99) 以及中值定理可得

$$\rho_1(t) - \rho_1(t_0) + \frac{1}{2}(t_0-t) \geqslant -\frac{3}{4}(t_0-t) \geqslant -\frac{3}{4},$$

其中 $t \in [t_0-1,t]$. 因此由 (3.132) 和 (3.142) 可得

$$\int_{t_0-1}^{t_0}\int \left(u^2+|\nabla u|^2+|\nabla^2 u|^2+\sum_{|\alpha|=3}(\partial^\alpha u)^2\right)(x+\rho(t),t)e^{|x_1|/M}\mathrm{d}x\mathrm{d}t \lesssim 1, \quad (3.143)$$

其中 $t_0 \in \mathbb{R}$. 因此, $u(\cdot,t) \in H^3(\mathbb{R}^2)$ 且适定性结果表明 $u \in C(\mathbb{R}:H^3(\mathbb{R}^2))$.

　　在另一方面, 由方程 (5.1) 的能量估计可得

$$\frac{\mathrm{d}}{\mathrm{d}t}\|u\|_{H^3}^2 \lesssim \|\nabla u\|_{L_x^\infty}\|u\|_{H^3}^2.$$

则由 Gronwall 不等式可得

$$\|u(\cdot,t_0)\|_{H^3}^2 \leqslant e^{C\int_{t_1}^{t_0}\|\nabla u(\cdot,s)\|_{L_x^\infty}\mathrm{d}s}\|u(\cdot,t_1)\|_{H^3}^2,$$

其中 $t_1 < t_0$. 因此, 由 (3.143) 以及 Sobolev 嵌入 $H^2(\mathbb{R}^2) \hookrightarrow L^\infty(\mathbb{R}^2)$ 可得

$$\|u(\cdot,t_0)\|_{H^3}^2 \leqslant e^{C(t_0-t_1)^{\frac{1}{2}}\theta}\|u(\cdot,t_1)\|_{H^3}^2. \quad (3.144)$$

　　固定 $t_0 \in \mathbb{R}$. 对于 (3.143), 存在 $t_1 \in (t_0-1,t_0)$ 使得 $\|u(\cdot,t_1)\|_{H^3}^2 \leqslant \theta$. 因此, 由 (3.144) 可得

$$\|u(\cdot,t_0)\|_{H^3}^2 \leqslant e^{C\theta}\theta,$$

这就完成了推论的证明. □

由推论 3.11 中得到的 H^3 有界性, 我们可以推导 $(\partial^\alpha u)^2$ 关于任意阶 $|\alpha|$ 的单调性.

引理 3.9 假设 $u \in C\left(\mathbb{R} : H^1\left(\mathbb{R}^2\right)\right)$ 为 (1.1) 的解且满足 (3.96)—(3.99) 以及衰减性质 (3.16). 给定 $k \in \mathbb{N}$. 若 ϵ_0 足够小, 则 u 在 H^{k+1} 中有界,

$$\int (\partial^\alpha u)^2 (x, t_0) \psi_M (x_1 - \rho_1 (t_0) - y_0) \, \mathrm{d}x$$
$$+ \int_{-\infty}^{t_0} \int \left(|\nabla \partial^\alpha u|^2 + (\partial^\alpha u)^2\right)(x, t) \psi_M' (\tilde{x}_1) \, \mathrm{d}x \mathrm{d}t$$
$$\lesssim e^{-y_0/M}, \tag{3.145}$$

其中 $\alpha \in \mathbb{N}^2$ 且 $|\alpha| = k, M \geqslant 12, y_0 > 0, t_0 \in \mathbb{R}, t \leqslant t_0$ 以及 ψ_M 定义于 (3.28)—(3.29), $\tilde{x}_1$ 定义于 (3.111).

证明 由引理 3.6—引理 3.8, 可知关于 $k = 0, 1, 2$ 的 (3.145) 成立.

为了证明一般情况下 (3.145) 成立, 考虑关于 k 的归纳法. 令 $k \in \mathbb{N}$ 且 $k \geqslant 3$. 假设对于 $\tilde{\alpha} \in \mathbb{N}^2$, $|\tilde{\alpha}| \leqslant k - 1$, (3.145) 成立. 令 $\alpha \in \mathbb{N}^2$, $|\alpha| = k$.

由 (3.134) 可知, 需控制定义于 (3.135) 的 $\mathcal{N}_\alpha(u)$. 由 Leibniz 准则, 可得

$$\mathcal{N}_\alpha(u) = \sum_{0 < \beta < \alpha} C_\beta \int \partial_{x_1} \left(\partial^\beta u \partial^{\alpha - \beta} u\right) \partial^\alpha u \psi_M (\tilde{x}_1) \, \mathrm{d}x$$
$$+ 4 \int \partial_{x_1} (u \partial^\alpha u) \partial^\alpha u \psi_M (\tilde{x}_1) \, \mathrm{d}x. \tag{3.146}$$

这里只处理 (3.146) 右边的最后一项, 这是最困难的. 由分部积分可得

$$\int \partial_{x_1} (u \partial^\alpha u) \partial^\alpha u \psi_M (\tilde{x}_1) \, \mathrm{d}x$$
$$= \frac{1}{2} \int \partial_{x_1} u (\partial^\alpha u)^2 \psi_M (\tilde{x}_1) \, \mathrm{d}x - \frac{1}{2} \int u (\partial^\alpha u)^2 \psi_M' (\tilde{x}_1) \, \mathrm{d}x.$$

因此, 由 Sobolev 嵌入 $H^2\left(\mathbb{R}^2\right) \hookrightarrow L^\infty\left(\mathbb{R}^2\right)$ 以及 H^3 有界性可知

$$\int \partial_{x_1} (u \partial^\alpha u) \partial^\alpha u \psi_M (\tilde{x}_1) \, \mathrm{d}x \leqslant C \int (\partial^\alpha u)^2 (\psi_M (\tilde{x}_1) + \psi_M' (\tilde{x}_1)) \, \mathrm{d}x. \tag{3.147}$$

对 (3.134) 在 (t, t_0) 上积分, 利用 (3.146)—(3.147) 以及归纳法可控制 $\mathcal{N}_\alpha(u)$, 最后令 $t \to -\infty$ 可得 (3.145). H^{k+1} 有界性可由 (3.145) 可得. $\quad\square$

如推论 3.10 的证明, 最后可由引理 3.9 推导出 x_1 方向上任意阶的衰减性.

推论 3.12 令 $u \in C\left(\mathbb{R} : H^1\left(\mathbb{R}^2\right)\right)$ 为 (1.1) 的解且满足 (3.96)—(3.99) 以及衰减性质 (3.16). 假设 ϵ_0 充分小, 则存在 $\tilde{\sigma} > 0$ 使得

$$\sup_{t \in \mathbb{R}} \int (\partial^\alpha u)^2 (x + \rho(t), t) e^{\tilde{\sigma}|x_1|} \mathrm{d}x \lesssim 1, \tag{3.148}$$

其中 $\alpha \in \mathbb{N}^2$.

3.3.3　定理 3.5 的证明

首先利用引理 3.4 分解 u. 则可假设存在 $\rho = (\rho_1, \rho_2) \in C^1(\mathbb{R} : \mathbb{R}^2)$ 使得

$$\eta(x, t) = u(x + \rho(t), t) - Q_{c(t)}(x) \tag{3.149}$$

满足 (3.97)—(3.99). 此外, 由引理 3.5, u 满足衰减性质 (3.16).

对偶问题. 定义

$$v = \mathcal{L}_c \eta - \eta^2 = -\Delta \eta + c\eta - 2Q_c \eta - \eta^2. \tag{3.150}$$

由 (3.101), 可得

$$\begin{aligned}
\partial_t v &= \mathcal{L}_c \partial_t \eta - 2\eta \partial_t \eta + c'\eta - 2c'\Lambda Q_c \eta \\
&= \mathcal{L}_c \partial_{x_1} v + (\rho_1' - c) \mathcal{L}_c \partial_{x_1} \eta + \rho_2' \mathcal{L}_c \partial_{x_2} \eta + c' Q_c \\
&\quad - 2\eta \partial_{x_1} v - 2 (\rho_1' - c) \eta \partial_{x_1} (Q_c + \eta) - 2\rho_2' \eta \partial_{x_2} (Q_c + \eta) + c'\eta.
\end{aligned}$$

直接计算可得

$$\mathcal{L}_c \partial_{x_1} \eta = \partial_{x_1} \mathcal{L}_c \eta + 2\eta \partial_{x_1} Q_c = \partial_{x_1} v + 2\eta \partial_{x_1} \eta + 2\eta \partial_{x_1} Q_c,$$

以及

$$\mathcal{L}_c \partial_{x_2} \eta = \partial_{x_2} v + 2\eta \partial_{x_2} \eta + 2\eta \partial_{x_2} Q_c.$$

因此, v 满足

$$\partial_t v = \mathcal{L}_c \partial_{x_1} v - 2\eta \partial_{x_1} v + (\rho_1' - c) \partial_{x_1} v + \rho_2' \partial_{x_2} v + c' (Q_c + \eta). \tag{3.151}$$

几乎正交条件. 由 v 的定义 (3.150) 以及 (3.6) 可知

$$\int v \partial_{x_i} Q_c \mathrm{d}x = \int \eta \mathcal{L}_c \partial_{x_i} Q_c \mathrm{d}x - \int \eta^2 \partial_{x_i} Q_c \mathrm{d}x = -\int \eta^2 \partial_{x_i} Q_c \mathrm{d}x,$$

其中 $i = 1, 2$, 则

$$\left| \int v \partial_{x_i} Q_c \mathrm{d}x \right| \leqslant \|\partial_{x_i} Q_c\|_{L^\infty} \|\eta\|_{L^2}^2, \quad i = 1, 2. \tag{3.152}$$

类似地, 由 (3.8) 以及 (3.98) 中第三个正交条件可得

$$\int v\Lambda Q_c \mathrm{d}x = \int \eta \mathcal{L}_c \Lambda Q_c \mathrm{d}x - \int \eta^2 \Lambda Q_c \mathrm{d}x = -\int \eta Q_c \mathrm{d}x - \int \eta^2 \Lambda Q_c \mathrm{d}x, \quad (3.153)$$

则

$$\left| \int v\Lambda Q_c \mathrm{d}x \right| \leqslant \|\Lambda Q_c\|_{L^\infty} \|\eta\|_{L^2}^2. \quad (3.154)$$

在文献 [79] 中已证得双线性形式 $H(\eta,\eta) = (\mathcal{L}_c\eta,\eta)$ 是强制的. 因此, 存在 $\lambda_1 > 0$ 使得

$$(v,\eta) = (\mathcal{L}_c\eta,\eta) - (\eta^2,\eta) \geqslant \lambda_1 \|\eta\|_{H^1}^2 - \int \eta^3 \mathrm{d}x.$$

Sobolev 嵌入 $H^1\left(\mathbb{R}^2\right) \hookrightarrow L^3\left(\mathbb{R}^2\right)$ 以及 (3.97) 表明

$$(v,\eta) \geqslant (\lambda_1 - C\|\eta\|_{H^1}) \|\eta\|_{H^1}^2 \geqslant (\lambda_1 - K_0\epsilon_0) \|\eta\|_{H^1}^2 \geqslant \frac{\lambda_1}{2} \|\eta\|_{H^1}^2,$$

当且仅当 ϵ_0 充分小. 因此, 由 Cauchy-Schwarz 不等式可得

$$\|\eta\|_{H^1} \leqslant \frac{2}{\lambda_1} \|v\|_{L^2}. \quad (3.155)$$

x_1 **方向的指数衰减**. 由单调性质可得存在 $\tilde{\sigma} > 0$ 使得

$$\int_{x_2} v^2 (x_1, x_2, t) \, \mathrm{d}x_2 \lesssim e^{-\tilde{\sigma}|x_1|}, \quad \forall (x_1, t) \in \mathbb{R}^2. \quad (3.156)$$

实际上, 由 v 的定义 (3.150), Q 的衰减性质 (3.3) 以及 (3.148) 可得

$$\sup_{t \in \mathbb{R}} \int \left(v^2 + (\partial_{x_1} v)^2 \right) e^{\tilde{\sigma}|x_1|} \mathrm{d}x \lesssim 1. \quad (3.157)$$

则估计 (3.156) 可由 (3.157) 可得.

Virial 型估计. 令 A 为正数. 定义 $\varphi_A = \varphi_A(x_1)$ 以及 $\phi_A = \phi_A(x_1)$ 如 (3.59)—(3.61). 则 φ_A, ϕ_A 满足 (3.62).

由 (3.151) 直接计算可得

$$-\frac{1}{2}\frac{\mathrm{d}}{\mathrm{d}t} \int \varphi_A v^2 \mathrm{d}x = - \int \varphi_A \mathcal{L}_c \partial_{x_1} vv\mathrm{d}x$$

$$+ 2\int \varphi_A \eta \partial_{x_1} vv\mathrm{d}x - (\rho_1' - c) \int \varphi_A \partial_{x_1} vv\mathrm{d}x$$

$$- \rho_2' \int \varphi_A \partial_{x_2} vv\mathrm{d}x - c' \int \varphi_A \left(Q_c + \eta \right) v\mathrm{d}x.$$

则类似于 (3.63), 可得

$$-\frac{1}{2}\frac{\mathrm{d}}{\mathrm{d}t}\int\varphi_A v^2\mathrm{d}x = \int\phi_A\left(\partial_{x_1}v\right)^2\mathrm{d}x + \frac{1}{2}\int\phi_A\left(|\nabla v|^2 + v^2 - 2Q_c v^2\right)\mathrm{d}x$$
$$-\frac{1}{2}\int\phi_A''v^2\mathrm{d}x - \int\varphi_A\partial_{x_1}Q v^2\mathrm{d}x + \mathcal{R}_A(\eta,v), \qquad (3.158)$$

其中

$$\mathcal{R}_A(\eta,v) = -\int\phi_A\eta v^2\mathrm{d}x - \int\varphi_A\partial_{x_1}\eta v^2\mathrm{d}x$$
$$+ \frac{\rho_1'-c}{2}\int\phi_A v^2\mathrm{d}x - c'\int\varphi_A\left(Q_c+\eta\right)v\mathrm{d}x. \qquad (3.159)$$

如下引理将在下一小节证明.

引理 3.10　考虑双线性形式

$$H_A(v,w) = \int\phi_A\left(\nabla v\cdot\nabla w + vw - 2Q_c vw\right)\mathrm{d}x. \qquad (3.160)$$

则存在 $\lambda_2 > 0$ 和 $A_2 > 0$ 使得

$$H_A(v,v) \geqslant \lambda_2\int\phi_A\left(|\nabla v|^2 + v^2\right)\mathrm{d}x, \qquad (3.161)$$

其中 v 定义于 (3.149)—(3.150), $A \geqslant A_2$ 以及 $\epsilon_0 > 0$ 充分小.

引理 3.11　存在 $K_3 > 0$ 和 $A_3 > 0$ 使得

$$|\mathcal{R}_A(\eta,v)| \leqslant K_3 A\|\eta\|_{H^1}\int\phi_A\left(|\nabla v|^2 + v^2\right)\mathrm{d}x, \qquad (3.162)$$

其中 (η,v) 定义于 (3.149)—(3.150), $A \geqslant A_3$.

固定 $A = \max\left\{A_2, A_3, 2\sqrt{C/\lambda_2}\right\}$ (其中 C 为正常数), 利用 (3.97), (3.158), (3.164), (3.162) 且类似于 (3.66) 可得

$$-\frac{1}{2}\frac{\mathrm{d}}{\mathrm{d}t}\int\varphi_A(x_1)v^2\mathrm{d}x \geqslant \frac{\lambda_2}{8}\int\phi_A(x_1)\left(|\nabla v|^2 + v^2\right)\mathrm{d}x, \qquad (3.163)$$

当且仅当 ϵ_0 充分小. 则对于 $(x,t)\in\mathbb{R}^3$, 利用 (3.156) 且如 (3.67)—(3.72) 可得 $v(x,t) = 0$. 由 (3.149) 和 (3.155) 可知

$$\eta(x,t) = 0 \Rightarrow u(x+\rho(t),t) = Q_{c(t)}(x), \quad \forall(x,t)\in\mathbb{R}^3. \qquad (3.164)$$

此外, 由 (3.99) 可得

$$c(t) = c(0), \quad \rho_1(t) = \rho_1(0) + c(0)t \quad \text{和} \quad \rho_2(t) = \rho_2(0),$$

这就证明了定理 3.5.

3.3.4 双线性形式 $H_A(v, v)$ 的强制性

本小节主要证明引理 3.10 和引理 3.11. 首先给出一个引理.

引理 3.12 存在 $K_4 > 0$ 和 A_4 使得

$$\left\| \sqrt{\phi_A} \eta \right\|_{H^1} \leqslant K_4 \left\| \sqrt{\phi_A} v \right\|_{L^2}, \tag{3.165}$$

若 $A \geqslant A_4$ 且 ϵ_0 充分小.

证明 直接计算可得

$$\int \phi_A v \eta \mathrm{d}x = H_A(\eta, \eta) + \int \phi_A'' \eta^2 \mathrm{d}x - \int \phi_A \eta^3 \mathrm{d}x.$$

因为 η 满足正交条件 (3.98), 由引理 3.1, (3.60) 以及 Sobolev 嵌入 $H^1(\mathbb{R}^2) \hookrightarrow L^3(\mathbb{R}^2)$ 可得

$$\begin{aligned}
\left\| \sqrt{\phi_A} v \right\|_{L^2} \left\| \sqrt{\phi_A} \eta \right\|_{L^2} &\geqslant \lambda \int \phi_A \left(|\nabla \eta|^2 + \eta^2 \right) \mathrm{d}x \\
&\quad - \frac{C}{A^2} \int \phi_A \eta^2 \mathrm{d}x - \| \eta \|_{H^1} \left\| \sqrt{\phi_A} \eta \right\|_{H^1}^2,
\end{aligned}$$

这就结合 (3.97) 可得 (3.165), 其中 $A \geqslant A_4 = \sqrt{\dfrac{2C}{\lambda}}$ 及 ϵ_0 充分小. $\qquad \square$

证明引理 3.10 引理 3.10 的证明遵循引理 3.2 的证明思路. 为了利用引理 3.3, 这里需要验证 $\sqrt{\phi_A} v$ 满足 (3.79).

通过利用 v 的定义 (3.150), 可知

$$\left| \int \sqrt{\phi_A} v \partial_{x_i} Q_c \mathrm{d}x \right| \leqslant \left| \int \sqrt{\phi_A} \mathcal{L}_c \eta \partial_{x_i} Q_c \mathrm{d}x \right| + \left| \int \sqrt{\phi_A} \eta^2 \partial_{x_i} Q_c \mathrm{d}x \right|. \tag{3.166}$$

另一方面, 利用 Cauchy-Schwarz 不等式, (3.97) 和 (3.165), 有

$$\left| \int \sqrt{\phi_A} \eta^2 \partial_{x_i} Q_c \mathrm{d}x \right| \leqslant \| \partial_{x_i} Q_c \|_{L^\infty} \| \eta \|_{L^2} \left\| \sqrt{\phi_A} \eta \right\|_{L^2} \leqslant \frac{\kappa}{2} \left\| \sqrt{\phi_A} v \right\|_{L^2}, \tag{3.167}$$

其中 ϵ_0 充分小. 由 (3.6) 可得

$$\left| \int \sqrt{\phi_A} \mathcal{L}_c \eta \partial_{x_i} Q_c \mathrm{d}x \right|$$

$$\leqslant \left| \int \left(\sqrt{\phi_A} \right)'' \eta \partial_{x_i} Q_c \mathrm{d}x \right| + 2 \left| \int \left(\sqrt{\phi_A} \right)' \eta \partial_{x_1 x_i}^2 Q_c \mathrm{d}x \right|.$$

因此, 由 (3.60) 和 (3.165) 可得

$$\left| \int \sqrt{\phi_A} \mathcal{L}_c \eta \partial_{x_i} Q_c \mathrm{d}x \right| \lesssim \frac{1}{A} \left\| \sqrt{\phi_A} \eta \right\|_{H^1} \leqslant \frac{\kappa}{2} \left\| \sqrt{\phi_A} v \right\|_{L^2}. \tag{3.168}$$

根据 (3.166)—(3.168) 可得

$$\left| \int \sqrt{\phi_A} v \partial_{x_i} Q_c \mathrm{d}x \right| \leqslant \kappa \left\| \sqrt{\phi_A} v \right\|_{L^2}, \tag{3.169}$$

其中 ϵ_0 充分小且 A 足够大, κ 为小的正数.

如上可得

$$\left| \int \sqrt{\phi_A} v \Lambda Q_c \mathrm{d}x \right| \leqslant \left| \int \sqrt{\phi_A} \eta \mathcal{L}_c \Lambda Q_c \mathrm{d}x \right| + \frac{\kappa}{2} \left\| \sqrt{\phi_A} v \right\|_{L^2}. \tag{3.170}$$

为了处理 (3.170) 右端第一项, 由 (3.8), (3.98) 可得

$$\int \sqrt{\phi_A} \eta \mathcal{L}_c \Lambda Q_c \mathrm{d}x = \int \frac{1 - \sqrt{\phi_A}}{\sqrt{\phi_A}} Q_c \sqrt{\phi_A} \eta \mathrm{d}x. \tag{3.171}$$

此外, 根据 Q_c 的衰减性质以及 ϕ_A 的定义可得

$$\left| \frac{1 - \sqrt{\phi_A}}{\sqrt{\phi_A}} Q_c \right| \lesssim e^{\frac{3}{2} \frac{|x_1|}{A}} e^{-c \frac{1}{2} \delta |x|} \chi_{|x_1| \geqslant A} \lesssim e^{-c \frac{1}{2} \frac{\delta}{2} |x|} \chi_{|x| \geqslant A},$$

若 A 充分大. 因此, 由 Cauchy-Schwarz 不等式, (3.165) 和 (3.171) 可得

$$\left| \int \sqrt{\phi_A} \eta \mathcal{L}_c \Lambda Q_c \mathrm{d}x \right|$$

$$\lesssim \left\| e^{-c \frac{1}{2} \frac{\delta}{2} |x|} \chi_{|x| \geqslant A} \right\|_{L^2} \left\| \sqrt{\phi_A} \eta \right\|_{L^2} \leqslant \frac{\kappa}{2} \left\| \sqrt{\phi_A} v \right\|_{L^2}, \tag{3.172}$$

当且仅当 A 足够大. 因此由 (3.170), (3.172) 可得

$$\left| \int \sqrt{\phi_A} v \Lambda Q_c \mathrm{d}x \right| \leqslant \kappa \left\| \sqrt{\phi_A} v \right\|_{L^2}. \tag{3.173}$$

根据 (3.169) 和 (3.173), 如引理 3.2 的证明思路, 则可完成引理 3.10 的证明. □

证明引理 3.11 由 Sobolev 嵌入 $H^1\left(\mathbb{R}^2\right) \hookrightarrow L^3\left(\mathbb{R}^2\right)$ 可得

$$\left|\int \phi_A \eta v^2 \mathrm{d}x\right| \lesssim \|\eta\|_{H^1} \left\|\sqrt{\phi_A} v\right\|_{H^1}^2 \lesssim \|\eta\|_{H^1} \int \phi_A \left(|\nabla v|^2 + v^2\right) \mathrm{d}x. \tag{3.174}$$

此外, 由 (3.99), (3.165) 可知存在 $A_3 > 0$ 使得

$$|c'(t)|^{\frac{1}{2}} + |\rho_1'(t) - c(t)| \lesssim \left\|\sqrt{\phi_A} \eta\right\|_{L^2} \lesssim \left\|\sqrt{\phi_A} v\right\|_{L^2},$$

其中 $A \geqslant A_3$. 现固定 $A \geqslant A_3$. 因此,

$$\left|\rho_1' - c\right| \int \phi_A v^2 \mathrm{d}x + |c'| \left|\int \varphi_A \left(Q_c + \eta\right) v \mathrm{d}x\right|$$

$$\lesssim \|\eta\|_{H^1} \int \phi_A \left(|\nabla v|^2 + v^2\right) \mathrm{d}x. \tag{3.175}$$

最后, 除了 (3.59)—(3.60) 之外, 可假设 $|\varphi_A(x_1)| \leqslant C|\phi_A(x_1)|$. 则根据 Hölder 不等式以及 Sobolev 嵌入 $H^1\left(\mathbb{R}^2\right) \hookrightarrow L^4\left(\mathbb{R}^2\right)$ 可知

$$\left|\int \varphi_A \partial_{x_1} \eta v^2 \mathrm{d}x\right| \leqslant CA \int \left|\phi_A \partial_{x_1} \eta v^2\right| \mathrm{d}x \lesssim A\|\eta\|_{H^1} \left\|\sqrt{\phi_A} v\right\|_{H^1}^2. \tag{3.176}$$

由 (3.159) 以及 (3.174)—(3.176) 可证得 (3.162). □

3.4 渐近稳定性的证明

本节专门讨论定理 3.4 的证明. 根据前文所言, 将在本节中假设 $c_0 = 1$. 证明的核心是下面的命题, 它表明孤立子邻域内的解 (直到一个子序列) 收敛于一个极限, 该极限的解在 x_1 方向上满足良好的衰减性质. 然后, 根据 3.3 节中证明的刚性定理, 可知这个极限必须是一个孤立子.

命题 3.3 假设 $d = 2$. 存在 $\epsilon_0 > 0$ 使得若 $0 < \epsilon \leqslant \epsilon_0$ 和 $u \in C\left(\mathbb{R}: H^1\left(\mathbb{R}^2\right)\right)$ 为 (5.1) 的解且满足

$$\inf_{\tau \in \mathbb{R}^2} \|u(\cdot, t) - Q(\cdot - \tau)\|_{H^1} \leqslant \epsilon, \quad \forall t \in \mathbb{R}, \tag{3.177}$$

则如下结论成立:

对于任意序列 $t_n \to +\infty$, 存在一个子序列 $\{t_{n_k}\}$ 和 $\tilde{u}_0 \in H^1(\mathbb{R})$ 使得

$$u\left(\cdot + \rho\left(t_{n_k}\right), t_{n_k}\right) \underset{k \to +\infty}{\longrightarrow} \tilde{u}_0 \in H^1\left(x_1 > -A\right), \tag{3.178}$$

其中 $A > 0$, $\rho(t)$ 是引理 3.4 中调制理论给出的与 u 的分解相关的函数. 此外, 关于 $\tilde{u}(\cdot, 0) = \tilde{u}_0$ 的 (5.1) 的解 $\tilde{u}$ 满足

$$\|\tilde{u}(\cdot + \tilde{\rho}(t)) - Q\|_{H^1} \lesssim \epsilon, \quad \forall t \in \mathbb{R} \tag{3.179}$$

和

$$\int_{x_2} \tilde{u}^2(x + \tilde{\rho}(t), t) \mathrm{d}x_2 \lesssim e^{-\tilde{\sigma}|x_1|}, \quad \forall (x_1, t) \in \mathbb{R}^2, \tag{3.180}$$

其中 $\tilde{\sigma}$ 为正常数, $\tilde{\rho}(t)$ 是引理 3.4 中调制理论给出的与 $\tilde{u}$ 的分解相关的函数. 同样注意到 $\tilde{\rho}(0) = 0$.

首先, 假设命题 3.3 成立, 下面给出定理 3.4 的证明.

证明定理 3.4　令 u 为 (5.1) 的解且满足定理 3.4 中的假设. 此外假设 ϵ_0 充分小使得定理 3.5 和命题 3.3 成立.

由命题 3.3, 对于任意序列 $\{t_n\}$ 且 $t_n \to +\infty$, 存在子序列 $\{t_{n_k}\}, \tilde{c}_0 > 0$ 和 $\tilde{u}_0 \in H^1(\mathbb{R})$ 使得

$$c(t_{n_k}) \xrightarrow[k \to +\infty]{} \tilde{c}_0, \quad u(\cdot + \rho(t_{n_k}), t_{n_k}) \xrightarrow[k \to +\infty]{} \tilde{u}_0 \in H^1(x_1 > -A), \tag{3.181}$$

其中 $A > 0$. 此外, $\tilde{u}(\cdot, 0) = \tilde{u}_0$ 相关的 (5.1) 的解 $\tilde{u}$ 满足 (3.179)—(3.180) 且 $\tilde{c}(0) = \tilde{c}_0$ 和 $\tilde{\rho}(0) = 0$ 成立.

因此, 利用定理 3.5 可知, 存在 c_1 接近于 1 且 $\rho^1 = (\rho_1^1, \rho_2^1) \in \mathbb{R}^2$ 使得

$$\tilde{u}(x_1, x_2, t) = Q_{c_1}(x_1 - c_1 t - \rho_1^1, x_2 - \rho_2^1). \tag{3.182}$$

引理 3.4 中分解的唯一性表明了 $\rho^1 = \tilde{\rho}(0) = 0$ 和 $c_1 = \tilde{c}_0$. 则由 (3.181)—(3.182) 可推出在 $H^1(x_1 > -A)$ 空间中, $u(\cdot + \rho(t_{n_k}), t_{n_k}) - Q_{c(t_{n_k})}$ 趋向于 0 当 k 趋向于 $+\infty$. 由于对于任何满足 $t_n \to +\infty$ 的序列 $\{t_n\}$ 来说, 这都是成立的, 则可得在 $H^1(x_1 > -A)$ 中有

$$u(\cdot + \rho(t), t) - Q_{c(t)} \xrightarrow[t \to +\infty]{} 0. \tag{3.183}$$

其中 $A > 0$. 则若定义 $\tilde{\eta}(x, t) = u(x, t) - Q_{c(t)}(x - \rho(t))$, 由 (3.183) 可知

$$\lim_{t \to +\infty} \int \left(|\nabla \tilde{\eta}|^2 + \tilde{\eta}^2\right)(x, t) \psi_M(x_1 - \rho_1(t) + y_0) \mathrm{d}x = 0, \tag{3.184}$$

其中 $y_0 > 0$.

为了证明参数 $c(t)$ 在 t 趋向于 $+\infty$ 时的收敛性, 可利用引理 3.20. 因此, 对于任意 $\alpha > 0$ 和 $M \geqslant 4$, 存在 $y_1 > 0$ 使得

$$\int u^2(x, t) \psi_M(x_1 - \rho_1(t) + y_0) \mathrm{d}x$$

$$\leqslant \int u^2(x, t') \psi_M(x_1 - \rho_1(t') + y_0) \mathrm{d}x + \alpha, \tag{3.185}$$

其中 $t \geqslant t'$ 和 $y_0 > y_1$. 在另一方面, 根据 (3.3) 和 (3.183) 可知, 存在 $y_2 = y_2(\alpha) > 0$ 和 $T_0 = T_0(\alpha) > 0$ 使得

$$\left| \int u^2(x,t)\psi_M\left(x_1 - \rho_1(t) + y_0\right)\mathrm{d}x - \int Q^2_{c(t)}(x)\mathrm{d}x \right| \leqslant \alpha, \tag{3.186}$$

其中 $t \geqslant T_0$ 和 $y_0 > y_2$. 因此, 由 (3.185)—(3.186) 可得

$$\int Q^2_{c(t)}(x)\mathrm{d}x \leqslant \int Q^2_{c(t')}(x)\mathrm{d}x + 3\alpha,$$

其中 $t \geqslant t' \geqslant T_0$. 因为 $\alpha > 0$ 为任意小的数, 这就表明了 $\int Q^2_{c(t)}(x)\mathrm{d}x$ 有极限当 t 趋于 $+\infty$ 时. 则因为 $\int Q^2_{c(t)}(x)\mathrm{d}x = c(t)^{\frac{2}{p-1}-\frac{d}{2}}\int Q^2(x)\mathrm{d}x$ 且考虑情况 $p = d = 2$, 可知存在 $c_+ > 0$ 使得

$$|c_+ - 1| \leqslant K_0\epsilon, \quad c(t) \underset{t\to+\infty}{\longrightarrow} c_+. \tag{3.187}$$

现在根据 [53] 中 Proposition 3 的证明结论可改进收敛性结果. 固定 $0 < \beta < 1$. 可知 $u(-x, -t)$ 依然为 (5.1) 的解且满足 (3.10). 则利用 (3.113), (3.123), 注记 3.8 和注记 3.9, $\psi_M(-x) = 1 - \psi_M(x)$ 以及 L^2-模守恒可得

$$\int \left(|\nabla u|^2 + u^2\right)(x, t_2)\psi_M\left(x_1 - \rho_1(t_1) - \frac{\beta}{2}(t_2 - t_1) + y_0\right)\mathrm{d}x$$

$$\leqslant \int \left(|\nabla u|^2 + u^2\right)(x, t_1)\psi_M\left(x_1 - \rho_1(t_1) + y_0\right)\mathrm{d}x + K_1 e^{-y_0/M}, \tag{3.188}$$

其中 $t_1 \leqslant t_2$ 和 $y_0 > 0$. 此外, 根据 (3.98) 中第三个正交条件可知

$$\left| \int \tilde{\eta}(x + \rho(t), t)Q_{c(t)}(x)\psi_M\left(x_1 + y_0\right)\mathrm{d}x \right|$$

$$= \left| \int \tilde{\eta}(x + \rho(t), t)Q_{c(t)}(x)\left(1 - \psi_M\left(x_1 + y_0\right)\right)\mathrm{d}x \right| \lesssim e^{-y_0/2M}, \tag{3.189}$$

其中 M 充分大使得 $M \geqslant \frac{1}{2\delta}$, δ 为正常数, $\epsilon_0 > $ 充分小. 因此根据 (3.188), (3.189) 和分解 $\tilde{\eta}^2(x, t) = u^2(x, t) - 2\tilde{\eta}(x, t)Q_{c(t)}(x - \rho(t)) - Q^2_{c(t)}(x - \rho(t))$, 可得

$$\int \tilde{\eta}^2(x, t_2)\psi_M\left(x_1 - \rho_1(t_1) - \frac{\beta}{2}(t_2 - t_1) + y_0\right)\mathrm{d}x$$

$$\leqslant \int \tilde{\eta}^2(x, t_1)\psi_M\left(x_1 - \rho_1(t_1) + y_0\right)\mathrm{d}x$$

$$+ \|Q\|_{L^2}^2 |c(t_2) - c(t_1)| + Ke^{-y_0/M}. \tag{3.190}$$

对于 $t > 0$ 充分大, 定义 $0 < t' < t$ 使得 $\rho_1(t') + \dfrac{\beta}{2}(t - t') - y_0 = \beta t$. 则可知 $t \to +\infty$ 当 $t' \to +\infty$ 时. 此外, 利用 (3.190) 且 $t_2 = t$ 和 $t_1 = t'$ 可得

$$\int \tilde{\eta}^2(x,t)\psi_M(x_1 - \beta t)\, \mathrm{d}x \leqslant \int \tilde{\eta}^2(x,t')\psi_M(x_1 - \rho_1(t') + y_0)\, \mathrm{d}x$$
$$+ \|Q\|_{L^2}^2 |c(t) - c(t')| + Ke^{-y_0/M}.$$

因此, 由 (3.184), (3.187) 可得

$$\limsup_{t \to +\infty} \int \tilde{\eta}^2(x,t)\psi_M(x_1 - \beta t)\, \mathrm{d}x \leqslant Ke^{-y_0/M},$$

其中 $y_0 > 0$, 由此可得

$$\int \tilde{\eta}^2(x,t)\psi_M(x_1 - \beta t)\, \mathrm{d}x \underset{t \to +\infty}{\longrightarrow} 0. \tag{3.191}$$

类似地, 可得

$$\int |\nabla\tilde{\eta}|^2(x,t)\psi_M(x_1 - \beta t)\, \mathrm{d}x \underset{t \to +\infty}{\longrightarrow} 0. \tag{3.192}$$

因此, 由 (3.187), (3.191) 和 (3.192) 可得 (3.11). 最后, 根据 (3.3), (3.99), (3.183) 和 (3.187) 可得 (3.12). □

　　下面只需证明命题 3.3.

　　证明命题 3.3　根据引理 3.4, 存在 $c \in C^1(\mathbb{R} : \mathbb{R})$ 和 $\rho = (\rho_1, \rho_2) \in C^1(\mathbb{R} : \mathbb{R}^2)$ 使得

$$\|u(\cdot + \rho(t), t) - Q\|_{H^1} \leqslant \|u(\cdot + \rho(t), t) - Q_{c(t)}\|_{H^1} + \|Q - Q_{c(t)}\|_{H^1} \leqslant 2K_0\epsilon,$$

其中 ϵ_0 充分小.

　　令 $\{t_n\}$ 为序列使得 $t_n \to +\infty$. 因为 $\{u(\cdot + \rho(t_n), t_n)\}$ 在 H^1 中有界, 可知 $\{t_n\}$ 中存在子序列 (仍记为 $\{t_n\}$) 和 $\tilde{u}_0 \in H^1(\mathbb{R}^2)$ 使得

$$u(\cdot + \rho(t_n), t_n) \underset{n \to +\infty}{\overset{w}{\longrightarrow}} \tilde{u}_0 \in H^1(\mathbb{R}^2). \tag{3.193}$$

此外,

$$\|\tilde{u}_0 - Q\|_{H^1} \leqslant \liminf_{n \to +\infty} \|u(\cdot + \rho(t_n), t_n) - Q\|_{H^1} \leqslant 2K_0\epsilon.$$

令 $\tilde{u}$ 为关于 $\tilde{u}(\cdot, 0) = \tilde{u}_0$ 的 (5.1) 的解. 根据 ZK 在 H^1 中整体适定性结果 [18] 可知 $\tilde{u} \in C(\mathbb{R} : H^1(\mathbb{R}^2))$. 因此, [14] 中的稳定性结果表明了

$$\sup_{t\in\mathbb{R}} \|\tilde{u}(\cdot + \tilde{\rho}(t), t) - Q\|_{H^1} \leqslant \tilde{K}_0\epsilon, \tag{3.194}$$

其中 $\tilde{\rho}$ 定义于引理 3.4. 证明命题 3.3 需要如下几个引理.

1. u 右侧单调性

定义 ψ_M 于 (3.28)—(3.29) 且 $M \geqslant 4$.

引理 3.13 令 $M \geqslant 4$. 则有

$$\limsup_{t\to+\infty} \int \left(u^2 + |\nabla u|^2\right)(x + \rho(t), t)\psi_M(x_1 - y_0)\,\mathrm{d}x \lesssim e^{-y_0/M}, \tag{3.195}$$

其中 $y_0 > 0$.

证明 给定 $\varepsilon > 0$, 存在 $R_1 > 0$ 使得 $\displaystyle\int_{x_1 > R_1} u_0^2\mathrm{d}x \leqslant \varepsilon$. 因此, 根据引理 3.6, 有

$$I_{y_0,t}(0) \leqslant \varepsilon + \psi_M\left(R_1 - \rho_1(t) + \frac{1}{2}t - y_0\right)\int u_0^2\mathrm{d}x. \tag{3.196}$$

利用 (3.99) 有 $\displaystyle\lim_{t\to+\infty}\psi_M\left(R_1 - \rho_1(t) + \frac{1}{2}t - y_0\right) = 0$, 再结合 (3.196) 可得

$$\limsup_{t\to+\infty} I_{y_0,t}(0) = 0. \tag{3.197}$$

类似可得

$$\limsup_{t\to+\infty} J_{y_0,t}(0) = 0, \tag{3.198}$$

其中 $J_{y_0,t}$ 定义于引理 3.7.

因此, 结合 (3.112), (3.122), (3.197), (3.198) 以及利用 (3.116)—(3.118) 中相同论断且考虑 ψ_M 而不是 ψ'_M. $\qquad\qquad\square$

我们还需要沿着 x_1 周围的锥线推导一个单调性, 以得到 L^2 空间中右侧的强收敛性.

ψ_M 定义于 (3.28)—(3.29) 且固定 $M \geqslant 4$. 对于 $y_0 > 0, t_0 \in \mathbb{R}, \theta_0 \in \left(-\dfrac{\pi}{3}, \dfrac{\pi}{3}\right)$ 及 $t \leqslant t_0$, 定义

$$I_{y_0,t_0,\theta_0}(t) = \int u^2(x,t)\psi_M\left(x_1 + (\tan\theta_0)\,x_2 - \rho_1(t_0) + \frac{1}{2}(t_0-t) - y_0\right)\mathrm{d}x. \tag{3.199}$$

引理 3.14 令 $\theta_0 \in \left(-\dfrac{\pi}{3}, \dfrac{\pi}{3}\right)$. 假设 ϵ_0 充分小. 则有

$$I_{y_0,t_0,\theta_0}(t_0) - I_{y_0,t_0,\theta_0}(t) \lesssim e^{-y_0/M}, \tag{3.200}$$

其中 $y_0 > 0, t_0 \in \mathbb{R}, t \leqslant t_0$ 及

$$\limsup_{t \to +\infty} \int u^2(x + \rho(t), t)\psi_M(x_1 + (\tan\theta_0)x_2 - y_0)\,\mathrm{d}x \lesssim e^{-y_0/M}, \tag{3.201}$$

其中 $y_0 > 0$.

注记 3.10　请注意, 前面结果中的角度 $\dfrac{\pi}{3}$ 决定了定理 3.4 的有效性, 如注记 3.1 所述. 我们相信这个结果对于强能量范数来说是最优的. 关于这一事实的正式证明, 请参见附录 3.C.

证明　定义 $\tilde{x} = x_1 + \tan(\theta)x_2 - \rho(t_0) + \dfrac{1}{2}(t_0 - t) - y_0$. 则对于 $t \leqslant t_0$, 由 (5.1) 可得

$$\begin{aligned}
\frac{\mathrm{d}}{\mathrm{d}t}I_{y_0,t_0,\theta_0}(t) = {}&-2\int u\partial_{x_1}^3 u\psi_M(\tilde{x})\mathrm{d}x - 2\int u\partial_{x_1x_2x_2}^3 u\psi_M(\tilde{x})\mathrm{d}x \\
&+ \frac{2}{3}\int u^3\psi_M'(\tilde{x})\mathrm{d}x - \frac{1}{2}\int u^2\psi_M'(\tilde{x})\mathrm{d}x.
\end{aligned} \tag{3.202}$$

由分部积分可得

$$-2\int u\partial_{x_1}^3 u\psi_M(\tilde{x})\mathrm{d}x = -3\int(\partial_{x_1}u)^2\psi_M'(\tilde{x})\mathrm{d}x + \int u^2\psi_M'''(\tilde{x})\mathrm{d}x$$

和

$$\begin{aligned}
&-2\int u\partial_{x_1x_2x_2}^3 u\psi_M(\tilde{x})\mathrm{d}x \\
={}&-\int(\partial_{x_2}u)^2\psi_M'(\tilde{x})\mathrm{d}x - 2\tan\theta_0\int\partial_{x_1}u\partial_{x_2}u\psi_M'(\tilde{x})\mathrm{d}x \\
&+ \tan^2\theta_0\int u^2\psi_M'''(\tilde{x})\mathrm{d}x.
\end{aligned}$$

利用 Cauchy-Schwarz 不等式和 Young 不等式可得

$$\begin{aligned}
&2\left|\tan\theta_0\int\partial_{x_1}u\partial_{x_2}u\psi_M'(\tilde{x})\mathrm{d}x\right| \\
\leqslant{}&\int\left(\kappa_0^2\tan^2\theta_0(\partial_{x_1}u)^2 + \frac{1}{\kappa_0^2}(\partial_{x_2}u)^2\right)(x,t)\psi_M'(\tilde{x})\mathrm{d}x,
\end{aligned}$$

其中 $\kappa_0 > 0$ 满足 $1 < \kappa_0^2 < \dfrac{3}{\tan^2\theta_0}$, 其成立因为 $|\theta_0| < \dfrac{\pi}{3}$. 因此由 (3.29) 可得

$$\frac{\mathrm{d}}{\mathrm{d}t} I_{y_0,t_0,\theta_0}(t) \leqslant - \int \left(\frac{1}{8}u^2 + \left(3 - \kappa_0^2 \tan^2 \theta_0 \right) (\partial_{x_1} u)^2 \right.$$

$$+ \left. \left(1 - \frac{1}{\kappa_0^2} \right) (\partial_{x_2} u)^2 \right) (x,t) \psi'_M(\tilde{x}) \mathrm{d}x$$

$$+ \frac{2}{3} \int u^3 \psi'_M(\tilde{x}) \mathrm{d}x, \tag{3.203}$$

其中 $t \leqslant t_0$.

为了控制 (3.203) 右侧第三项, 类似于 (3.116)—(3.120) 可得

$$\frac{2}{3} \left| \int u^3 \psi'_M(\tilde{x}) \mathrm{d}x \right|$$

$$\leqslant K_0 \epsilon_0 \int \left(u^2 + |\nabla u|^2 \right) (x,t) \psi'_M(\tilde{x}) \mathrm{d}x + C_{\epsilon_0} e^{-\left(\frac{1}{4}(t_0-t)+y_0 \right)/M}, \tag{3.204}$$

其中 C_{ϵ_0} 为正常数且依赖于 ϵ_0.

因此, 结合 (3.203)—(3.204), 在 t 和 t_0 上积分可证 (3.200).
(3.201) 的证明可参考 (3.195). $\qquad\square$

2. 右侧 $u \left(\cdot + \rho \left(t_n \right), t_n \right)$ 趋于 $\tilde{u}_0$ 的强 L^2 收敛性

引理 3.15 我们有

$$u \left(\cdot + \rho \left(t_n \right), t_n \right) \underset{n \to +\infty}{\longrightarrow} \tilde{u}_0 \in L^2 \left(x_1 > -A \right), \tag{3.205}$$

其中 $A > 0$.

证明 令 $A > 0$ 及 $\epsilon > 0$. 由 (3.201), 存在 $R_{\frac{\pi}{4}} > 0$ 使得

$$\|\tilde{u}_0\|_{L^2\left(x_1+x_2>R_{\frac{\pi}{4}}\right)} + \|\tilde{u}_0\|_{L^2\left(x_1-x_2>R_{\frac{\pi}{4}}\right)} \leqslant \epsilon \tag{3.206}$$

和

$$\limsup_{n \to +\infty} \left(\|u \left(\cdot + \rho \left(t_n \right), t_n \right)\|_{L^2\left(x_1+x_2>R_{\frac{\pi}{4}}\right)} \right.$$

$$+ \left. \|u \left(\cdot + \rho \left(t_n \right), t_n \right)\|_{L^2\left(x_1-x_2>R_{\frac{\pi}{4}}\right)} \right) \leqslant \epsilon. \tag{3.207}$$

记 $\mathcal{R}$ 为 $\mathbb{R}^2$ 上紧区域 (见图 3.4) 且定义为

$$\mathcal{R} = \left\{ (x_1, x_2) \in \mathbb{R}^2 : x_1 \geqslant -A, x_1 + x_2 \leqslant R_{\frac{\pi}{4}}, x_1 - x_2 \leqslant R_{\frac{\pi}{4}} \right\}.$$

因为嵌入 $H^1(\mathcal{R}) \hookrightarrow L^2(\mathcal{R})$ 是紧的, 由 (3.193) 可得

$$\lim_{n \to +\infty} \|u\left(\cdot + \rho\left(t_n\right), t_n\right) - \tilde{u}_0\|_{L^2(\mathcal{R})} = 0. \tag{3.208}$$

因此, 结合 (3.206)—(3.208) 以及三角不等式可得 (3.205).   □

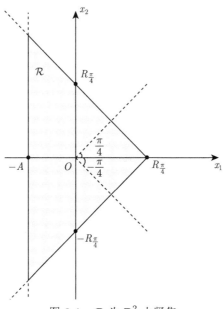

图 3.4 $\mathcal{R}$ 为 $\mathbb{R}^2$ 上紧集

3. 有限时间区间上右侧 $\tilde{u}$ 的指数衰减

引理 3.16   令 $M \geqslant 4$. 则

$$\int \left(\tilde{u}_0^2 + |\nabla \tilde{u}_0|^2\right)(x)\psi_M\left(x_1 - y_0\right) dx \lesssim e^{-y_0/M}, \tag{3.209}$$

其中 $y_0 > 0$.

此外, 对于所有 $t_0 \geqslant 0$, 存在 $K\left(t_0\right) > 0$ 使得

$$\sup_{t \in [0, t_0]} \int \left(\tilde{u}^2 + |\nabla \tilde{u}|^2\right)(x, t)e^{x_1/M} dx \leqslant K\left(t_0\right). \tag{3.210}$$

证明   由 (3.193) 可知在 $H^1\left(\mathbb{R}^2\right)$ 中有 $u\left(\cdot + \rho\left(t_n\right), t_n\right)\sqrt{\psi_M\left(\cdot 1 - y_0\right)} \xrightarrow{w} \tilde{u}_0\sqrt{\psi_M\left(\cdot 1 - y_0\right)}$. 因此,

$$\left\|\tilde{u}_0\sqrt{\psi_M\left(\cdot 1 - y_0\right)}\right\|_{H^1} \leqslant \liminf_{n \to +\infty}\left\|u\left(\cdot + \rho\left(t_n\right), t_n\right)\sqrt{\psi_M\left(\cdot 1 - y_0\right)}\right\|_{H^1},$$

上式结合 (3.195) 可得 (3.209).

下面证明 (3.210). 固定 $t_0 > 0$ 和 $y_0 > 0$. 因为 $\tilde{u}$ 为 (5.1) 的解, 由分部积分可得

$$\frac{\mathrm{d}}{\mathrm{d}t} \int \tilde{u}^2(x,t) \psi_M(x_1 - y_0)\,\mathrm{d}x$$

$$\leqslant - \int \left(3\left(\partial_{x_1}\tilde{u}\right)^2 + \left(\partial_{x_2}\tilde{u}\right)^2\right)(x,t)\psi_M'(x_1 - y_0)\,\mathrm{d}x$$

$$+ \int \tilde{u}^2(x,t)\psi_M(x_1 - y_0)\,\mathrm{d}x + \frac{2}{3}\int \tilde{u}^3(x,t)\psi_M'(x_1 - y_0)\,\mathrm{d}x. \qquad (3.211)$$

为了处理上述表达式右侧最后一项, 利用分解 $\tilde{u}^3 = Q(\cdot - \tilde{\rho}(t))\tilde{u}^2 + (\tilde{u} - Q(\cdot - \tilde{\rho}(t)))\tilde{u}^2$ 和 Sobolev 嵌入 $H^1(\mathbb{R}^2) \hookrightarrow L^3(\mathbb{R}^2)$ 以及 (3.194). 因此

$$\frac{2}{3}\int \tilde{u}^3(x,t)\psi_M'(x_1 - y_0)\,\mathrm{d}x$$

$$\lesssim K_0 \epsilon_0 \left\| \tilde{u}\sqrt{\psi_M'(\cdot 1 - y_0)} \right\|_{H^1} + \int \tilde{u}^2 \psi_M'(x_1 - y_0)\,\mathrm{d}x, \qquad (3.212)$$

上式表明了

$$\frac{\mathrm{d}}{\mathrm{d}t} \int \tilde{u}^2(x,t)\psi_M(x_1 - y_0)\,\mathrm{d}x \lesssim \int \tilde{u}^2(x,t)\psi_M(x_1 - y_0)\,\mathrm{d}x,$$

其中 ϵ_0 充分小. 因此, 由 Gronwall 不等式和 (3.209) 可得

$$\sup_{t\in[0,t_0]} \int \tilde{u}^2(x,t)\psi_M(x_1 - y_0)\,\mathrm{d}x \leqslant K(t_0)\,e^{-y_0/M}, \qquad (3.213)$$

其中 $K(t_0)$ 为正常数且依赖于 t_0. 由 (1.1) 且对 (3.125)—(3.126) 分部积分可得

$$\frac{\mathrm{d}}{\mathrm{d}t} \int \left(|\nabla\tilde{u}|^2 - \frac{2}{3}\tilde{u}^3\right)\psi_M(x_1 - y_0)\,\mathrm{d}x$$

$$= - \int \left(3\left(\partial_{x_1}^2\tilde{u}\right)^2 + 4\left(\partial_{x_1 x_2}^2\tilde{u}\right)^2 + \left(\partial_{x_2}^2\tilde{u}\right)^2 + \tilde{u}^4\right)(x,t)\psi_M'(x_1 - y_0)\,\mathrm{d}x$$

$$+ \int \left(|\nabla\tilde{u}|^2 - \frac{2}{3}\tilde{u}^3\right)(x,t)\psi_M'''(x_1 - y_0)\,\mathrm{d}x$$

$$+ 4\int \tilde{u}\left(2\left(\partial_{x_1}\tilde{u}\right)^2 + \left(\partial_{x_2}\tilde{u}\right)^2\right)(x,t)\psi_M(x_1 - y_0)\,\mathrm{d}x.$$

因此, 由 (3.29) 且如 (3.212) 可得

$$\frac{\mathrm{d}}{\mathrm{d}t} \int \left(|\nabla\tilde{u}|^2 - \frac{2}{3}\tilde{u}^3\right)\psi_M(x_1 - y_0)\,\mathrm{d}x$$

$$\lesssim \int |\nabla \tilde{u}|^2 \psi_M' (x_1 - y_0)\,\mathrm{d}x + \int \tilde{u}^2 \psi_M (x_1 - y_0)\,\mathrm{d}x,$$

其中 ϵ_0 充分小. 因此, 由 (3.211) 可得

$$\frac{\mathrm{d}}{\mathrm{d}t} \int \left(|\nabla \tilde{u}|^2 - \frac{2}{3}\tilde{u}^3 + K_1 \tilde{u}^2 \right) \psi_M (x_1 - y_0)\,\mathrm{d}x$$

$$\lesssim \int \tilde{u}^2 \psi_M (x_1 - y_0)\,\mathrm{d}x, \tag{3.214}$$

其中 $K_1 > 0$. 因此, 对 (3.214) 关于 0 到 t 上积分且利用 (3.212)—(3.213) 可得

$$\sup_{t \in [0,t_0]} \int \left(\tilde{u}^2 + |\nabla \tilde{u}|^2 \right) (x,t) \psi_M (x_1 - y_0)\,\mathrm{d}x \leqslant \tilde{K}(t_0)\, e^{-y_0/M},$$

这就得到 (3.210), 因为 $\psi_M (x_1 - y_0) \gtrsim e^{(x_1 - y_0)/M}$, $x_1 - y_0 \leqslant 0$. □

4. 右侧 $u\left(\cdot + \rho\left(t_n\right), t_n + t\right)$ 趋于 $\tilde{u}(\cdot, t)$ 的强 L^2 收敛性

引理 3.17　我们有

$$u\left(\cdot + \rho\left(t_n\right), t_n + t\right) \underset{n \to +\infty}{\longrightarrow} \tilde{u}(\cdot, t) \in L^2 \left(x_1 > -A\right), \tag{3.215}$$

其中 $A > 0, t \in \mathbb{R}$ 和

$$u\left(\cdot + \rho\left(t_n\right), t_n + t\right) \underset{n \to +\infty}{\overset{w}{\longrightarrow}} \tilde{u}(\cdot, t) \in H^1 \left(\mathbb{R}^2\right), \tag{3.216}$$

其中 $t \in \mathbb{R}$. 此外,

$$\rho\left(t_n + t\right) - \rho\left(t_n\right) \longrightarrow \tilde{\rho}(t) \quad 和 \quad \tilde{\rho}(0) = 0, \tag{3.217}$$

其中 $t \in \mathbb{R}$, $\tilde{\rho}$ 为 C^1-函数且与满足引理 3.4 的 $\tilde{u}$ 的分解有关.

证明　定义 $v_n(x,t) = u\left(x + \rho\left(t_n\right), t_n + t\right) - \tilde{u}(x,t)$. 则由 (3.205) 可得

$$\int v_n(x,0)^2 \psi_M (x_1)\,\mathrm{d}x \underset{n \to +\infty}{\longrightarrow} 0. \tag{3.218}$$

对于 (5.1) 由计算可得

$$\partial_t v_n + \partial_{x_1} \Delta v_n + \partial_{x_1} \left(2\tilde{u} v_n + v_n^2\right) = 0. \tag{3.219}$$

对于所有 $t_0 > 0$ 和 $M \geqslant 8$, 存在 $K_1(t_0) > 0$ 使得

$$\sup_{t \in [0,t_0]} \int v_n(x,t)^2 \psi_M (x_1)\,\mathrm{d}x \leqslant K_1(t_0) \int v_n(x,0)^2 \psi_M (x_1)\,\mathrm{d}x, \tag{3.220}$$

上式结合 (3.218) 可得 (3.215). 由 H^1 中弱极限的唯一性可得 (3.216) 的弱收敛, 其中 $t \geqslant 0$.

现在证明 (3.220). 固定 $t_0 > 0$ 和 $M \geqslant 8$. 由 (3.219) 及前文所述可得

$$\frac{\mathrm{d}}{\mathrm{d}t} \int v_n^2 \psi_M(x_1) \,\mathrm{d}x$$

$$= -\int \left(3(\partial_{x_1} v_n)^2 + (\partial_{x_2} v_n)^2\right) \psi_M'(x_1) \,\mathrm{d}x + \int v_n^2 \psi_M'''(x_1) \,\mathrm{d}x$$

$$+ 2 \int \left(2\tilde{u}v_n + v_n^2\right) \partial_{x_1}(v_n \psi_M(x_1)) \,\mathrm{d}x, \tag{3.221}$$

其中 $t \in [0, t_0]$. 上式右侧最后一项可写为

$$\int \left(2\tilde{u}v_n + v_n^2\right) \partial_{x_1}(v_n \psi_M(x_1)) \,\mathrm{d}x$$

$$= \int \left(\frac{2}{3}v_n + \tilde{u}\right) v_n^2 \psi_M'(x_1) \,\mathrm{d}x - \int \partial_{x_1}\tilde{u} v_n^2 \psi_M(x_1) \,\mathrm{d}x. \tag{3.222}$$

通过二维空间上的 Gagliardo-Nirenberg 不等式 $\|f\|_{L^4} \lesssim \|f\|_{L^2}^{\frac{1}{2}} \|f\|_{H^1}^{\frac{1}{2}}$ 可得

$$\left| \int \left(\frac{2}{3}v_n + \tilde{u}\right) v_n^2 \psi_M'(x_1) \,\mathrm{d}x \right|$$

$$\lesssim (\|v_n\|_{L^2} + \|\tilde{u}\|_{L^2}) \left\| v_n \sqrt{\psi_M'(x_1)} \right\|_{L^2} \left\| v_n \sqrt{\psi_M'(x_1)} \right\|_{H^1}$$

$$\leqslant K \int v_n^2 \psi_M'(x_1) \,\mathrm{d}x + \frac{1}{32} \int |\nabla v_n|^2 \psi_M'(x_1) \,\mathrm{d}x, \tag{3.223}$$

其中 K 为正数且依赖于 $\|u_0\|_{L^2}$ 和 $\|\tilde{u}_0\|_{L^2}$. 为了估计 (3.222) 右侧第二项, 如上可得

$$\left| \int \partial_{x_1}\tilde{u} v_n^2 \psi_M(x_1) \,\mathrm{d}x \right|$$

$$\lesssim \left\| \partial_{x_1}\tilde{u} \frac{\psi_M(x_1)}{\psi_M'(x_1)} \right\|_{L^2} \left\| v_n \sqrt{\psi_M'(x_1)} \right\|_{L^2} \left\| v_n \sqrt{\psi_M'(x_1)} \right\|_{H^1}.$$

现因为

$$\frac{\psi_M(x_1)^2}{\psi_M'(x_1)^2} \lesssim 1, \ x_1 \leqslant 0 \quad \text{和} \quad \frac{\psi_M(x_1)^2}{\psi_M'(x_1)^2} \lesssim e^{2x_1/M}, \ x_1 \geqslant 0,$$

由 (3.210) 可得

$$\left| \int \partial_{x_1} \tilde{u} v_n^2 \psi_M(x_1) \, \mathrm{d}x \right|$$

$$\leqslant \tilde{K}(t_0) \int v_n^2 \psi_M'(x_1) \, \mathrm{d}x + \frac{1}{32} \int |\nabla v_n|^2 \, \psi_M'(x_1) \, \mathrm{d}x, \tag{3.224}$$

其中 $\tilde{K}(t_0)$ 为正数且依赖于 $\|\tilde{u}_0\|_{H^1}$ 和 $K(t_0)$. 因此, 由 (3.29) 及 (3.221)—(3.224) 可得

$$\frac{\mathrm{d}}{\mathrm{d}t} \int v_n^2(x,t)\psi_M(x_1) \, \mathrm{d}x + \int |\nabla v_n|^2(x,t)\psi_M'(x_1) \, \mathrm{d}x$$

$$\leqslant \tilde{K}(t_0) \int v_n^2(x,t)\psi_M(x_1) \, \mathrm{d}x, \tag{3.225}$$

其中 $0 \leqslant t \leqslant t_0$, 上式结合 Gronwall 不等式可得 (3.220).

下面证明关于 $t \leqslant 0$ 的情况: (3.215) 和 (3.216) 同样成立. 因为 $\{u(\cdot + \rho(t_n), t_n + \tilde{t}_1)\}$ 在 $H^1(\mathbb{R}^2)$ 中是有界的, 存在 $\{t_n\}$ 的子列 (仍记为 $\{t_n\}$) 和 $\tilde{u}_{1,0} \in H^1(\mathbb{R}^2)$ 使得

$$u(\cdot + \rho(t_n), t_n + \tilde{t}_1) \underset{n \to +\infty}{\overset{w}{\longrightarrow}} \tilde{u}_{1,0} \in H^1. \tag{3.226}$$

令 $\tilde{u}_1 \in C(\mathbb{R} : H^1(\mathbb{R}^2))$ 为 (5.1) 的解且满足 $\tilde{u}_1(\cdot, 0) = \tilde{u}_{1,0}$. 通过对 $\tilde{u}_1$ 的分析, 可得

$$u(\cdot + \rho(t_n), t_n + \tilde{t}_1 + t) \underset{n \to +\infty}{\overset{w}{\longrightarrow}} \tilde{u}_1(\cdot, t) \in H^1(\mathbb{R}^2),$$

$$u(\cdot + \rho(t_n), t_n + \tilde{t}_1 + t) \underset{n \to +\infty}{\longrightarrow} \tilde{u}_1(\cdot, t) \in L^2(x_1 > -A), \tag{3.227}$$

其中 $A > 0, t \geqslant 0$. 事实上, 由 (3.227) 及 $t = -\tilde{t}_1$ 和 (3.193) 可得 $\tilde{u}_1(\cdot, -\tilde{t}_1) = \tilde{u}_0$. 在 $H^1(\mathbb{R}^2)$ 中 (5.1) 的 Cauchy 问题的唯一性表明 $\tilde{u}_1(\cdot, t - \tilde{t}_1) = \tilde{u}(\cdot, t), t \in \mathbb{R}$. 由 (3.227) 可知对于 $t \geqslant \tilde{t}_1$, (3.215)—(3.216) 成立, 且 $\tilde{t}_1 < 0$ 是任意选取, 则对于 $t \in \mathbb{R}$ 也成立.

最后证明 (3.217). 对于 $t \in \mathbb{R}$, 如果需要可取另一个子列, 从 (3.97)—(3.99) 假设, 存在 $d(t) \in \mathbb{R}$ 和 $\beta(t) \in \mathbb{R}^2$ 使得

$$c(t_n + t) \underset{n \to +\infty}{\longrightarrow} d(t) \quad \text{且} \quad \rho(t_n + t) - \rho(t_n) \underset{n \to +\infty}{\longrightarrow} \beta(t). \tag{3.228}$$

易知 $\beta(0) = 0$. 定义

$$\eta_n(\cdot, t) = u(\cdot + \rho(t_n + t), t_n + t) - Q_{c(t_n + t)},$$

$$\tilde{\eta}(\cdot, t) = \tilde{u}(\cdot + \beta(t), t) - Q_{d(t)}.$$

由 (3.98) 可知

$$\int \eta_n(x,t)Q_{c(t_n+t)}(x)\mathrm{d}x = \int \eta_n(x,t)\partial_{x_i}Q_{c(t_n+t)}(x)\mathrm{d}x = 0, \quad i = 1,2.$$

因此, 令 $n \to +\infty$ 且利用 (3.216), (3.228) 可得

$$\int \tilde{\eta}(x,t)Q_{d(t)}(x)\mathrm{d}x = \int \tilde{\eta}(x,t)\partial_{x_i}Q_{d(t)}(x)\mathrm{d}x = 0, \quad i = 1,2. \tag{3.229}$$

根据 $\tilde{u}$ 的分解的唯一性可知 $d(t) = \tilde{c}(t)$ 和 $\beta(t) = \tilde{\rho}(t)$, 其中 $t \in \mathbb{R}$, 这就完成了 (3.217) 的证明. □

5. 右侧 $\tilde{u}$ 的指数衰减

引理 3.18   令 $M \geqslant 4$. 则

$$\int \left(\tilde{u}^2 + |\nabla\tilde{u}|^2\right)(x + \tilde{\rho}(t),t)\psi_M\left(x_1 - y_0\right)\mathrm{d}x \lesssim e^{-y_0/M}, \tag{3.230}$$

其中 $y_0 > 0$ 和 $t \in \mathbb{R}$.

此外,

$$\int_{x_2} \tilde{u}^2(x + \tilde{\rho}(t),t)\mathrm{d}x_2 \lesssim e^{-x_1/M}, \quad \forall\, (x_1,t) \in \mathbb{R}^2. \tag{3.231}$$

证明   由 (3.216) 和 (3.217) 可知

$$u\left(\cdot + \rho\left(t_n + t\right), t_n + t\right)\sqrt{\psi_M\left(\cdot_1 - y_0\right)}$$

$$\xrightarrow[n\to+\infty]{w} \tilde{u}(\cdot + \tilde{\rho}(t),t)\sqrt{\psi_M\left(\cdot_1 - y_0\right)} \in H^1\left(\mathbb{R}^2\right),$$

其中 $t \in \mathbb{R}$. 因此,

$$\left\| \tilde{u}(\cdot + \tilde{\rho}(t),t)\sqrt{\psi_M\left(\cdot_1 - y_0\right)} \right\|_{H^1}$$

$$\leqslant \liminf_{n\to+\infty} \left\| u\left(\cdot + \rho\left(t_n + t\right), t_n + t\right)\sqrt{\psi_M\left(\cdot_1 - y_0\right)} \right\|_{H^1},$$

上式结合 (3.195) 可得 (3.230).

因为对于 $x_1 - y_0 \leqslant 0$, $\psi_M(x_1 - y_0) \geqslant e^{x_1 - y_0}$, 由 (3.230) 可得

$$\int \left(\tilde{u}^2 + |\nabla\tilde{u}|^2\right)(x + \tilde{\rho}(t),t)e^{x_1/M}\mathrm{d}x \lesssim 1,$$

如 (3.58) 可得 (3.231). □

6. 右侧 $u\left(\cdot + \rho\left(t_n\right), t_n + t\right)$ 到 $\tilde{u}(\cdot, t)$ 的强 H^1 收敛性

引理 3.19 我们有

$$u\left(\cdot + \rho\left(t_n\right), t_n + t\right) \underset{n \to +\infty}{\longrightarrow} \tilde{u}(\cdot, t) \in H^1\left(x_1 > -A\right), \tag{3.232}$$

其中 $A > 0, t \in \mathbb{R}$.

证明 如引理 3.17, 下面证明对于 $t \geqslant 0$, (3.232) 成立.

已知 $v_n(x, t) = u\left(x + \rho\left(t_n\right), t_n + t\right) - \tilde{u}(x, t)$ 满足 (3.219). 令 $M \geqslant 12$. 断言

$$\int |\nabla v_n|^2 (x, t) \psi_M\left(x_1\right) \mathrm{d}x \underset{n \to +\infty}{\longrightarrow} 0, \tag{3.233}$$

其中 $t \geqslant 0$, 结合 (3.215) 可得 (3.232).

为了证明 (3.233), 固定 $t_0 > 0$. 对 (3.224) 在 $t_0 - 1$ 与 t_0 上积分且利用 (3.215) 可得

$$\int_{t_0-1}^{t_0} \int |\nabla v_n|^2 (x, t) \psi_M'\left(x_1\right) \mathrm{d}x\mathrm{d}t \underset{n \to +\infty}{\longrightarrow} 0. \tag{3.234}$$

因此有

$$\int_{t_0-1}^{t_0} \int |\nabla v_n|^2 (x, t) \psi_M\left(x_1\right) \mathrm{d}x\mathrm{d}t \underset{n \to +\infty}{\longrightarrow} 0. \tag{3.235}$$

事实上, 对于所有 $y_0 > 0$, 存在 $C_{y_0} > 0$ 使得 $\psi_M'\left(x_1\right) \geqslant \dfrac{1}{C_{y_0}}$, $x_1 \leqslant y_0 + \tilde{\rho}_1\left(t_0\right)$, 则

$$\int_{t_0-1}^{t_0} \int |\nabla v_n|^2 (x, t) \psi_M\left(x_1\right) \mathrm{d}x\mathrm{d}t$$

$$\lesssim C_{y_0} \int_{t_0-1}^{t_0} \int_{x_1 \leqslant y_0 + \tilde{\rho}_1(t)} |\nabla v_n|^2 (x, t) \psi_M'\left(x_1\right) \mathrm{d}x\mathrm{d}t$$

$$+ \int_{t_0-1}^{t_0} \int_{x_1 \geqslant y_0 + \tilde{\rho}_1(t)} |\nabla v_n|^2 (x, t) \psi_M\left(x_1 - y_0 - \tilde{\rho}_1(t)\right) \mathrm{d}x\mathrm{d}t. \tag{3.236}$$

利用 (3.195), (3.230) 和 (3.217), 当 y_0 充分大时可得 (3.236) 右侧第二项充分. 这个事实结合 (3.234) 可得 (3.235).

断言之

$$\int |\nabla v_n|^2 (x, t_0) \psi_M\left(x_1\right) \mathrm{d}x$$

$$\lesssim t_0 \int |\nabla v_n|^2 (x, t) \psi_M\left(x_1\right) \mathrm{d}x + \int_{t_0-1}^{t_0} \int |\nabla v_n|^2 (x, t') \psi_M\left(x_1\right) \mathrm{d}x\mathrm{d}t'$$

$$+ \sup_{t' \in [t_0 - 1, t_0]} \int v_n^2 (x, t') \psi_M (x_1) \, \mathrm{d}x, \tag{3.237}$$

其中 $t \in [t_0 - 1, t_0]$, 利用 (3.218), (3.220), (3.235), 则由上式可得 (3.233).

下面证明 (3.237). 定义 $J_n(t) = \int \left(|\nabla v_n|^2 - \dfrac{2}{3} v_n^3 \right)(x, t) \psi_M (x_1) \, \mathrm{d}x$. 根据 (3.219) 以及分部积分可得

$$\begin{aligned}
\frac{\mathrm{d}}{\mathrm{d}t} J_n(t) = & -\int \left(3 \left(\partial_{x_1}^2 v_n \right)^2 + 4 \left(\partial_{x_1 x_2}^2 v_n \right)^2 + \left(\partial_{x_2}^2 v_n \right)^2 + v_n^4 \right) \psi_M' (x_1) \, \mathrm{d}x \\
& + \int \left(|\nabla v_n|^2 - \frac{2}{3} v_n^3 \right) \psi_M'' (x_1) \, \mathrm{d}x \\
& + 4 \int \left(2 \left(\partial_{x_1} v_n \right)^2 + \left(\partial_{x_2} v_n \right)^2 \right) \psi_M (x_1) \, \mathrm{d}x \\
& + 4 \int \left(\partial_{x_1} \tilde{u} v_n \partial_{x_1}^2 v_n + \partial_{x_2} \tilde{u} v_n \partial_{x_1 x_2}^2 v_n \right) \psi_M (x_1) \, \mathrm{d}x \\
& + 4 \int \left(\partial_{x_1} \tilde{u} v_n \partial_{x_1} v_n + \partial_{x_2} \tilde{u} v_n \partial_{x_2} v_n \right) \psi_M' (x_1) \, \mathrm{d}x \\
& - 2 \int \partial_{x_1} \tilde{u} \, |\nabla v_n|^2 \psi_M (x_1) \, \mathrm{d}x + 2 \int \tilde{u} \, |\nabla v_n|^2 \psi_M' (x_1) \, \mathrm{d}x \\
& + \frac{8}{3} \int \partial_{x_1} \tilde{u} v_n^3 \psi_M (x_1) \, \mathrm{d}x - \frac{4}{3} \int \tilde{u} v_n^3 \psi_M' (x_1) \, \mathrm{d}x. \tag{3.238}
\end{aligned}$$

因此, 如引理 3.16 的证明和 (3.182) 且利用 (3.210), (3.218), (3.220) 可知存在 $K_2 (t_0) > 0$ 使得

$$\begin{aligned}
& \frac{\mathrm{d}}{\mathrm{d}t} \int \left(|\nabla v_n|^2 - \frac{2}{3} v_n^3 \right)(x, t) \psi_M (x_1) \, \mathrm{d}x \\
& \leqslant K_2 (t_0) \int \left(|\nabla v_n|^2 + v_n^2 \right)(x, t) \psi_M (x_1) \, \mathrm{d}x. \tag{3.239}
\end{aligned}$$

例如, 下面解释如何处理 (3.238) 右侧第四项, 这是最困难的. 利用 Young 不等式和 Hölder 不等式, 有

$$\begin{aligned}
& \int \partial_{x_1} \tilde{u} v_n \partial_{x_1}^2 v_n \psi_M (x_1) \, \mathrm{d}x \\
& \leqslant \frac{1}{64} \int \left(\partial_{x_1}^2 v_n \right)^2 \psi_M' (x_1) \, \mathrm{d}x + K \int \left(\partial_{x_1} \tilde{u} \right)^2 v_n^2 \frac{\psi_M (x_1)^2}{\psi_M' (x_1)} \, \mathrm{d}x
\end{aligned}$$

$$\leqslant \frac{1}{64} \int \left(\partial_{x_1}^2 v_n\right)^2 \psi_M'\left(x_1\right) \mathrm{d}x + K \left\| v_n \sqrt{\psi_M'} \right\|_{L^\infty} \int \left(\partial_{x_1}\tilde{u}\right)^2 \frac{\psi_M\left(x_1\right)^2}{\psi_M'\left(x_1\right)^2} \mathrm{d}x.$$

可知 $\dfrac{\psi_M\left(x_1\right)^2}{\psi_M'\left(x_1\right)^2} \lesssim \left(1 + e^{2x_1/M}\right)$. 因此, 由 Gagliardo-Nirenberg 不等式可知

$$\left\| v_n \sqrt{\psi_M'\left(x_1\right)} \right\|_{L^\infty}^2 \lesssim \left\| v_n \sqrt{\psi_M'\left(x_1\right)} \right\|_{H^1} \left\| v_n \sqrt{\psi_M'\left(x_1\right)} \right\|_{H^2},$$

由 Young 不等式和 (3.210) 可得

$$\int \partial_{x_1}\tilde{u} v_n \partial_{x_1}^2 v_n \psi_M\left(x_1\right) \mathrm{d}x$$
$$\leqslant \frac{1}{32} \int \left|\nabla^2 v_n\right|^2 \psi_M'\left(x_1\right) \mathrm{d}x + K\left(t_0\right) \int \left(\left|\nabla v_n\right|^2 + v_n^2\right) \psi_M'\left(x_1\right) \mathrm{d}x.$$

最后, 对 (3.239) 在 t 和 t_0 上积分且利用如下估计可得 (3.237),

$$\int v_n^3(x,t)\psi_M\left(x_1\right) \mathrm{d}x \leqslant K \int v_n^2(x,t)\psi_M\left(x_1\right) \mathrm{d}x$$
$$+ \frac{1}{32} \int \left|\nabla v_n\right|^2(x,t)\psi_M\left(x_1\right) \mathrm{d}x,$$

上式的推导过程类似于 (3.223).　　　　　　　　　　　　　　　　　　　□

7. 左侧 $\tilde{u}$ 的指数衰减

证明左侧 $\tilde{u}$ 的指数衰减之前, 需推导 u 在 x_1 方向关于时间移动的另一个单调性质.

引理 3.20　假设 $u \in C\left(\mathbb{R} : H^1\left(\mathbb{R}^2\right)\right)$ 为 (5.1) 的解且满足 (3.96)—(3.97), 其中 ϵ_0 充分小. 对于 $M \geqslant 4$, ψ_M 定义于 (3.28). 对于 $y_0 > 0, t_0 \in \mathbb{R}$ 和 $t \geqslant t_0$, 定义

$$\tilde{I}_{y_0,t_0}(t) = \int u^2(x,t)\psi_M\left(\tilde{\tilde{x}}_1\right) \mathrm{d}x, \quad \tilde{\tilde{x}}_1 = x_1 - \rho_1(t) + \frac{1}{2}\left(t - t_0\right) + y_0. \quad (3.240)$$

则

$$\tilde{I}_{y_0,t_0}(t) - \tilde{I}_{y_0,t_0}\left(t_0\right) \lesssim e^{-y_0/M}, \quad (3.241)$$

其中 $t \geqslant t_0$.

证明　令 $t \geqslant t_0$. 因为 u 为 (5.1) 的解, 由 (3.29) 和 (3.99) 可得

$$\frac{\mathrm{d}}{\mathrm{d}t} \tilde{I}_{y_0,t_0}(t) = 2 \int u \partial_t u \psi_M \left(\tilde{\tilde{x}}_1 \right) \mathrm{d}x - \left(\rho'_1(t) - \frac{1}{2} \right) \int u^2 \psi'_M \left(\tilde{\tilde{x}}_1 \right) \mathrm{d}x$$

$$\leqslant - \int \left(3 \left(\partial_{x_1} u \right)^2 + \left(\partial_{x_2} u \right)^2 + \frac{1}{4} u^2 \right) \psi'_M \left(\tilde{\tilde{x}}_1 \right) \mathrm{d}x$$

$$+ \frac{2}{3} \int u^3 \psi'_M \left(\tilde{\tilde{x}}_1 \right) \mathrm{d}x, \tag{3.242}$$

其中 ϵ_0 充分小. 将 (3.242) 右侧非线性项分解为

$$\int u^3 \psi'_M \left(\tilde{\tilde{x}}_1 \right) \mathrm{d}x = \int Q_c(\cdot - \rho) u^2 \psi'_M \left(\tilde{\tilde{x}}_1 \right) \mathrm{d}x$$

$$+ \int \left(u - Q_c(\cdot - \rho) \right) u^2 \psi'_M \left(\tilde{\tilde{x}}_1 \right) \mathrm{d}x. \tag{3.243}$$

根据 (3.97) 和 Sobolev 嵌入 $H^1 \left(\mathbb{R}^2 \right) \hookrightarrow L^3 \left(\mathbb{R}^2 \right)$ 可得

$$\left| \int \left(u - Q_c(\cdot - \rho) \right) u^2 \psi'_M \left(\tilde{\tilde{x}}_1 \right) \mathrm{d}x \right| \lesssim K_0 \epsilon_0 \int u^2 \psi'_M \left(\tilde{\tilde{x}}_1 \right) \mathrm{d}x. \tag{3.244}$$

令 R_1 为正数. 为了处理 (3.243) 右侧第一项, 首先考虑 $|x - \rho(t)| > R_1$. 由 (3.3) 可得

$$\left| \int Q_c(\cdot - \rho) u^2 \psi'_M \left(\tilde{\tilde{x}}_1 \right) \mathrm{d}x \right| \lesssim e^{-\delta R_1} \int u^2 \psi'_M \left(\tilde{\tilde{x}}_1 \right) \mathrm{d}x. \tag{3.245}$$

考虑 $|x - \rho(t)| \leqslant R_1$, 有

$$\left| \tilde{\tilde{x}}_1 \right| \geqslant \left| y_0 + \frac{1}{2} (t - t_0) \right| - |x_1 - \rho_1(t)| \geqslant y_0 + \frac{1}{2} (t - t_0) - R_1,$$

则

$$\left| \int Q_c(\cdot - \rho) u^2 \psi'_M \left(\tilde{\tilde{x}}_1 \right) \mathrm{d}x \right| \lesssim e^{R_1/M} e^{-\left(y_0 + \frac{1}{2}(t-t_0) \right)/M} \int u_0^2 \mathrm{d}x, \tag{3.246}$$

其中因为 $\psi'_M \left(\tilde{\tilde{x}}_1 \right) \lesssim e^{-|\tilde{\tilde{x}}_1|/M}$. 因此, 根据 (3.243)—(3.246), 固定 R_1 且选取 ϵ_0 充分小可得

$$\frac{2}{3} \left| \int u^3 \psi'_M \left(\tilde{\tilde{x}}_1 \right) \mathrm{d}x \right|$$

$$\leqslant \frac{1}{8} \int \left(|\nabla u|^2 + u^2 \right) \psi'_M \left(\tilde{\tilde{x}}_1 \right) \mathrm{d}x + C e^{-\left(y_0 + \frac{1}{2}(t-t_0) \right)/M}, \tag{3.247}$$

其中 C 为正常数且依赖于 $\|u_0\|_{L^2}^2$.

因此, 对 (3.242) 在 t_0 和 t 上积分且利用 (3.247) 可得 (3.241).　　　　□
下面证明左侧 x_1 方向上 $\tilde{u}$ 的指数衰减.

引理 3.21　令 $M \geqslant 4$. 则

$$\int \tilde{u}^2(x + \tilde{\rho}(t), t)(1 - \psi_M(x_1 + y_0)) \, \mathrm{d}x \lesssim e^{-y_0/M}, \tag{3.248}$$

其中 $y_0 > 0$ 和 $t \in \mathbb{R}$.

此外,

$$\int_{x_2} \tilde{u}^2(x + \tilde{\rho}(t), t)\mathrm{d}x_2 \lesssim e^{x_1/M}, \quad \forall x_1 \leqslant 0, \quad t \in \mathbb{R}. \tag{3.249}$$

证明　固定 $\tilde{t}_0 \in \mathbb{R}$ 和 $y_0 > 0$. 首先, 由 (3.215) 和 (3.217) 可得

$$\int u^2(x, t_n + \tilde{t}_0) \psi_M(x_1 - \rho_1(\tilde{t}_0 + t_n) + y_0) \, \mathrm{d}x$$

$$\xrightarrow[n \to +\infty]{} \int \tilde{u}^2(x, \tilde{t}_0) \psi_M(x_1 - \tilde{\rho}_1(\tilde{t}_0) + y_0) \, \mathrm{d}x.$$

因此, 若记 $\tilde{m}_0 = \int \tilde{u}_0^2(x)\mathrm{d}x$, 则存在 $n_0 = n_0(y_0) \in \mathbb{N}$ 使得

$$\int u^2(x, t_n + \tilde{t}_0) \psi_M(x_1 - \rho_1(\tilde{t}_0 + t_n) + y_0) \, \mathrm{d}x$$

$$\leqslant \int \tilde{u}^2(x, \tilde{t}_0) \psi_M(x_1 - \tilde{\rho}_1(\tilde{t}_0) + y_0) \, \mathrm{d}x + e^{-y_0/M}$$

$$= \tilde{m}_0 - \int \tilde{u}^2(x, \tilde{t}_0)(1 - \psi_M(x_1 - \tilde{\rho}_1(\tilde{t}_0) + y_0)) \, \mathrm{d}x + e^{-y_0/M}, \tag{3.250}$$

其中 $n \geqslant n_0$. 同样注意到这里利用了 $\tilde{u}$ 的 L^2-模守恒.

利用 u 关于时间的单调性质. 令 $n' \geqslant n$ 使得 $t_{n'} \geqslant t_n + \tilde{t}_0$. 由 (3.241) 可得

$$\int u^2(x, t_{n'}) \psi_M\left(x_1 - \rho_1(t_{n'}) + \frac{1}{2}(t_{n'} - (t_n + \tilde{t}_0)) + y_0\right) \, \mathrm{d}x$$

$$\lesssim \int u^2(x, t_n + \tilde{t}_0) \psi_M(x_1 - \rho_1(t_n + \tilde{t}_0) + y_0) \, \mathrm{d}x + e^{-y_0/M}.$$

结合上式与 (3.250) 可得

$$\int u^2(x + \rho(t_{n'}), t_{n'}) \psi_M\left(x_1 + \frac{1}{2}(t_{n'} - (t_n + \tilde{t}_0)) + y_0\right) \, \mathrm{d}x$$

$$\leqslant \tilde{m}_0 - \int \tilde{u}^2(x, \tilde{t}_0)(1 - \psi_M(x_1 - \tilde{\rho}_1(\tilde{t}_0) + y_0)) \, \mathrm{d}x + Ke^{-y_0/M}, \tag{3.251}$$

只要 $n' \geqslant n \geqslant n_0$ 满足 $t_{n'} \geqslant t_n + \tilde{t}_0$.

另一方面, 根据 (3.205) 可得

$$\int_{x_1 > -A} u^2 \left(x + \rho\left(t_{n'} \right), t_{n'} \right) \psi_M \left(x_1 + \frac{1}{2} \left(t_{n'} - \left(t_n + \tilde{t}_0 \right) \right) + y_0 \right) \mathrm{d}x$$

$$\underset{n' \to +\infty}{\longrightarrow} \int_{x_1 > -A} \tilde{u}_0^2(x) \mathrm{d}x,$$

其中 $A > 0$. 固定 $A > 0$ 使得 $\displaystyle\int_{x_1 > -A} \tilde{u}_0^2(x) \mathrm{d}x \geqslant \tilde{m}_0 - \frac{1}{2} e^{-y_0/M}$. 则存在 $n_1' = n_1'(y_0, n) \in \mathbb{N}$ 使得

$$\int u^2 \left(x + \rho\left(t_{n'} \right), t_{n'} \right) \psi_M \left(x_1 + \frac{1}{2} \left(t_{n'} - \left(t_n + \tilde{t}_0 \right) \right) + y_0 \right) \mathrm{d}x$$

$$\geqslant \tilde{m}_0 - e^{-y_0/M}, \tag{3.252}$$

其中 $n' \geqslant n_1'$.

结合 (3.251) 和 (3.252) 可得 (3.248).

下面证明 (3.249). 固定 $y_0 > 0$. 因为 $\left(1 - \psi_M \left(x_1 + y_0 \right) \right) \geqslant \frac{1}{2}$, $x_1 \leqslant -y_0$, 由 (3.248) 可得

$$\sup_{t \in \mathbb{R}} \int_{x_1 \leqslant -y_0} \tilde{u}^2(x + \tilde{\rho}(t), t) \mathrm{d}x \lesssim e^{-y_0/M}, \tag{3.253}$$

其中隐常数不依赖于 $y_0 > 0$.

考虑如下关于 $w = w\left(x_1 \right)$ 的 Sobolev 不等式,

$$\|w\|_{L^\infty(x_1 \leqslant -y_0)}^2 \leqslant 2 \|w\|_{L^2(x_1 \leqslant -y_0)} \|\partial_{x_1} w\|_{L^2(x_1 \leqslant -y_0)}, \tag{3.254}$$

其中 $w = w\left(x_1 \right) \in H^1(\mathbb{R})$ 和 $y_0 > 0$.

对 $w(x_1) = \left(\displaystyle\int_{x_2} \tilde{u}^2 \left(x_1 + \tilde{\rho}_1(t), x_2 + \tilde{\rho}_2(t), t \right) \mathrm{d}x_2 \right)^{\frac{1}{2}}$ 利用 (3.254). 因此, $\|w\|_{L^\infty(x_1 \leqslant -y_0)}^2$ 有界于

$$\left(\int_{x_1 \leqslant -y_0} \tilde{u}^2(x + \tilde{\rho}(t), t) \mathrm{d}x \right)^{\frac{1}{2}} \left(\int_{x_1 \leqslant -y_0} \frac{\left(\displaystyle\int_{x_2} \tilde{u} \partial_{x_1} \tilde{u}(x + \tilde{\rho}(t), t) \mathrm{d}x_2 \right)^2}{\displaystyle\int_{x_2} \tilde{u}^2(x + \tilde{\rho}(t), t) \mathrm{d}x_2} \mathrm{d}x_1 \right)^{\frac{1}{2}}.$$

由 (3.253), Cauchy-Schwarz 不等式以及 $\tilde{u}$ 的 H^1 有界性可得

$$\sup_{t\in\mathbb{R},\, x_1\leqslant -y_0} \int_{x_2} \tilde{u}^2 \left(x_1 + \tilde{\rho}_1(t), x_2 + \tilde{\rho}_2(t), t\right) \mathrm{d}x_2 \lesssim e^{-y_0/M}. \tag{3.255}$$

因为 (3.255) 中隐常数不依赖于 y_0, 则上式可得 (3.249).　　　　　　　　□

最后给出命题 3.3 的证明.

证明命题 3.3　右侧 H^1 收敛性在引理 3.19 中给出, 同时 x_1 方向的指数衰减由 (3.230) 和 (3.249) 得到. 注意到根据 (3.217) 可知 $\tilde{\rho}(0) = 0$.　　　　□

3.5　N-孤立子和的稳定性

本节证明定理 3.8.

3.5.1　问题简化

首先, 重新标记缩放变量集 $\left(c_j^0\right)$ 及相关的初始位置 $\left(\rho^{j,0}\right)$, 可假设

$$0 < c_1^0 < c_2^0 < \cdots < c_N^0. \tag{3.256}$$

下面将证明存在时间 $T_\# > 0$, 常数 $A_\# > 0$ 以及另一常数 $\gamma_0 > 0$, 依赖于参数 $\left(\rho^{j,0}\right)$ 和 $\left(c_j^0\right)$, 使得对于 $\rho^{j,\#} = \rho^j\left(T_\#\right) \in \mathbb{R}^2$ 有

$$\left\| u\left(T_\#\right) - \sum_{j=1}^{N} Q_{c_j^0}\left(x - \rho^{j,\#}\right) \right\|_{H^1} < A_\# \left(\varepsilon + e^{-\gamma_0 L}\right) \tag{3.257}$$

和

$$\rho_1^{1,\#} < \rho_1^{2,\#} < \cdots < \rho_1^{N,\#}, \tag{3.258}$$

以及 (3.25) 也满足, 从某种意义上说

$$\min\left\{\left|\rho^{j,\#} - \rho^{k,\#}\right| : j \neq k\right\} > L. \tag{3.259}$$

定义 $T_\#$ 如下. 固定 $L_0 > 0$ 足够大且 $L > L_0$. 固定 $T_\# \geqslant 0$ 使得 (3.258), (3.259) 均满足, 其中

$$\rho_1^{j,\#} := \rho_1^{j,0} + c_j^0 T_\#.$$

换言之,

$$\rho_1^{1,0} + c_1^0 T_\# < \rho_1^{2,0} + c_2^0 T_\# < \cdots < \rho_1^{N,0} + c_N^0 T_\#.$$

考虑多孤立子

$$R_0(x,t) := \sum_{j=1}^{N} Q_{c_j^0}\left(x_1 - c_j^0 t - \rho_1^{j,0}, x_2 - \rho_2^{j,0}\right).$$

则有

$$S[R_0] := (R_0)_t + (\Delta R_0 + R_0^2)_{x_1}$$

$$= \left(R_0^2 - \sum_{j=1}^N Q_{c_j^0}^2 (\cdot - c_j^0 t - \rho_1^{j,0}, \cdot - \rho_2^{j,0}) \right)_{x_1}$$

$$= \left(\sum_{i \neq j} Q_{c_i^0}^2 (\cdot - c_j^0 t - \rho_1^{j,0}, \cdot - \rho_2^{j,0}) Q_{c_j^0}^2 (\cdot - c_j^0 t - \rho_1^{j,0}, \cdot - \rho_2^{j,0}) \right)_{x_1}.$$

在假设 (3.25), 对于 $t \geqslant 0$ 有

$$\|S[R_0](t)\|_{H^1} \lesssim e^{-\gamma_0 L},$$

其中 $\gamma_0 > 0$ 且依赖于 (c_j^0). 误差函数为

$$z_0(t) := u(t) - R_0(t) \in H^1$$

满足

$$\|z_0(0)\|_{H^1} < \varepsilon,$$

以及方程

$$(z_0)_t + (\Delta z_0 + 2R_0 z_0 + z_0^2)_{x_1} + S[R_0] = 0. \tag{3.260}$$

下面给出能量估计,

$$\frac{\mathrm{d}}{\mathrm{d}t} \left(\frac{1}{2} \int z_0^2 \mathrm{d}x \right) + \int (R_0)_{x_1} z_0^2 \mathrm{d}x + \int S[R_0] z_0 \mathrm{d}x = 0,$$

则

$$\|z_0(t)\|_{L^2}^2 \lesssim \varepsilon^2 + e^{-2\gamma_0 L} + \int_0^t \|z_0(s)\|_{L^2}^2 \, \mathrm{d}s.$$

对于 $t \in [0, T_\#]$, 有

$$\|z_0(t)\|_{L^2}^2 \lesssim e^{T_\#} \left(\varepsilon + e^{-\gamma_0 L} \right). \tag{3.261}$$

为了得到 z_0 导数的估计, 由 (3.260) 可得

$$(z_1)_t + (\Delta z_1 + 2R_0 z_1 + 2(R_0)_{x_1} z_0 + 2z_0 z_1)_{x_1} + (S[R_0])_{x_1} = 0,$$

其中 $z_1 := (z_0)_{x_1}$. 由能量估计可得

$$\frac{\mathrm{d}}{\mathrm{d}t} \left(\frac{1}{2} \int z_1^2 \mathrm{d}x \right) + \int (R_0)_{x_1} z_1^2 \mathrm{d}x + \int (z_0)_{x_1} z_1^2 \mathrm{d}x + \int (S[R_0])_{x_1} z_1 \mathrm{d}x = 0.$$

根据 Gronwall 不等式, 对于 $t \in [0, T_\#]$, 有

$$\|z_1(t)\|_{L^2}^2 \lesssim e^{T_\#} \left(\varepsilon + e^{-\gamma_0 L} \right). \tag{3.262}$$

对于 $(z_0)_{x_2}$ 类似的估计成立. 由 (3.261), (3.262) 可得 (取 $A_\# \sim e^{T_\#}$).

3.5.2　证明简化情况

假设 (3.256)—(3.259). 定义如下量:

$$\alpha_0 := A_\# \left(\varepsilon + e^{-\gamma_0 L} \right), \quad \gamma_1 \in (0, \gamma_0), \tag{3.263}$$

参数 γ_1 充分小且不依赖于 ε. 考虑 $A_0 > 1$ 充分大及 $\alpha > 0$ 充分小 ($\alpha < \alpha_0$), 定义管状邻域为

$$V_L(\alpha, A_0) := \left\{ v \in H^1 : \text{存在 } \left(\rho^j \right)_{j=1,\cdots,N} \in \mathbb{R}^{2N} \text{ 使得} \right.$$

$$\left. \left\| v - \sum_{j=1}^{N} Q_{c_j^0} \left(\cdot - \rho^j \right) \right\|_{H^1} \leqslant A_0 \left(\alpha + e^{-\gamma_1 L} \right) \right\}.$$

因为 (5.1) 关于时间平移是不变的, 可假设 $T_\# = 0$. 则有 $u(0) \in V_L(\alpha, 1) \subset V_L(\alpha, A_0)$. 此外, 根据 H^1-映射的连续性, 有 $u(t) \in V_L(\alpha, A_0)$, 其中 $t \in [0, T]$, $T = T(A_0) > 0$. 当 A_0 充分大时, 证明 $T = +\infty$. (已知 $A_0 \left(\alpha + e^{-\gamma_1 L} \right) \leqslant \tilde{A}_0 \left(\varepsilon + e^{-\gamma_1 L} \right)$, 有 (3.27).)

假设 $T(A_0) < +\infty$. 则取 α_0 小且 L_0 大, 存在参数 $(c_j(t), \rho^j(t)) \in \mathbb{R}_+ \times \mathbb{R}^2, j = 1, \cdots, N$, 定义在 $[0, T]$ 上, 且使得若

$$R(x, t) := \sum_{j=1}^{N} \tilde{Q}_j(x, t), \quad \tilde{Q}_j(x, t) := Q_{c_j(t)} \left(x - \rho^j(t) \right)$$

和

$$z(x, t) := u(x, t) - R(x, t),$$

则对于 $t \in [0, T]$ 和 $j = 1, \cdots, N$,

$$\int z \tilde{Q}_j \mathrm{d}x = \int z \partial_{x_1} \tilde{Q}_j \mathrm{d}x = \int z \partial_{x_2} \tilde{Q}_j \mathrm{d}x = 0. \tag{3.264}$$

这个结果的证明可根据隐函数定理得到. 这个结果亦可推出

$$\sum_{j=1}^{N} |c_j(t) - c_j(0)| + \|z(t)\|_{H^1} \lesssim A_0 \left(\alpha + e^{-\gamma_1 L} \right), \tag{3.265}$$

其中常数不依赖于时间. 下面给出能量估计. 考虑能量 $H(u)$ 定义于 (1.4). 当 $\gamma_1 > 0$ 依赖于 L 时, 不难得到

$$\left| H(R+z)(t) - H(R)(t) - \frac{1}{2} \int \left| \nabla z \right|^2 (t) \mathrm{d}x + \int R z^2(t) \mathrm{d}x \right|$$

$$\lesssim \|z(t)\|_{H^1}^3 + \|z(t)\|_{H^1} e^{-2\gamma_1 t}. \tag{3.266}$$

此外, 若 $H_0 := \int \left(\frac{1}{2} |\nabla Q|^2 - \frac{1}{3} Q^3 \right) \mathrm{d}x$, 有

$$\left| H(R)(t) - H_0 \sum_{j=1}^{N} c_j^2(t) \right| \lesssim e^{-2\gamma_1 t}. \tag{3.267}$$

另一方面, 考虑参数

$$\sigma_j := \frac{1}{2} \left(c_j^0 + c_{j-1}^0 \right), \quad j = 2, \cdots, N,$$

以及扰动质量

$$M_j(t) := \frac{1}{2} \int u^2(x,t) \varphi_j(x,t) \mathrm{d}x,$$

其中 $\varphi_j(x,t) := \psi_A(x_1 - \sigma_j t)$ 和 ψ_A 定义于 (3.28). 利用 (3.264) 可知质量 M_j 满足等式

$$M_j(t) = M_0 d_j(t) + \frac{1}{2} \int z^2 \varphi_j(t) \mathrm{d}x + O\left(e^{-2\gamma_1 t} \right), \quad M_0 := \frac{1}{2} \int Q^2 \mathrm{d}x, \tag{3.268}$$

其中

$$d_j(t) := \sum_{k=j}^{N} c_k(t). \tag{3.269}$$

另一方面, 根据引理 3.6 的证明, 当 $A > 0$ 足够大及 $L > L_0$ 时, 单调估计

$$M_j(t) - M_j(0) \lesssim e^{-2\gamma_1 L}, \tag{3.270}$$

其中常数不依赖于 α 和 L. 对于 $t \in [0, T]$, 定义

$$\hat{\Delta} c_j(t) := c_j(t) - c_j(0), \tag{3.271}$$

且对于时间依赖函数 $f(t)$,

$$\hat{\Delta} f(t) := f(t) - f(0).$$

则利用 (3.268) 和 (3.270) 可得

$$\hat{\Delta} d_j(t) \lesssim \|z(0)\|_{H^1}^2 + e^{-2\gamma_1 t}$$

或

$$\left| \hat{\Delta} d_j(t) \right| + \hat{\Delta} d_j(t) \lesssim \|z(0)\|_{H^1}^2 + e^{-2\gamma_1 t}. \tag{3.272}$$

现估计 $\hat{\Delta} c_j(t)$. 首先, 对于每一个 j, 有

$$\left| \hat{\Delta} \left[c_j^2 \right](t) - 2c_j(0)\hat{\Delta} c_j(t) \right| = \left| \hat{\Delta} c_j(t) \right|^2.$$

因此利用 (3.267) 和先前的等式,

$$\hat{\Delta} H(R)(t) = H_0 \sum_{j=1}^{N} \Delta \left[c_j^2 \right](t) + O\left(e^{-2\gamma_1 t} \right)$$

$$= 2H_0 \sum_{j=1}^{N} c_j(0)\hat{\Delta} c_j(t) + O\left(\sum_{j=1}^{N} \left| \hat{\Delta} c_j(t) \right|^2 + e^{-2\gamma_1 t} \right).$$

下面有

$$\sum_{j=1}^{N} c_j(0)\hat{\Delta} c_j(t) = \sum_{j=1}^{N-1} c_j(0)\hat{\Delta} \left(d_j(t) - d_{j+1}(t) \right) + c_N(0)\hat{\Delta} d_N(t)$$

$$= \sum_{j=1}^{N-1} c_j(0)\hat{\Delta} d_j(t) - \sum_{j=2}^{N} c_{j-1}(0)\hat{\Delta} d_j(t) + c_N(0)\hat{\Delta} d_N(t)$$

$$= \sum_{j=2}^{N} \left(c_j(0) - c_{j-1}(0) \right) \hat{\Delta} d_j(t) + c_1(0)\hat{\Delta} d_1(t).$$

因此, 利用等式

$$\frac{H_0}{M_0} = -\frac{1}{2}, \tag{3.273}$$

可得

$$\hat{\Delta} H(R)(t) = - M_0 \sum_{j=1}^{N} c_j(0)\hat{\Delta} c_j(t) + O\left(\sum_{j=1}^{N} \left| \hat{\Delta} c_j(t) \right|^2 + e^{-2\gamma_1 t} \right)$$

$$= - M_0 \sum_{j=2}^{N} \left(c_j(0) - c_{j-1}(0) \right) \hat{\Delta} d_j(t) - M_0 c_1(0)\hat{\Delta} d_1(t)$$

$$+ O\left(\sum_{j=1}^{N}\left|\hat{\Delta}c_j(t)\right|^2 + e^{-2\gamma_1 t}\right). \tag{3.274}$$

替换 (3.272) 且利用 $c_j(0) - c_{j-1}(0) > c_0 > 0$, 有

$$\hat{\Delta}H(R)(t) \geqslant c_0 \sum_{j=1}^{N}\left|\hat{\Delta}d_j(t)\right| - C\left(\|z(0)\|_{H^1}^2 + \sum_{j=1}^{N}\left|\hat{\Delta}c_j(t)\right|^2 + e^{-2\gamma_1 t}\right),$$

再根据 (3.266), 可知 $\left|\hat{\Delta}d_j(t)\right|$ 和 $\left|\hat{\Delta}c_j(t)\right|$ 有二次变量, 其中 $j = 1, \cdots, N$. 更确切地说,

$$\left|\hat{\Delta}c_j(t)\right| \leqslant \sum_{k=1}^{N}\left|\hat{\Delta}d_k(t)\right| \lesssim \|z(t)\|_{H^1}^2 + \sum_{k=1}^{N}\left|\hat{\Delta}c_k(t)\right|^2 + e^{-2\gamma_1 t},$$

则可得

$$\left|\hat{\Delta}c_j(t)\right| \lesssim \|z(t)\|_{H^1}^2 + e^{-2\gamma_1 t}. \tag{3.275}$$

最后, 由 (3.274), (3.275), (3.268), (3.270) 可得

$$-\hat{\Delta}M_j(t) + \frac{1}{2}\hat{\Delta}\int z^2 \varphi_j(t)\mathrm{d}x + O\left(e^{-2\gamma_1 L}\right) = -M_0\hat{\Delta}d_j(t)$$

和

$$\begin{aligned}
&\hat{\Delta}H(R)(t) \\
&= \sum_{j=2}^{N}\left(c_j(0) - c_{j-1}(0)\right)\left[\frac{1}{2}\hat{\Delta}\int z^2 \varphi_j(t)\mathrm{d}x - \hat{\Delta}M_j(t)\right] \\
&\quad + c_1(0)\left[\frac{1}{2}\hat{\Delta}\int z^2 \varphi_1(t)\mathrm{d}x - \hat{\Delta}M_1(t)\right] \\
&\quad + O\left(\|z(t)\|_{H^1}^4 + e^{-2\gamma_1 L}\right) \\
&\geqslant \frac{1}{2}c_1(0)\int z^2 \varphi_1(t)\mathrm{d}x + \sum_{j=2}^{N}\frac{1}{2}\left(c_j(0) - c_{j-1}(0)\right)\int z^2 \varphi_j(t)\mathrm{d}x \\
&\quad - C\left(\|z(0)\|_{H^1}^2 + \|z(t)\|_{H^1}^4 + e^{-2\gamma_1 L}\right) \\
&\geqslant \sum_{j=1}^{N-1}\frac{1}{2}c_j(0)\int z^2\left(\varphi_j - \varphi_{j+1}\right)(t)\mathrm{d}x + \frac{1}{2}c_N(0)\int z^2 \varphi_N(t)\mathrm{d}x \\
&\quad - C\left(\|z(0)\|_{H^1}^2 + \|z(t)\|_{H^1}^4 + e^{-2\gamma_1 L}\right),
\end{aligned}$$

因此

$$\frac{1}{2}\int|\nabla z(t)|^2 \mathrm{d}x - \int Rz^2(t)\mathrm{d}x$$

$$+ \sum_{j=1}^{N-1}\frac{1}{2}c_j(0)\int z^2\left(\varphi_j - \varphi_{j+1}\right)(t)\mathrm{d}x + \frac{1}{2}c_N(0)\int z^2\varphi_N(t)\mathrm{d}x$$

$$\lesssim \|z(0)\|_{H^1}^2 + \|z(t)\|_{H^1}^3 + e^{-2\gamma_1 L}.$$

根据标准分解论断和 (3.264), 允许利用与区域 $\sigma_j t \lesssim x \lesssim \sigma_{j+1} t$ 内的每个孤立子相关的强制性, 因此可得

$$\|z(t)\|_{H^1} \leqslant \frac{1}{2}A_0\left(\alpha + e^{-\gamma_1 L}\right).$$

利用分解

$$\left\|u(t) - \sum_{j=1}^N Q_{c_j^0}\left(\cdot - \rho^j(t)\right)\right\|_{H^1} \leqslant \|z(t)\|_{H^1} + C\sum_{j=1}^N\left|\hat{\Delta} c_j(t)\right|$$

$$\leqslant \frac{3}{4}A_0\left(\alpha + e^{-\gamma_1 L}\right),$$

改进了原始估计, 则有 $u(t) \in V_L\left(\alpha, \frac{3}{4}A_0\right)$. 因此 $T = +\infty$.

附录 3.A　谱性质的数值估计

依赖于命题 3.2 的内积符号, gZK 孤立子是渐近稳定的. 回顾相关的量以及它的符号, (3.77) 为

$$\left(\mathcal{L}^{-1}\Lambda Q, \Lambda Q\right) < 0.$$

在此条件下, 得到了在子空间上由 $\mathcal{L}$ 诱导的双线性形式的强制性, 这为证明线性 Liouville 性质提供了途径.

像 (3.77) 这样的条件已经出现在关于 gKdV, NLS 和其他方程的孤立子和爆破稳定性的各种工作中. 而在一维情况下, 由于双曲函数有十分明确的性质, 这些条件有时可以解析地证明, 而在二维和更高维数的情况, 需要依靠数值计算. 这里需要计算四个量: $Q, \Lambda Q, W$ 及内积, 其中 $W \in H^1\left(\mathbb{R}^d\right)$ 为如下方程解

$$\mathcal{L}W = \Lambda Q. \tag{3.276}$$

这些量的数值计算结果已经出现在关于 NLS 的各类成果中, 例如 [2, 23, 61, 75]. 利用 [2, 61, 75] 的方法, 可估计 (3.276), 对于确切的 p 和 d 可证明想要的性质, 包括二维的二次情况.

3.A.1 计算方法

为了解 (3.2), (3.276) 且计算 (3.77), 首先注意到 Q 是径向对称的, 则 ΛQ 亦然. 因此, W 也是径向对称的, 且 (3.2) 和 (3.276) 简化为求解奇异边值问题

$$-Q'' - \frac{d-1}{r}Q' + Q - Q^p = 0, \quad Q'(0) = 0, \quad \lim_{r \to \infty} Q(r) = 0, \qquad (3.277)$$

$$-W'' - \frac{d-1}{r}W' + W - pQ^{p-1}W = \frac{1}{p-1}Q + \frac{1}{2}rQ', \quad W'(0) = 0,$$

$$\lim_{r \to \infty} W(r) = 0, \qquad (3.278)$$

$$\left(\mathcal{L}^{-1}\Lambda Q, \Lambda Q\right) = C_d \int_0^\infty (\Lambda Q)(r)W(r)r^{d-1}\mathrm{d}r. \qquad (3.279)$$

C_d 为 $d-1$ 维球面的表面积. 为了使这些问题在计算上易于处理, 将区域截断为 $(0, r_{\max})$, 其中 $r_{\max}$ 取充分大. Q 的渐近性已知且

$$Q \propto r^{-(d-1)/2}e^{-r}. \qquad (3.280)$$

因此, 对于截断区域, 引入 Robin 边界条件

$$Q'(r_{\max}) + \frac{d-1+2r_{\max}}{2r_{\max}}Q(r_{\max}) = 0. \qquad (3.281)$$

对于 r, (3.278) 的主要平衡点为

$$-W'' + W \approx rQ', \qquad (3.282)$$

可推出

$$W \propto r^{(5-d)/2}e^{-r}. \qquad (3.283)$$

由此可引入 Robin 边界条件

$$W'(r_{\max}) + \frac{d-5+2r_{\max}}{2r_{\max}}W(r_{\max}) = 0. \qquad (3.284)$$

因此解方程 (3.279) 和 (3.278), 以及近似边界条件 (3.280) 和 (3.283). 为了计算内积, 引入函数 $v(r)$, 解如下的常微分方程

$$v' = (\Lambda Q)(r)W(r)r^{d-1}, \quad v(0). \qquad (3.285)$$

则

$$v\left(r_{\max}\right) = \int_0^{r_{\max}} (\Lambda Q)(r)W(r)r\mathrm{d}r \approx C_d^{-1}\left(\mathcal{L}^{-1}\Lambda Q, \Lambda Q\right). \qquad (3.286)$$

(3.285) 虽然简单, 但引入它是为了能够将此方程组作为一个耦合的一阶方程组, 借助 MATLAB 的 bvp4c 来求解. 因为 $C_d > 0$, 可忽略计算.

3.A.2　计算结果

情况 $p = 2$ 和 $d = 2$. 将 $r_{\max} = 50$ 及绝对误差和相对误差分别为 10^{-8}, 10^{-10} 的算法应用于 $p = 2$ 和 $d = 2$, 可知 (3.77) 是负的. 在图 3.5 中, 图 3.5(a), 图 3.5(b) 绘制了 Q, W 及它们的渐近性, 图 3.5(c) 绘制了 v. Q, W 均为指数衰减, 且 v 已经稳定到一个固定的负值 $v(r_{\max}) \approx -0.476741$.

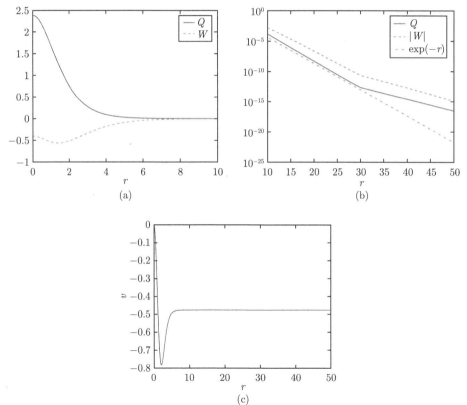

图 3.5　在 $p = 2$ 和 $d = 2$ 情况下计算 Q, W, 以及 $v(r)$ 定义于 (3.285). Q 和 W 呈现指数级减小, 并且 v 已稳定在一个稳定的负值

其他情况. 对于其他的 p, d, 可重复这个计算. 在图 3.6 中, 我们绘制了在二维和三维空间中, 针对一系列 p 值的 $v(r_{\max})$, 即 (3.77) 的估计值. 对于 p 的范

围, 当 $d=2$ 时 $p \in [1.8, 2.1491)$, 当 $d=3$ 时 $p \in [1.8, 1.8333)$, 符号是负的. 对于更高、更具超临界性的 p 的值, (3.77) 式为正, 此时结果尚未定论. 通过维度 $d=1$ 的相应计算, 证实了计算是不确定的, 也如图所示. 对于这种情况, 零交叉在 $p=2.8899$ 处, 不包括三次非线性. 但是已知 $p=3$, $d=1$ 是渐近稳定的 [50,53].

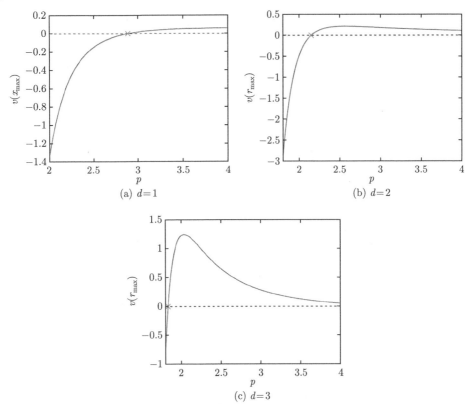

图 3.6 在一系列非线性和 p 条件下以及一维、二维、三维情况下, (3.276) 的估计值. 零点交叉点分别位于 2.8899 $(d=1)$, 2.1491 $(d=2)$ 和 1.8333 $(d=3)$

附录 3.B (3.273) 的证明

本小节证明 (3.273). 在 $H^1\left(\mathbb{R}^2\right)$ 中可知 Q 为 (3.2) 的唯一径向解. (3.2) 乘以 Q 且积分可得

$$-\int |\nabla Q|^2 \mathrm{d}x - \int Q^2 \mathrm{d}x + \int Q^3 \mathrm{d}x = 0. \tag{3.287}$$

现在证明处理梯度项的两种不同的恒等式. 首先, (3.2) 乘以 $\partial_{x_1} Q$ 可得

$$\partial_{x_1} \left[\frac{1}{2} \left(\partial_{x_1} Q\right)^2 - \frac{1}{2} Q^2 + \frac{1}{3} Q^3 \right] + \partial_{x_1} Q \partial_{x_2}^2 Q = 0,$$

这表明了 $\partial_{x_1}Q\partial_{x_2}^2Q$ 在 $\mathbb{R}_{x_1}$ 的每个子区间上都有有限的积分. 因此

$$\frac{1}{2}\left(\partial_{x_1}Q\right)^2 - \frac{1}{2}Q^2 + \frac{1}{3}Q^3 + \int_{-\infty}^{x_1}\partial_{x_1}Q\partial_{x_2}^2Q\mathrm{d}\tilde{x}_1 = 0.$$

上式前三项都可积. 因此 $\displaystyle\int_{-\infty}^{x_1}\partial_{x_1}Q\partial_{x_2}^2Q\mathrm{d}\tilde{x}_1$ 在 $\mathbb{R}^2$ 上可积且可得

$$\int_{x_1,x_2}\left[\frac{1}{2}\left(\partial_{x_1}Q\right)^2 - \frac{1}{2}Q^2 + \frac{1}{3}Q^3\right]\mathrm{d}x_1\mathrm{d}x_2 + \int_{x_1,x_2}\int_{-\infty}^{x_1}\partial_{x_1}Q\partial_{x_2}^2Q\mathrm{d}x_1\mathrm{d}\tilde{x}_2\mathrm{d}\tilde{x}_1 = 0.$$

利用 Fubini 定理计算最后一项, 有

$$\begin{aligned}
\int_{x_1,x_2}\int_{-\infty}^{x_1}\partial_{x_1}Q\partial_{x_2}^2Q\mathrm{d}\tilde{x}_1 &= \int_{x_1}\int_{-\infty}^{x_1}\int_{x_2}\partial_{x_1}Q\partial_{x_2}^2Q\mathrm{d}x_1\mathrm{d}\tilde{x}_1\mathrm{d}x_2 \\
&= -\int_{x_1}\int_{-\infty}^{x_1}\int_{x_2}\partial_{x_1,x_2}Q\partial_{x_2}Q\mathrm{d}x_1\mathrm{d}\tilde{x}_1\mathrm{d}x_2 \\
&= -\frac{1}{2}\int_{x_1,x_2}\int_{-\infty}^{x_1}\partial_{x_1}\left[\left(\partial_{x_2}Q\right)^2\right]\mathrm{d}x_1\mathrm{d}x_2\mathrm{d}\tilde{x}_1 \\
&= -\frac{1}{2}\int_{x_1,x_2}\left(\partial_{x_2}Q\right)^2\mathrm{d}x_1\mathrm{d}x_2.
\end{aligned}$$

最后可得

$$\int\left[\left(\partial_{x_1}Q\right)^2 - \left(\partial_{x_2}Q\right)^2 - Q^2 + \frac{2}{3}Q^3\right]\mathrm{d}x = 0.$$

交换 x_1 和 x_2 可得另一个估计:

$$\int\left[\left(\partial_{x_2}Q\right)^2 - \left(\partial_{x_1}Q\right)^2 - Q^2 + \frac{2}{3}Q^3\right]\mathrm{d}x = 0,$$

则可得

$$\int\left(Q^2 - \frac{2}{3}Q^3\right)\mathrm{d}x = 0$$

和

$$\int\left(\partial_{x_1}Q\right)^2\mathrm{d}x = \int\left(\partial_{x_2}Q\right)^2\mathrm{d}x,$$

根据 (3.287), 有

$$\int\left(\partial_{x_1}Q\right)^2\mathrm{d}x = \frac{1}{2}\left(\frac{3}{2}\int Q^2\mathrm{d}x - \int Q^2\mathrm{d}x\right) = \frac{1}{4}\int Q^2\mathrm{d}x.$$

最后计算 H_0. 根据先前的等式可得

$$
\begin{aligned}
H_0 &= \frac{1}{2}\int |\nabla Q|^2 \mathrm{d}x - \frac{1}{3}\int Q^3 \mathrm{d}x \\
&= \frac{1}{2}\left(2\cdot\frac{1}{4}\int Q^2 \mathrm{d}x\right) - \frac{1}{3}\cdot\frac{3}{2}\int Q^2 \mathrm{d}x \\
&= -\frac{1}{4}\int Q^2 \mathrm{d}x = -\frac{1}{2}M_0.
\end{aligned}
$$

附录 3.C   能量空间中的线性波与渐近稳定性

利用无穷远处的线性波, 本节证明注记 3.1 和注记 3.10. 事实上, 考虑线性动力学

$$
u_t + \partial_{x_1}\Delta u = 0,
$$

且取 $u = \exp\left(i\left(k_1 x_1 + k_2 x_2 - wt\right)\right)$. 则用 k_1 和 k_2 计算 w, 有

$$
w(k_1, k_2) = -\left(k_1^3 + k_1 k_2^2\right).
$$

下面计算速度群, 即向量 ∇w, 有

$$
\nabla w = -\left(3k_1^2 + k_2^2, 2k_1 k_2\right)^{\mathrm{T}},
$$

它具有负 x_1 方向, 但是 x_2 方向依赖于 k_1 和 k_2 的符号. 不失一般性, 假设 $k_1 > 0, k_2 < 0$. 下面计算极小角度 θ,

$$
-2k_1 k_2 = R\cos\theta \quad 和 \quad 3k_1^2 + k_2^2 = R\sin\theta.
$$

角度为

$$
\min \frac{3k_1^2 + k_2^2}{2\,|k_1|\,|k_2|} = \tan\theta,
$$

但是

$$
\frac{3k_1^2 + k_2^2}{2\,|k_1|\,|k_2|} = \frac{1}{2}\left(3r + \frac{1}{r}\right), \quad r := \frac{|k_1|}{|k_2|} > 0.
$$

注意到有

$$
3r + \frac{1}{r} \geqslant 2\sqrt{3},
$$

则

$$
\min \frac{3k_1^2 + k_2^2}{2\,|k_1|\,|k_2|} \geqslant \sqrt{3} = \tan\frac{\pi}{3}.
$$

对于三维情况有类似的结果.

附录 3.D　证明定理 3.7

假设 $v \in H^1\left(\mathbb{R}^d\right)$ 为非平凡的孤立波满足 (3.24) 且满足 $\partial_{x_1}^{-1}\partial_{x_j}v \in L^2\left(\mathbb{R}^d\right)$, $j \in \mathbb{Z}_+ \cap [2, d]$ 且 $c_j \neq 0$, $j \in \mathbb{Z}_+ \cap [2, d]$. 因为 (3.24) 通过 $d-1$ 变量 $(x_2, \cdots, x_{d-1})$ 的旋转是不变的, 可假设 $c_2 \neq 0$ 和 $c_3 = \cdots = c_d = 0$.

对 (3.24) 乘以 $x_2\partial_{x_1}v$ 且分部积分, 有

$$\int \partial_{x_1}v\partial_{x_2}v\mathrm{d}x = -\frac{1}{2}c_2\int v^2\mathrm{d}x.$$

另一方面, 对 (3.24) 乘以 $x_1\partial_{x_2}v$ 可得

$$\int \partial_{x_1}v\partial_{x_2}v\mathrm{d}x = \frac{1}{2}c_2\int \left(\partial_{x_1}^{-1}\partial_{x_2}v\right)^2\mathrm{d}x,$$

这是一个矛盾, 除非 $c_2 = 0$ 或 $v \equiv 0$.

第 4 章　二维 Zakharov-Kuznetsov 方程的孤立子不稳定性

4.1　不稳定性的定义及主要结论

我们研究广义 Zakharov-Kuznetsov 方程

$$u_t + \partial_{x_1}(\Delta u + u^p) = 0, \quad x = (x_1, x_2, \cdots, x_N) \in \mathbb{R}^N, \quad t \in \mathbb{R}, \qquad (4.1)$$

其中 $N = 2$, $p = 3$. 对于 ZK 方程的初始值

$$u_t + \partial_{x_1}(\Delta_{x_1, x_2} u + u^3) = 0, \qquad (x_1, x_2) \in \mathbb{R}^2, \qquad (4.2)$$

$$u(0, x_1, x_2) = u_0(x_1, x_2) \in H^1(\mathbb{R}^2), \qquad t > 0. \qquad (4.3)$$

(4.2), (4.3) 问题的解满足质量和能量守恒定律

$$M[u(t)] = \int_{\mathbb{R}^2} [u(t, x_1, x_2)]^2 \mathrm{d}x_1 \mathrm{d}x_2 = M[u(0)], \qquad (4.4)$$

$$
\begin{aligned}
E[u(t)] &= \frac{1}{2}\int_{\mathbb{R}^2} |\nabla u(t, x_1, x_2)|^2 \mathrm{d}x_1 \mathrm{d}x_2 - \frac{1}{4}\int_{\mathbb{R}^2} [u(t, x_1, x_2)]^4 \mathrm{d}x_1 \mathrm{d}x_2 \\
&= E[u(0)].
\end{aligned}
\qquad (4.5)
$$

作伸缩变换

$$u_\lambda(t, x_1, x_2) = \lambda^{\frac{2}{p-1}} u(\lambda^3 t, \lambda x_1, \lambda x_2),$$

$$\|u(0, \cdot, \cdot)\|_{\dot{H}^s(\mathbb{R}^N)} = \lambda^{\frac{2}{p-1} + s - \frac{N}{2}} \|u_0\|_{\dot{H}^s(\mathbb{R}^N)},$$

对于 gKdV 方程

$$u_t + u_{xxx} + (u^p)_x = 0, \quad p = 2, \quad x \in \mathbb{R}, \quad t \in \mathbb{R},$$

临界指数 $s = \dfrac{1}{2} - \dfrac{2}{p-1}$. 对于 ZK 方程 (4.1), 它的临界指数 $s = 1 - \dfrac{2}{p-1}$, $p = 3$, $s = 0$, 即 L^2 临界方程.

gZK 方程有一系列行波解、孤立波解, 在 x_1 方向传播

$$u(t, x_1, x_2) = Q_c(x_1 - ct, x_2), \tag{4.6}$$

其中 $Q_c(x_1, x_2) \to 0$, $|x| \to \infty$. Q_c 为基态解 Q 的平移.

$$Q_c(x) = c^{\frac{1}{p}-1} Q\left(c^{\frac{1}{2}}x\right), \quad x = (x_1, x_2),$$

其中 Q 为非线性椭圆型 $-\Delta Q + Q - Q^p = 0$ 的轴向正解, 有

$$Q \in C^\infty(\mathbb{R}^2), \quad \partial_r Q(r) < 0, \quad r = |x| > 0,$$

$$|\partial^\alpha Q(x)| \leqslant c(\alpha) e^{-|x|}, \quad x \in \mathbb{R}^2. \tag{4.7}$$

以下给出 Q 的稳定性和不稳定性定义.

令

$$U_\alpha = \left\{ u \in H^1(\mathbb{R}^2) \,\bigg|\, \inf_{y \in \mathbb{R}^2} \| u(\cdot) - Q(\cdot + y) \|_{H^1} \leqslant \alpha \right\}. \tag{4.8}$$

定义 4.1 (Q 的稳定性)　如果对一切 $\alpha > 0$, 存在 $\delta > 0$, 且 $u_0 \in U_\delta$, 相应的解 $u(t)$ 对一切 $t \geqslant 0$ 有定义, 且 $u(t) \in U_\alpha$, $\forall t \geqslant 0$, 则称 Q 是稳定的.

定义 4.2 (Q 的不稳定性)　如果存在 $\alpha > 0$, 对一切 $\delta > 0$, $u_0 \in U_\delta$, 则存在 $t_0 = t_0(u_0)$, 使得 $u(t_0) \notin U_\alpha$, 则称 Q 是不稳定的.

本章主要结果为

定理 4.1 (二维 ZK 方程关于 Q 的 H^1 不稳定性)　存在 $\alpha_0 > 0$ 使得对任何 $\delta > 0$, 存在 $u_0 \in H^1(\mathbb{R}^2)$, 满足

$$\| u_0 - Q \|_{H^1} \leqslant \delta \quad \text{且} \quad u_0 - Q \perp \{Q_{x_1}, Q_{x_2}, \chi_0\}, \tag{4.9}$$

则存在 $t_0 = t_0(u_0) > 0$, 使得

$$u(t_0) \notin U_{\alpha_0}$$

或者

$$\inf_{\vec{x} \in \mathbb{R}^2} \| u(t_0, \cdot) - Q(\cdot, -x) \|_{H^1} \geqslant \alpha_0,$$

其中 χ_0 为对应于线性算子 L 的负特征值的特征函数 $L = -\Delta + 1 - pQ^{p-1}$.

4.2　广义 ZK 方程局部存在性和线性算子 L

考虑 gZK 方程的初值问题

$$\begin{cases} u_t + \partial_{x_1} \Delta u + \partial_{x_1}(u^p) = 0, & (x_1, x_2) \in \mathbb{R}^2, \ t > 0, \\ u(0, x_1, x_2) = u_0, & (x_1, x_2) \in H^s(\mathbb{R}^2). \end{cases} \tag{4.10}$$

定理 4.2 (4.10) 的局部存在性成立

$p > 2$, $s > \dfrac{1}{2}$, Grünrock 和 Herr[26], Molinet 和 Pilod [67],

$p = 3$, $s > \dfrac{1}{4}$, Ribaud 和 Vento [72],

$p = 4$, $s > \dfrac{5}{12}$, Ribaud 和 Vento [72],

$p = 5, 6, 7, 8$, $s > 1 - \dfrac{2}{p-1}$, Ribaud 和 Vento [72],

$p = 9$, $s > \dfrac{3}{4}$, Linares 和 Pastor [46],

$p > 9$, $s > s_p = 1 - \dfrac{2}{p-1}$, Farah 等[19].

定理 4.3 ([19]) 设 $p - 1 \geqslant 3$, $s_p = 1 - \dfrac{2}{p-1}$. 设 $u_0 \in H^1(\mathbb{R}^2)$ 且设

$$E(u_0)^{s_p} M(u_0)^{1-s_p} < E(Q)^{s_p} M(Q)^{1-s_p}, \quad E(u_0) \geqslant 0. \tag{4.11}$$

如果

$$||\nabla u_0||_{L^2}^{s_p} ||u_0||_{L^2}^{1-s_p} < ||\nabla Q||_{L^2}^{s_p} ||Q||_{L^2}^{1-s_p}, \tag{4.12}$$

则对一切 $t > 0$, 在解的最大存在区间有

$$||\nabla u(t)||_{L^2}^{s_p} ||u_0||_{L^2}^{1-s_p} = ||\nabla u(t)||_{L^2}^{s_p} ||u(t)||_{L^2}^{1-s_p} < ||\nabla Q||_{L^2}^{s_p} ||Q||_{L^2}^{1-s_p},$$

其中 Q 为如下方程

$$\Delta Q - Q + Q^p = 0$$

的唯一球对称正解. 特别是满足 (4.11), (4.12) 的 H^1 解的整体存在性.

线性算子 L 为

$$L = -\Delta + 1 - PQ^{p-1}. \tag{4.13}$$

定理 4.4 (L 算子的性质, [40], [66], [79])

(i) L 是一个自共轭算子 $\sigma_{\text{ess}}(L) = [\lambda_{\text{ess}}, +\infty)$, 对某 $\lambda_{\text{ess}} > 0$;

(ii) $\ker L = \text{span}\{Q_{x_1}, Q_{x_2}\}$;

(iii) L 是有唯一的简单的负特征值 $-\lambda_0$ ($\lambda_0 > 0$), 对应于一个正的球对称的特征函数 χ_0, 且存在 $\delta > 0$, 使得

$$|\chi_0(x)| \lesssim e^{-\delta|x|}, \quad \forall x \in \mathbb{R}^2. \tag{4.14}$$

可定义伸缩对称的生成子 Λ,

$$\Lambda f = \frac{2}{p-1}f + x \cdot \nabla f, \quad (x_1, x_2) \in \mathbb{R}^2, \tag{4.15}$$

其满足如下等式

引理 4.1　如下等式成立[19]:

(i) $L(\Lambda Q) = -2Q$;

(ii) $\displaystyle\int Q\Lambda Q \mathrm{d}x = 0,\ p = 3,\ \int Q\Lambda Q \mathrm{d}x = \frac{3-p}{p-1}\int Q^2 \mathrm{d}x,\ p \neq 3.$

引理 4.2　L 的如下条件成立[79]:

(i) $(LQ, Q) = -2\displaystyle\int Q^4 \mathrm{d}x < 0$;

(ii) $L|_{\{Q^3\}^\perp} \geqslant 0$;

(iii) $L|_{\{Q\}^\perp} \geqslant 0$;

(iv) $L|_{\{Q,\ xQ,\ |x|^2 Q\}^\perp} > 0$.

引理 4.3　若 $\forall f \in H^1(\mathbb{R}^2)$, 使得

$$(f, Q) = (f, x_j Q) = (f, |x|^2 Q) = 0, \quad j = 1, 2, \tag{4.16}$$

则存在一正数 $C > 0$, 使得

$$(Lf, f) \geqslant (f, f).$$

引理 4.4　若对任何 $f \in H^1(\mathbb{R}^2)$, 使得

$$(f, Q^3) = (f, Q_{x_j}) = 0, \quad j = 1, 2, \tag{4.17}$$

则存在 $C > 0$, 使得

$$(Lf, f) \geqslant C(f, f).$$

证明　从 [3] 可知

$$\inf_{(f, Q^3)=0} (Lf, f) \geqslant 0. \tag{4.18}$$

令 $C_1 = \{(L\varepsilon, \varepsilon) : \|\varepsilon\|_{L^2} = 1,\ (f, Q^3) = (f, Q_{x_j}) = 0,\ j = 1, 2\}$, 则由 (4.18), $C_1 \geqslant 0$. 反证法. 设矛盾, $C_1 = 0$. 此时由 [32, 命题 2.9], 可找到函数 $\varepsilon^* \in H^1$, 满足

(i) $(L\varepsilon^*, \varepsilon^*) = 0$;

(ii) $(L - \alpha)\varepsilon^* = \beta Q^3 + \gamma Q_{x_1} + \delta Q_{x_2}$;

(iii) $\|\varepsilon^*\|_{L^2} = 1,\ (\varepsilon^*, Q^3) = (\varepsilon^*, Q_{x_j}) = 0, \quad j = 1, 2.$

(ii) 左右分别与 ε^* 作内积, 可由 (iii) 得 $(L\varepsilon^*, \varepsilon^*) = \alpha$, 由 (i) 得 $\alpha = 0$. 再对 Q_{x_1} 作内积, 由分部积分和定理 4.4, 有

$$0 = (\varepsilon^*, LQ_{x_1}) = (L\varepsilon^*, Q_{x_1}) = \gamma \int Q_{x_1}^2 \mathrm{d}x + \delta \int Q_{x_1} Q_{x_2} \mathrm{d}x.$$

因为 $Q_{x_1} \perp Q_{x_2}$, 有 $\gamma = 0$, 所以由 $L\varepsilon^* = \beta Q^3$ 推出

$$\varepsilon^* = -\frac{\beta}{2} Q + \theta_1 Q_{x_1} + \theta_2 Q_{x_2}. \tag{4.19}$$

由定理 4.3 和引理 4.1, 对 (4.19) 和 Q^3 作内积, 从 (iii) 和分部积分得

$$0 = (\varepsilon^*, Q^3) = -\frac{\beta}{2} \int Q^4 \mathrm{d}x,$$

推出 $\beta = 0$. 最后利用 Q_{x_j}, $j = 1, 2$, 可得 $\theta_1 = \theta_2 = 0$, 因此 $\varepsilon^* = 0$, 它和 (iii) 矛盾.

引理 4.5 设 χ_0 为正的球对称的特征函数, 对应于唯一的简单的负特征值 $-\lambda_0(\lambda_0 > 0)$, 则存在 $\sigma_0 > 0$, 使得对任何 $f \in H^1(\mathbb{R}^2)$ 满足

$$(f, \chi_0) = (f, Q_{x_j}) = 0, \quad j = 1, 2, \tag{4.20}$$

有

$$(Lf, f) \geqslant \sigma_0(f, f).$$

4.3 解依 Q 的分解和调制理论

我们考虑解依孤立子 Q 的分解.

令

$$v(t, y_1, y_2) = \lambda(t)u(t, \lambda(t)y_1 + x_1(t), \lambda(t)y_2 + x_2(t)), \tag{4.21}$$

考虑差 $\varepsilon = v - Q$,

$$\varepsilon(t, y) = v(t, y) - Q(y), \quad y = (y_1, y_2). \tag{4.22}$$

ε 满足的方程

令 $\dfrac{\mathrm{d}s}{\mathrm{d}t} = \dfrac{1}{\lambda^3}$, 可得 ε 满足的方程.

引理 4.6　对 $s \geqslant 0$, 有

$$\varepsilon_s = (L\varepsilon)_{y_1} + \frac{\lambda_s}{\lambda}\Lambda Q + \left(\frac{(x_1)_s}{\lambda} - 1\right)Q_{y_1} + \frac{(x_2)_s}{\lambda}Q_{y_2}$$

$$+ \frac{\lambda_s}{\lambda}\Lambda\varepsilon + \left(\frac{(x_1)_s}{\lambda} - 1\right)\varepsilon_{y_1} + \frac{(x_2)_s}{\lambda}\varepsilon_{y_2} - 3(Q\varepsilon^2)_{y_1} - (\varepsilon^3)_{y_1}, \qquad (4.23)$$

其中 $\Lambda f = f + y \cdot \nabla f$, $L\varepsilon = -\Delta\varepsilon + \varepsilon - 3Q^2\varepsilon$.

证明　利用 (4.21) 可得

$$v_t = \lambda_t u + \lambda u_t + \lambda u_{x_1}(\lambda_t y_1 + (x_1)_t) + \lambda u_{x_2}(\lambda_t y_2 + (x_2)_t).$$

对 $i = 1, 2$,

$$v_{y_i} = \lambda^2 u_{x_i}, \quad v_{y_i y_i} = \lambda^3 u_{x_i x_i},$$

代入 $u_t + \partial_{x_1}(\Delta u + u^3) = 0$ 可得

$$v_t = \lambda^{-1}\lambda_t v + \lambda^{-1}\lambda_t(y \cdot \nabla v) + \lambda^{-1}(v_{y_1}(x_1)_t + v_{y_2}(x_2)_t) - \lambda^{-3}\partial_{y_1}(\Delta v + v^3),$$

由 $\dfrac{\mathrm{d}s}{\mathrm{d}t} = \dfrac{1}{\lambda^3}$, $t \to s$, 可得

$$\lambda^{-3}v_s = \lambda^{-4}\lambda_s v + \lambda^{-4}\lambda_s(y \cdot \nabla v) + \lambda^{-4}(v_{y_1}(x_1)_s + v_{y_2}(x_2)_s) - \lambda^{-3}\partial_{y_1}(\Delta v + v^3).$$

简化之, 得

$$v_s = \frac{\lambda_s}{\lambda}(v + y \cdot \nabla v) + \frac{((x_1)_s, (x_2)_s)}{\lambda} \cdot \nabla v - \partial_{y_1}(\Delta v + v^3).$$

利用 (4.22) 及 $\Delta Q = Q - Q^3$, 可得方程

$$\varepsilon_s = \frac{\lambda_s}{\lambda}(\Lambda Q + \Lambda\varepsilon) + \frac{((x_1)_s, (x_2)_s)}{\lambda} \cdot (\nabla Q + \nabla\varepsilon) - \partial_{y_1}(Q + \Delta\varepsilon + 3Q^2\varepsilon + 3Q\varepsilon^2 + \varepsilon^3).$$

化简之, 得 (4.23).　　　　　　　　　　　　　　　　　　　　　　　　　□

质量与能量关系

首先, 我们考虑 ε 的质量和能量的守恒律. 令

$$M_0 = 2\int_{\mathbb{R}^2} Q(y)\varepsilon(0, y)\mathrm{d}y + \int_{\mathbb{R}^2} \varepsilon^2(0, y)\mathrm{d}y, \qquad (4.24)$$

对任何 $s \geqslant 0$, 根据 L^2 伸缩不变性和质量守恒, 有

$$\int_{\mathbb{R}^2} v^2(s, y)\mathrm{d}y = \int_{\mathbb{R}^2} \lambda^2(t)u^2(t, \lambda y + x(t))\mathrm{d}y$$

$$= \int_{\mathbb{R}^2} u^2(t)\mathrm{d}x = M[u(t)] = M[u(0)].$$

另一方面,

$$\int_{\mathbb{R}^2} v^2(s,y)\mathrm{d}y = \int_{\mathbb{R}^2} \left(Q(y) + \varepsilon(s,y)\right)^2 \mathrm{d}y$$

$$= \int_{\mathbb{R}^2} Q^2(y)\mathrm{d}y + 2\int_{\mathbb{R}^2} Q(y)\varepsilon(s,y)\mathrm{d}y + \int_{\mathbb{R}^2} \varepsilon^2(s,y)\mathrm{d}y$$

$$= \int_{\mathbb{R}^2} u_0^2(x)\mathrm{d}x$$

$$= \int_{\mathbb{R}^2} Q^2(y)\mathrm{d}y + 2\int_{\mathbb{R}^2} Q(y)\varepsilon(0,y)\mathrm{d}y + \int_{\mathbb{R}^2} \varepsilon^2(0,y)\mathrm{d}y.$$

因此,

$$M[\varepsilon(s)] = 2\int_{\mathbb{R}^2} Q(y)\varepsilon(s,y)\mathrm{d}y + \int_{\mathbb{R}^2} \varepsilon^2(s,y)\mathrm{d}y = M_0. \tag{4.25}$$

其次, 我们考察 v 的能量守恒, 直接计算得

$$E[v(s)] = \lambda^2(s)E[u(t)] = \lambda^2(s)E[u_0]. \tag{4.26}$$

因 $v = Q + \varepsilon$, 可得

$$E[Q+\varepsilon] = \frac{1}{2}\int |\nabla(Q+\varepsilon)|^2 - \frac{1}{4}\int (Q+\varepsilon)^4$$

$$= \frac{1}{2}\left(\int \left(|\nabla\varepsilon|^2 + \varepsilon^2 - 3Q^2\varepsilon^2\right)\right) + \int \left(\nabla Q\nabla\varepsilon - Q^3\varepsilon\right)$$

$$\quad - \frac{1}{2}\int \varepsilon^2 - \int Q\varepsilon^3 - \frac{1}{4}\int \varepsilon^4$$

$$= \frac{1}{2}(L\varepsilon, \varepsilon) - \left(\int \left(Q\varepsilon + \frac{1}{2}\varepsilon^2\right)\right) - \frac{1}{4}\left(4\int Q\varepsilon^3 + \int \varepsilon^4\right), \tag{4.27}$$

(4.27) 中的第二个等式成立是由于用到分部积分及 $2\|\nabla Q\|_{L^2}^2 = \|Q\|_{L^4}^4$ (因 $\Delta Q + Q^3 = Q$). 再由 Gagliardo-Nirenberg 不等式可得最后一项

$$4\int Q\varepsilon^3 + \int \varepsilon^4 \leqslant c_1\|\nabla\varepsilon\|_{L^2}^2\|\varepsilon\|_{L^2}^2 + c_2\|\nabla\varepsilon\|_{L^2}^2\|\varepsilon\|_{L^2}^2, \tag{4.28}$$

如果 $\|\varepsilon\|_{H^1} \leqslant 1$, 可得

$$\left| E[Q+\varepsilon] + \left(\int Q\varepsilon + \frac{1}{2}\int \varepsilon^2\right) - \frac{1}{2}(L\varepsilon, \varepsilon) \right| \leqslant c_0\|\nabla\varepsilon\|_{L^2}\|\varepsilon\|_{L^2}^2,$$

连同 (4.25), (4.26), (4.28) 有

引理 4.7 对 $s \geqslant 0$, 有 ε 的质量和能量守恒

$$M[\varepsilon(s)] = M_0, \quad E[Q + \varepsilon(s)] = \lambda^2(s)E[u_0]. \tag{4.29}$$

进一步, 能量线性化

$$E[Q + \varepsilon] + \left(\int Q\varepsilon + \frac{1}{2} \int \varepsilon^2 \right) = \frac{1}{2}(L\varepsilon, \varepsilon) - \frac{1}{4}\left(4\int Q\varepsilon^3 + \int \varepsilon^4 \right). \tag{4.30}$$

若 $\|\varepsilon\|_{H^1} \leqslant 1$, 则存在 $c_0 > 0$ 使得

$$\left| E[Q + \varepsilon] + \left(\int Q\varepsilon + \frac{1}{2}\int \varepsilon^2 \right) - \frac{1}{2}(L\varepsilon, \varepsilon) \right| \leqslant c_0 \|\nabla\varepsilon\|_{L^2} \|\varepsilon\|_{L^2}^2. \tag{4.31}$$

由定义 (2.8), 我们可选取参数 $\lambda(s) \in \mathbb{R}$, $x(s) = (x_1(s), x_2(s)) \in \mathbb{R}^2$, 使得 $\varepsilon(s) \perp \chi_0$, $\varepsilon(s) \perp Q_{x_j}$, $j = 1, 2$. 由对称假设, 可设 $x_2(s) = 0$.

命题 4.1 (调制理论 I) 存在 $\bar{\alpha}$, $\bar{\lambda} > 0$ 和唯一的 C^1 映射

$$(\lambda_1, x_1): U_{\bar{\alpha}} \to (1 - \bar{\lambda}, 1 + \bar{\lambda}) \times \mathbb{R}^2$$

使得如果 $u \in U_{\bar{\alpha}}$ 和 $\varepsilon_{\lambda_1, x_1}$ 给定为

$$\varepsilon_{\lambda_1, x_1}(y_1, y_2) = \lambda_1 u(\lambda_1 y_1 + (x_1)_1, \lambda_1 y_2 + (x_1)_2) - Q(y_1, y_2), \tag{4.32}$$

则

$$\varepsilon_{\lambda_1, x_1} \perp \chi_0, \quad \varepsilon_{\lambda_1, x_1} \perp Q_{y_j}, \quad j = 1, 2. \tag{4.33}$$

进一步有, 存在一正常数 $C_1 > 0$, 使得如果 $u \in U_\alpha$, $0 < \alpha < \bar{\alpha}$, 则

$$\|\varepsilon_{\lambda_1, x_1}\|_{H^1} \leqslant C_1 \alpha, \quad |\lambda_1 - 1| \leqslant C_1 \alpha. \tag{4.34}$$

证明 $\varepsilon_{\lambda_1, x_1}$ 如 (4.32) 定义, 微分并回顾定义 (4.15) 有

$$\frac{\partial \varepsilon_{\lambda_1, x_1}}{\partial (x_1)_j}\bigg|_{\lambda_1 = 1, x_1 = 0} = u_{y_j}, \quad j = 1, 2, \tag{4.35}$$

$$\frac{\partial \varepsilon_{\lambda_1, x_1}}{\partial \lambda_1}\bigg|_{\lambda_1 = 1, x_1 = 0} = \Lambda u. \tag{4.36}$$

再考虑如下泛函

$$\rho_{\lambda_1, x_1}^j(u) = \int \varepsilon_{\lambda_1, x_1} Q_{y_j} \mathrm{d}y, \quad j = 1, 2, \quad \rho_{\lambda_1, x_1}^3(u) = \int \varepsilon_{\lambda_1, x_1} \chi_0 \mathrm{d}y,$$

定义函数 $S: \mathbb{R}^3 \times H^1 \to \mathbb{R}^3$ 使得

$$S(\lambda_1, x_1, u) = \left(\rho^1_{\lambda_1, x_1}(u), \rho^2_{\lambda_1, x_1}(u), \rho^3_{\lambda_1, x_1}(u)\right).$$

从 $(4.35), (4.36)$ 得

$$\left.\frac{\partial \rho^j_{\lambda_1, x_1}(u)}{\partial \lambda_1}\right|_{\lambda_1=1, x_1=0, u=Q} = \int \Lambda Q Q_{y_j} \mathrm{d}y,$$

$$\left.\frac{\partial \rho^1_{\lambda_1, x_1}(u)}{\partial (x_1)_1}\right|_{\lambda_1=1, x_1=0, u=Q} = \int Q_{y_1} Q_{y_1} \mathrm{d}y = \int Q_{y_1}^2 \mathrm{d}y > 0,$$

$$\left.\frac{\partial \rho^2_{\lambda_1, x_1}(u)}{\partial (x_1)_1}\right|_{\lambda_1=1, x_1=0, u=Q} = \int Q_{y_1} Q_{y_2} \mathrm{d}y = 0,$$

$$\left.\frac{\partial \rho^1_{\lambda_1, x_1}(u)}{\partial (x_1)_2}\right|_{\lambda_1=1, x_1=0, u=Q} = \int Q_{y_2} Q_{y_1} \mathrm{d}y = 0,$$

$$\left.\frac{\partial \rho^2_{\lambda_1, x_1}(u)}{\partial (x_1)_2}\right|_{\lambda_1=1, x_1=0, u=Q} = \int Q_{y_2} Q_{y_2} \mathrm{d}y = \int Q_{y_2}^2 \mathrm{d}y > 0.$$

由于 $L(\chi_0) = -\lambda_0 \chi_0$ $(\lambda_0 > 0)$, $L(\Lambda Q) = -2Q$, 又 χ_0 和 Q 为正函数, 且 $\chi_0 \perp \mathrm{span}\{Q_{y_1}, Q_{y_2}\}$, 有

$$\left.\frac{\partial \rho^3_{\lambda_1, x_1}(u)}{\partial \lambda_1}\right|_{\lambda_1=1, x_1=0, u=Q} = \int \Lambda Q \chi_0 \mathrm{d}y = -\frac{1}{\lambda_0} \int \Lambda Q L(\chi_0) \mathrm{d}y = \frac{2}{\lambda_0} \int Q \chi_0 \mathrm{d}y > 0,$$

$$\left.\frac{\partial \rho^3_{\lambda_1, x_1}(u)}{\partial (x_1)_1}\right|_{\lambda_1=1, x_1=0, u=Q} = \int Q_{y_1} \chi_0 \mathrm{d}y = 0,$$

$$\left.\frac{\partial \rho^3_{\lambda_1, x_1}(u)}{\partial (x_1)_2}\right|_{\lambda_1=1, x_1=0, u=Q} = \int Q_{y_2} \chi_0 \mathrm{d}y = 0.$$

注意到 $S(1, 0, 0, Q) = (0, 0, 0)$. 我们利用隐函数定理得到存在 $\bar{\beta} > 0$, 在 $(1, 0, 0) \in \mathbb{R}^3$ 的邻域 V, 唯一的 C^1 映射

$$(\lambda_1, x_1): \{u \in H^1(\mathbb{R}^2) : ||u - Q||_{H^1} < \bar{\beta}\} \to V,$$

使得 $S((\lambda_1, x_1)(u), u) = 0$. 换言之, 正交条件 (4.33) 成立.

注意到存在 $C > 0$, 若 $||u-Q||_{H^1} < \alpha \leqslant \bar{\beta}$, 则 $|\lambda_1 - 1| + |x_1| \leqslant C\alpha$, 由 (4.22) 有 $||\varepsilon_{\lambda_1, x_1}|| \leqslant c\alpha$.

直接作映射 (λ_1, x_1) 到区域 U_α. 事实上, 再应用隐函数定理, 存在 $\bar\alpha < \bar\beta$ 和唯一 C^1 映射 $r : U_{\bar\alpha} \to \mathbb{R}^2$ 使得

$$||u(\cdot) - Q(\cdot - r)||_{H^1} = \inf_{r \in \mathbb{R}^2} ||u(\cdot) - Q(\cdot - r)||_{H^1} < \bar\alpha < \bar\beta, \quad \forall u \in U_{\bar\alpha}.$$

最后, 定义 $\lambda_1 = \lambda_1(u(\cdot + r(u)))$, $x_1 = x_1(u(\cdot + r(u))) + r(u)$, 则 (4.33), (4.34) 满足.

命题 4.2 (调制理论 II)　若设命题 3.1 中 u 是柱对称的, 即 $u(x_1, x_2) = u(x_1, |x_2|)$, 则存在 $\bar\alpha > 0$, $(x_1)_2 \equiv 0$.

该命题的证明类似于命题 (4.1).

定义 4.3　对 $\forall\, t \geqslant 0$, $\lambda(t)$, $x(t)$ 使得 $\varepsilon_{\lambda(t), x(t)}$ 定义为

$$\varepsilon_{\lambda(t), x(t)}(y_1, y_2) = \lambda_1 u(\lambda_1 y_1 + x_1, \lambda_1 y_2) - Q(y_1, y_2) \tag{4.37}$$

且满足

$$\varepsilon_{\lambda(t), x(t)} \perp \chi_0, \quad \varepsilon_{\lambda(t), x(t)} \perp Q_{y_j}, \quad j = 1, 2. \tag{4.38}$$

令

$$\varepsilon(t) = \varepsilon_{\lambda(t), x(t)} = \lambda(t) u(t, \lambda(t) y_1 + x(t), \lambda(t) y_2) - Q(y_1, y_2). \tag{4.39}$$

再令 $t \mapsto s$, $\dfrac{\mathrm{d}s}{\mathrm{d}t} = \dfrac{1}{\lambda^3}$, 利用 (4.40) 估计 $\dfrac{\lambda_s}{\lambda}$, $\left(\dfrac{x_s}{\lambda} - 1\right)$.

引理 4.8 (调制参数)　若存在 $0 < \alpha_1 < \bar\lambda$, 对 $\forall\, t \geqslant 0$, 都有 $u(t) \in U_\alpha$, 则 λ 和 $x \in C^1(s)$, 满足如下方程:

$$-\frac{\lambda_s}{\lambda} \int (y \cdot \nabla Q_{y_1}) \varepsilon \mathrm{d}y + \left(\frac{x_s}{\lambda} - 1\right) \left(\int |Q_{y_1}|^2 \mathrm{d}y - \int Q_{y_1 y_1} \varepsilon \mathrm{d}y\right)$$
$$= 6 \int Q Q_{y_1}^2 \varepsilon \mathrm{d}y - 3 \int Q_{y_1 y_1} \varepsilon^2 Q \mathrm{d}y - \int Q_{y_1 y_1} \varepsilon^3 \mathrm{d}y \tag{4.40}$$

和

$$\frac{\lambda_s}{\lambda} \left(\frac{2}{\lambda_0} \int \chi_0 Q \mathrm{d}y - \int (y \cdot \nabla \chi_0) \varepsilon \mathrm{d}y\right) - \left(\frac{x_s}{\lambda} - 1\right) \int (\chi_0)_{y_1} \varepsilon \mathrm{d}y$$
$$= \int L((\chi_0)_{y_1}) \varepsilon \mathrm{d}y - 3 \int (\chi_0)_{y_1} Q \varepsilon^2 \mathrm{d}y - \int (\chi_0)_{y_1} \varepsilon^3 \mathrm{d}y. \tag{4.41}$$

进一步有, 存在不变常数 $C_2 > 0$ 使得若 $||\varepsilon(s)||_2 \leqslant \alpha$, $\forall\, s \geqslant 0$, $\alpha < \alpha_1$, 则有

$$\left|\frac{\lambda_s}{\lambda}\right| + \left|\frac{x_s}{\lambda} - 1\right| \leqslant C_2 ||\varepsilon(s)||_2. \tag{4.42}$$

证明 设 χ 是指数衰减的光滑函数. 首先计算 $\dfrac{\mathrm{d}}{\mathrm{d}s}\int \chi\varepsilon(s)$. 事实上, 有

$$\frac{\mathrm{d}}{\mathrm{d}s}\int \chi u(s) = \lambda^3 \frac{\mathrm{d}}{\mathrm{d}t}\int \chi u(t) = -\lambda^3 \int \chi(\partial_x \Delta u + \partial_x(u^3))$$

$$= \lambda^3 \left[\int \partial_x \Delta \chi u \mathrm{d}x + \int \chi_x u^3 \mathrm{d}x \right].$$

由 (4.21), 可得

$$\frac{\mathrm{d}}{\mathrm{d}s}\int \chi v(s) = \frac{\mathrm{d}}{\mathrm{d}s}\int \chi(y)\lambda u(s, \lambda y + x(s))\mathrm{d}y$$

$$= \frac{\mathrm{d}}{\mathrm{d}s}\left(\lambda^{-1}\int \chi(\lambda^{-1}(x - x(s)))u(s, x)\mathrm{d}x \right)$$

$$= -\lambda^{-2}\lambda_s \int \chi(\lambda^{-1}(x - x(s)))u(s, x)\mathrm{d}x$$

$$+ \lambda^{-1}\int \left(\frac{\mathrm{d}}{\mathrm{d}s}\chi(\lambda^{-1}(x - x(s))) \right) u(s, x)\mathrm{d}x$$

$$+ \lambda^{-1}\lambda^3 \int \chi(\lambda^{-1}(x - x(s)))(\partial_x \Delta u + \partial_x(u^3))\mathrm{d}x$$

$$\equiv \text{(A)} + \text{(B)} + \text{(C)},$$

其中

$$\text{(A)} = -\frac{\lambda_s}{\lambda}\int \chi v \mathrm{d}y,$$

$$\text{(B)} = \lambda^{-1}\int \nabla\chi \cdot \frac{\mathrm{d}}{\mathrm{d}s}(\lambda^{-1}(x - x(s)))u(s, x)\mathrm{d}x$$

$$= -\frac{\lambda_s}{\lambda}\int (\nabla\chi \cdot y)v\mathrm{d}y - \int \left(\nabla\chi \cdot \frac{x(s)}{\lambda} \right) v\mathrm{d}y,$$

$$\text{(C)} = \lambda^{-1}\int (\partial_{x_1}\Delta\chi)(\lambda^{-1}(x - x(s)))u\mathrm{d}x + \lambda \int \chi_{x_1}(\lambda^{-1}(x - x(s)))u\mathrm{d}x$$

$$= \int (\partial_{y_1}\Delta\chi)v\mathrm{d}y + \int \chi_{y_1}v^3\mathrm{d}y.$$

其次, 利用 $v = Q + \varepsilon$, 由 (4.15), Λ 的定义可得

$$\frac{\mathrm{d}}{\mathrm{d}s}\int \chi v(s)$$

$$
= -\frac{\lambda_s}{\lambda}\int(\Lambda\chi)(Q+\varepsilon)\mathrm{d}y - \left(\frac{(x_1)_s}{\lambda}-1\right)\int\chi_{y_1}(Q+\varepsilon)\mathrm{d}y - \frac{(x_2)_s}{\lambda}\int\chi_{y_2}(Q+\varepsilon)\mathrm{d}y
$$
$$
-\int\chi_{y_1}(Q+\varepsilon)\mathrm{d}y + \int(\partial_{y_1}\Delta\chi)(Q+\varepsilon)\mathrm{d}y + \int\chi_{y_1}(Q+\varepsilon)^3\mathrm{d}y.
$$

由 $L\chi_{y_1} = -\partial_{y_1}\Delta\chi + \chi_{y_1} - 3Q^2\chi_{y_1}$, $-\Delta Q + Q - Q^3 = 0$, 得

$$
\frac{\mathrm{d}}{\mathrm{d}s}\int\chi v(s)\mathrm{d}y
$$
$$
= -\frac{\lambda_s}{\lambda}\left(\int(\Lambda\chi)Q\mathrm{d}y + \int(\Lambda\chi)\varepsilon\mathrm{d}y\right) - \left(\frac{(x_1)_s}{\lambda}-1\right)\left(\int\chi_{y_1}Q\mathrm{d}y + \int\chi_{y_1}\varepsilon\mathrm{d}y\right)
$$
$$
-\frac{(x_2)_s}{\lambda}\left(\int\chi_{y_2}Q\mathrm{d}y + \int\chi_{y_2}\varepsilon\mathrm{d}y\right) - \int(L\chi_{y_1})\varepsilon\mathrm{d}y + 3\int\chi_{y_1}Q\varepsilon^2\mathrm{d}y + \int\chi_{y_1}\varepsilon^3\mathrm{d}y.
$$

如同命题 4.2 置 $x_2 \equiv 0$. 可令 $x_1 = x$, 取 $\chi = Q_{y_1}$, 由 $\int(\Lambda Q_{y_1})Q\mathrm{d}y = 0$, $\int Q_{y_1 y_2}Q\mathrm{d}y = \int Q_{y_1}Q_{y_2}\mathrm{d}y = 0$, $L(Q_{y_1 y_1})\mathrm{d}y = 6QQ_{y_1}^2$, $\int Q_{y_1}\varepsilon\mathrm{d}y = 0$ 可得 (4.40).

最后, 固定 $\chi = \chi_0$, 考察

$$
\int(\Lambda\chi_0)Q\mathrm{d}y = \int\chi_0 Q\mathrm{d}y + \int y_1(\chi_0)_{y_1}Q\mathrm{d}y + \int y_2(\chi_0)_{y_2}Q\mathrm{d}y
$$
$$
= -\int\chi_0(\Lambda Q)\mathrm{d}y = \frac{1}{\lambda_0}(\Lambda Q)
$$
$$
= -\frac{2}{\lambda_0}\int\chi_0 Q\mathrm{d}y \neq 0.
$$

由 $\int\chi_0\varepsilon\mathrm{d}y = 0$, $\int(\chi_0)_{y_1}Q\mathrm{d}y = -\int\chi_0 Q_{y_1}\mathrm{d}y = 0$, 可得 (4.41).

因存在 $\alpha_1 > 0$ 使得

$$
\left(\frac{2}{\lambda_0}\int\chi_0 Q\mathrm{d}y - \int(y\cdot\nabla\chi_0)\varepsilon\mathrm{d}y\right)\left(\int|Q_{y_1}|^2\mathrm{d}y - \int Q_{y_1 y_1}\varepsilon\mathrm{d}y\right)
$$
$$
-\left(\int(y\cdot\nabla Q_{y_1})\varepsilon\mathrm{d}y\right)\left(\int(\chi_0)_{y_1}\varepsilon\mathrm{d}y\right)
$$
$$
\geqslant \frac{1}{\lambda_0}\left(\int\chi_0 Q\mathrm{d}y\right)\left(|Q_{y_1}|^2\right),
$$

故 $\|\varepsilon(s)\| \leqslant \alpha < \alpha_1$, $\forall\, s \geqslant 0$. 不失一般性, 可设 $\alpha_1 < 1$.

由 (4.40),(4.41), 可得常数 $C_2 > 0$. 因此 (4.42) 成立. 特别地, 若 $\alpha < \dfrac{1}{C_2}$, 有

$$\left|\frac{\lambda_s}{\lambda}\right| + \left|\frac{x_s}{\lambda} - 1\right| \leqslant 1. \tag{4.43}$$

$\square$

4.4   Virial 型估计

先考虑截断函数: 对 $\varphi \in C_0^\infty(\mathbb{R})$,

$$\varphi(y_1) = \begin{cases} 1, & y_1 \leqslant 1, \\ 0, & y_1 \geqslant 2. \end{cases}$$

对 $A \geqslant 1$, 定义

$$\varphi_A(y_1) = \varphi\left(\frac{y_1}{A}\right).$$

注意到

$$\varphi_A(y_1) = \begin{cases} 1, & y_1 \leqslant A, \\ 0, & y_1 \geqslant 2A, \end{cases} \tag{4.44}$$

有

$$\varphi_A'(y_1) = \frac{1}{A}\varphi_A'\left(\frac{y_1}{A}\right).$$

另定义函数

$$F(y_1, y_2) = \int_{-\infty}^{y_1} \Lambda Q(z, y_2)\mathrm{d}z,$$
$$\Lambda Q = \frac{2}{p-1}f + x \cdot \nabla f. \tag{4.45}$$

从 Q 的性质

$$|\partial^\alpha Q(x)| \leqslant c(\alpha)e^{-|x|},$$
$$|F(y_1, y_2)| \leqslant ce^{-\frac{1}{2}|y_2|}\int_{-\infty}^{y_1} e^{-\frac{1}{2}|z|}\mathrm{d}z,$$

可推出 y_1 方向的有界性和 y_2 方向的衰减性.

$$|F(y_1, y_2)| \leqslant ce^{-\frac{1}{2}|y_2|}, \quad \forall y_2 \in \mathbb{R}, \tag{4.46}$$
$$|F(y_1, y_2)| \leqslant ce^{-\frac{1}{2}|y_2|}e^{\frac{1}{2}y_1}, \quad \forall y_1 < 0. \tag{4.47}$$

因此 F 在 $\mathbb{R}^2$ 上为有界函数, 即 $F \in L^\infty(\mathbb{R}^2)$ 且 $y_2 F_{y_2} \in L^\infty(\mathbb{R}^2)$.

定义 Virial 型泛函

$$J_A(s) = \int_{\mathbb{R}^2} \varepsilon(s, y_1, y_2) F(y_1, y_2) \varphi_A(y_1) \mathrm{d}y_1 \mathrm{d}y_2. \tag{4.48}$$

这里的 $J_A(s)$ 是有定义的, 如 $\varepsilon(s) \in L^2(\mathbb{R}^2)$, $\|\varphi_A\|_\infty = 1$. 由 (4.44) 和 F 性质可得

$$|J_A(s)| \leqslant \int_{\mathbb{R}} \int_{y_1<0} |\varepsilon(s) F(y_1,y_2)| \mathrm{d}y_1 \mathrm{d}y_2 + \int_{\mathbb{R}} \int_0^{2A} |\varepsilon(s) F(y_1,y_2)| \mathrm{d}y_1 \mathrm{d}y_2$$

$$\leqslant c\|\varepsilon(s)\|_2 \left(\int_{\mathbb{R}} \int_{y_1<0} e^{-|y_2|} e^{y_1} \mathrm{d}y_1 \mathrm{d}y_2 \right)^{\frac{1}{2}}$$

$$+ cA^{\frac{1}{2}} \int_{\mathbb{R}} \sup_{y_1} |F(y_1,y_2)| \left(\int_0^{2A} |\varepsilon(s)|^2 \mathrm{d}y_1 \right)^{\frac{1}{2}} \mathrm{d}y_2$$

$$\leqslant c \left(\int_{\mathbb{R}} e^{-|y_2|} \mathrm{d}y_2 \right)^{\frac{1}{2}} \left(\int_{y_1<0} e^{y_1} \mathrm{d}y_1 \right)^{\frac{1}{2}} \|\varepsilon(s)\|_2$$

$$+ cA^{\frac{1}{2}} \left(\int_{\mathbb{R}} e^{-|y_2|} \mathrm{d}y_2 \right)^{\frac{1}{2}} \|\varepsilon(s)\|_2.$$

因此得 $J_A(s)$ 的有界性

$$|J_A(s)| \leqslant c(1 + A^{\frac{1}{2}}) \|\varepsilon(s)\|_2. \tag{4.49}$$

引理 4.9 设 $\varepsilon(s) \in H^1(\mathbb{R}^2)$, $\forall s \geqslant 0$, 则函数 $J_A(s) \in C^1$, 且

$$\frac{\mathrm{d}}{\mathrm{d}s} J_A = -\frac{\lambda_s}{\lambda}(J_A - \kappa) + 2\left(1 - \frac{1}{2}\left(\frac{x_s}{\lambda} - 1\right)\right) \int \varepsilon Q \mathrm{d}x + R(\varepsilon, A),$$

其中

$$\kappa = \frac{1}{2} \int y_2^2 \left(\int Q_{y_2}(y_1,y_2) \mathrm{d}y_1 \right)^2 \mathrm{d}y_2,$$

则存在常数 $C_3 > 0$, 使得对 $A \geqslant 1$ 有

$$|R(\varepsilon, A)| \leqslant C_3 \left(\|\varepsilon\|_2^2 + \|\varepsilon\|_2^2 \|\varepsilon\|_{H^1} + A^{-\frac{1}{2}} \|\varepsilon\|_2 + \left|\frac{x_s}{\lambda} - 1\right| (A^{-1} + \|\varepsilon\|_2) \right.$$

$$\left. + \left|\frac{\lambda_s}{\lambda}\right| \left(A^{-1} + \|\varepsilon\|_2 + A^{\frac{1}{2}} \|\varepsilon\|_{L^2(y_1 \geqslant A)} + \left|\int_{\mathbb{R}^2} y_2 F_{y_2} \varepsilon \varphi_A \mathrm{d}x\right| \right) \right). \tag{4.50}$$

引理 4.10 存在 $\alpha_2 > 0$, 若 $\|\varepsilon(s)\|_{H^1} \leqslant \alpha$, $|\lambda(s)-1| \leqslant \alpha$, $\varepsilon(s) \perp \{Q_{y_1}, Q_{y_2}, \chi_0\}$, $\forall s \geqslant 0$, $\alpha < \alpha_2$, 则存在 $C_5 > 0$, 使得

$$(L\varepsilon(s), \varepsilon(s)) \leqslant \|\varepsilon(s)\|_{H^1}^2 \leqslant C_5 \left(\alpha \left| \int \varepsilon_0 Q \mathrm{d}x \right| + \|\varepsilon_0\|_{H^1}^2 \right).$$

4.5 单 调 性

对 $M \geqslant 4$, 定义

$$\psi(x_1) = \frac{2}{\pi} \arctan(e^{\frac{x_1}{M}}).$$

则 ψ 有如下性质:

(i) $\psi(0) = \frac{1}{2}$;

(ii) $\lim\limits_{x_1 \to -\infty} \psi(x_1) = 0$, $\lim\limits_{x_1 \to +\infty} \psi(x_1) = 1$;

(iii) $1 - \psi(x_1) = \psi(-x_1)$;

(iv) $\psi'(x_1) = \left(\pi M \cosh\left(\frac{x_1}{M}\right) \right)^{-1}$;

(v) $|\psi'''(x_1)| \leqslant \frac{1}{M^2} \psi'(x_1) \leqslant \frac{1}{16} \psi'(x_1)$.

设 $(x_1(t), x_2(t)) \in C^1(\mathbb{R}, \mathbb{R}^2)$, 对 $x_0, t_0 > 0$, $t \in [0, t_0]$ 定义

$$I_{x_0,t_0}(t) = \int u^2(t, x_1, x_2) \psi\left(x_1 - x_1(t_0) + \frac{1}{2}(t_0 - t - x_0) \right) \mathrm{d}x_1 \mathrm{d}x_2,$$

其中, $u \in C(\mathbb{R}, H^1(\mathbb{R}^2))$ 为 gZK 方程 (4.1) 的解, 满足

$$\|u(t, x_1 + x_1(t), x_2 + x_2(t)) - Q(x_1, x_2)\|_{H^1} \leqslant \alpha, \quad \text{对某 } \alpha > 0. \tag{4.51}$$

引理 4.11 (几乎单调性) 设 $M \geqslant 4$ 固定, $x_1(t)$ 是一单调函数, 满足 $x_1(t_0) - x_1(t) \geqslant \frac{3}{4}(t_0 - t)$, $\forall t_0, t \geqslant 0$, $t \in [0, t_0]$. 则存在 $\alpha_0 > 0$, $\theta = \theta(M) > 0$, 使得如 $u \in (\mathbb{R}, H^1(\mathbb{R}^2))$, 满足 (4.51), $\alpha < \alpha_0$, 则对一切 $x_0 > 0$, $t_0, t > 0$, $t \in [0, t_0]$, 有

$$I_{x_0,t_0}(t_0) - I_{x_0,t_0}(t) \leqslant \theta e^{-\frac{x_0}{M}}.$$

证明 对 I_{x_0,t_0} 微分

$$\frac{\mathrm{d}}{\mathrm{d}t} I_{x_0,t_0}(t)$$

$$= 2 \int u u_t \psi \mathrm{d}x - \frac{1}{2} \int u^2 \psi' \mathrm{d}x$$

$$= - \int \left(3 u_{x_1}^2 + u_{x_2}^2 - \frac{3}{2} u^4 \right) \psi' \mathrm{d}x + \int u^2 \psi''' - \frac{1}{2} \int u^2 \psi' \mathrm{d}x$$

$$\leqslant - \int \left(3 u_{x_1}^2 + u_{x_2}^2 + \frac{1}{4} u^2 \right) \psi' \mathrm{d}x + \frac{3}{2} \int u^4 \psi' \mathrm{d}x. \qquad (4.52)$$

首先估计 (4.52) 最后一项,

$$\int u^4 \psi' \mathrm{d}x = \int Q(\cdot - x(t)) u^3 \psi' \mathrm{d}x + \int (u - Q(\cdot - x(t))) u^3 \psi' \mathrm{d}x, \qquad (4.53)$$

其中 $x(t) = (x_1(t), x_2(t))$. 为估计第二项, 用 Sobolev 嵌入 $H^1(\mathbb{R}^2) \hookrightarrow L^q(\mathbb{R}^2)$, $2 \leqslant q < \infty$, 可得

$$\int (u - Q(\cdot - x(t))) u^3 \psi' \mathrm{d}x \leqslant \|(u - Q(\cdot - x(t))) u\|_{\frac{4}{3}} \|u^2 \psi'\|_4$$

$$\leqslant c \|u - Q(\cdot - x(t))\|_2 \|u\|_4 \|u \sqrt{\psi'}\|_8^2$$

$$\leqslant c \alpha \|Q\|_{H^1} \int (|\nabla u|^2 + |u|^2) \psi' \mathrm{d}x. \qquad (4.54)$$

在 (4.53) 右边第一项, 分两个区域积分 : $|x - x(t)| > R_0$, $|x - x(t)| \leqslant R_0$, R_0 待定. 因 $|Q(x)| \leqslant c e^{-|x|}$, 可得

$$\int_{|x - x(t)| > R_0} Q(\cdot - x(t)) u^3 \psi' \mathrm{d}x \leqslant c e^{-R_0} \|u\|_3 \|u \sqrt{\psi'}\|_3^2$$

$$\leqslant c e^{-R_0} \|Q\|_{H^1} \int (|\nabla u|^2 + |u|^2) \psi' \mathrm{d}x. \qquad (4.55)$$

其次, 当 $|x - x(t)| \leqslant R_0$ 时, 有

$$\left| x_1 - x_1(t_0) + \frac{1}{2}(t_0 - t) - x_0 \right|$$

$$\geqslant (x_1(t_0) - x_1(t) + x_0) - \frac{1}{2}(t_0 - t) - |x_1 - x_1(t)|$$

$$\geqslant \frac{1}{4}(t_0 - t) + x_0 - R_0,$$

这里第一个不等式我们用了 $x_1(t)$ 的单调性及 $t_0 \geqslant t$, $x_0 > 0$, 第二个不等式中利用了假设 $x_1(t_0) - x_1(t) \geqslant \frac{3}{4}(t_0 - t)$.

因 $\psi'(z) \leqslant \dfrac{2}{M\pi} e^{-\frac{|z|}{M}}$, 再利用 Sobolev 嵌入 $H^1(\mathbb{R}^2) \hookrightarrow L^q(\mathbb{R}^2)$, $2 \leqslant q < \infty$, 于是可得

$$
\int_{|x-x(t)| \leqslant R_0} Q(\cdot - x(t)) u^3 \psi'
$$
$$
\leqslant \frac{2}{M\pi} \|Q\|_\infty e^{\frac{R_0}{M}} e^{-\frac{\left(\frac{1}{4}(t_0-t)+x_0\right)}{M}} \|u\|_{H^1}^3
$$
$$
\leqslant \frac{2}{M\pi} \|Q\|_\infty \|Q\|_{H^1}^3 e^{\frac{R_0}{M}} e^{-\frac{\left(\frac{1}{4}(t_0-t)+x_0\right)}{M}}. \tag{4.56}
$$

再选取 $\alpha > 0$, 使得 $c\alpha\|Q\|_{H^1} < \dfrac{2}{3} \cdot \dfrac{1}{16}$ 和 R_0 使得 $ce^{-R_0}\|Q\|_{H^1} \leqslant \dfrac{2}{3} \cdot \dfrac{1}{16}$, 联合 (4.54), (4.55), (4.56) 有

$$
\frac{3}{2} \int u^4 \psi' \leqslant \frac{1}{8} \int (|\nabla u|^2 + |u|^2)\psi' + \frac{3}{M\pi} \|Q\|_\infty \|Q\|_{H^1}^3 e^{\frac{R_0}{M}} e^{-\frac{\left(\frac{1}{4}(t_0-t)+x_0\right)}{M}}.
$$

代入 (4.52), 可得存在常数 $c > 0$ 使得

$$
\frac{\mathrm{d}}{\mathrm{d}t} I_{x_0,t_0}(t) \leqslant -\int \left(\frac{3}{2} u_{x_1}^2 + \frac{1}{2} u_{x_2}^2 + \frac{1}{8} u^2 \right) \psi' + \frac{c}{M} \|Q\|_\infty \|Q\|_{H^1}^3 e^{\frac{R_0}{M} - \frac{x_0}{M} - \frac{1}{4M}(t_0-t)}
$$
$$
\leqslant \frac{c}{M} \|Q\|_\infty \|Q\|_{H^1}^3 e^{\frac{R_0-x_0}{M}} e^{-\frac{1}{4M}(t_0-t)}.
$$

最后, 对 $t \in [t, t_0]$ 积分可得不等式

$$
\theta = \theta(M) = 4c\|Q\|_\infty \|Q\|_{H^1}^3 e^{\frac{c}{M}} > 0. \qquad \square
$$

引理 4.12 设 $x_1(t)$ 满足引理 4.11 的假设. 设 $x_1(t) \geqslant \dfrac{1}{2}t$, $x_2(t) = 0$, $\forall\, t \geqslant 0$. $u \in C(\mathbb{R}, H^1(\mathbb{R}^2))$ 为 gZK 方程 (4.3) 的解且满足 (4.51) ($\alpha < \alpha_0$) 和初值 u_0, $\int |u_0(x_1,x_2)|^2 \mathrm{d}x_2 \leqslant ce^{-\delta|x_1|}$, $c > 0$, $\delta > 0$. 固定 $M \geqslant \max\left\{ 4, \dfrac{2}{\delta} \right\}$, 则存在 $C = C(M,\delta) > 0$ 使得对一切 $t \geqslant 0$, $x_0 > 0$ 有

$$
\int_{\mathbb{R}} \int_{x_1 > x_0} u^2(t, x_1+x_1(t), x_2) \mathrm{d}x_1 \mathrm{d}x_2 \leqslant Ce^{-\frac{x_0}{M}}. \tag{4.57}
$$

引理 4.13 (点衰减) 存在 $\alpha_0 > 0$ (大的), $\delta > 0$ (小的) 和 $K > 0$ (大的), 使得对任何 $0 < \delta \leqslant \delta_0$, 都有 $\sigma \geqslant \sigma_0$.

$\varepsilon(t,x,y)$ 满足 (4.23) ($y=0$), 即

$$\partial_s \varepsilon = (L\varepsilon)_x + \frac{\lambda_s(s)}{\lambda}(\Lambda Q + \Lambda \varepsilon) + \left(\frac{x_s}{\lambda} - 1\right)(Q_x + \varepsilon_x) - 3(Q\varepsilon^2)_x - (\varepsilon^3)_x. \quad (4.58)$$

设存在 $\delta > 0$ 使得

$$\|\varepsilon(s)\|_{H^1_{xy}} + \left|\frac{\lambda_s(s)}{\lambda(s)}\right| + |\lambda(s) - 1| + \left|\frac{x_s(t)}{\lambda(s)} - 1\right| \lesssim \delta, \quad (4.59)$$

$\forall s \geqslant 0$. 再设对 $x > K$, $y \in \mathbb{R}$,

$$|\varepsilon(s,x,y)| \lesssim \delta\langle x\rangle^{-\sigma}, \quad (4.60)$$

则对 $x > K$, $y \in \mathbb{R}$,

$$|\varepsilon(s,x,y)| \lesssim \delta \begin{cases} s^{-\frac{7}{12}}\langle x\rangle^{-\sigma+\frac{7}{4}}, & 0 \leqslant s < 1, \\ \langle x\rangle^{-\frac{2}{3}\sigma+\frac{3}{4}}, & s \geqslant 1. \end{cases} \quad (4.61)$$

如果 $\langle K\rangle^{-1} \leqslant \delta_0$, 即有

$$e^{-\frac{K}{2}} \leqslant \delta_0. \quad (4.62)$$

4.6　临界 gZK 的 Q 的 H^1 不稳定性

本小节结合 4.2—4.5 节证明定理 4.1.

定理 4.1 的证明.

设 $n \in \mathbb{N}$ 待定. 令

$$u_0^n = Q + \varepsilon_0^n,$$

其中

$$\varepsilon_0^n = \frac{1}{n}(Q + a\chi_0), \quad (4.63)$$

$a \in \mathbb{R}$, 使得 $\varepsilon_0^n \perp \chi_0$,

$$a = -\frac{\displaystyle\int \chi_0 Q \mathrm{d}x}{\|\chi_0\|_2^2}.$$

从定理 4.4, 有对任何 $n \in \mathbb{N}$,

$$\varepsilon_0^n \perp \{Q_{y_1}, Q_{y_2}, \chi_0\},$$

以 $u^n(t)$ 表示 (4.1) 与 u_0^n 有关的解.

反证之, 如果 Q 是稳定的, 则对命题 4.1 中取定的 $\alpha_0 < \bar{\alpha}$, $\bar{\alpha} > 0$, 若 n 充分大, 我们有 $u^n(t) \in U_{\alpha_0}(\delta)$. 由定义 4.3, 存在函数 $\lambda^n(t)$, $x^n(t)$, 使得 (4.39) 定义的 $\varepsilon^n(t)$ 满足

$$\varepsilon^n(t) \perp \{Q_{y_1}, Q_{y_2}, \chi_0\},$$

且 $\lambda^n(0) = 1$, $x^n(0) = 0$. 为简化起见, 以下略去 n, $t \to s$, $\dfrac{\mathrm{d}s}{\mathrm{d}t} = \dfrac{1}{\lambda^3}$, 取 $\alpha_0 < \alpha_1$, α_1 由引理 4.8 给定. 我们有 $\lambda(s)$, $x(s) \in C^1(\mathbb{R})$, $\varepsilon(s)$ 满足

$$\varepsilon_s = (L\varepsilon)_{y_1} + \frac{\lambda_s}{\lambda}(\Lambda Q + \Lambda \varepsilon) + \left(\frac{x_s}{\lambda} - 1\right)(Q_{y_1} + \varepsilon_{y_1}) - 3(Q\varepsilon^2)_{y_1} - (\varepsilon^3)_{y_1}. \quad (4.64)$$

进一步, 从命题 4.1, 因 $u(t) \in U_{\alpha_0}$, 故

$$\|\varepsilon(s)\|_{H^1} \leqslant C_1 \alpha_0, \quad |\lambda(s) - 1| \leqslant C_1 \alpha_0, \quad (4.65)$$

取 $\alpha_0 < (2C_1)^{-1}$, 可得

$$\|\varepsilon(s)\|_{H^1} \leqslant 1, \quad \frac{1}{2} \leqslant \lambda(s) \leqslant \frac{3}{2}, \quad \forall s \geqslant 0. \quad (4.66)$$

由 (4.42), 若 $\alpha_0 > 0$ 充分小, 可得

$$\left|\frac{\lambda_s}{\lambda}\right| + \left|\frac{x_s}{\lambda} - 1\right| \leqslant C_2\|\varepsilon(s)\|_2 \leqslant C_1 C_2 \alpha_0.$$

因 $x_t = \dfrac{x_s}{\lambda^3}$, 故

$$\frac{1 - C_1 C_2 \alpha_0}{(1 + C_1 \alpha_0)^2} \leqslant \frac{1 - C_1 C_2 \alpha_0}{\lambda^2} \leqslant x_t \leqslant \frac{1 + C_1 C_2 \alpha_0}{\lambda^2} \leqslant \frac{1 + C_1 C_2 \alpha_0}{(1 - C_1 \alpha_0)^2}.$$

因此, 可选 $\alpha_0 > 0$ 充分小, 使得

$$\frac{3}{4} \leqslant x_t \leqslant \frac{5}{4}.$$

最后不等式推出 $x(t)$ 是增加的, 由平均值定理

$$x(t_0) - x(t) \geqslant \frac{3}{4}(t_0 - t), \quad \forall t_0, t \geqslant 0, \quad t \in [0, t_0].$$

置 $x(0) = 0$. 再利用平均值定理有

$$x(t) \geqslant \frac{1}{2}t, \quad \forall t \geqslant 0.$$

最后, 由假设 (4.63) 和 Q 的性质, 有

$$|u_0(x)| \leqslant ce^{-\delta|x|}, \quad c > 0, \ \delta > 0.$$

由单调性, 可得 L^2 指数衰减, $\varepsilon(s)$ 在右边.　　　　　　　　　　　　　□

　　推论 4.5　　设 $M \geqslant 4$, 若 $\alpha_0 > 0$ 充分小, 则存在 $C = C(M, \delta) > 0$ 使得对任何 $s \geqslant 0$, $y_0 > 0$ 有

$$\int_{\mathbb{R}} \int_{y_1 > y_0} \varepsilon^2(s, y_1, y_2) \mathrm{d}y_1 \mathrm{d}y_2 \leqslant Ce^{-\frac{y_0}{2M}}.$$

　　证明　　应用引理 4.12, 对固定的 M, 存在 $C = C(M) > 0$ 使得对一切 $t \geqslant 0$, $x_0 > 0$ 有

$$\int_{\mathbb{R}} \int_{x_1 > x_0} u^2(t, x_1 + x(t), x_2) \mathrm{d}x_1 \mathrm{d}x_2 \leqslant Ce^{-\frac{x_0}{M}}.$$

从 $\varepsilon(s)$ 的定义, 有

$$\frac{1}{\lambda(s)} \varepsilon \left(s, \frac{y_1}{x(s)}, \frac{y_2}{\lambda(s)} \right) = u(s, y_1 + x(s), y_2) - \frac{1}{\lambda(s)} Q \left(\frac{y_1}{\lambda(s)}, \frac{y_2}{\lambda(s)} \right).$$

若 $\alpha_0 < (2C_1)^{-1}$, 有 $\dfrac{1}{2} < x(s) \leqslant \dfrac{3}{2}$, 可得

$$\frac{1}{\lambda(s)} Q \left(\frac{y_1}{\lambda(s)}, \frac{y_2}{\lambda(s)} \right) \leqslant \frac{c}{\lambda(s)} e^{-\frac{y}{\lambda(s)}} \leqslant 2ce^{-\frac{2}{3}|y|} \leqslant ce^{-\frac{|y|}{M}}, \tag{4.67}$$

因此 $M \geqslant \dfrac{3}{2}$.

　　于是可得

$$\int_{\mathbb{R}} \int_{y_1 > y_0} \frac{1}{\lambda^2(s)} \varepsilon^2 \left(s, \frac{y_1}{\lambda(s)}, \frac{y_2}{\lambda(s)} \right) \mathrm{d}y_1 \mathrm{d}y_2$$

$$\leqslant 2 \int_{\mathbb{R}} \int_{y_1 > y_0} u^2(s, y_1 + x(s), y_2) \mathrm{d}y_1 \mathrm{d}y_2$$

$$+ 2 \int_{\mathbb{R}} \int_{y_1 > y_0} \frac{1}{\lambda^2(s)} Q^2 \left(\frac{y_1}{\lambda(s)}, \frac{y_2}{\lambda(s)} \right) \mathrm{d}y_1 \mathrm{d}y_2$$

$$\leqslant 2ce^{-\frac{y_0}{M}} + 2c \int_{\mathbb{R}} \int_{y_1 > y_0} e^{-\frac{|y|}{M}} \mathrm{d}y$$

$$\leqslant Ce^{-\frac{y_0}{M}}, \quad C = C(M) > 0.$$

最后, 由 L^2 模的伸缩不变性, 可得

$$\int_{\mathbb{R}}\int_{y>y_0}\varepsilon^2(s,y_1,y_2)\mathrm{d}y_1\mathrm{d}y_2$$

$$=\int_{\mathbb{R}}\int_{y>\lambda(s)y_0}\frac{1}{\lambda^2(s)}\varepsilon^2\left(s,\frac{y_1}{\lambda(s)},\frac{y_2}{\lambda(s)}\right)\mathrm{d}y_1\mathrm{d}y_2$$

$$\leqslant Ce^{-\frac{\lambda(s)y_0}{M}}\leqslant Ce^{-\frac{y_0}{2M}},\quad \lambda(s)>\frac{1}{2}.\qquad \Box$$

我们定义一个 Virial 型平移和放大的量, J_A 由 (4.48) 定义. 令

$$K_A(s)=\lambda(s)(J_A(s)-\kappa),$$

有 (4.49) 和 (4.66) 且

$$|K_A(s)|\leqslant c((1+A^{\frac{1}{2}})\|\varepsilon(s)\|_2+\kappa)<+\infty,\qquad (4.68)$$

$\forall\,s\geqslant 0$, 由引理 4.9 有

$$\frac{\mathrm{d}}{\mathrm{d}s}K_A=\lambda_s(J_A-\kappa)+\lambda\frac{\mathrm{d}}{\mathrm{d}s}J_A$$

$$=\lambda\left(\frac{\mathrm{d}}{\mathrm{d}s}J_A+\frac{\lambda_s}{\lambda}(J_A-\kappa)\right)$$

$$=\lambda\left(2\left(1-\frac{1}{2}\left(\frac{x_s}{\lambda}-1\right)\right)\int\varepsilon Q\mathrm{d}x+R(\varepsilon,A)\right).\qquad (4.69)$$

定理 4.6　*存在 $\alpha_0>0$ 充分小, $n_0\in\mathbb{N}$, $A\geqslant 1$ 充分大, 使得*

$$\frac{\mathrm{d}}{\mathrm{d}s}K_A(s)\geqslant\frac{b}{2n_0}>0,\quad\forall\,s\geqslant 1,\qquad (4.70)$$

其中

$$b=\int(Q+a\chi_0)Q\mathrm{d}x=\|Q\|_2^2-\frac{\left(\int Q\chi_0\mathrm{d}x\right)^2}{\|\chi_0\|_2^2}$$

$(b>0,$ 因 $Q\notin\mathrm{span}\{\chi_0\})$.

　　证明　由 (4.65), 令 $\alpha_0<\min\left\{\alpha_1(C_1)^{-1},\alpha_2(C_1)^{-1},(2C_1)^{-1},\frac{1}{2}\right\}$, 应用引理 4.8 和引理 4.10, 从 (4.69) 和 M_0 的定义, 有

$$\frac{\mathrm{d}}{\mathrm{d}s}K_A(s)=\lambda\left(2\left(1-\frac{1}{2}\left(\frac{x_s}{\lambda}-1\right)\right)M_0+\widetilde{R}(\varepsilon,A)\right),\qquad (4.71)$$

其中 $\widetilde{R}(\varepsilon, A) = R(\varepsilon, A) - \left(1 - \dfrac{1}{2}\left(\dfrac{x_s}{\lambda} - 1\right)\right) \int \varepsilon^2 \mathrm{d}y$. 因 $\alpha_0 < (2C_1)^{-1}$, 有 $\dfrac{1}{2} \leqslant$ $\lambda(s) \leqslant \dfrac{3}{2}$, 用 (4.43) 可得

$$\lambda\left(1 - \frac{1}{2}\left(\frac{x_s}{\lambda} - 1\right)\right) \geqslant \frac{1}{2} \cdot \frac{1}{2} = \frac{1}{4}.$$

从 M_0 的定义出发, 可得

$$M_0 = 2\int \varepsilon_0 Q \mathrm{d}y + \int \varepsilon_0^2 \mathrm{d}y \geqslant 2\int \varepsilon_0 Q = \frac{2b}{n}.$$

因此,

$$2\lambda\left(1 - \frac{1}{2}\left(\frac{x_s}{\lambda} - 1\right)\right) M_0 \geqslant \frac{b}{n}. \tag{4.72}$$

另一方面, 由引理 4.8, 有

$$\left|\frac{\lambda_s}{\lambda}\right| + \left|\frac{x_s}{\lambda} - 1\right| \leqslant C_2 \|\varepsilon(s)\|_2.$$

由不等式 (4.51) 和 (4.66), 存在 $C_6 > 0$, $A \geqslant 1$ 有

$\lambda \widetilde{R}(\varepsilon, A)$

$$\leqslant C_6 \|\varepsilon(s)\|_2 \left(\|\varepsilon(s)\|_2 + A^{-\frac{1}{2}} + A^{\frac{1}{2}} \|\varepsilon(s)\|_{L^2(y_1 \geqslant A)} + \left|\int_{\mathbb{R}^2} y_2 F_{y_2} \varepsilon \varphi_A \mathrm{d}y\right|\right). \tag{4.73}$$

由引理 4.10, 有

$$\|\varepsilon(s)\|_{H^1}^2 \leqslant C_5 \left(C_1 \alpha_0 \left|\int \varepsilon_0 Q \mathrm{d}y\right| + \|\varepsilon_0\|_{H^1}^2\right),$$

由假设 (4.63) 有

$$\|\varepsilon(s)\|_{H^1}^2 \leqslant C_5 \left(C_1 \alpha_0 \left(\frac{b}{n}\right) + \frac{d}{n^2}\right)$$

$$\leqslant C_5 \left(C_1 + \frac{d}{b}\right)\left(\alpha_0 + \frac{1}{n}\right)\left(\frac{b}{n}\right), \tag{4.74}$$

其中 $d = \|Q + a\chi_0\|_{H^1}$.

令 $C_7 = C_5\left(C_1 + \dfrac{d}{b}\right)$. 由 (4.73),(4.74), 得

$$\lambda\widetilde{R}(\varepsilon, A) \leqslant C_7 C_6 \left(\alpha_0 + \frac{1}{n}\right)\left(\frac{b}{n}\right)$$

$$+ \sqrt{C_7}C_6(A^{-\frac{1}{2}} + A^{\frac{1}{2}}\|\varepsilon(s)\|_{L^2(y_1 \geqslant A)})\left(\alpha_0 + \frac{1}{n}\right)^{\frac{1}{2}}\left(\frac{b}{n}\right)^{\frac{1}{2}}$$

$$+ \sqrt{C_7}C_6 \left|\int_{\mathbb{R}^2} y_2 F_{y_2}\varepsilon\varphi_A \mathrm{d}y_1 \mathrm{d}y_2\right|\left(\alpha_0 + \frac{1}{n}\right)^{\frac{1}{2}}\left(\frac{b}{n}\right)^{\frac{1}{2}}.$$

当 $K \geqslant 1$ 时, 右端最后不等式分为

$$\int_{\mathbb{R}^2} y_2 F_{y_2}\varepsilon\varphi_A \mathrm{d}y_1 \mathrm{d}y_2 = \int_{\mathbb{R}}\int_{y_1 < K} y_2 F_{y_2}\varepsilon\varphi_A \mathrm{d}y_1 \mathrm{d}y_2 + \int_{\mathbb{R}}\int_{y_1 > K} y_2 F_{y_2}\varepsilon\varphi_A \mathrm{d}y_1 \mathrm{d}y_2.$$

从 (4.46),(4.47), 对 $A > K \geqslant 1$, 有

$$\int_{\mathbb{R}}\int_{y_1 < K} y_2 F_{y_2}\varepsilon\varphi_A \mathrm{d}y_1 \mathrm{d}y_2 \leqslant c\left(\int_{\mathbb{R}}\int_{y_1 < K} |y_2 F_{y_2}|^2 \mathrm{d}y_1 \mathrm{d}y_2\right)^{\frac{1}{2}}\|\varepsilon(s)\|_2$$

$$\leqslant cK^{\frac{1}{2}}\|\varepsilon(s)\|_2$$

$$\leqslant c\sqrt{C_7}\left(\alpha_0 + \frac{1}{n}\right)^{\frac{1}{2}}\left(\frac{b}{n}\right)^{\frac{1}{2}}. \tag{4.75}$$

由引理 4.13, 得

$$\delta = \sqrt{C_7}\left(\alpha_0 + \frac{1}{n}\right)^{\frac{1}{2}}\left(\frac{b}{n}\right)^{\frac{1}{2}} < \delta_0.$$

事实上, 因 ϵ_0 为 (4.63) 取定, 满足指数衰减 (4.60), 且对任何 $\sigma > \dfrac{21}{8}$, (4.60) 都成立, 因此对于 $\sigma^* = -\dfrac{2}{3}\sigma + \dfrac{3}{4} < -1$, $s \geqslant 1$ 和 $A > K \geqslant 1$, 有

$$\int_{\mathbb{R}}\int_{y_1 > K} y_2 F_{y_2}\varepsilon\varphi_A \mathrm{d}y_1 \mathrm{d}y_2 \leqslant \int_{\mathbb{R}} \sup_{y_1} |y_2 F_{y_2}|\left(\int_{y_1 > K} |\varepsilon| \mathrm{d}y_1\right) \mathrm{d}y_2$$

$$\leqslant c(\sqrt{C_7} + 1)\left(\frac{1}{n} + \left(\alpha_0 + \frac{1}{n}\right)^{\frac{1}{2}}\left(\frac{b}{n}\right)^{\frac{1}{2}}\right),$$

其中用到 (4.46), 因此存在 $C_8 > 0$ 使得

$$\int_{\mathbb{R}}\int_{y_1 > K} y_2 F_{y_2}\varepsilon\varphi_A \mathrm{d}y_1 \mathrm{d}y_2 \leqslant C_8\left(\frac{1}{n} + \left(\alpha_0 + \frac{1}{n}\right)^{\frac{1}{2}}\left(\frac{b}{n}\right)^{\frac{1}{2}}\right). \tag{4.76}$$

结合 (4.75), (4.76), 对 $s \geqslant 1$, $A \geqslant 1$ 有

$$\left| \int_{\mathbb{R}^2} y_2 F_{y_2} \varepsilon \varphi_A \mathrm{d}y \right| \leqslant C_9 \left(\frac{1}{b^{\frac{1}{2}} n^{\frac{1}{2}}} + \left(\alpha_0 + \frac{1}{n} \right)^{\frac{1}{2}} \right) \left(\frac{b}{n} \right)^{\frac{1}{2}}.$$

现选取 $\alpha_0 > 0$ 充分小, $n_0 \in \mathbb{N}$ 充分大, 使得

$$\sqrt{C_7} C_6 \left(\alpha_0 + \frac{1}{n_0} \right)^{\frac{1}{2}} \max \left\{ \sqrt{C_7} \left(\alpha_0 + \frac{1}{n_0} \right)^{\frac{1}{2}}, 1, \right.$$

$$\left. C_9 \left(\frac{1}{b^{\frac{1}{2}} n_0^{\frac{1}{2}}} + \left(\alpha_0 + \frac{1}{n_0} \right)^{\frac{1}{2}} \right) \right\} < \frac{1}{6}.$$

固定 α_0, n_0 满足上面的不等式, 选 $A \geqslant 1$ 使得

$$A^{-\frac{1}{2}} + A^{\frac{1}{2}} \|\varepsilon(s)\|_{L^2(y_1 > A)} \leqslant \left(\frac{b}{n_0} \right)^{\frac{1}{2}},$$

即得推论 4.5.

最后可得

$$\lambda \widetilde{R}(\varepsilon, A) \leqslant \frac{b}{2n_0},$$

推出 (4.71), (4.72),

$$\frac{\mathrm{d}}{\mathrm{d}s} K(s) \geqslant \frac{b}{2n_0} > 0, \quad s \geqslant 1.$$

定理 4.1 证明的最后一步, 对 (4.70) 对 s 积分可得

$$K_A(s) \geqslant s \left(\frac{b}{n_0} \right) + K_A(0), \quad s \geqslant 1.$$

因此,

$$\lim_{s \to \infty} K_A(s) = \infty.$$

它和 (4.68) 相矛盾. 因此, 原来假定 Q 是稳定的是错的, 由此证明了定理.　　□

第 5 章　Zakharov-Kuznetsov 方程的爆破解

本章主要研究 ZK 方程的 H^1 解在一定条件下发生爆破. 考虑 $\mathbb{R}^2$ 上三次聚焦 ZK 方程

$$\partial_t u + \partial_x(\Delta u + u^3) = 0. \tag{5.1}$$

对于方程 (5.1) 的初值问题, 已经有许多结果. 例如: Linares-Pastor [45] 证明了该方程在 $H^s(\mathbb{R}^2)$ $(s > 3/4)$ 上的局部适定性; Ribaud-Vento [72] 得到了 $s > 1/4$ 的局部适定性结果. 回顾方程守恒量如下:

$$M(u(t)) = \int_{\mathbb{R}^2} u^2(t)\mathrm{d}x\mathrm{d}y = M(u(0)),$$

$$E(u(t)) = \frac{1}{2}\int_{\mathbb{R}^2} |\nabla u(t)|^2 \mathrm{d}x\mathrm{d}y - \frac{1}{4}\int_{\mathbb{R}^2} u^4(t)\mathrm{d}x\mathrm{d}y = E(u(0)).$$

ZK 方程具有尺度变换和平移不变性, 如果 $u(t,x,y)$ 是方程的解, 那么对于 $\lambda > 0$, $u_\lambda(t,x,y) = \lambda u(\lambda^3 t, \lambda x, \lambda y)$ 也是方程的解.

对于任意的 $c > 0$, 令 $u(t,x,y) = Q_c(x - ct, y)$ 是方程 (5.1) 的行波解, 并且当 $|x| \to +\infty$ 时, $Q_c(x,y) \to 0$. 这里, $Q_c(x,y) = c^{1/2}Q(c^{1/2}(x,y))$ 满足方程

$$-\Delta Q + Q - Q^3 = 0, \quad Q \in H^1, \quad Q > 0.$$

注意到, 基态解 $Q \in C^\infty(\mathbb{R}^2)$, 对于任意的 $r = |(x,y)| > 0$, 有 $\partial_r Q(r) < 0$. 并且对于任意的多指标 α,

$$|\partial^\alpha Q(x,y)| \leqslant c(\alpha)e^{-r}.$$

根据方程的守恒量和 Weinstein 不等式, 当 $\|u\|_{L^2} < \|Q\|_{L^2}$ 时, 有

$$\|\nabla u(t)\|_{L^2}^2 \leqslant \frac{2E(u)}{1 - \dfrac{\|u\|_{L^2}^2}{\|Q\|_{L^2}^2}}.$$

由此看来, 这样的解不发生爆破. 那么爆破只可能发生在 $\|u\|_{L^2} \geqslant \|Q\|_{L^2}$ 的情况下.

本章证明了在近阈值负能量情况下, ZK 方程的 H^1 解在有限时间内爆破, 主要定理如下:

定理 5.1　存在 $\alpha_0 > 0$ 使得如果 $u(t)$ 是 ZK 方程 (5.1) 的 H^1 解, 满足 $E(u) < 0$, 并且

$$\alpha(u) \stackrel{\text{def}}{=\!=} \|u\|_{L^2}^2 - \|Q\|_{L^2}^2 \leqslant \alpha_0,$$

那么解 $u(t)$ 在有限时间内爆破.

注记 5.1　由 Weinstein 不等式, $E(u) < 0$ 暗示着 $\alpha(u) > 0$. 此外, 由于时间反演对称性, 该结果也适用于负时间. 本章主要利用反证法证明定理 5.1, 假设定理 5.1 的结果不成立, 命题 5.1 构造了一系列良好行为的解 $\tilde{u}_n$, 并在命题 5.2 证明这些解实际上是不存在的.

命题 5.1　假设定理 5.1 的结论不正确, 则存在 H^1 解序列 $\tilde{u}_n(t)$ 满足 $E(\tilde{u}_n) < 0$ 以及 $\alpha(\tilde{u}_n) \to 0$, 使得下面结论成立:

(1) $\tilde{u}_n(t)$ 在时间上整体存在, 并且对所有 t, 有

$$\frac{1}{2}\|\nabla Q\|_{L^2} \leqslant \|\nabla \tilde{u}_n(t)\|_{L^2} \leqslant 2\|\nabla Q\|_{L^2}.$$

(2) 存在参数 $(\tilde{x}_n(t), \tilde{y}_n(t)) \in \mathbb{R}^2$ 和 $\tilde{\lambda}_n(t)$ 使得

$$\tilde{\epsilon}_n(x, y, t) \stackrel{\text{def}}{=\!=} \tilde{\lambda}_n(t)\tilde{u}_n(\tilde{\lambda}_n(t)x + \tilde{x}_n(t), \tilde{\lambda}_n(t)y + \tilde{y}_n(t), t) - Q(x, y),$$

满足正交性条件 $\langle \tilde{\epsilon}_n, \nabla Q \rangle = 0$, $\langle \tilde{\epsilon}_n, Q^3 \rangle = 0$. 并且对于 $r > 0$,

$$\|\tilde{\epsilon}_n\|_{L_t^\infty L_{B(0,r)^c}^2} \lesssim e^{-\omega r}\|\tilde{\epsilon}_n\|_{L_t^\infty L_{x,y}^2},$$

其中 $B(0, r)$ 表示以 0 为中心, $r > 0$ 为半径的球体, $B(0, r)^c$ 为 $B(0, r)$ 的补集, $\omega > 0$ 为常数.

命题 5.2 (非线性 Liouville 性质)　给定 ZK 方程 (5.1) 的一个 H^1 解序列 $\tilde{u}_n(t)$, 满足 $0 \leqslant \alpha(\tilde{u}_n) \to 0$ 以及命题 5.1 中的性质 (1) 和 (2). 那么, 对于足够大的 n, 存在常数 $\tilde{\lambda}_n > 0$, $(\tilde{x}_n, \tilde{y}_n) \in \mathbb{R}^2$ 使得

$$\tilde{\lambda}_n \tilde{u}_n(\tilde{\lambda}_n x + \tilde{\lambda}_n^{-2}t + x_0, \tilde{\lambda}_n y + \tilde{y}_0, t) = Q(x, y),$$

也就是说, $\tilde{\epsilon}_n \equiv 0$.

根据命题 5.2 推出 $\tilde{\lambda}_n^2 E(\tilde{u}_n) = E(Q) = 0$, 这与命题 5.1 中 $E(\tilde{u}_n) < 0$ 矛盾, 故而完成定理 5.1 的证明. 注意到, 命题 5.2 等价于证明 $\tilde{\epsilon}_n \equiv 0$. 若 $\tilde{\epsilon}_n \equiv 0$, 则对所有的 t, 有

$$\tilde{\lambda}_n(t)\tilde{u}_n(\tilde{\lambda}_n(t)x + \tilde{x}_n(t), \tilde{\lambda}_n(t)y + \tilde{y}(t), t) = Q(x, y).$$

根据引理 5.8 中的参数估计可推出 $(\tilde{\lambda}_n)_t = 0$, $(\tilde{y}_n)_t = 0$, $(\tilde{x}_n)_t = \tilde{\lambda}_n^{-2}$, 这就得到 $\tilde{\lambda}_n$ 和 $\tilde{y}_n$ 为常数, $\tilde{x}_n = \lambda_n^{-2}t + \tilde{x}_n 0$, 代入后即可得到命题 5.2 的结论. 此外, 命题 5.1 的 (2) 和命题 5.2 的情况在 L^2 临界 gKdV 中被 Martel-Merle [56] 称为非线性 Liouville 定理.

本章需要 $\alpha(u)$ 足够小, 为保证后一个结果适用于前一个结果, 令 $\alpha_1 \geqslant \alpha_2 \geqslant \alpha_3 \geqslant \cdots \geqslant \alpha_{j-1} \geqslant \alpha_j > 0$. 在 5.1 节, 介绍了证明所需要的一些局部估计和基态解的性质. 利用反证法证明定理 5.1, 在 5.2 节构造了一系列行为良好的解. 引理 5.6—引理 5.8 给出解的调制特征, 表明对于解 $u(t)$, 存在调制参数 $\lambda(t) > 0$, $(x(t), y(t)) \in \mathbb{R}^2$ 使得

$$\epsilon(x, y, t) = \lambda(t)u(\lambda(t)x + x(t), \lambda(t)y + y(t), t) - Q(x, y) \quad \text{在 } H^1 \text{ 中小.}$$

也就是说, 命题 5.1 假设定理 5.1 结论不成立, 则存在解序列 u_n, 满足当 $n \to \infty$ 时, $\alpha(u_n) \to 0$, 并且对所有的 n, $E(u_n) < 0$, 对所有的 $t \geqslant 0$, 有

$$\left(1 - \frac{1}{n}\right) \|\nabla Q\|_{L^2_{x,y}} \leqslant \|\nabla u_n(t)\|_{L^2_{x,y}}.$$

尽管能确保存在时间序列 $t_{n,m} \to +\infty$, 使得

$$\lim_{m \to +\infty} \|\nabla u_n(t_{n,m})\|_{L^2_{x,y}} = \|\nabla Q\|_{L^2_{x,y}},$$

但是 $\|\nabla u_n(t)\|_{L^2_{x,y}}$ 没有先验上界. 在 5.2.1 节, 对于每个 $u_n(t)$, 可以提取一个 H^1 上的弱极限

$$u_n(\cdot + x(t_{n,m}), \cdot + y(t_{n,m}), t_{n,m}) \rightharpoonup \tilde{u}_n(\cdot, \cdot, 0).$$

引理 5.10 证明了 $\alpha(\tilde{u}_n) \leqslant \alpha(u_n)$ 以及 $E(\tilde{u}_n)$, 引理 5.13 利用引理 5.12 给出弱收敛性质证明了弱极限的稳定性,

$$u_n(x + x(t_{n,m} + t), y + y(t_{n,m} + t), t_{n,m} + t)$$
$$\rightharpoonup \tilde{u}_n(x + \tilde{x}_n(t), y + \tilde{y}_n(t), t). \tag{5.2}$$

其中的 5.2.2 节, 主要利用单调性估计证明了 $\tilde{u}_n(t)$ 具有指数衰减. 这里为了将单调性估计适用于二维情况 (引理 5.16), 给出具权重的 Gagliardo-Nirenberg 估计 (引理 5.15). 有了衰减后, 使用积分型守恒律, 对于 ZK 方程的光滑且快速衰减的解, 则

$$\partial_t \int_x u(x, y, t)\mathrm{d}x = 0$$

对每个 $y \in \mathbb{R}$ 成立. 从而 $\int_x u(x,y,t)\mathrm{d}x$ 在时间上是恒定的. 解 $\tilde{u}_n(t)$ 没有很高的正则性, 但至少从衰减估计 (引理 5.17—引理 5.18) 得到 $L_y^2 L_x^1$ 一致估计. 因此, 通过局部理论机制能够用正则解来近似解, 可以得到

$$\left\| \int_x u(x,y,t)\mathrm{d}x \right\|_{L_y^2} \quad 在时间上是恒定的.$$

这提供了一种找到 $\|\nabla \tilde{u}_n(t)\|_{L_y^2}$ 上界的方法. 5.2.3 节主要说明 $\lambda(t)$ 事实上远离 0 点, 否则证明毫无意义. 5.3 节简要给出命题 5.1 中 (1) 的证明. 5.4 节主要推广 5.2.2 节的衰减估计 (从带状推广到球面上). 5.4 节通过证明尺度变换后的 $\tilde{\epsilon}_n$ 的单调性估计, 得到 $\tilde{u}_n$ 衰减估计的加强版本. 至此完成命题 5.1 中 (2) 的证明. 附录 5.A 得到 $\tilde{\epsilon}_n$ 的 $H_{x,y}^1$ 范数与 $L_{x,y}^2$ 范数近似, 用于命题 5.2 的证明. 事实上, 本章利用反证法证明命题 5.2, 5.5 节的命题 5.3 假设 $\tilde{\epsilon} \equiv 0$ 不成立, 存在一个子序列 (仍标记为下标为 n), 使得对所有 n 都有 $\tilde{\epsilon} \neq 0$. 令 $b_n = \|\tilde{\epsilon}_n\|_{L^\infty L_{x,y}^2}$, 使得 $b_n > 0$. 令 $t_n \in \mathbb{R}$ 使得 $\|\tilde{\epsilon}(t_n)\|_{L_{x,y}^2} \geqslant \dfrac{b_n}{2}$ 成立. 再考虑

$$w_n(t) = \frac{\tilde{\epsilon}_n(t+t_n)}{b_n}. \tag{5.3}$$

根据命题 5.5 知 $\|\tilde{\epsilon}_n\|_{L_t^\infty H_{x,y}^1} \sim \|\tilde{\epsilon}_n\|_{L_t^\infty L_{x,y}^2}$, 因此, $\|w_n\|_{L_t^\infty H_{x,y}^1} \lesssim 1$. 此外, 根据命题 5.1 的 (2) 知 w_n 对于每一个 $r > 0$, 都有 $\|w_n\|_{L_t^\infty L_{B(0,r)^c}^2} \lesssim e^{-\omega r}$. 根据 Rellich-Kondrachov 定理, 提取一个子序列 (仍然使用 n 标记) 使得 $w_n(0)$ 在 $L_{x,y}^2$ 上强收敛. 将极限记为 $w_\infty(0)$, 由于 $\|w_\infty(0)\|_{L_{x,y}^2} \geqslant \dfrac{1}{2}$, 因此得出 $\|\tilde{\epsilon}_n(t_n)\|_{L_{x,y}^2} \geqslant \dfrac{b_n}{2}$. 此外, 在命题 5.3 中证明了对于每个 $T > 0$, 强收敛 $w_n(t) \to w_\infty(t)$ 在空间 $C([-T,T]; L_{x,y}^2)$ 成立, 并且正交性条件和衰减性也成立. 应用 5.5.1 节的线性 Liouville 定理 (命题 5.4) 得到矛盾 $w_\infty \equiv 0$. 5.5.2 节主要介绍线性 Virial 估计 (引理 5.24—引理 5.25) 以及角度引理 (引理 5.26). 命题 5.4 的证明通过推导正交性条件 $\langle w_\infty, Q \rangle = 0$, 得出 $\langle \mathcal{L}w_\infty, w_\infty \rangle$ 在时间上是常数, 因此, 根据局部 Virial 估计, 引理 5.24 得证. 这种 Virial 类型的估计通常需要由正的交换子证明, 这也导致 Schrödinger 算子 $\tilde{\mathcal{L}}$ (不同于 $\mathcal{L}$) 的谱相容性估计. 如果直接应用, 相应的 $\tilde{\mathcal{L}}$ 不满足所需的相容性估计, 为了避免这个问题, 附录 5.B 转换成研究伴随算子 $v(1-\delta\Delta)^{-1}\mathcal{L}w_\infty$, 此时由正交换算子得到的算子 $\tilde{\tilde{\mathcal{L}}}$ 确实满足相容性估计. 这种方法是由 Martel 在 gKdV 方程中引入的 [60]. 算子 $\tilde{\tilde{\mathcal{L}}}$ 是带有二阶扰动的 Schrödinger 型算子. 附录 5.C 通过数值计算, 检验了谱强制性估计.

5.1　局部估计和基态解的性质

设 $U(t)\phi$ 是线性齐次问题的解

$$\begin{cases} \partial_t \rho + \partial_x \Delta \rho = 0, \\ \rho(t_0, x, y) = \phi(x, y), \end{cases}$$

则 ZK 方程 (5.1) 的解可表示为

$$u(t) = U(t)\phi + \int_0^t U(t-s)\partial_x u^3(s)\mathrm{d}s.$$

引理 5.1 (线性估计 [18,45])

(1) $\|U(t)\phi\|_{L_T^\infty H_{x,y}^1} \lesssim \|\phi\|_{H_{x,y}^1}$.

(2) $\|\partial_x U(t)\phi\|_{L_x^\infty L_{y,T}^2} \lesssim \|\phi\|_{H_{x,y}^1}$.

(3) $\|U(t)\phi\|_{L_x^4 L_{y,T}^2} \lesssim \|\phi\|_{H_{x,y}^1}$, 这里 $0 < T \leqslant 1$.

引理 5.2 (线性非齐次估计 [68])　对于 $0 < T \leqslant 1$,

(1) $\left\| \int_0^t U(t-s)\partial_x f(s)\mathrm{d}s \right\|_{L_T^\infty H_{x,y}^1 \cap L_x^4 L_{y,T}^2} \lesssim \|\partial_x f\|_{L_x^1 L_{y,T}^2} + \|\partial_y f\|_{L_x^1 L_{y,T}^2}$.

(2) $\left\| \int_0^t U(t-s)f(s)\mathrm{d}s \right\|_{L_T^\infty H_{x,y}^1 \cap L_x^4 L_{y,T}^2} \lesssim \|f\|_{L_T^1 H_{x,y}^1}$.

引理 5.3 ([12,40,79])　定义算子 $\mathcal{L} \stackrel{\mathrm{def}}{=\!=} -\Delta + 1 - 3Q^2$, 那么

(1) $\mathcal{L}$ 是自伴算子, $\sigma_{\mathrm{ess}}(\mathcal{L}) = [1, +\infty)$.

(2) $\ker\mathcal{L} = \mathrm{span}\{Q_{y_1}, Q_{y_2}\}$.

(3) 算子 $\mathcal{L}$ 有唯一的单负特征值 $-\lambda_0$, 这里 $\lambda_0 > 0$. 其相应的特征函数为 χ_0, 由不失一般性, 取径向对称特征函数 χ_0 使得 $\|\chi_0\|_{L^2} = 1$. 此外, 对于所有的 $x \in \mathbb{R}^2$, 存在 $\delta > 0$ 使得 $|\chi_0(x)| \lesssim e^{-\delta|x|}$.

引理 5.4 ([12,40,79])　$-\Delta Q + Q - Q^p = 0$, 斜伴随算子 $\Lambda \stackrel{\mathrm{def}}{=\!=} 1 + x\partial_x + y\partial_y$, 下列等式成立:

(1) $\mathcal{L}Q = -2Q^3$.

(2) $\mathcal{L}(\Lambda Q) = -2Q$. 此外, 当 $p = 3$ 时, $\int Q\Lambda Q\mathrm{d}x = 0$.

证明　前两个恒等式由 $\mathcal{L}, \Lambda$ 的定义直接计算可得. 对于第三个恒等式,

$$\int Q\Lambda Q\mathrm{d}x = \frac{1}{p-1}\int Q^2\mathrm{d}x - \frac{1}{2}\left(2\int Q^2\mathrm{d}x + \int x \cdot \nabla Q\mathrm{d}x\right)$$

$$= \left(\frac{1}{p-1} - \frac{1}{2}\right) \int Q^2 \mathrm{d}x. \qquad \square$$

引理 5.5 ([21])　对于 $f \in H^1(\mathbb{R}^2)$ 满足

$$\langle f, Q^3 \rangle = \langle f, Q_{x_j} \rangle = 0, \quad j = 1, 2, \tag{5.4}$$

存在常数 $C_1 > 0$ 使得

$$\langle f, f \rangle \leqslant \langle \mathcal{L}f, f \rangle.$$

证明　根据 [12] 的 (引理 2.2 (2.7)), 可知

$$\inf_{\langle f, Q^3 \rangle = 0} \langle \mathcal{L}f, f \rangle \geqslant 0. \tag{5.5}$$

令 $C_1 = \{\langle \mathcal{L}\epsilon, \epsilon \rangle : \|\epsilon\|_{L^2} = 1, \langle f, Q^3 \rangle = \langle f, Q_{x_j} \rangle = 0, \ j = 1, 2.\}$, 则由 (5.5) 有 $C_1 \geqslant 0$. 利用反正法, 假设 $C_1 = 0$. 在这种情况下 (参见 [79], 命题 2.9), 存在函数 $\epsilon^* \in H^1$, 使得

(i) $\langle \mathcal{L}\epsilon^*, \epsilon^* \rangle = 0$.

(ii) $(\mathcal{L} - \alpha)\epsilon^* = \beta Q^3 + \gamma Q_{x_1} + \delta Q_{x_2}$.

(iii) $\|\epsilon^*\|_{L^2} = 1$, 且 $\langle \epsilon^*, Q^3 \rangle = \langle \epsilon^*, Q_{x_j} \rangle = 0, \ j = 1, 2$.

取 (ii) 与 ϵ^* 的内积, 可从 (iii) 推出 $\langle \mathcal{L}\epsilon^*, \epsilon^* \rangle = \alpha$, 因此, 由 (i) 知 $\alpha = 0$. 取 (ii) 与 Q_{x_1} 的内积, 根据分部积分和引理 5.3, 则有

$$0 = \langle \epsilon^*, \mathcal{L}Q_{x_1} \rangle = \langle \mathcal{L}\epsilon^*, \mathcal{L}Q_{x_1} \rangle = \gamma \int Q_{x_1}^2 \mathrm{d}x + \delta \int Q_{x_1} Q_{x_2} \mathrm{d}x.$$

由于 $Q_{x_1} \perp Q_{x_2}$, 则 $\gamma = 0$. 取 (ii) 与 Q_{x_2} 的内积, 同理可得 $\delta = 0$. 因此, $\mathcal{L}\epsilon^* = \beta Q^3$, 再利用引理 5.3 和引理 5.4 有

$$\epsilon^* = -\frac{\beta}{2}Q + \theta_1 Q_{x_1} + \theta_2 Q_{x_2}. \tag{5.6}$$

取 (5.6) 与 Q^3 的内积, 利用 ((iii)) 和分部积分, 可得

$$0 = \langle \epsilon^*, Q^3 \rangle = -\frac{\beta}{2} \int Q^4 \mathrm{d}x,$$

这意味着 $\beta = 0$.

最后, 由 $Q_{x_j}, j = 1, 2$, 可知 $\theta_1 = \theta_2 = 0$. 因此, $\epsilon^* = 0$, 这与 (iii)矛盾.　　$\square$

5.2 构造一系列行为良好的解

根据反证法, 假设定理 5.1 的结论不成立, 那么对于 $n \in \mathbb{N}$, 存在 ZK 方程 (5.1) 的解序列 $\bar{u}_n$, 满足 $E(\bar{u}_n) < 0$, 以及当 $n \to \infty$ 时, $\alpha_n = \alpha(\bar{u}_n) \to 0$. 此外, 对每个 n,

$$\ell_n = \liminf_{t \to +\infty} \|\nabla \bar{u}_n(t)\|_{L^2_{x,y}} < +\infty.$$

根据 Gagliardo-Nirenberg 知

$$0 < -4E(\bar{u}_n) \leqslant \|\bar{u}_n(t)\|^4_{L^4_{x,y}} \lesssim \|\nabla \bar{u}_n(t)\|^2_{L^2_{x,y}} \|\bar{u}_n(t)\|^2_{L^2_{x,y}},$$

由此可得 $\ell_n > 0$. 根据 ℓ_n 的定义, 存在 $\bar{t}_n \geqslant 0$, 使得对于 $t \geqslant \bar{t}_n$, 都有

$$\ell_n \left(1 - \frac{1}{n}\right) \leqslant \|\nabla \bar{u}_n(t)\|_{L^2_{x,y}},$$

$$\|\nabla \bar{u}_n(\bar{t}_n)\|_{L^2_{x,y}} \leqslant \ell_n \left(1 + \frac{1}{n}\right).$$

作如下变换

$$u_n(x, y, t) \stackrel{\text{def}}{=\!=} \frac{\|\nabla Q\|_{L^2_{x,y}}}{\ell_n} \bar{u}_n \left(\frac{\|\nabla Q\|_{L^2_{x,y}}}{\ell_n} x, \frac{\|\nabla Q\|_{L^2_{x,y}}}{\ell_n} y, \frac{\|\nabla Q\|^3_{L^2_{x,y}}}{\ell_n^3}(t + \bar{t}_n)\right),$$

那么对于 $t \geqslant 0$, 有

$$\left(1 - \frac{1}{n}\right) \|\nabla Q\|_{L^2_{x,y}} \leqslant \|\nabla u_n(t)\|_{L^2_{x,y}},$$

$$\|\nabla u_n(0)\|_{L^2_{x,y}} \leqslant \left(1 + \frac{1}{n}\right) \|\nabla Q\|_{L^2_{x,y}},$$

以及

$$\liminf_{t \to +\infty} \|\nabla u_n(t)\|_{L^2_{x,y}} = \|\nabla Q\|_{L^2_{x,y}}. \tag{5.7}$$

此外, 还得到 $E(u_n) < 0$, 并且当 $n \to \infty$ 时, $\alpha_n = \alpha(\bar{u}_n) \to 0$. 根据 (5.7) 式, 对每个 n, 当 $m \to +\infty$ 时, 存在时间序列 $t_{n,m} \to +\infty$ 使得

$$\lim_{m \to +\infty} \|\nabla u_n(t_{n,m})\|_{L^2_{x,y}} = \|\nabla Q\|_{L^2_{x,y}}. \tag{5.8}$$

这里可以假设对每个 n,

$$\lim_{m\to\infty}(t_{n,m+1}-t_{n,m})=+\infty.$$

下面从一个经典引理开始, 该引理介绍基态解 Q 的变分结构以及调制解. 然后, 从这个结果中推导出相关调制解的分解.

引理 5.6 (变分估计[63])　对于 $\eta>0$, 存在 $\alpha_1>0$ 使得 $\phi\in H^1$ 满足 $E(u)<0$, 并且 $\alpha(\phi)\leqslant\alpha_1$. 那么存在 $(x_0,y_0)\in\mathbb{R}^2$, $\lambda>0$, $\mu\in\{-1,1\}$ 使得

$$\|\mu\lambda\phi(\lambda x+x_0,\lambda y+y_0)-Q(x,y)\|_{H_x^1}\leqslant\eta.$$

证明　参见文献 [63] 的引理 1.　　　　　　　　　　　　　　　　□

因此, 对于每个 n 和 $t\geqslant0$, 存在 $x(t)\in\mathbb{R}$, $y(t)\in\mathbb{R}$, $\mu(t)\in\{-1,1\}$, $\lambda_n(t)>0$ 使得

$$\|\mu_n(t)\lambda_n(t)u_n(\lambda_n(t)x+x_n(t),\lambda_n(t)y+y_n(t),t)-Q(x,y)\|_{H_x^1}\leqslant\delta_n\overset{\text{def}}{=\!=}\delta(\alpha_n),$$

其中 $\delta(\alpha_n)>0$ 满足当 $\alpha_n\to0$ 时, $\delta(\alpha_n)\to0$. 根据引理 5.6 用 $u_n(t)$ 定义的 $\mu_n(t)\in\{-1,1\}$ 与时间无关. 这是因为 ZK 方程的解在 H^1 中连续, 很容易从 $\mu_n(t)$ 的唯一性得出它在时间上是连续的, 并且是与时间无关的常数. 因此, 可以重新定义 $u_n(t)$ 为 $\mu_n u_n(t)$, 成立

$$\|\lambda_n(t)u_n(\lambda_n(t)x+x_n(t),\lambda_n(t)y+y_n(t),t)-Q(x,y)\|_{H_x^1}\leqslant\delta(\alpha_n).$$

引理 5.7 (几何分解 [21])　存在 $\alpha_2>0$ 满足 $E(u)<0$, 并且 $\alpha(u)\leqslant\alpha_2$. 那么存在 $(x(t),y(t))\in\mathbb{R}^2$, $\lambda(t)>0$ 使得

$$\epsilon(x,y,t)\overset{\text{def}}{=\!=}\lambda(t)u(\lambda(t)x+x(t),\lambda(t)y+y(t),t)-Q(x,y),$$

并且满足正交性条件

$$\langle\epsilon(t),\nabla Q\rangle=0,\qquad\langle\epsilon(t),Q^3\rangle=0. \tag{5.9}$$

证明　证明方法类似于文献 [21] 的命题 5.1. 对于 $\alpha>0$, 令

$$U_\alpha=\{u\in H^1:\|u-Q\|_{H^1}\leqslant\alpha\}.$$

对于 $\lambda_1>0$, $x_1,y_1\in\mathbb{R}$, 定义

$$\epsilon^{\lambda_1}(x,y,t)=\lambda_1u(\lambda_1x+x_1,\lambda_1y+y_1,t)-Q(x,y).$$

断言: 存在 $\bar{\alpha} > 0$ 和唯一的 C^1 映射 $U_{\bar{\alpha}} \to (1 - \bar{\lambda}, 1 + \bar{\lambda}) \times \mathbb{R}^2$, 使得当 $U_{\bar{\alpha}}$ 时, 那么有唯一的 (λ_1, x_1, y_1) 使得 $\epsilon^{\lambda_1}(x, y, t)$ 满足

$$\epsilon^{\lambda_1} \perp \Lambda Q, \quad \epsilon^{\lambda_1} \perp Q^3. \tag{5.10}$$

为证明断言, 定义下列泛函

$$\rho_1(u) = \int \epsilon^{\lambda_1} Q_x \mathrm{d}y, \quad \rho_2(u) = \int \epsilon^{\lambda_1} Q_y \mathrm{d}y, \quad \rho_3(u) = \int \epsilon^{\lambda_1} Q^3 \mathrm{d}y.$$

直接计算可得

$$\left. \frac{\partial \epsilon^{\lambda_1}}{\partial x_1} \right|_{\lambda_1 = 1, x_1 = y_1 = 0} = u_x,$$

$$\left. \frac{\partial \epsilon^{\lambda_1}}{\partial y_1} \right|_{\lambda_1 = 1, x_1 = y_1 = 0} = u_y,$$

$$\left. \frac{\partial \epsilon^{\lambda_1}}{\partial \lambda_1} \right|_{\lambda_1 = 1, x_1 = y_1 = 0} = u + (xu_x + yu_y).$$

那么, 在点 $(\lambda_1, x_1, y_1, u) = (1, 0, 0, Q)$ 处有

$$\left. \frac{\partial \rho_1}{\partial x_1} \right|_{(1,0,0,Q)} = \int Q_x^2 \mathrm{d}y, \qquad \left. \frac{\partial \rho_1}{\partial y_1} \right|_{(1,0,0,Q)} = \int Q_y Q_x \mathrm{d}y,$$

$$\left. \frac{\partial \rho_1}{\partial \lambda_1} \right|_{(1,0,0,Q)} = \int (Q + (x, y) \cdot \nabla Q) Q_x \mathrm{d}y,$$

$$\left. \frac{\partial \rho_2}{\partial x_1} \right|_{(1,0,0,Q)} = \int Q_x Q_y \mathrm{d}y, \qquad \left. \frac{\partial \rho_2}{\partial y_1} \right|_{(1,0,0,Q)} = \int Q_y^2 \mathrm{d}y,$$

$$\left. \frac{\partial \rho_2}{\partial \lambda_1} \right|_{(1,0,0,Q)} = \int (Q + (x, y) \cdot \nabla Q) Q_y \mathrm{d}y,$$

$$\left. \frac{\partial \rho_3}{\partial x_1} \right|_{(1,0,0,Q)} = \int Q_x Q^3 \mathrm{d}y = 0, \qquad \left. \frac{\partial \rho_3}{\partial y_1} \right|_{(1,0,0,Q)} = \int Q_y Q^3 \mathrm{d}y = 0,$$

$$\left. \frac{\partial \rho_3}{\partial \lambda_1} \right|_{(1,0,0,Q)} = \frac{1}{2} \int Q^4 \mathrm{d}y.$$

根据隐函数定理, 存在一个正数 $\bar{\alpha} > 0$, 以及在 $\mathbb{R}^3$ 上 $(1, 0, 0)$ 的邻域 $V_{1,0,0}$, 使得 C^1 映射 $(\lambda_1, x_1, y_1) : \{u \in H^1; \|u - Q\|_{H^1} < \bar{\alpha}\} \to V_{1,0,0}$ 唯一确定, 并且满足公式 (5.10). $\qquad \square$

对于解 $u_n(t)$, 根据上述引理, 存在参数 $(x_n(t), y_n(t)) \in \mathbb{R}^2$, $\lambda_n(t) > 0$ 使得

$$\epsilon_n(x, y, t) \stackrel{\text{def}}{=\!=\!=} \lambda_n(t) u_n(\lambda_n(t)x + x_n(t), \lambda_n a(t)y + y_n(t), t) - Q(x, y),$$

并且满足正交性条件

$$\langle \epsilon_n(t), \nabla Q \rangle = 0, \quad \langle \epsilon_n(t), Q^3 \rangle = 0.$$

引理 5.8 (调制参数的性质)　设 $u(t)$ 为 ZK 方程 (5.1) 的解, 满足 $E(u) < 0$, 并且 $\alpha(u) \leqslant \alpha_2$. 令 $\lambda(t), x(t), y(t)$ 为最大存在时间上的调制参数, 那么 $\lambda(t), x(t),$ $y(t)$ 是 C^1 的, 满足

$$|\lambda^2 \lambda_t| + |\lambda^2 x_t - 1| + |\lambda^2 y_t| \lesssim \|\epsilon(t)\|_{L^2}. \tag{5.11}$$

此外, 存在 $\alpha_3 > 0$ 使得如果 $\alpha(u) \geqslant \alpha_3$, 那么

$$\|\epsilon(t)\|_{H^1} \lesssim \sqrt{\alpha(u)}. \tag{5.12}$$

证明　利用 ϵ 和 Q 来表示 u, 代入 ZK 方程 (5.1), 得到替代方程

$$\lambda^3 \partial_t \epsilon = \partial_x(\mathcal{L}\epsilon) + \lambda^2 \lambda_t \Lambda Q + (\lambda^2 x_t - 1, \lambda^2 y_t) \cdot \nabla Q$$
$$+ \lambda^2 \lambda_t \Lambda \epsilon + (\lambda^2 x_t - 1, \lambda^2 y_t) \cdot \nabla \epsilon - 3(Q\epsilon^2)_x - (\epsilon^3)_x.$$

将 ∂_t 作用到正交性条件 (5.9), 再结合上述替代方程, 即可得到 (5.11).

令 $Z(u) = \dfrac{1}{2}M(u) + E(u)$, 计算得到 $Z'(Q) = 0$, $Z''(Q) = \mathcal{L} = -\Delta + 1 - 3Q^2$. 由泰勒展开知

$$Z(u) = Z(Q + \epsilon) = Z(Q) + \langle Z'(Q), \epsilon \rangle + \frac{1}{2}\langle Z''(Q)\epsilon, \epsilon \rangle + O(\epsilon^3),$$

则

$$\frac{1}{2}\langle Z''(Q)\epsilon, \epsilon \rangle = Z(u) - Z(Q) + O(\epsilon^3) = \alpha(u) + E(u) + O(\epsilon^3)$$
$$\lesssim \alpha(u) + O(\epsilon^3).$$

由算子 $\mathcal{L}$ 的谱性质及正交性条件 (5.9), 有 $\langle \epsilon(t), \epsilon(t) \rangle < \langle \mathcal{L}\epsilon(t), \epsilon(t) \rangle \lesssim \alpha(u)$, 故而 (5.12) 式成立. □

注记 5.2 根据尺度变换, 有

$$\lambda^2(t)\|\nabla u(t)\|_{L^2}^2 = \|\nabla(\epsilon + Q)\|_{L^2}^2 = \|\nabla\epsilon(t)\|_{L^2}^2 + 2\langle\nabla\epsilon, \nabla Q\rangle + \|\nabla Q\|_{L^2}^2.$$

由 (5.12) 式知

$$\left|\lambda^2(t)\frac{\|\nabla u(t)\|_{L^2}^2}{\|\nabla Q\|_{L^2}^2} - 1\right| \lesssim \|\epsilon(t)\|_{H^1} \lesssim \sqrt{\alpha(u)}.$$

由此得到

$$\frac{\|\nabla u(t)\|_{L^2}}{\|\nabla Q\|_{L^2}}(1 - C\sqrt{\alpha}) \leqslant \lambda(t) \leqslant \frac{\|\nabla u(t)\|_{L^2}}{\|\nabla Q\|_{L^2}}(1 + C\sqrt{\alpha}), \tag{5.13}$$

$$\lambda^{-1}(t)\|\nabla Q\|_{L^2}(1 - C\sqrt{\alpha}) \leqslant \|\nabla u(t)\|_{L^2} \leqslant \lambda^{-1}(t)\|\nabla Q\|_{L^2}(1 + C\sqrt{\alpha}). \tag{5.14}$$

引理 5.9 (调制参数的方程) 设 $u(t)$ 为 ZK 方程 (5.1) 的解, 满足 $E(u) < 0$ 和 $\alpha(u) \ll 1$, 使得引理 5.7 成立. 对时间 t 作变量替换 $s = \displaystyle\int_0^t \frac{\mathrm{d}t'}{\lambda^3(t')}$ (等价于 $\dfrac{\mathrm{d}s}{\mathrm{d}t} = \lambda^{-3}$), 则调制参数满足方程

$$\begin{aligned}
\partial_s\epsilon = {} & \partial_x\mathcal{L}\epsilon + \frac{\lambda_s}{\lambda}\Lambda Q + \left(\frac{x_s}{\lambda} - 1\right)Q_x + \left(\frac{y_s}{\lambda} - 1\right)Q_y + \frac{\lambda_s}{\lambda}\Lambda\epsilon \\
& + \left(\frac{x_s}{\lambda} - 1\right)\lambda_x + \left(\frac{y_s}{\lambda} - 1\right)\lambda_y + \partial_x(3Q\epsilon^2 + \epsilon^3).
\end{aligned} \tag{5.15}$$

此外, 令 $b = \|\epsilon\|_{L_s^\infty L_{x,y}^2}$, 那么调制参数满足

$$\left|\frac{\lambda_s}{\lambda} - \langle f_1, \epsilon\rangle\right| \lesssim b^2, \quad \left|\left(\frac{x_s}{\lambda} - 1\right) - \langle f_2, \epsilon\rangle\right| \lesssim b^2, \quad \left|\frac{y_s}{\lambda} - \langle f_3, \epsilon\rangle\right| \lesssim b^2, \tag{5.16}$$

其中 f_j 为光滑、快速衰减的空间函数, 定义如下:

$$f_1 = \frac{2}{\|Q\|_{L^4}^4}\mathcal{L}(Q^3)_x, \quad f_2 = \frac{1}{\|Q_x\|_{L^2}^2}\mathcal{L}Q_{xx}, \quad f_3 = \frac{1}{\|Q_y\|_{L^2}^2}\mathcal{L}Q_{xy}.$$

证明 不妨记 $v(x, y, t) = \epsilon(x, y, t) + Q(x, y)$, 直接计算可得

$$\partial_t v = \lambda_t u + \lambda u_t + \lambda u_x(\lambda_t x + x_t) + \lambda u_y(\lambda_t y + y_t).$$

将 $\partial_t u + \partial_x(\Delta u + u^3) = 0$ 代入上式, 得

$$\partial_t v = \lambda^{-1}\lambda_t v + \lambda^{-1}\lambda_t(x\partial_x v + y\partial_y v) + \lambda^{-1}(v_x x_t + v_y y_t) - \lambda^{-3}\partial_x(\Delta v + v^3).$$

由变量替换 $\dfrac{\mathrm{d}s}{\mathrm{d}t} = \dfrac{1}{\lambda^3}$, 有

$$\lambda^{-3}\partial_s v = \lambda^{-4}\lambda_s v + \lambda^{-4}\lambda_s(x\partial_x v + y\partial_y v) + \lambda^{-4}(v_x x_s + v_y y_s) - \lambda^{-3}\partial_x(\Delta v + v^3).$$

化简后可得

$$\partial_s v = \frac{\lambda_s}{\lambda}(x\partial_x v + y\partial_y v) + \left(v_x \frac{x_s}{\lambda} + v_y \frac{y_s}{\lambda}\right) - \partial_x(\Delta v + v^3).$$

又因为 $\Delta Q = Q - Q^3$, 将上述方程转换成 ϵ 的方程

$$\partial_s \epsilon = \frac{\lambda_s}{\lambda}(\Lambda Q + \Lambda\epsilon) + \frac{(x_s, y_s)}{\lambda} \cdot (\nabla Q + \nabla\epsilon) - \partial_x(Q + \Delta\epsilon + 3Q^2\epsilon + 3Q\epsilon^2 + \epsilon^3).$$

化简后可得 (5.15).

将 ∂_s 作用到正交性条件 (5.9), 可得

$$(A + B(\epsilon)) \begin{bmatrix} \dfrac{\lambda_s}{\lambda} \\[2mm] \dfrac{x_s}{\lambda} - 1 \\[2mm] \dfrac{y_s}{\lambda} \end{bmatrix} = \begin{bmatrix} \langle \mathcal{L}(Q^3)_x, \epsilon \rangle \\[1mm] \langle \mathcal{L}Q_{xx}, \epsilon \rangle \\[1mm] \langle \mathcal{L}Q_{xy}, \epsilon \rangle \end{bmatrix} + \begin{bmatrix} 3\langle (Q^3)_x Q, \epsilon^2 \rangle + \langle (Q^3)_x, \epsilon^3 \rangle \\[1mm] 3\langle Q_{xx}Q, \epsilon^2 \rangle + \langle Q_{xx}, \epsilon^3 \rangle \\[1mm] 3\langle Q_{xy}Q, \epsilon^2 \rangle + \langle Q_{xy}, \epsilon^3 \rangle \end{bmatrix},$$

其中

$$A = \begin{bmatrix} \dfrac{1}{2}\|Q\|_{L^4}^4 & & \\ & \|Q_x\|_{L^2}^2 & \\ & & \|Q_y\|_{L^2}^2 \end{bmatrix},$$

$$B(\epsilon) = \begin{bmatrix} \langle \Lambda(Q^3), \epsilon \rangle & \langle (Q^3)_x, \epsilon \rangle & \langle (Q^3)_y, \epsilon \rangle \\ \langle \Lambda Q_x, \epsilon \rangle & \langle Q_{xx}, \epsilon \rangle & \langle Q_{xy}, \epsilon \rangle \\ \langle \Lambda Q_y, \epsilon \rangle & \langle Q_{xy}, \epsilon \rangle & \langle Q_{yy}, \epsilon \rangle \end{bmatrix}.$$

注意到 $B(\epsilon)$ 的每个元素 b_{ij} 都有 $|b_{ij}| \lesssim \|\epsilon\|_{L^2}$. 利用

$$(A + B(\epsilon))^{-1} = [A(I + A^{-1}B(\epsilon))]^{-1} = (I + A^{-1}B(\epsilon))^{-1}A^{-1},$$

以及 $(I + A^{-1}B(\epsilon))^{-1}$ 的 Neumann 展开式, 当 $b = \|\epsilon\|_{L_s^\infty L_{x,y}^2} \ll 1$ 时, 则 (5.16) 式成立. $\qquad\square$

注记 5.3　由 $\dfrac{\mathrm{d}s}{\mathrm{d}t} = \lambda^{-3}$, 可得

$$\frac{\lambda_s}{\lambda} = \lambda^2\lambda_t, \qquad \frac{x_s}{\lambda} - 1 = \lambda^2(x_t - \lambda^{-2}), \qquad \frac{y_s}{\lambda} = \lambda^2 y_t.$$

定义 $\eta(x,y,t) = \lambda^{-1}\epsilon(\lambda^{-1}x, \lambda^{-1}y, t)$ 以及 $\tilde{f}_j(x,y) = \lambda^{-1}f_j(\lambda^{-1}x, \lambda^{-1}y)$. 由变量替换和 (5.16) 式可得

$$|\lambda^2\lambda_t - \langle \tilde{f}_1, \eta \rangle| \lesssim b^2,$$

$$|\lambda^2(x_t - \lambda^{-2}) - \langle \tilde{f}_2, \eta \rangle| \lesssim b^2,$$

$$|\lambda^2 y_t - \langle \tilde{f}_3, \eta \rangle| \lesssim b^2.$$

此外, 定义 $\zeta(x,y,t) = b^{-1}\lambda^{-1}\epsilon(\lambda^{-1}(x-x(t)), \lambda^{-1}(y-y(t)), t)$ 以及 $\bar{f}_j(x,y) = \lambda^{-1}f_j(\lambda^{-1}(x-x(t)), \lambda^{-1}(y-y(t)))$. 由变量替换和 (5.16) 式可得

$$|b^{-1}\lambda^2\lambda_t - \langle \bar{f}_1, \zeta \rangle| \lesssim b,$$

$$|b^{-1}\lambda^2(x_t - \lambda^{-2}) - \langle \bar{f}_2, \zeta \rangle| \lesssim b,$$

$$|b^{-1}\lambda^2 y_t - \langle \bar{f}_3, \zeta \rangle| \lesssim b.$$

5.2.1 弱收敛的稳定性

在 5.2.1 节上面已构造了一系列行为良好的解, 那么对于每个 n, 可以提取这样一个弱极限

$$u_n(\cdot + x(t_{n,m}), \cdot + y(t_{n,m}), t_{n,m}) \rightharpoonup \tilde{u}_n(\cdot, \cdot, 0) \qquad m \to +\infty, \tag{5.17}$$

这里 $\tilde{u}_n(0) \in H^1_{x,y}$.

引理 5.10 ($\tilde{u}_n$ 的能量约束[63]) (1) 对于所有的 n, 都有 $E(\tilde{u}_n(0)) \leqslant E(u_n(0))$, 以及 $0 < \alpha(\tilde{u}_n(0)) \leqslant \alpha(u_n(0))$;

(2) 在 H^1 空间中, 当 $n \to +\infty$ 时, $\tilde{u}_n(0) \to Q$.

证明 参见文献 [63] 的引理 7. □

令 $\tilde{u}_n(t) \in H^1_{x,y}$ 是 ZK 方程以 $\tilde{u}_n(0)$ 为初值演化的解, 根据引理 5.6, 设 $\tilde{x}_n(t), \tilde{y}_n(t)$ 和 $\tilde{\lambda}_n(t)$ 为解 $\tilde{u}_n(t)$ 在最大存在时间上的调制参数, $\tilde{\epsilon}_n(t)$ 满足引理 5.8 中的性质.

设 $(-t_1(n), t_2(n))$ 为满足下式的最大时间区间

$$\frac{1}{2} \leqslant \tilde{\lambda}_n(t) \leqslant 2, \qquad \frac{1}{2} \leqslant \liminf_{m \to +\infty} \lambda_n(t_{n,m} + t) \leqslant \limsup_{m \to +\infty} \lambda_n(t_{n,m} + t) \leqslant 2. \tag{5.18}$$

那么, 结合 (5.13) 和 (5.14) 式, 我们可以将 (5.18) 式等价地视为 $\|\nabla \tilde{u}_n(t)\|_{L^2}$, $\liminf_{m \to +\infty} \|\nabla u(t_{n,m} + t)\|_{L^2}$ 和 $\limsup_{m \to +\infty} \|\nabla u(t_{n,m} + t)\|_{L^2}$ 的上下界. 我们将证明对于

足够大的 n, 有 $t_1(n) = t_2(n) = \infty$. 首先, 引理 5.11 给出时间区间 $t_1(n) = t_2(n)$ 是非平凡的, 这是由于在 (5.18) 中出现的限制显然不是先验的.

令

$$v_{n,m}(\cdot, \cdot, 0) = u_n(\cdot + x(t_{n,m}), \cdot + y(t_{n,m}), t_{n,m}). \tag{5.19}$$

由空间和时间平移不变性, 有

$$v_{n,m}(x, y, t) = u_n(x + x(t_{n,m}), y + y(t_{n,m}), t_{n,m} + t). \tag{5.20}$$

为方便起见, 以下忽略下标 n. 考虑给定的 n, 给出并证明引理 5.12 和引理 5.13, 然后由此推导出推论 5.2.

引理 5.11 (时间区间的非平凡性)　对于每个 n, 都有

$$t_1(n), t_2(n) \gtrsim 1.$$

证明　令 $q(x, t) = Q(x - t)$ 以及 $\eta_m(t) = v_m - q(t)$. 结合 (5.8) 式和 (5.13) 式得 $|\lambda_n(t_{n,m}) - 1| \lesssim \sqrt{\alpha(u_n)}$, 所以有 $\|\eta_m(0)\|_{H^1} \lesssim \sqrt{\alpha(u_n)}$.

将 v_m 代入 ZK 方程, 可得

$$\partial_t \eta_m + \partial_x \Delta \eta_m + \partial_x((\eta_m + q)^3 - q^3) = 0. \tag{5.21}$$

展开非线性项可知 $(\eta_m + q)^3 - q^3 = 3\eta_m q^2 + 3\eta_m^2 q + \eta_m^3$. 由方程 (5.21) 的 Duhamel 形式, 结合引理 3.1、引理 3.2 中的估计, 以及 $\|\eta_m(0)\|_{H^1} \lesssim \sqrt{\alpha(u_n)}$ 很小这一事实, 可得 $O(1)$ 时间范围内的解 $\eta_m(t)$, 且有 $\|\eta_m(t)\|_{H^1} \lesssim \sqrt{\alpha(u_n)}$. 这意味着在此时间内有 $|\lambda_n(t_{n,m+t}) - 1| \lesssim \sqrt{\alpha(u_n)}$, 因此满足了 (5.18) 式中的第二个条件 (注意到该估计关于 m 是一致的). 同理可证 (5.18) 式中的第一个条件.　　　□

给定光滑函数 $\chi(x, y) \in \mathbb{R}^2$, 并且 $\chi(x, y) = \begin{cases} 1, & |(x, y)| \leqslant 1, \\ 0, & |(x, y)| \geqslant 2, \end{cases}$ 对于 $k \in \mathbb{N}$, 令

$$\mathbf{1}_{\leqslant k}(x, y) = \chi\left(\frac{x}{k}, \frac{y}{k}\right), \qquad \mathbf{1}_{\geqslant k}(x, y) = 1 - \chi\left(\frac{x}{k}, \frac{y}{k}\right).$$

引理 5.12 (弱极限的特征)　对于 $v \in H^1_{x,y}$, 以及序列 $\{v_m\} \subset H^1_{x,y}$, 下列命题等价:

(1) 在 $H^1_{x,y}$ 空间, $v_m \rightharpoonup v$.

(2) $\|v_m \mathbf{1}_{\leqslant k} - v \mathbf{1}_{\leqslant k}\|_{L^2} \to 0$, 等价地, 有 $\|v_m - v\|_{L^2} \to 0$.

(3) 对于 v_m 的每一个子序列 $v_{m'}$, 都存在 $v_{m'}$ 的子序列 $v_{m''}$ 使得成立

$$\|v_{m''}\mathbf{1}_{\leqslant k} - v\mathbf{1}_{\leqslant k}\|_{L^2} \to 0.$$

(4) 对于 v_m 的每一个子序列 $v_{m'}$, 都存在 $v_{m'}$ 的子序列 $v_{m''}$ 和半径 $\rho_{m''} \to +\infty$ 使得成立

$$\|v_{m''}\mathbf{1}_{\leqslant \rho_{m''}} - v\mathbf{1}_{\leqslant k}\|_{L^2} \to 0.$$

证明 首先, 易知 (2) $\Leftrightarrow$ (3).

(1) $\Rightarrow$ (3). 通过 Rellich-Kondrachov 紧性定理易证此.

(2) $\Rightarrow$ (4). 给定 v_m 的子序列 $v_{m'}$. 为方便起见, 将 $v_{m'}$ 记成 v_m. 对每个 $\ell \in \mathbb{N}$, 根据 (2) 将证明存在 k_ℓ, m_ℓ 使得

$$\|v_{m_\ell}\mathbf{1}_{\leqslant k_\ell} - v\|_{L^2_{x,y}} \leqslant \frac{1}{\ell}, \tag{5.22}$$

并且 $m_\ell \to +\infty$, $k_\ell \to +\infty$ $(\ell \to +\infty)$.

事实上, 对于给定的 ℓ, 选取 $k_\ell(\geqslant \ell)$ 足够大, 使得 $\|v\mathbf{1}_{\leqslant k_\ell} - v\|_{L^2_{x,y}} \leqslant \frac{1}{2\ell}$. 再选取 $m_\ell(\geqslant \ell)$ 足够大, 使得 $\|v_{m_\ell}\mathbf{1}_{\leqslant k_\ell} - v\mathbf{1}_{\leqslant k_\ell}\|_{L^2_{x,y}} \leqslant \frac{1}{2\ell}$. 那么, 将两者结合起来得到 (5.22) 式. 现在通过构造出来的子序列替换原来的 v_m 序列, (5.22) 式改写为

$$\|v_m\mathbf{1}_{\leqslant \rho_m} - v\|_{L^2_{x,y}} \leqslant \frac{1}{m}, \qquad \rho_m \to +\infty \ (m \to +\infty). \tag{5.23}$$

(4) $\Rightarrow$ (3). 显然, 对于给定的 k 和足够大的 m'', 有

$$(v_{m''} - v)\mathbf{1}_{\leqslant k} = (v_{m''} - v)\mathbf{1}_{\leqslant \rho_{m''}}\mathbf{1}_{\leqslant k},$$

并且等号右侧由 (4) 知在 L^2 上收敛到 0.

(2) $\Rightarrow$ (1). 已知 $\{v_m\} \subset H^1$ 有界, 因为 $C_c^\infty(\mathbb{R}^2)$ 在 $H^1(\mathbb{R}^2)$ 中稠密, 根据稠密定理, 存在测值函数 $\varphi \in C_c^\infty(\mathbb{R}^2)$, 令 k 是大于 φ 支撑半径的任意给定整数, 则由 Cauchy-Schwarz 不等式和 (2), 可得

$$|\langle v_m - v, \varphi \rangle_{H^1}| = |\langle v_m - v, (1-\Delta)\varphi \rangle_{L^2}| = |\langle (v_m - v)\mathbf{1}_{\leqslant k}, (1-\Delta)\varphi \rangle_{L^2}|$$

$$\leqslant \|(v_m - v)\mathbf{1}_{\leqslant k}\|_{L^2}\|(1-\Delta)\varphi\|_{L^2} \to 0. \qquad \square$$

引理 5.13 (弱极限的稳定性) 设 $v_m(0)$ 在 $H^1_{x,y}$ 空间中弱收敛到 $v(0)$. 存在 $k \in \mathbb{N}$, 使得对于所有 m, 有 $\|v_m(0)\mathbf{1}_{\leqslant k}\|_{L^2_x} \leqslant \frac{1}{2}\|Q\|_{L^2_x}$. 令 $v_m(t), v(t)$ 分别是以

$v_m(0)$, $v(0)$ 为初值演化的解. 此外, 设

$$\|v(t)\|_{L^\infty_{[-T_-,T_+]}H^1_{x,y}} < +\infty, \qquad \limsup_{m\to+\infty}\|v_m\|_{L^\infty_{[-T_-,T_+]}H^1_{x,y}} < +\infty,$$

其中 $0 \leqslant T_\pm < +\infty$. 那么, 在 $H^1_{x,y}$ 空间, $v_m(t) \rightharpoonup v(t)$, $t \in [-T_-, T_+]$. 并且对于 $k \in \mathbb{N}$, $v_m(t)\mathbf{1}_{\leqslant k}$ 在 $C([-T_-, T_+]; L^2)$ 空间强收敛到 $v(t)\mathbf{1}_{\leqslant k}$.

证明　令 $M = \max\left\{\|v(t)\|_{L^\infty_{[-T_-,T_+]}H^1_{x,y}}, \limsup_{m\to+\infty}\|v_m\|_{L^\infty_{[-T_-,T_+]}H^1_{x,y}}\right\}$. 选取 $v_m(0)$ 的任意子序列, 记为 $v_{m'}(0)$. 根据引理 5.12 的 (1) $\Rightarrow$ (4) 可得子序列 $v_{m''}(0)$, $\rho_{m''} \to +\infty$ 使得 $\|v_{m''}(0)\mathbf{1}_{\leqslant \rho_{m''}} - v(0)\|_{L^2} \to 0$. 我们最终将证明 $v_{m''}(t)\mathbf{1}_{\leqslant \rho_{m''}/2}$ 在 $C([-T_-, T_+]; L^2)$ 强收敛于 $v(t)$. 因此, 对于 $t \in [-T_-, T_+]$, 根据引理 5.12 的 (4) $\Rightarrow$ (1) 可以得出 $v_m(t)$ 在 H^1 弱收敛于 $v(t)$. 此外, 由于 $[-T_-, T_+]$ 是紧致的, 类似于引理 5.12, 将 (2), (3), (4) 中的 L^2 替换成 $C([-T_-, T_+]; L^2)$ 仍然成立.

为简化符号, 将 m'' 替换为 m. 记

$$v_m(0) = v(0) + z_m(0) + q_m(0),$$

这里 $z_m(0) = v_m(0)\mathbf{1}_{\leqslant \rho_m} - v(0)$, $q_m(0) = v_m(0)\mathbf{1}_{\geqslant \rho_m}$.

我们知道, 当 $m \to +\infty$ 时, $\|z_m(0)\|_{L^2} \to 0$, 令 m 足够大使得 $\|z_m(0)\|_{L^2} \leqslant \frac{1}{2}\|Q\|_{L^2}$. 因此, 由能量估计知 $z_m(t)$ 在 H^1 上全局有界. 此外, 在假设条件下意味着 $\|q_m(0)\|_{L^2} \leqslant \frac{1}{2}\|Q\|_{L^2}$, 所以根据能量估计, $q_m(t)$ 在 H^1 上全局有界 (见下面的**断言 1 和断言 2**). 定义 $r_m(t)$ 如下式:

$$v_m(t) = v(t) + z_m(t) + q_m(t) + r_m(t).$$

接下来, 证明 $\|z_m(t)\|_{C([-T_-,T_+];L^2)} \to 0$, $\|r_m(t)\|_{C([-T_-,T_+];L^2)} \to 0$, 以及

$$\|q_m(t)\mathbf{1}_{\leqslant \rho_m/2}\|^2_{L^2} \lesssim M^2 \max\{T_-/\rho_m, T_+/\rho_m\},$$

也就是说,

$$\lim_{m\to+\infty} \|q_m(t)\mathbf{1}_{\leqslant \rho_m/2}\|_{C([-T_-,T_+];L^2)} = 0.$$

因此, 只需要证 $\lim\limits_{m\to+\infty} \|(v_m(t) - v(t))\mathbf{1}_{\leqslant \rho_m/2}\|_{C([-T_-,T_+];L^2)} = 0$ 即可完成引理的证明. 为证明此, 给出几个重要的断言.

断言 1　$z_m(t), q_m(t)$ 在 H^1 全局有界, 即

$$\|\nabla z_m(t)\|_{L^2} \leqslant 4M, \qquad \|\nabla q_m(t)\|_{L^2} \leqslant 4M,$$

这里 $M = \max\left\{\|v(t)\|_{L^\infty_{[-T_-,T_+]}H^1_{x,y}}, \limsup\limits_{m\to+\infty} \|v_m\|_{L^\infty_{[-T_-,T_+]}H^1_{x,y}}\right\}$.

证明 利用 Weinstein 不等式即可证得. □

断言 2 在长度为 $|I| \lesssim M^{-4}$ 的时间区间 I 上, 有

$$\|z_m(t)\|_{L^4_x L^\infty_{y,I}}, \|q_m(t)\|_{L^4_x L^\infty_{y,I}}, \|v_m(t)\|_{L^4_x L^\infty_{y,I}}, \|v(t)\|_{L^4_x L^\infty_{y,I}} \lesssim M.$$

证明 上述估计由 M 的全局 H^1 有界假设, 以及引理 5.1 和引理 5.2 中的局部理论估计可得. □

断言 3 $\|q_m(t)\mathbf{1}_{<\rho_m/2}\|^2_{L^2} \lesssim t\rho_m^{-1}M^2$.

证明 令 $\chi_m(x,y) = \chi\left(\dfrac{(x,y)}{\rho_m}\right)$, 则

$$\left|\partial_t \int \chi_m v_m^2(t)\mathrm{d}x\mathrm{d}y\right|$$

$$= \left|-2\int \chi_m v_m \left((v_m)_{xxx} + (v_m)_{xyy} + (v_m)_x^3\right)\mathrm{d}x\mathrm{d}y\right|$$

$$= \left|\int -3(\chi_m)_x(v_m)_x^2 - (\chi_m)_x(v_m)_y^2 - 2(\chi_m)_y(v_m)_x(v_m)_y\right.$$

$$\left.+(\chi_m)_{xyy}v^2 + \frac{1}{2}(\chi_m)_x v_m^4\mathrm{d}x\mathrm{d}y\right|$$

$$\lesssim \frac{1}{\rho_m}\left(\|\nabla v_m\|^2_{L^2} + \|v_m\|^2_{L^2} + \|v_m\|^4_{L^4}\right).$$

由 Gagliardo-Nirenberg 不等式, 得

$$\left|\partial_t \int \chi_m v_m^2(t)\mathrm{d}x\mathrm{d}y\right| \lesssim \frac{M^2}{\rho_m}.$$

结合 $\chi_m q_m(0) = 0$, 对上式关于时间 t 积分, 从而得到结论. □

断言 4 在长度为 $|I| \lesssim M^{-4}$ 的时间区间 $I = [t_\ell, t_r]$ 上, 有

$$\|r_m(t)\|_{L^2} \leqslant 2\|r_m(t_\ell)\|_{L^2} + \omega(m)M^2,$$

其中 $\omega(m) \to 0$ $(m \to 0)$, 在 $[T_-, T_+]$ 上一致收敛于 t. 特别地,

$$\omega(m) \sim M^2\|q_m\|_{L^\infty_I L^2_{x,y}} + \|\mathbf{1}_{>\rho_m/2}v\|_{L^2_{x,y,I}} + \|z_m\|_{L^\infty_I L^2_{x,y}}.$$

注记 5.4 事实上, 注意到 $\lim\limits_{m\to+\infty}\|\mathbf{1}_{>\rho_m/2}v\|_{L^2_{x,y,I}} = 0$. 这是因为

$$\|v\|_{L^2_{x,y,I}} \leqslant |I|^{1/2}\|v\|_{L^\infty_I L^2_{x,y}} < \infty,$$

根据控制收敛定理, 可知 $\lim\limits_{k\to+\infty}\|\mathbf{1}_{>k}v\|_{L^2_{x,y,I}}=0$.

证明断言 4　由 $r_m(t)$ 的定义以及 v_m 的方程知

$$\partial_t r_m + \partial_x \Delta r_m + \partial_x F = 0, \tag{5.24}$$

其中 $F=(r_m+v+z_m+q_m)^3-v^3-z_m^3-q_m^3$. 不妨把展开的非线性项记为 $F=\sum_j F_j$, 除了 r_m^3, 其他都是交叉项.

根据断言 1 和断言 2, 我们有

$$\|r_m(t)\|_{H^1_{x,y}}, \|r_m(t)\|_{L^4_x L^\infty_I} \lesssim M.$$

结合 r_m 的方程 (5.24)、引理 5.1 和引理 5.2 知

$$\|r_m(t)\|_{L^2} \leqslant \|r_m(t_\ell)\|_{L^2} + C\|F\|_{L^1_x L^2_{y,I}}.$$

对于 F 的每一个非线性项 $F_j=h_1 h_2 h_3$, 有

$$\|F_j\|_{L^1_x L^2_{y,I}} \leqslant \|h_1\|_{L^2_{x,y,I}} \|h_2\|_{L^4_x L^\infty_{y,I}} \|h_3\|_{L^4_x L^\infty_{y,I}}.$$

这里 h_1 可估计为

$$\|h_1\|_{L^2_{x,y,I}} \leqslant |I|^{1/2} \|h_1\|_{L^\infty_I L^2_{x,y}},$$

其实, 在情况 3 中会有不同的处理方式. 下面, F_j 分为以下三种情况考虑.

情况 1　至少含有一个 r_m, 不妨让 $h_1=r_m$, 则可被估计的左边吸收掉.

情况 2　不含有 r_m, 至少含有一个 z_m, 不妨让 $h_1=z_m$.

情况 3　不含有 r_m 和 z_m, 则 F_j 包含 vq_m^2 和 $v^2 q_m$ 两项. 对此进行空间分解, 以 vq_m^2 为例

$$vq_m^2 = (\mathbf{1}_{<\rho_m/2}q_m)vq_m + (\mathbf{1}_{>\rho_m/2}v)q_m^2,$$

那么有

$$\|vq_m^2\|_{L^1_x L^2_{y,I}}$$
$$\leqslant \|(\mathbf{1}_{<\rho_m/2}q_m)vq_m\|_{L^1_x L^2_{y,I}} + \|(\mathbf{1}_{>\rho_m/2}v)q_m^2\|_{L^1_x L^2_{y,I}}$$
$$\leqslant |I|^{1/2}\|\mathbf{1}_{<\rho_m/2}q_m\|_{L^\infty_I L^2_{x,y}}\|v\|_{L^4_x L^\infty_{y,I}}\|q_m\|_{L^4_x L^\infty_{y,I}} + \|\mathbf{1}_{>\rho_m/2}v\|_{L^2_{x,y,I}}\|q_m\|^2_{L^4_x L^\infty_{y,I}}$$
$$\leqslant (|I|^{1/2}\|\mathbf{1}_{<\rho_m/2}q_m\|_{L^\infty_I L^2_{x,y}} + \|\mathbf{1}_{>\rho_m/2}v\|_{L^2_{x,y,I}})M^2. \tag{5.25}$$

因此, 断言 4 得证.

接下来, 将 $[0, T_+]$ 分割成若干长度约 M^{-4} 的子区间

$$I_1 = [t_0, t_1], \ I_2 = [t_1, t_2], \cdots, I_J = [t_{J-1}, t_J],$$

其中 $J \sim M^4 T_+$, 使得断言 4 在每个子区间成立. 那么有

$$\|r_m(t_1)\|_{L^2} \leqslant \omega_1(m) M^2,$$

$$\|r_m(t_2)\|_{L^2} \leqslant 2\|r_m(t_1)\|_{L^2} + \omega_2(m) M^2,$$

$$\|r_m(t_3)\|_{L^2} \leqslant 2\|r_m(t_2)\|_{L^2} + \omega_3(m) M^2.$$

因此, 结合上面的式子, 可得

$$\|r_m(t_3)\|_{L^2} \leqslant (4\omega_1(m) + 2\omega_2(m) + \omega_3(m)) M^2.$$

经过这样的迭代后, 有

$$\|r_m(T_+)\|_{L^2} \leqslant (2^{J-1}\omega_1(m) + \cdots + 2\omega_{J-1}(m) + \omega_J(m)) M^2.$$

因此, 对于 $0 \leqslant t \leqslant T_+$, 可以得到

$$\lim_{m \to +\infty} \|r_m(t)\|_{L^2} = 0,$$

对于 $[-T_-, 0]$ 同理可证. □

推论 5.2 (弱极限稳定性的应用) 对于任意给定的 n, 取 $t_1, t_2 < +\infty$ 使得 $(-t_1, t_2) \subset (-t_1(n), t_2(n))$. 那么, 对于 $t \in [-t_1, t_2]$, 当 $m \to +\infty$ 时, $u_n(\cdot + x_n(t_{n,m}), \cdot + y_n(t_{n,m}), t_{n,m} + t)$ 在 H^1 空间弱收敛于 $\tilde{u}_n(\cdot, \cdot, t)$. 并且, 对于每个 n, 每个 $k \in \mathbb{N}$, 当 $m \to +\infty$ 时,

$$\|u_n(\cdot + x_n(t_{n,m}), \cdot + y_n(t_{n,m}), t_{n,m} + t)\mathbf{1}_{\leqslant k} - \tilde{u}_n(\cdot, \cdot, t)\|_{C([-t_1, t_2]; L^2)} \to 0.$$

引理5.14 对任意给定的 n, 存在 $t_1, t_2 < \infty$, 使得 $(-t_1, t_2) \subset (-t_1(n), t_2(n))$. 那么当 $m \to +\infty$ 时, 在相应的函数空间 $C([-t_1, t_2]; \mathbb{R})$ 上有

$$\lambda_n(t_{n,m} + t) \to \tilde{\lambda}_n(t),$$

$$x_n(t_{n,m} + t) - x_n(t_{n,m}) \to \tilde{x}_n(t),$$

$$y_n(t_{n,m} + t) - y_n(t_{n,m}) \to \tilde{y}_n(t).$$

证明 结合引理 5.8 和推论 5.2, 即可证得. □

推论 5.3　对任意给定的 n, 存在 $t_1, t_2 < \infty$, 使得 $(-t_1, t_2) \subset (-t_1(n), t_2(n))$. 那么对于 $t \in [-t_1, t_2]$, 当 $m \to +\infty$ 时, $u_n(\cdot + x_n(t_{n,m}), \cdot + y_n(t_{n,m}), t_{n,m} + t)$ 在相应的函数空间 H^1 上弱收敛于 $\tilde{u}_n(\cdot + \tilde{x}_n(t), \cdot + \tilde{y}_n(t), t)$. 并且, 对于每个 n, 每个 $k \in \mathbb{N}$, 当 $m \to +\infty$ 时,

$$\|u_n(\cdot + x_n(t_{n,m}), \cdot + y_n(t_{n,m}), t_{n,m} + t)\mathbf{1}_{\leqslant k}$$

$$-\tilde{u}_n(\cdot + \tilde{x}_n(t), \cdot + \tilde{y}_n(t), t)\mathbf{1}_{\leqslant k}\|_{C([-t_1, t_2]; L^2)} \to 0.$$

证明　结合推论 5.2 和引理 5.14, 即可证得.　　　　　　　　　　　　□

5.2.2　$\tilde{u}_n$ 具有指数衰减

引理 5.15(二维加权 Gagliardo-Nirenberg 不等式)　设可微函数 $\psi(x, y) \geqslant 0$, 并且 $|\nabla\psi(x, y)| \lesssim \psi(x, y)$. 对于任意的 $R_0 \geqslant 0$, 令 $B = \{(x, y)||x| > R_0 \ \text{或} \ |y| > R_0\}$. 那么,

$$\iint_B \psi(x)u^4(x, y)\mathrm{d}x\mathrm{d}y \lesssim \|u\|_{L_B^2}^2 \iint_B \psi(x)(|\nabla u(x, y)|^2 + u^2(x, y))\mathrm{d}x\mathrm{d}y, \quad (5.26)$$

其中隐含的常数与 R_0, ψ 的选择无关 (除了 $|\nabla\psi(x, y)| \lesssim \psi(x, y)$ 的隐含常数).

证明　下面将关于 x (此时给定 y) 和 y (此时给定 x) 应用一维不等式:

$$|v(x_0)|^2 \leqslant 2\|v\|_{L_x^2 > x_0}\|v_x\|_{L_x^2},$$

$$|v(x_0)|^2 \leqslant 2\|v\|_{L_x^2 < x_0}\|v_x\|_{L_x^2}.$$

仅依赖于这些估计, 证明局限于空间区域 $|x| \geqslant R_0$ 和 $|y| \geqslant R_0$. 为了便于说明, 下文忽略这种空间局限.

对于给定的 y, 有

$$\int_x \psi u^4 \mathrm{d}x \lesssim \|\psi_1 u^2\|_{L_x^\infty}\|\psi_2^{1/2}u\|_{L_x^2}^2, \quad (5.27)$$

其中 $\psi = \psi_1\psi_2$, 这里 ψ_1 和 ψ_2 待定. 利用关于 x 的一维估计, 可得

$$\|\psi_1 u^2\|_{L_x^\infty} \lesssim \int_x |(\psi_1)_x| \, u^2 \mathrm{d}x + \int_x \psi_1 \, |u_x| \, |u|\mathrm{d}x.$$

对于第一项, 利用 $|(\psi_1)_x| \lesssim \psi_1$. 作分解 $\psi_1 = \psi_{11}\psi_{12}$, 其中 ψ_{11} 和 ψ_{22} 待定, 由 Cauchy-Schwarz 不等式得

$$\|\psi_1 u^2\|_{L_x^\infty} \lesssim (\|\psi_{11}u_x\|_{L_x^2} + \|\psi_{11}u\|_{L_x^2})\|\psi_{12}u\|_{L_x^2}.$$

将上式代入 (5.27) 式, 有

$$\int_x \psi u^4 \mathrm{d}x \lesssim (\|\psi_{11} u_x\|_{L_x^2} + \|\psi_{11} u\|_{L_x^2}) \|\psi_{12} u\|_{L_x^2} \|\psi_2^{1/2} u\|_{L_x^2}^2.$$

取 $\psi_{12} = \psi_2^{1/2}$, 则有

$$\int_x \psi u^4 \mathrm{d}x \lesssim (\|\psi_{11} u_x\|_{L_x^2} + \|\psi_{11} u\|_{L_x^2}) \|\psi_2^{1/2} u\|_{L_x^2}^3.$$

关于 y 积分, 再利用 Cauchy-Schwarz 和 Minkowski 不等式得

$$\int_x \int_y \psi u^4 \mathrm{d}x\mathrm{d}y \lesssim (\|\psi_{11} u_x\|_{L_{x,y}^2} + \|\psi_{11} u\|_{L_{x,y}^2}) \|\psi_2^{1/2} u\|_{L_x^2 L_y^6}^3. \tag{5.28}$$

这里

$$\|\psi_2^{1/2} u\|_{L_y^6}^6 = \int \psi_2^3 u^6 \mathrm{d}y \lesssim \|\psi_2^3 u^4\|_{L_y^\infty} \int u^2 \mathrm{d}y \lesssim \|\psi_2^{3/2} u^2\|_{L_y^\infty}^2 \|u\|_{L_y^2}^2.$$

则

$$\|\psi_2^{1/2} u\|_{L_y^6} \lesssim \|(\psi_2^{3/2} u^2)_y\|_{L_y^1}^{1/3} \|u\|_{L_y^2}^{1/3}$$

$$\lesssim (\|\psi_2^{3/2} u_y u\|_{L_y^1} + \|\psi_2^{1/2} (\psi_2)_y u^2\|_{L_y^1})^{1/3} \|u\|_{L_y^2}^{1/3}.$$

根据 $|(\psi_2)_y| \lesssim \psi_2$ 和 Cauchy-Schwarz 不等式, 得到

$$\|\psi_2^{1/2} u\|_{L_y^6} \lesssim (\|\psi_2^{3/2} u_y\|_{L_y^2} + \|\psi_2^{3/2} u\|_{L_y^2})^{1/3} \|u\|_{L_y^2}^{2/3}.$$

那么

$$\|\psi_2^{1/2} u\|_{L_x^2 L_y^6} \lesssim (\|\psi_2^{3/2} u_y\|_{L_{x,y}^2} + \|\psi_2^{3/2} u\|_{L_{x,y}^2})^{1/3} \|u\|_{L_{x,y}^2}^{2/3}.$$

把上式代入 (5.28), 有

$$\int_x \int_y \psi u^4 \mathrm{d}x\mathrm{d}y$$

$$\lesssim (\|\psi_{11} u_x\|_{L_{x,y}^2} + \|\psi_{11} u\|_{L_{x,y}^2})(\|\psi_2^{3/2} u_y\|_{L_{x,y}^2} + \|\psi_2^{3/2} u\|_{L_{x,y}^2}) \|u\|_{L_{x,y}^2}^2. \tag{5.29}$$

注意到权重 $\psi = \psi_{11} \psi_2^{3/2}$, 这里 ψ_{12} 和 ψ_2 待定. 从 (5.29) 式, 我们希望取 $\psi_{11} = \psi^{1/2}$ 以及 $\psi_2^{3/2} = \psi^{1/2}$, 这也满足 $\psi = \psi_{11} \psi_2^{3/2}$. 因此, 有

$$\int_x \int_y \psi u^4 \mathrm{d}x\mathrm{d}y$$

$$\lesssim (\|\psi^{1/2} u_x\|_{L_{x,y}^2} + \|\psi^{1/2} u\|_{L_{x,y}^2})(\|\psi^{1/2} u_y\|_{L_{x,y}^2} + \|\psi^{1/2} u\|_{L_{x,y}^2}) \|u\|_{L_{x,y}^2}^2. \qquad \square$$

引理 5.16 ($I_\pm$ 估计)　令 $t_{-1} < t_0 < t_1$, $x_0 > 0$, $K \geqslant 4$. 设 $u(t)$ 是 ZK 方程 (5.1) 在 $[t_{-1}, t_1]$ 上的 H^1 解, 满足 $E(u) < 0$, 并且

$$\|\nabla u(t)\|_{L^2_{x,y}} \geqslant 0.9\|\nabla Q\|_{L^2_{x,y}}, \quad \forall t \in [t_{-1}, t_1].$$

那么, 存在 $\alpha_4 > 0$ 使得当 $\alpha(u) \leqslant \alpha_4$ 时, 下面论述成立:

令

$$I_{\pm, x_0, t_0}(t) = \iint u^2(x + x(t_0), y, t)\phi_\pm\left(x - x_0 - \frac{1}{2}(x(t) - x(t_0))\right)\mathrm{d}x\mathrm{d}y,$$

其中 $\phi_-(x) = \phi_+(-x)$, $\phi_+(x) = \dfrac{2}{\pi}\arctan(e^{x/K})$. 并且 $\phi_+(x)$ 单调递增, 满足 $\lim\limits_{x \to -\infty} \phi_+(x) = 0$ 和 $\lim\limits_{x \to +\infty} \phi_+(x) = 1$; $\phi_-(x)$ 单调递减, 满足 $\lim\limits_{x \to -\infty} \phi_-(x) = 1$ 和 $\lim\limits_{x \to +\infty} \phi_-(x) = 0$.

对于递增的权重, 有

$$I_{+, x_0, t_0}(t_0) \leqslant I_{+, x_0, t_0}(t_{-1}) + \theta_0 e^{-x_0/K}, \tag{5.30}$$

$$I_{+, -x_0, t_0}(t_1) \leqslant I_{+, -x_0, t_0}(t_0) + \theta_0 e^{-x_0/K}. \tag{5.31}$$

对于递减的权重, 有

$$I_{-, x_0, t_0}(t_{-1}) \leqslant I_{-, x_0, t_0}(t_0) + \theta_0 e^{-x_0/K}, \tag{5.32}$$

$$I_{-, -x_0, t_0}(t_0) \leqslant I_{-, -x_0, t_0}(t_1) + \theta_0 e^{-x_0/K}, \tag{5.33}$$

其中 θ_0 为常数. 如图 5.1, 展示了权重 $\phi_\pm$ 的 "中心" 在时间上的变化路径. 特别地, 常数 $\alpha_4, \theta_0 > 0$ 与时间 $[t_{-1}, t_1]$ 上 $\|\nabla u\|_{L^2_{x,y}}$ 的上界无关.

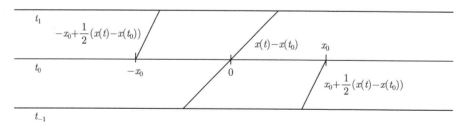

图 5.1　$u(x + x(t_0), y, t)$ 的孤立子轨迹[①]

[①] 这里 $x_0 > 0$. 函数 $u(x + x(t_0), y, t)$ 有以 $(x(t) - x(t_0), y, t)$ 为中心的孤立子. 当 $t = t_0$ 时, 孤立子位于中心位置 $x(t) - x(t_0) = 0$, 孤立子轨迹为斜率近似为 1 的直线 $x(t) - x(t_0)$. 对于 I_+, 随着权重 ϕ_+ 的增加, 可以在时间上从 t_{-1} 到 t_0 或从 t_0 到 t_1 这样向前估计. 在 t_{-1} 到 t_0 的情况下, 权重 ϕ_+ 的过渡以右半斜率线 $x_0 + \frac{1}{2}(x(t) - x(t_0))$ 为中心. 在 t_0 到 t_1 的情况下, 权重 ϕ_+ 的过渡以左半斜率线 $-x_0 + \frac{1}{2}(x(t) - x(t_0))$ 为中心. 在这两种情况下, 值得一提的是, 当向前或向后移动时, 孤立子和重心轨迹在时间上是分离的. 对于 I_-, 随着权重 ϕ_- 的减少, 除了估计在时间上从 t_1 到 t_0 或从 t_0 到 t_{-1} 是向后的, 轨迹是相同的.

证明 通过时间平移, 不妨取 $t_0 = 0$. 则当 $t_{-1} < 0 < t_1$ 时, 重新整理 (5.30)—(5.33) 式, 对于递增的权重, 有

$$I_{+,x_0,0}(0) \leqslant I_{+,x_0,0}(t_{-1}) + \theta_0 e^{-x_0/K}, \tag{5.34}$$

$$I_{+,-x_0,0}(t_1) \leqslant I_{+,-x_0,0}(0) + \theta_0 e^{-x_0/K}. \tag{5.35}$$

对于递减的权重, 有

$$I_{-,x_0,0}(t_{-1}) \leqslant I_{-,x_0,0}(0) + \theta_0 e^{-x_0/K}, \tag{5.36}$$

$$I_{-,-x_0,0}(0) \leqslant I_{-,-x_0,0}(t_1) + \theta_0 e^{-x_0/K}. \tag{5.37}$$

令 $I_{\pm,x_0,t_0,u}(t)$ 表示与 u 相关, $\tilde{u}(x,y,t) = u(-x,-y,-t)$, 相应孤立子的路径参数为 $\tilde{x}(t) = -x(-t), \tilde{y}(t) = -y(-t)$. 那么

$$
\begin{aligned}
I_{+,x_0,0,\tilde{u}}(t) &= \iint \tilde{u}^2(x+\tilde{x}(0),y,t)\phi_+\left(x - x_0 - \frac{1}{2}(\tilde{x}(t)-\tilde{x}(0))\right)\mathrm{d}x\mathrm{d}y \\
&= \iint u^2(x+x(0),y,-t)\phi_+\left(-x + x_0 + \frac{1}{2}(x(-t)-x(0))\right)\mathrm{d}x\mathrm{d}y \\
&= \iint u^2(x+x(0),y,-t)\phi_-\left(x - x_0 - \frac{1}{2}(x(-t)-x(0))\right)\mathrm{d}x\mathrm{d}y \\
&= I_{-,-x_0,0,u}(-t). \tag{5.38}
\end{aligned}
$$

事实上, 根据 (5.38) 式和变量替换, 结合 (5.34) 和 (5.35) 式, 即可证得 (5.37) 和 (5.36) 式. 因此, 只需证明 (5.34) 和 (5.35) 式. 为方便书写, 忽略下标 "+". 主要方法是将 ∂_t 作用到 $I_{x_0,0}(t)$, 关键在于估计非线性项. 可将积分区域分为两部分: 对于靠近孤立子轨迹的部分, 利用 ϕ' 的小性估计; 对于远离孤立子轨迹的部分, 利用 u 的小性估计.

注意到当 $0.9 \leqslant \lambda^2 x_t \leqslant 1.1$, $\lambda \leqslant 1.1$ 时, 有

$$0.7 < \frac{0.9}{1.1^2} \leqslant \frac{0.9}{\lambda^2} \leqslant x_t.$$

通过计算得

$$\phi'(x) = \frac{1}{\pi K}\operatorname{sech}(x/K), \quad \phi''(x) = -\frac{1}{\pi K^2}\operatorname{sech}(x/K)\tanh(x/K),$$

$$\phi'''(x) = \frac{1}{\pi K^3}\left(\operatorname{sech}(x/K)\tanh^2(x/K) - \operatorname{sech}^3(x/K)\right).$$

特别地,

$$|\phi'''(x)| \leqslant \frac{1}{K^2}\phi'(x). \tag{5.39}$$

令

$$I_{x_0,t_0}(t) = \iint_{xy} u^2\left(x + x\left(t_0\right), y, t\right)\phi\left(x - x_0 - \frac{1}{2}\left(x(t) - x\left(t_0\right)\right)\right)\mathrm{d}x\mathrm{d}y.$$

那么

$$\frac{1}{2}\partial_t I_{x_0,t_0}(t) = \iint uu_t\phi\mathrm{d}x\mathrm{d}y - \frac{1}{2}x'(t)\iint u^2\phi'\mathrm{d}x\mathrm{d}y$$

$$= \iint u\left(-u_{xxx} - u_{yyx} - 3u^2u_x\right)\phi\mathrm{d}x\mathrm{d}y - \frac{1}{2}x'(t)\iint u^2\phi'\mathrm{d}x\mathrm{d}y$$

$$= -\frac{3}{2}\iint u_x^2\phi'\mathrm{d}x\mathrm{d}y - \frac{1}{2}\iint u_y^2\phi'\mathrm{d}x\mathrm{d}y - \frac{1}{2}x'(t)\iint u^2\phi'\mathrm{d}x\mathrm{d}y$$

$$+ \frac{1}{2}\iint u^2\phi'''\mathrm{d}x\mathrm{d}y + \frac{3}{4}\iint u^4\phi'\mathrm{d}x\mathrm{d}y. \tag{5.40}$$

(5.40) 式等式右边前两项是好项, 用于吸收非线性项. 由于 $0.7 < x_t$, 第三项

$$-\frac{1}{2}x'(t)\iint u^2\phi'\mathrm{d}x\mathrm{d}y \leqslant -\frac{1}{4}\iint u^2\phi'\mathrm{d}x\mathrm{d}y.$$

根据 (5.39) 式, 对于给定的 $K \geqslant 4$, 第四项可估计为

$$\frac{1}{2}\iint u^2\phi'''\mathrm{d}x\mathrm{d}y \leqslant \frac{1}{32}\iint u^2\phi'\mathrm{d}x\mathrm{d}y. \tag{5.41}$$

事实上, (5.40) 式的关键难点在于非线性项 $\frac{3}{4}\int u^4\phi'\mathrm{d}x\mathrm{d}y$ 的处理, 这里需要作如下分解: 对于 $R_0 > 0$,

$$B_1 = \left\{ (x,y) \mid |x - (x(t) - x(t_0))| > R_0 \text{ 或 } |y - y(t)| > R_0 \right\},$$

$$B_2 = \left\{ (x,y) \mid |x - (x(t) - x(t_0))| < R_0 \text{ 且 } |y - y(t)| > R_0 \right\}.$$

显然 $\mathbb{R}^2 = B_1 \cup B_2$. 那么

$$\iint u^4 \phi' \mathrm{d}x\mathrm{d}y = \iint_{(x,y) \in B_1} u^4 \phi' \mathrm{d}x\mathrm{d}y + \iint_{(x,y) \in B_2} u^4 \phi' \mathrm{d}x\mathrm{d}y.$$

在 B_1 区域, 由加权 Gagliardo-Nirenberg 不等式 (5.26) 知

$$\frac{3}{4} \iint u^4 \phi' \mathrm{d}x\mathrm{d}y \leqslant \|u\|^2_{L^2_{|x - x(t)| > R_0 \text{ 或 } |y - y(t)| > R_0}} \iint \left(u^2 + u_x^2 + u_y^2 \right) \phi' \mathrm{d}x\mathrm{d}y$$

$$+ \frac{3}{4} \iint_{(x,y) \in B_2} u^4 \phi' \mathrm{d}x\mathrm{d}y. \tag{5.42}$$

对于不等式右边第一项的系数, 注意到 Q 在该区域小, 并且 $\lambda u(\lambda x + x(t), \lambda y + y(t), t) - Q(x,y)$ 在 L^2 范数下也小, 这导致该系数小. 那么只需要利用 λ 的上界 (5.13), 并且使 $\|\epsilon\|_{H^1} \leqslant \sqrt{\alpha}$, α 小于某个常数. R_0 应取得适当大以确保 $e^{-R_0/\lambda} \leqslant e^{-R_0/1.1}$ 足够小, 因此 R_0 是一个常数.

将 (5.42), (5.41) 代入 (5.40) 式中得到

$$\partial_t I_{x_0, t_0}(t) \lesssim - \iint \left(|\nabla u|^2 + |u|^2 \right) \phi' \mathrm{d}x\mathrm{d}y + \iint_{(x,y) \in B_2} u^4 \phi' \mathrm{d}x\mathrm{d}y.$$

那么, 对时间积分后, 有

$$I_{x_0, t_0}(t_0) \leqslant I_{x_0, t_0}(t_{-1}) + \int_{t_{-1}}^{t_0} \int_{(x,y) \in B_2} u^4 \phi' \mathrm{d}x\mathrm{d}y$$

和

$$I_{-x_0, t_0}(t_1) \leqslant I_{-x_0, t_0}(t_0) + \int_{t_0}^{t_1} \int_{(x,y) \in B_2} u^4 \phi' \mathrm{d}x\mathrm{d}y.$$

在 B_2 区域, 令

$$\tilde{x} = \begin{cases} x - x_0 - \dfrac{1}{2} \left(x(t) - x(t_0) \right), & t \in [t_{-1}, t_0], \\[3mm] x + x_0 - \dfrac{1}{2} \left(x(t) - x(t_0) \right), & t \in [t_0, t_1]. \end{cases}$$

则有

$$\int_{(x,y)\in B_2} u^4\phi'\mathrm{d}x\mathrm{d}y \lesssim \left(\sup_{(x,y)\in B_2}\phi'(\tilde{x})\right)\|u\|_{L^2_{x,y}}^2\|\nabla u\|_{L^2_{x,y}}^2.$$

当 $t < t_0$ 时, 有 $x(t) < x(t_0)$. 重写 $\tilde{x} = (x + x(t_0) - x(t)) - x_0 - \dfrac{1}{2}x(t_0) + \dfrac{1}{2}x(t)$, 由 $|x - (x(t) - x(t_0))| < R_0$ 可知

$$|\tilde{x}| \geqslant \left|-x_0 + \frac{1}{2}(x(t) - x(t_0))\right| - R_0$$

$$\geqslant x_0 + \frac{1}{2}(x(t_0) - x(t)) - R_0.$$

同理, 当 $t > t_0$ 时, 有

$$|\tilde{x}| \geqslant x_0 + \frac{1}{2}(x(t) - x(t_0)) - R_0.$$

则

$$\phi'(\tilde{x}) \leqslant \frac{1}{\pi K}\operatorname{sech}(\tilde{x}/K) \leqslant \frac{2}{\pi K}\exp\left(\frac{-|\tilde{x}|}{K}\right)$$

$$\leqslant \frac{1}{K}\exp\left(-\frac{x_0}{K}\right)\exp\left(\frac{R_0}{K}\right)\exp\left(-\frac{|x(t) - x(t_0)|}{2K}\right), \tag{5.43}$$

所以

$$\int_{(x,y)\in B_2} u^4\phi'\mathrm{d}x\mathrm{d}y$$

$$\lesssim \|u\|_{L^2_{x,y}}^2\|\nabla u\|_{L^2_{x,y}}^2\frac{1}{K}\exp\left(-\frac{x_0}{K}\right)\exp\left(\frac{R_0}{K}\right)\exp\left(-\frac{|x(t_0) - x(t)|}{2K}\right).$$

由于 $\|u\|_{L^2}^2 \lesssim 1$ 以及 $\|\nabla u(t)\|_{L^2_{x,y}}^2 \sim \lambda^{-2} \lesssim x_t$, 则有

$$\int_{(x,y)\in B_2} u^4\phi'\mathrm{d}x\mathrm{d}y \lesssim \frac{1}{K}\exp\left(-\frac{x_0}{K}\right)\exp\left(\frac{R_0}{K}\right)x_t\exp\left(-\frac{|x(t_0) - x(t)|}{2K}\right).$$

对时间积分后, 最终可得

$$\int_{t_{-1}}^{t_0}\int_{(x,y)\in B_2} u^4\phi'\mathrm{d}x\mathrm{d}y$$

$$\lesssim \exp\left(-\frac{x_0}{K}\right)\exp\left(\frac{R_0}{K}\right)\left(1 - \exp\left(-\frac{x(t_0) - x(t_{-1})}{2K}\right)\right)$$

和

$$\int_{t_0}^{t_1}\int_{(x,y)\in B_2} u^4\phi'\mathrm{d}x\mathrm{d}y$$

$$\lesssim \exp\left(-\frac{x_0}{K}\right)\exp\left(\frac{R_0}{K}\right)\left(1 - \exp\left(-\frac{x(t_1) - x(t_0)}{2K}\right)\right). \qquad \square$$

引理 5.17 ($\tilde{u}$ 指数衰减) 令 $x_0 > 0$, 对于 $-t_1(n) < t < t_2(n)$, 成立

$$\|\tilde{u}_n(x + \tilde{x}(t), y, t)\|_{L^2_{|x|>x_0}L^2_y}^2 \leqslant 24\theta_0 e^{-x_0/8},$$

其中 $\theta_0 > 0$ 为常数.

证明 给定 n, 只需证明对于任何有限长度的区间 $(-t_1, t_2) \subset (-t_1(n), t_2(n))$, 即对于 $t_1, t_2 < \infty$ 该命题成立即可. 首先, 证明右侧的衰减. 实际上, 我们断言右侧能得到更强的衰减: 对于 $-t_1 \leqslant t \leqslant t_2$, 存在 $m(x_0)$ 使得 $m \geqslant m(x_0)$, 那么

$$\|u_n(x + x_n(t_{n,m} + t), y, t_{n,m} + t)\|_{L^2_{x>x_0}L^2_y}^2 \leqslant 6\theta_0 e^{-x_0/4}. \qquad (5.44)$$

根据推论 5.3 知, 当 $m \to \infty$ 时,

$$u_n(\cdot + x_n(t_{n,m} + t), \cdot + y_n(t_{n,m} + t), t_{n,m} + t) \rightharpoonup \tilde{u}_n(\cdot + \tilde{x}_n(t), \cdot + \tilde{y}_n(t), t),$$

这意味着

$$\|\tilde{u}_n(x + \tilde{x}_n(t), y, t)\|_{L^2_{x>x_0}L^2_y}^2 \leqslant 6\theta_0 e^{-x_0/4}.$$

利用反证法证明此断言. 假设 (5.44) 式不成立, 那么存在子序列 m' 以及相应的时间序列 $t_{m'}$ 满足 $-t_1 \leqslant t_{m'} \leqslant t_2$, 使得

$$\|u_n(x + x_n(t_{n,m'} + t_{m'}), y, t_{n,m'} + t_{m'})\|_{L^2_{x>x_0}L^2_y}^2 \geqslant 6\theta_0 e^{-x_0/4}. \qquad (5.45)$$

存在另一时间子序列 $t_{m''} \to t_*$, 结合 $u_n(t)$ 在 $[t_{n,m} - t_1, t_{n,m} + t_2]$ 上的一致连续性, 以及 $x_n(t_{n,m''} + t_{m''}) - x_n(t_{n,m''} + t_*) \to 0$, 有

$$\|u_n(x + x_n(t_{n,m''} + t_*), y, t_{n,m''} + t_*)\|_{L^2_{x>x_0}L^2_y}^2 \geqslant 4\theta_0 e^{-x_0/4}. \qquad (5.46)$$

重新标记 m'' 为 m, 那么存在 t_* 满足 $-t_1 \leqslant t_* \leqslant t_2$, 以及 $m(x_0)$ 满足 $m \geqslant m(x_0)$, 使得

$$\|u_n\left(x + x_n\left(t_{n,m} + t_*\right), y, t_{n,m} + t_*\right)\|^2_{L^2_{x>x_0}L^2_y} \geqslant 4\theta_0 e^{-x_0/4}.$$

利用引理 5.16 的 I_- 估计. 也就是说, 权重转移到孤子轨迹的右侧. 对于 $t_0 = t_{n,m} + t_*$, 有

$$
\begin{aligned}
&I_{-,x_0,t_0}\left(t_0\right) \\
&= \int u_n^2\left(x + x\left(t_0\right), y, t_0\right)\phi_-\left(x - x_0\right)\mathrm{d}x\mathrm{d}y \\
&= \int u_n^2\left(x + x\left(t_0\right), y, t_0\right)\mathrm{d}x\mathrm{d}y \\
&\quad - \int u_n^2\left(x + x\left(t_0\right), y, t_0\right)\left(1 - \phi_-\right)\left(x - x_0\right)\mathrm{d}x\mathrm{d}y,
\end{aligned}
\tag{5.47}
$$

对于 $x > x_0$, 有 $\dfrac{1}{2} \leqslant \left(1 - \phi_-\right)\left(x - x_0\right)$, 那么

$$
\begin{aligned}
I_{-,x_0,t_0}\left(t_0\right) &\leqslant M\left(u_n\right) - \frac{1}{2}\int_{x>x_0,y\in\mathbb{R}} u_n^2\left(x + x\left(t_0\right), y, t_0\right)\mathrm{d}x\mathrm{d}y \\
&= M\left(u_n\right) - \frac{1}{2}\int_{x>x_0,y\in\mathbb{R}} u_n^2\left(x + x\left(t_{n,m} + t_*\right), y, t_{n,m} + t_*\right)\mathrm{d}x\mathrm{d}y.
\end{aligned}
$$

因此,

$$I_{-,x_0,t_0}\left(t_0\right) \leqslant M\left(u_n\right) - 2\theta_0 e^{-x_0/4}. \tag{5.48}$$

另一方面, 对于 $t_{-1} = 0$, 有

$$
\begin{aligned}
&I_{-,x_0,t_0}\left(t_{-1}\right) \\
&= \int u_n^2\left(x + x\left(t_0\right), y, t_{-1}\right)\phi_-\left(x - x_0 - \frac{1}{2}\left(x(t_{-1}) - x(t_0)\right)\right)\mathrm{d}x\mathrm{d}y \\
&= \int u_n^2\left(x + x\left(t_{n,m} + t_*\right), y, 0\right)\phi_-\left(x - x_0 - \frac{1}{2}\left(x(0) - x(t_{n,m} + t_*)\right)\right)\mathrm{d}x\mathrm{d}y \\
&= \int u_n^2\left(x, y, 0\right)\phi_-\left(x - x_0 - \frac{1}{2}\left(x(0) + x(t_{n,m} + t_*)\right)\right)\mathrm{d}x\mathrm{d}y.
\end{aligned}
\tag{5.49}
$$

当 $m \to +\infty$ 时, $x\left(t_{n,m} + t_*\right) \to +\infty$, 则

$$\lim_{m\to+\infty} I_{-,x_0,t_0}\left(t_{-1}\right) = \int u_n(x,y,0)^2\mathrm{d}x\mathrm{d}y = M\left(u_n\right). \tag{5.50}$$

由引理 5.16, 取 $K = 4$,

$$I_{-,x_0,t_0}(t_{-1}) \leqslant I_{-,x_0,t_0}(t_0) + \theta_0 e^{-x_0/4}.$$

由 (5.48), (5.50) 式, 让 $m \to \infty$, 有

$$M(u_n) \leqslant M(u_n) - \theta_0 e^{-x_0/4}.$$

从而得到矛盾, (5.44) 得证.

注意到 (5.44) 式的一个结果. 由于在 $L^2_{\text{loc}}(\mathbb{R}^2)$ 上有

$$u_n(x + x_n(t_{n,m} + t), y + y_n(t_{n,m} + t), t_{n,m} + t)$$

$$\to \tilde{u}_n(x + \tilde{x}_n(t), y + \tilde{y}_n(t), t),$$

存在 $m(x_0)$ 满足 $m \geqslant m(x_0)$, 则

$$\|u_n(x + x_n(t_{n,m} + t), y, t_{n,m} + t)\|^2_{L^2_{-x_0 < x < x_0} L^2_y}$$

$$\leqslant \|\tilde{u}_n(x + \tilde{x}_n(t), y + \tilde{y}_n(t), t)\|^2_{L^2_{-x_0 < x < x_0} L^2_y} + \theta_0 e^{-x_0/4}. \tag{5.51}$$

注意到

$$\|u_n(x + x_n(t_{n,m} + t), y, t_{n,m} + t)\|^2_{L^2_{x > -x_0} L^2_y}$$

$$= \|u_n(x + x_n(t_{n,m} + t), y, t_{n,m} + t)\|^2_{L^2_{-x_0 < x < x_0} L^2_y}$$

$$+ \|u_n(x + x_n(t_{n,m} + t), y, t_{n,m} + t)\|^2_{L^2_{x > x_0} L^2_y}. \tag{5.52}$$

结合 (5.51), (5.52) 和 (5.44), 可得

$$\|u_n(x + x_n(t_{n,m} + t), y, t_{n,m} + t)\|^2_{L^2_{x > -x_0} L^2_y}$$

$$\leqslant \|\tilde{u}_n(x + \tilde{x}_n(t), y + \tilde{y}_n(t), t)\|^2_{L^2_{-x_0 < x < x_0} L^2_y} + 7\theta_0 e^{-x_0/4}$$

$$\leqslant M(\tilde{u}_n) - \|\tilde{u}_n(x + \tilde{x}_n(t), y + \tilde{y}_n(t), t)\|^2_{L^2_{x < -x_0} L^2_y} + 7\theta_0 e^{-x_0/4}. \tag{5.53}$$

接下来, 证明左侧的衰减. 也就是说, 对于 $-t_1 \leqslant t \leqslant t_2$,

$$\|\tilde{u}_n(x + \tilde{x}_n(t), y, t)\|^2_{L^2_{x < -x_0} L^2_y} \leqslant 24\theta_0 e^{-x_0/8}. \tag{5.54}$$

利用反证法. 假设存在 t_* 使得

$$\|\tilde{u}_n(x + \tilde{x}_n(t_*), y, t_*)\|^2_{L^2_{x < -x_0} L^2_y} \geqslant 22\theta_0 e^{-x_0/8}.$$

由 (5.53) 式知

$$\|u_n\left(x+x_n\left(t_{n,m}+t_*\right),y,t_{n,m}+t_*\right)\|_{L^2_{x>-x_0}L^2_y}^2 \leqslant M\left(\tilde{u}_n\right)-15\theta_0 e^{-x_0/8}. \quad (5.55)$$

利用引理 (5.16) 的 I_+ 估计. 也就是说, 权重转移到孤立子轨迹的左侧. 从 $t_0=t_{n,m(x_0)}+t_*$ 到 $t_1=t_{n,m}$, 其中 m 足够大使得 $t_{n,m}\geqslant t_{n,m(x_0)}+t_*$. 那么,

$$\begin{aligned}
I_{+,-x_0/2,t_0}\left(t_0\right) &= \int u_n^2\left(x+x_n\left(t_0\right),y,t_0\right)\phi_+\left(x+\frac{1}{2}x_0\right)\mathrm{d}x\mathrm{d}y \\
&= \int u_n^2(x+x_n(t_{n,m(x_0)}+t_*),y,t_{n,m(x_0)}+t_*)\phi_+\left(x+\frac{1}{2}x_0\right)\mathrm{d}x\mathrm{d}y.
\end{aligned}$$

对于 $x<-x_0$, 有 $\phi_+\left(x+\dfrac{1}{2}x_0\right)\leqslant\phi_+\left(-\dfrac{1}{2}x_0\right)$, 则

$$\begin{aligned}
I_{+,-x_0/2,t_0}\left(t_0\right) &\leqslant \phi_+\left(-\frac{1}{2}x_0\right)M\left(u_n\right) \\
&\quad + \int_{x>-x_0} u_n^2(x+x_n(t_{n,m(x_0)}+t_*),y,t_{n,m(x_0)}+t_*)\mathrm{d}x\mathrm{d}y.
\end{aligned}$$

由 (5.55) 式知

$$I_{+,-x_0/2,t_0}\left(t_0\right)\leqslant M\left(\tilde{u}_n\right)-15\theta_0 e^{-x_0/8}+\phi_+\left(-\frac{1}{2}x_0\right)M\left(u_n\right). \quad (5.56)$$

已知 $\phi_+(x)=\dfrac{2}{\pi}\arctan\left(e^{x/K}\right)$, 则当 $x\to-\infty$ 时, 有 $\phi_+(x)\leqslant e^{x/K}$, 因此

$$\phi_+\left(-\frac{1}{2}x_0\right)\leqslant e^{-x_0/2K}=e^{-x_0/8}.$$

此外, 不妨假设引理 5.16 中 θ_0 足够大使得 $\theta_0\geqslant 2\|Q\|_{L^2}^2$. 那么由 (5.56) 式, 可知

$$I_{+,-x_0/2,t_0}\left(t_0\right)\leqslant M\left(\tilde{u}_n\right)-12\theta_0 e^{-x_0/8}. \quad (5.57)$$

另一方面, 对于 $t_1=t_{n,m}$, 有

$$\begin{aligned}
&I_{+,-x_0/2,t_0}\left(t_1\right) \\
&= \int u_n^2\left(x+x_n\left(t_0\right),y,t_1\right)\phi_+\left(x+\frac{1}{2}x_0-\frac{1}{2}\left(x_n\left(t_1\right)-x\left(t_0\right)\right)\right)\mathrm{d}x\mathrm{d}y
\end{aligned}$$

$$= \int u_n^2 \left(x + x_n \left(t_1 \right), y + y_n \left(t_1 \right), t_1 \right) \phi_+ \left(x + \frac{1}{2} x_0 + \frac{1}{2} \left(x_n \left(t_1 \right) - x_n \left(t_0 \right) \right) \right) \mathrm{d}x \mathrm{d}y$$

$$= \int u_n^2 (x + x_n(t_{n,m}), y + y_n(t_{n,m}), t_{n,m})$$

$$\times \phi_+ \left(x + \frac{1}{2} x_0 + \frac{1}{2} (x_n(t_{n,m}) - x(t_{n,m(x_0)} + t_*)) \right) \mathrm{d}x \mathrm{d}y. \tag{5.58}$$

这里当 $m \to +\infty$ 时, 有 $\phi_+ \left(x + \frac{1}{2} x_0 + \frac{1}{2} \left(x_n \left(t_{n,m} \right) - x_n \left(t_{n,m(x_0)} + t_* \right) \right) \right) \to 1$.

注意到当 $m \to +\infty$ 时,

$$u_n \left(x + x \left(t_{n,m} \right), y + y \left(t_{n,m} \right), t_{n,m} \right) \to \tilde{u}_n \left(x + \tilde{x}_n(0), y + \tilde{y}_n(0), 0 \right),$$

则成立

$$u_n \left(x + x_n \left(t_{n,m} \right), y + y_n \left(t_{n,m} \right), t_{n,m} \right)$$

$$\times \phi_+ \left(x + \frac{1}{2} x_0 + \frac{1}{2} (x_n \left(t_{n,m} \right) - x_n(t_{n,m(x_0)} + t_*)) \right)^{1/2}$$

$$\rightharpoonup \tilde{u}_n \left(x + \tilde{x}_n(0), y + \tilde{y}_n(0), 0 \right).$$

由于弱极限的范数小于或等于范数的极限, 则有

$$M \left(\tilde{u}_n \right) = \| \tilde{u}_n \left(x + \tilde{x}_n(0), y + \tilde{y}_n(0), 0 \right) \|_{L_x^2}^2 \leqslant \lim_{m \to \infty} I_{+, -x_0/2, t_0} \left(t_1 \right). \tag{5.59}$$

根据引理 5.16 知

$$I_{+, -x_0/2, t_0} \left(t_1 \right) \leqslant I_{+, -x_0/2, t_0} \left(t_0 \right) + \theta_0 e^{-x_0/4}.$$

根据 (5.57) 式和 (5.59), 让 $m \to +\infty$, 得到

$$M \left(\bar{u}_n \right) \leqslant M \left(\tilde{u}_n \right) - 11 \theta_0 e^{-x_0/8},$$

从而推出矛盾, (5.54) 式成立.

至此, 结合 (5.44) 和 (5.54) 式引理 5.17 得证. □

引理 5.18 对于足够大的 n, 有 $\tilde{u}_n$ 和 $\tilde{\epsilon}_n$ 满足

$$\| \tilde{u}_n \left(x + \tilde{x}_n(t), y, t \right) \|_{L_y^2} \lesssim \tilde{\lambda}_n^{-1/2}(t) e^{-|x|/32},$$

以及

$$\| \tilde{\epsilon}_n(x, y, t) \|_{L_y^2} \lesssim \alpha^{1/4} \left(\tilde{u}_n \right) e^{-\tilde{\lambda}_n(t)|x|/32}.$$

证明　为书写方便, 简记 $\tilde{u}_n$ 为 u, 类似地, $x(t) = \tilde{x}_n(t)$, $\lambda(t) = \tilde{\lambda}_n(t)$, $\epsilon = \tilde{\epsilon}_n$. 那么, 对于 $x_0 > 0$, 有

$$\|u(x_0 + x(t), y, t)\|_{L_y^2}^2 \lesssim \left\| \|u(x + x(t), y, t)\|_{L_{x>x_0}^2} \|u_x(x, y, t)\|_{L_x^2} \right\|_{L_y^2}$$

$$\lesssim \|u(x + x(t), y, t)\|_{L_y^2 L_{x>x_0}^2} \|u_x(x, y, t)\|_{L_y^2 L_x^2}.$$

由 (5.14) 式知 $\lambda^{-1}(t) \sim \|\nabla u(t)\|_{L^2}$, 结合引理 5.17 可得

$$\|u(x_0 + x(t), y, t)\|_{L_y^2}^2 \lesssim \lambda^{-1}(t) e^{-x_0/16}.$$

同理, 对于 $x_0 \in \mathbb{R}$, 有

$$\|\epsilon(x_0, y, t)\|_{L_y^2}^2 \lesssim \|\epsilon(x, y, t)\|_{L_{|x|>|x_0|}^2 L_y^2} \|\epsilon_x(x, y, t)\|_{L_{x,y}^2}$$

$$\lesssim \sqrt{\alpha(u)} (\|u(x + x(t), y, t)\|_{L_{|x|>\lambda|x_0|}^2 L_y^2} + \|Q(x, y)\|_{L_{|x|>|x_0|}^2 L_y^2})$$

$$\lesssim \sqrt{\alpha(u)} (e^{-\lambda|x_0|/16} + e^{-|x_0|})$$

$$\lesssim \sqrt{\alpha(u)} e^{-\lambda|x_0|/16}. \tag{5.60}$$

$\square$

5.2.3　$\tilde{\lambda}_n(t)$ 的限制

引理 5.19　设 $u(t)$ 为 ZK 方程 (5.1) 的解, 满足 $E(u) < 0$. 调制参数 $\lambda(t), x(t), y(t)$ 满足引理 5.7 以及 $\|\epsilon(t)\|_{H_{x,y}^1} \lesssim \sqrt{\alpha(u)}$. 假设 $0.9 \leqslant \lambda(0) \leqslant 1.1$, 并且对于 $t \in (-T_*^-, < T_*^+)$, 有 $0 < \lambda(t) \leqslant 1.1$, 以及

$$\|\epsilon(x, y, t)\|_{L_y^2} \lesssim \alpha^{1/4}(u) e^{-\lambda|x|/32}. \tag{5.61}$$

令 $(-T^-, T^+)$ 是 $(-T_*^-, T_*^+)$ 中包含 0 的最大时间间隔, 使得对于 $t \in (-T^-, T^+)$, 有 $\lambda(t) \geqslant \dfrac{3}{4}$. 那么, 存在 $\alpha_5 > 0$ 使得对于 $\alpha(u) \leqslant \alpha_5$, 都有 $(-T_*^-, T_*^+) = (-T^-, T^+)$.

证明　对 (5.61) 式关于 x 积分, 对于 $t \in (-T^-, T^+)$, 有

$$\|\epsilon(t, x, y)\|_{L_y^2 L_x^1} \leqslant \|\epsilon(t, x, y)\|_{L_x^1 L_y^2} \lesssim \alpha^{1/4}(u). \tag{5.62}$$

定义

$$F(t) \stackrel{\text{def}}{=\!=} \left\| \int (Q(x, y) + \epsilon(x, y, t)) \mathrm{d}x \right\|_{L_y^2}^2 - \left\| \int Q(x, y) \mathrm{d}x \right\|_{L_y^2}^2,$$

所以

$$F(t) \leqslant 2\|Q\|_{L_y^2 L_x^1} \|\epsilon(t)\|_{L_y^2 L_x^1} + \|\epsilon(t)\|_{L_y^2 L_x^1}^2 \lesssim \alpha^{1/4}(u). \tag{5.63}$$

根据 ϵ 的定义, 有

$$F(t) = \left\| \int \lambda(t) u(\lambda(t)x + x(t), \lambda(t)y + y(t), t) \mathrm{d}x \right\|_{L_y^2}^2 - \left\| \int_x Q(x,y) \mathrm{d}x \right\|_{L_y^2}^2$$

$$= \lambda(t)^{-1} \left\| \int u(x,y,t) \mathrm{d}x \right\|_{L_y^2}^2 - \left\| \int Q(x,y) \mathrm{d}x \right\|_{L_y^2}^2. \tag{5.64}$$

由于

$$\left\| \int u(x,y,t) \mathrm{d}x \right\|_{L_y^2} = \left\| \int u(x,y,0) \mathrm{d}x \right\|_{L_y^2},$$

则

$$F(t) - F(0) = \left(\lambda(t)^{-1} - \lambda^{-1}(0) \right) \left\| \int u(x,y,t) \mathrm{d}x \right\|_{L_y^2} \left\| \int u(x,y,0) \mathrm{d}x \right\|_{L_y^2}. \tag{5.65}$$

由 (5.64) 知

$$\left\| \int u(x,y,t) \mathrm{d}x \right\|_{L_y^2} = \lambda^{1/2}(t) \left(\|Q\|_{L^2 L_x^1}^2 + F(t) \right)^{1/2},$$

所以

$$F(t) - F(0)$$

$$= \left(\lambda^{-1}(t) - \lambda^{-1}(0) \right) \lambda^{1/2}(t) \lambda^{1/2}(0) \left(\|Q\|_{L_y^2 L_x^1}^2 + F(0) \right)^{1/2} \left(\|Q\|_{L_y^2 L_x^1}^2 + F(t) \right)^{1/2}.$$

由 (5.63) 知

$$\left| \left(\frac{\lambda(t)}{\lambda(0)} \right)^{1/2} - \left(\frac{\lambda(0)}{\lambda(t)} \right)^{1/2} \right| \lesssim \alpha^{1/4}(u).$$

因此, 当 $\alpha(u) > 0$ 足够小时, 在时间区间 $(-T_-, T_+)$ 上, 有 $\lambda(t) \geqslant \dfrac{7}{8} > \dfrac{3}{4}$. 根据连续性以及 $(-T_-, T_+)$ 是 $(-T_-^*, T_+^*)$ 上满足条件的最大时间区间, 有 $(-T_-, T_+) = (-T_-^*, T_+^*)$. $\qquad\square$

5.3　命题 5.1 中 (1) 的证明

现在证明命题 5.1 中 (1). 对于足够大的 n, 有 $\alpha(u_n) \leqslant \alpha_5$, 所以引理 5.18 和引理 5.19 成立. 已知 $(-t_1(n), t_2(n))$ 是 (5.18) 成立的最大时间间隔, 并且由引理 5.14 得到调制参数的收敛性, 特别地, 当 $m \to +\infty$ 时, 有 $\lambda_{n,m}(t) \to \tilde{\lambda}_n(t)$. 由引理 5.19 知, 在 $(-t_1(n), t_2(n))$ 上,

$$\frac{3}{4} \leqslant \tilde{\lambda} \leqslant \frac{5}{4}.$$

根据引理 5.14 知

$$\frac{3}{4} \leqslant \tilde{\lambda} = \liminf_{m \to +\infty} \lambda_{n,m}(t) \leqslant \limsup_{m \to +\infty} \lambda_{n,m}(t) = \tilde{\lambda} \leqslant \frac{5}{4}.$$

通过引理 5.11 的证明方法, 当 $t_1(n) < \infty$ 或者 $t_2(n) < \infty$ 时, 则与 $(-t_1(n), t_2(n))$ 为最大矛盾, 故而 $t_1(n) = t_2(n) = \infty$.

5.4　命题 5.1 中 (2) 的证明

在本节中, 首先通过旋转将引理 5.17 的衰减估计 (带状) 推广到球面上. 再通过证明尺度变换后 $\tilde{\epsilon}_n$ 的单调性估计, 得到 $\tilde{u}_n$ 的加强版衰变估计. 引理 5.23 推广了关于 u 和 ϵ 的衰减结果.

旋转和 y-轴

根据引理 5.17, 对于 $x_0 > 0$,

$$\|\tilde{u}_n(x + \tilde{x}(t), y, t)\|^2_{L^2_{|x| > x_0} L^2_y} \lesssim e^{-x_0/8}. \tag{5.66}$$

下面推广该衰减结果 (包含 y-衰减).

引理 5.20　存在 $\omega > 0$ 使得

$$\|\tilde{u}_n(x + \tilde{x}(t), y + \tilde{y}(t), t)\|_{L^2_{B(0,r)^c}} \lesssim e^{-\omega r}, \tag{5.67}$$

其中 $B(0, r)$ 表示以 0 为中心, $r > 0$ 为半径的球, $B(0, r)^c$ 为 $B(0, r)$ 的补集.

证明　令 $0 < |\theta| \ll 1$, 定义 $\tilde{v}_n$ 如下:

$$\tilde{v}_n(\bar{x}, \bar{y}, t) \stackrel{\text{def}}{=\!=} \tilde{u}_n(x, y, t), \qquad \begin{bmatrix} \bar{x} \\ \bar{y} \end{bmatrix} = \begin{bmatrix} \cos\theta & -\sin\theta \\ \sin\theta & \cos\theta \end{bmatrix} \begin{bmatrix} x \\ y \end{bmatrix}. \tag{5.68}$$

根据下面的引理 5.21 和引理 5.22, 可知

$$\left\|\tilde{v}_n(\bar{x}+\bar{x}(t),\bar{y},t)\right\|^2_{L^2_{|\bar{x}|>\bar{x}_0}L^2_y} \lesssim e^{-\bar{x}_0/8}.$$

那么, 对于 $\tilde{u}_n$ (图 5.2) 有衰减估计如下:

$$\left\|\tilde{u}_n(x+x(t),y+y(t),t)\mathbf{1}_{|x\cos\theta-y\sin\theta|>\bar{x}_0}\right\|^2_{L^2_{x,y}} \lesssim e^{-\bar{x}_0/8}.$$

结合 (5.66) 式, 并取 $\bar{x}=x$, 则 (5.67) 式中 $\omega=\dfrac{1}{16}\sin\dfrac{\theta}{2}$. 这可以由图 5.3 看出, 其中 $r=x_0/\sin\dfrac{\theta}{2}$, 因此 $e^{-x_0/16}\leqslant e^{-\omega r}$. $\qquad\square$

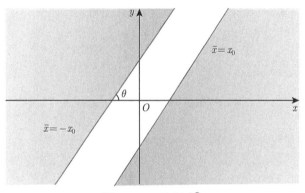

图 5.2　$\bar{x}$ 的衰减[①]

关于旋转函数的单调性估计, 给定 $\theta>0$, 令 $0<|\theta|\ll 1$ $\Bigg($ 下面的引理中给出 $0<\theta<\dfrac{\pi}{3}\Bigg)$. u^θ 定义如下:

$$u(x,y,t)=u^\theta(\bar{x},\bar{y},t),\qquad
\left[\begin{array}{c}\bar{x}\\\bar{y}\end{array}\right]=
\left[\begin{array}{cc}\cos\theta & -\sin\theta\\\sin\theta & \cos\theta\end{array}\right]
\left[\begin{array}{c}x\\y\end{array}\right].$$

那么 u^θ 满足下列方程

$$(\mathrm{ZK}_\theta)\quad 0=\partial_t u^\theta+(\cos\theta\partial_{\bar{x}}-\sin\theta\partial_{\bar{y}})\left[\Delta u^\theta+\left(u^\theta\right)^3\right].$$

旋转不影响质量和能量, 则

$$E(u^\theta)=E(u),\qquad M(u^\theta)=M(u).$$

[①] $\tilde{v}_n(\bar{x},\bar{y},t)$ 的衰减估计给出了 $\bar{x}$ 的衰减. 如图描述的是对于一些小的 $\theta>0$, $|\bar{x}|\geqslant x_0$ $(x_0>0)$ 区域.

此外, 当 $\theta = 0$ 时, 有 $u = u_0$.

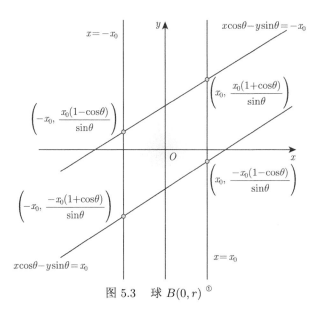

图 5.3　球 $B(0,r)$ [①]

对于 u^θ, 其孤立子中心坐标 $(\bar{x}(t), \bar{y}(t))$ 满足

$$\begin{bmatrix} \bar{x}_t \\ \bar{y}_t \end{bmatrix} = \begin{bmatrix} \cos\theta & -\sin\theta \\ \sin\theta & \cos\theta \end{bmatrix} \begin{bmatrix} x_t \\ y_t \end{bmatrix}.$$

则有轨道估计

$$\left| x_t - \lambda^{-2} \right| \lesssim \|\epsilon\|_{L^2_{x,y}}, \quad |y_t| \lesssim \|\epsilon\|_{L^2_{x,y}}.$$

这意味着

$$\left| \bar{x}_t - (\cos\theta)\lambda^{-2} \right| \lesssim \|\epsilon\|_{L^2_{x,y}}, \quad \left| \bar{y}_t - (\sin\theta)\lambda^{-2} \right| \lesssim \|\epsilon\|_{L^2_{x,y}}.$$

下面将单调性结果推广到 u^θ, 这里 $|\theta| \leqslant \dfrac{\pi}{4}$. 为方便书写, 将 $(\bar{x}, \bar{y})$ 简写成 (x, y).

引理 5.21 ($I_\pm^\theta$ 估计)　令 $t_{-1} < t_0 < t_1$, $x_0 > 0$, $K \geqslant 4$, $|\theta| \leqslant \dfrac{\pi}{4}$. 设 $u^\theta(t)$ 是 (ZK_θ) 方程在 $[t_{-1}, t_1]$ 上的 H^1 解, 满足 $E(u^\theta) < 0$, 并且

$$\|\nabla u^\theta(t)\|_{L^2_{x,y}} \geqslant 0.9 \|\nabla Q\|_{L^2_{x,y}}, \quad \forall t \in [t_{-1}, t_1].$$

---

① 令 $0 < \theta < \dfrac{\pi}{2}$, 满足 $\sin\theta > 0$ 和 $\cos\theta > 0$. 如果 (x, y) 在平行四边形 $|x\cos\theta - y\sin\theta| < x_0$ 和 $|x| < x_0$ 内, 则 (x, y) 在半径为 $r = x_0 / \sin\dfrac{\theta}{2}$ 的球内. 因此, 如果 (x, y) 不在球 $B(0, r)$ 内, 则有 $|x| \geqslant x_0$ 或 $|x\cos\theta - y\sin\theta| \geqslant x_0$.

那么, 存在 $\alpha_4 > 0$ 使得当 $\alpha(u^\theta) \leqslant \alpha_4$ 时, 下面论述成立:

令

$$I_{\pm,x_0,t_0}^{\theta}(t) = \int (u^\theta)^2 \left(x + x\left(t_0\right), y, t\right) \phi_\pm \left(x - x_0 - \frac{1}{2}\left(x(t) - x\left(t_0\right)\right)\right) \mathrm{d}x\mathrm{d}y,$$

其中 $\phi_-(x) = \phi_+(-x)$, $\phi_+(x) = \dfrac{2}{\pi}\arctan(e^{x/K})$. 并且 $\phi_+(x)$ 单调递增, 满足 $\lim\limits_{x \to -\infty} \phi_+(x) = 0$ 和 $\lim\limits_{x \to +\infty} \phi_+(x) = 1$; $\phi_-(x)$ 单调递减, 满足 $\lim\limits_{x \to -\infty} \phi_-(x) = 1$ 和 $\lim\limits_{x \to +\infty} \phi_-(x) = 0$.

对于递增的权重, 有

$$I_{+,x_0,t_0}^{\theta}\left(t_0\right) \leqslant I_{+,x_0,t_0}^{\theta}\left(t_{-1}\right) + \rho_0 e^{-x_0/K}, \tag{5.69}$$

$$I_{+,-x_0,t_0}^{\theta}\left(t_1\right) \leqslant I_{+,-x_0,t_0}^{\theta}\left(t_0\right) + \rho_0 e^{-x_0/K}. \tag{5.70}$$

对于递减的权重, 有

$$I_{-,x_0,t_0}^{\theta}\left(t_{-1}\right) \leqslant I_{-,x_0,t_0}^{\theta}\left(t_0\right) + \rho_0 e^{-x_0/K}, \tag{5.71}$$

$$I_{-,-x_0,t_0}^{\theta}\left(t_0\right) \leqslant I_{-,-x_0,t_0}^{\theta}\left(t_1\right) + \rho_0 e^{-x_0/K}, \tag{5.72}$$

其中 $\theta, \alpha_4 > 0$ 和 $\rho_0 > 0$ 为常数, 与时间 $[t_{-1}, t_1]$ 上 $\|\nabla u\|_{L_{x,y}^2}$ 的上界无关.

证明 类似于引理 5.16 的证明方法. 事实上, 当 ϕ 仅依赖于 x 时, 为了计算 ∂_t, 有

$$\int \phi u^\theta u_{xxx}^\theta \mathrm{d}x\mathrm{d}y = \frac{3}{2}\int \phi_x \left(u_x^\theta\right)^2 \mathrm{d}x\mathrm{d}y - \frac{1}{2}\int \phi_{xxx}\left(u^\theta\right)^2 \mathrm{d}x\mathrm{d}y,$$

$$\int \phi u^\theta u_{xyy}^\theta \mathrm{d}x\mathrm{d}y = \frac{1}{2}\int \phi_x \left(u_y^\theta\right)^2 \mathrm{d}x\mathrm{d}y,$$

以及

$$\int \phi u^\theta u_{yxx}^\theta \mathrm{d}x\mathrm{d}y = \int \phi_x u_y^\theta u_x^\theta \mathrm{d}x\mathrm{d}y,$$

$$\int \phi u^\theta u_{yyy}^\theta \mathrm{d}x\mathrm{d}y = 0.$$

那么, 有

$$
\frac{1}{2}\partial_t I_{x_0,t_0}^\theta(t) = \int u u_t \phi \mathrm{d}x\mathrm{d}y - \frac{1}{2}x'(t)\int u^2 \phi' \mathrm{d}x\mathrm{d}y
$$

$$
= \cos\theta \int u\left(-u_{xxx} - u_{yyx} - 3u^2 u_x\right)\phi \mathrm{d}x\mathrm{d}y
$$

$$
- \sin\theta \int u\left(-u_{xxy} - u_{yyy} - 3u^2 u_y\right)\phi \mathrm{d}x\mathrm{d}y - \frac{1}{2}x'(t)\int u^2 \phi' \mathrm{d}x\mathrm{d}y,
$$

这里忽略了角标 θ. 由分部积分得

$$
\frac{1}{2}\partial_t I_{x_0,t_0}^\theta(t)
$$

$$
= -\frac{3}{2}\cos\theta \int u_x^2 \phi' \mathrm{d}x\mathrm{d}y - \frac{1}{2}\cos\theta \int u_y^2 \phi' \mathrm{d}x\mathrm{d}y - \frac{1}{2}x'(t)\cos\theta \int u^2 \phi' \mathrm{d}x\mathrm{d}y
$$

$$
+ \frac{1}{2}\cos\theta \int u^2 \phi''' \mathrm{d}x\mathrm{d}y + \frac{3}{4}\cos\theta \int u^4 \phi' \mathrm{d}x\mathrm{d}y - \sin\theta \int u_y u_x \phi' \mathrm{d}x\mathrm{d}y.
$$

根据引理 5.16 的证明容易处理前五项, 现在只需要估计以下额外项

$$
\left| -\sin\theta \int u_y u_x \phi' \mathrm{d}x\mathrm{d}y \right| \leqslant (1-\delta)\left(\frac{3}{2}\cos\theta \int u_x^2 \phi' \mathrm{d}x\mathrm{d}y + \frac{1}{2}\cos\theta \int u_y^2 \phi' \mathrm{d}x\mathrm{d}y\right),
$$

其中 $\delta > 0$. 根据不等式 $u_x u_y \leqslant \frac{1}{2}\omega u_x^2 + \frac{1}{2}\omega^{-1} u_y^2$, 选取 $\omega > 0$ 满足

$$
\frac{1}{2}\omega \leqslant \frac{3}{2}\cot\theta(1-\delta), \quad \frac{1}{2}\omega^{-1} \leqslant \frac{1}{2}\cot\theta(1-\delta).
$$

只有当 $\frac{1}{3} \leqslant (1-\delta)^2 \cot^2\theta$, 也就是说, $|\tan\theta| \leqslant \sqrt{3}(1-\delta)$ 时, 才有解. 因此, 需要 $|\theta| < \frac{\pi}{3}$, 则取 $\delta = 1 - \frac{|\tan\theta|}{\sqrt{3}} > 0$ 和 $\omega = \sqrt{3}$. 在定理中, 我们要求 $|\theta| \leqslant \frac{\pi}{4}$ 使得 $\delta > 0$ 接近于零. □

引理 5.22 ($\tilde{v}_n$ 指数衰减)　令 $|\theta| \leqslant \frac{\pi}{4}$, $x_0 > 0$, $\tilde{v}_n$ 满足 (5.68) 式, 对于 $-t_1(n) < t < t_2(n)$, 成立

$$
\|\tilde{v}_n(x + \tilde{x}(t), y, t)\|_{L_{|x|>x_0}^2 L_y^2}^2 \leqslant 24\rho_0 e^{-x_0/8},
$$

其中 $\rho_0 > 0$ 为常数.

证明 注意到当 $\theta = 0$ 时, 引理 5.22 退化成引理 5.17. 该证明类似于从引理 5.16 推导引理 5.17 的方法. $\qquad\square$

引理 5.23 设 $u(t)$ 是 ZK 方程的解, 满足 $\alpha(u) \ll 1$ 和 $E(u) < 0$ 使得引理 5.7 中的几何分解成立, 并且对于 $t \in \mathbb{R}$, 有 $\frac{1}{2} \leqslant \lambda(t) \leqslant 2$. 此外, 设 $u(t)$ 满足

$$\lim_{t \to \pm\infty} \|u(x + x(t), y, t)\|_{L^2_1 L^2_{|x| \geqslant \frac{1}{4}|t|}} = 0. \tag{5.73}$$

那么, 对于 $t \in \mathbb{R}$ 以及 $x_0 > 0$ 有

$$\|\epsilon(x, y, t)\|_{L^2_y L^2_{|x| \geqslant x_0}} \lesssim \|\epsilon\|_{L^\infty_t L^2_{xy}} e^{-x_0/8}. \tag{5.74}$$

注意到 (5.74) 式右侧的衰减系数为 $\|\epsilon\|_{L^\infty_t L^2_{xy}}$, 而不是 $\|\epsilon\|^\gamma_{L^\infty_t L^2_{xy}}$ $(\gamma < 1)$, 这一事实对下面的紧性论证至关重要. 回顾此前已经证明 u 的单调性估计所使用的函数

$$I_{\pm, x_0, t_0}(t) = \int u^2\left(x + x(t_0), y + y(t_0), t\right) \phi_\pm\left(x - x_0 - \frac{1}{2}\left(x(t) - x(t_0)\right)\right) \mathrm{d}x\mathrm{d}y.$$

通过变量替换, 则有

$$I_{\pm, x_0, t_0}(t) = \int u^2(x + x(t), y + y(t), t) \phi_\pm\left(x - x_0 + \frac{1}{2}\left(x(t) - x(t_0)\right)\right) \mathrm{d}x\mathrm{d}y.$$

证明 令 $\eta(x, y, t) = \lambda^{-1}\epsilon\left(\lambda^{-1}x, \lambda^{-1}y, t\right)$, 则

$$\eta(x, y, t) = u(x + x(t), y + y(t), t) - \lambda^{-1}Q\left(\lambda^{-1}x, \lambda^{-1}y\right).$$

记 $\tilde{Q}(x, y) = \lambda^{-1}Q\left(\lambda^{-1}x, \lambda^{-1}y\right)$, 那么 η 满足

$$0 = \partial_t\eta - (x_t, y_t) \cdot \nabla\eta + \partial_x\left(\Delta\eta + (\eta + \tilde{Q})^3 - \tilde{Q}^3\right)$$
$$+ \left(\lambda^{-1}\right)_t \partial_{\lambda^{-1}}\tilde{Q} - \left(x_t - \lambda^{-2}, y_t\right) \cdot \nabla\tilde{Q}.$$

定义

$$J_{\pm, x_0, t_0}(t) = \int \phi_\pm\left(x - x_0 + \frac{1}{2}\left(x(t) - x(t_0)\right)\right) \eta^2(x, y, t)\mathrm{d}x\mathrm{d}y.$$

如前所述, 对于递增的权重 ϕ_+, 可根据过去的证明得到对未来时间上的估计, 而对于递减的权重 ϕ_-, 可根据未来时间的证明来对过去估计. 然而不同的是, 这

里需要 $\phi_\pm$ 在原点附近很小, 所以只能在右边作 ϕ_+ 估计, 在左边作 ϕ_- 估计. 参见图 5.4, 其中 x-空间已经移动, 所以孤立子位于原点.

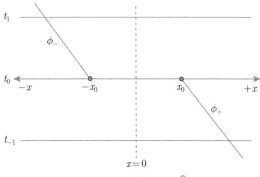

图 5.4　孤立子轨迹[①]

因此, 对于 $C > 0$, 成立

$$J_{-,-x_0,t_0}\left(t_0\right) \leqslant J_{-,-x_0,t_0}\left(t_1\right) + Ce^{-x_0}\|\eta\|_{L_t^\infty L_{x,y}^2}^2, \tag{5.75}$$

以及

$$J_{+,x_0,t_0}\left(t_0\right) \leqslant J_{+,x_0,t_0}\left(t_{-1}\right) + Ce^{-x_0}\|\eta\|_{L_t^\infty L_{x,y}^2}^2. \tag{5.76}$$

只需要证明 (5.76) 成立, 由对称性得到 (5.75) 也成立. 那么通过计算有

$$
\begin{aligned}
&\partial_t J_{+,x_0,t_0}(t)\\
&= 2\int \eta\eta_t\phi_+\mathrm{d}x\mathrm{d}y + \frac{1}{2}x_t\int \eta^2\phi_+'\mathrm{d}x\mathrm{d}y\\
&= -\frac{1}{2}x_t\int \phi_x\eta^2\mathrm{d}x\mathrm{d}y - \int(3\phi_x\eta_x^2 + \phi_x\eta_y^2)\mathrm{d}x\mathrm{d}y + \int \phi_{xxx}\eta^2\mathrm{d}x\mathrm{d}y\\
&\quad + \int\left(3\phi_x\tilde{Q}^2 - 6\phi\tilde{Q}\tilde{Q}_x\right)\eta^2\mathrm{d}x\mathrm{d}y + \int\left(4\phi_x\tilde{Q} - 2\phi\tilde{Q}_x\right)\eta^3\mathrm{d}x\mathrm{d}y\\
&\quad + \frac{3}{2}\int \phi_x\eta^4\mathrm{d}x\mathrm{d}y + 2\lambda^{-2}\lambda_t\int \phi\partial_{\lambda^{-1}}\tilde{Q}\eta\mathrm{d}x\mathrm{d}y + 2y_t\int \phi\tilde{Q}_y\eta\mathrm{d}x\mathrm{d}y\\
&\quad + 2\left(x_t - \lambda^{-2}\right)\int \phi\tilde{Q}_x\eta\mathrm{d}x\mathrm{d}y.
\end{aligned}
$$

[①] 引理 5.23 证明的参考系, 其中孤立子位于 $x = 0$, 权重 ϕ_- 的过渡出现在 $x < 0$ (当 $t > t_0$), 权重 ϕ_+ 的过渡出现在 $x > 0$ (当 $t < t_0$).

第二个等号后的前两项是好项, 取 $K \geqslant 4$, 第三项被前面好项吸收. 对于非线性项 $\iint \phi_x \eta^4 \mathrm{d}x\mathrm{d}y$, 可通过加权 Gagliardo-Nirenberg 估计进行控制 (不需要空间截断, 类似地参见引理 5.16 中的证明). 根据 ϕ 和 $\tilde{Q}$ 的性质, 以及 $\frac{1}{2} \leqslant \lambda \leqslant 2$, 有

$$\|3\phi_x\tilde{Q}^2 - 6\phi\tilde{Q}\tilde{Q}_x\|_{L^\infty} + \|4\phi_x\tilde{Q} - 2\phi\tilde{Q}_x\|_{L^\infty} \lesssim e^{-x_0}e^{\frac{1}{2}(x(t)-x(t_0))},$$

并且 $\iint \eta^3 \mathrm{d}x\mathrm{d}y \lesssim \|\eta\|_{L^2}^2 \|\nabla\eta\|_{L^2}$. 最后三项可估计为

$$\|\phi\partial_{\lambda-1}\tilde{Q}\|_{L^2} + \|\phi\tilde{Q}_x\|_{L^2} + \|\phi\tilde{Q}_y\|_{L^2} \lesssim e^{-x_0}e^{\frac{1}{2}(x(t)-x(t_0))},$$

注意到参数估计为

$$|\lambda_t| + |x_t - \lambda^{-2}| + |y_t| \lesssim \|\eta\|_{L^2}.$$

综上述估计, 有

$$|\partial_t J_{+,x_0,t_0}(t)| \leqslant e^{-x_0}e^{\frac{1}{2}(x(t)-x(t_0))}\|\eta\|_{L_t^\infty L_{x,y}^2}^2.$$

关于时间从 t_{-1} 到 t_0 上积分, 可得

$$J_{+,x_0,t_0}(t_0) \leqslant J_{+,x_0,t_0}(t_{-1}) + e^{-x_0}\|\eta\|_{L_t^\infty L_{2y}^2}^2 \int_{t_{-1}}^{t_0} e^{\frac{1}{2}(x(t)-x(t_0))} t\mathrm{d}t.$$

由于 $x(t) - x(t_0) \sim t - t_0$, (5.76) 式得证. 为完成引理证明, 给定 t_0, (5.73) 意味着

$$\lim_{t_1 \to +\infty} J_{-,-x_0,t_0}(t_1) = 0,$$

以及

$$\lim_{t_{-1} \to +\infty} J_{+,x_0,t_0}(t_{-1}) = 0.$$

从所得的极限方程中, 得到

$$\|\eta(x,y,t)\|_{L^2_{y,x<-x_0}}^2 \leqslant e^{-x_0}\|\eta\|_{L_t^\infty L_{x,y}^2}^2,$$

$$\|\eta(x,y,t)\|_{L^2_{y,x>x_0}}^2 \leqslant e^{-x_0}\|\eta\|_{L_t^\infty L_{x,y}^2}^2.$$

因此 (5.74) 式成立. □

推论 5.4 ($\tilde{\epsilon}_n$ 指数衰减) 对于 $\omega > 0$, 有

$$\|\tilde{\epsilon}_n\|_{L_s^\infty L_{B(0,r)^c}^2} \lesssim e^{-\omega r}\|\tilde{\epsilon}_n\|_{L_s^\infty L_{x,y}^2},$$

其中 $B(0,r)$ 表示以 0 为中心, $r > 0$ 为半径的球, $B(0,r)^c$ 为 $B(0,r)$ 的补集.

证明　证明类似于引理 5.21、引理 5.22 推出引理 5.23 的旋转方法.　□
事实上, 推论 5.4 完成了命题 5.1 中 (2) 的证明.

5.5　命题 5.2 的证明

命题 5.3　假设命题 5.2 的结论不成立, 也就是说, 对于足够大的 n, $\tilde{\epsilon}_n \equiv 0$ 不成立, 那么存在子序列 (仍记为 $\tilde{\epsilon}_n$) 使得对于所有的 n, $\tilde{\epsilon}_n \not\equiv 0$. 令 $b_n = \|\epsilon_n(t)\|_{L_t^\infty L_{x,y}^2}$, 对于所有的 n, 都有 $b_n > 0$, 并且存在 $s_n \in \mathbb{R}$ 满足 $\|\epsilon_n(s_n)\|_{L_{x,y}^2} \geqslant \frac{1}{2} b_n$. 令

$$w_n(x,y,s) = \frac{\tilde{\epsilon}_n(x,y,s+s_n)}{b_n}.$$

那么, 在 $C_{\text{loc}}\left(\mathbb{R}; L^2\left(\mathbb{R}^2\right)\right)$ 空间有 $w_n \to w_\infty$, 其中 w_∞ 满足以下条件:
(1) $w_\infty \in L_s^\infty H_{x,y}^1$, 满足方程

$$\partial_s w_\infty = \partial_x \mathcal{L} w_\infty + \alpha(s)\Lambda Q + \beta(s)Q_x + \gamma(s)Q_y. \tag{5.77}$$

(2) w_∞ 满足正交性条件 $\langle Q^3, w_\infty \rangle = 0$ 以及 $\langle \nabla Q, w_\infty \rangle = 0$.

(3) w_∞ 是非平凡的, 事实上, $\|w_\infty(0)\|_{L_{x,y}^2} \geqslant \frac{1}{2}$.

(4) w_∞ 满足

$$\|w_\infty(s)\|_{L_{B(0,r)^c}} \lesssim e^{-\omega r},$$

其中 $\omega > 0$, $B(0,r)$ 表示以 0 为中心, $r > 0$ 为半径的球, $B(0,r)^c$ 为 $B(0,r)$ 的补集.

证明　由于对于所有的 n 和 $t \in \mathbb{R}$, 有 $\frac{1}{2} \leqslant \tilde{\lambda}_n(t) \leqslant 2$, 可选取子序列使得 $\tilde{\lambda}_n(t_n) \to \lambda_\infty$. 令

$$\zeta_n(x,y,t) = b_n^{-1}\tilde{\lambda}_n^{-1}\tilde{\epsilon}_n(\tilde{\lambda}_n^{-1}(x - \tilde{x}_n(t+t_n) + \tilde{x}_n(t_n)),$$
$$\tilde{\lambda}_n^{-1}(y - \tilde{y}_n(t+t_n) + \tilde{y}_n(t_n)), t+t_n).$$

那么, ζ_n 满足方程

$$b_n\zeta_n(x,y,t) = \tilde{u}_n(x + \tilde{x}_n(t_n), y + \tilde{y}_n(t_n), t+t_n)$$
$$- \tilde{\lambda}_n^{-1}Q(\tilde{\lambda}_n^{-1}(x - \tilde{x}_n(t+t_n) + \tilde{x}_n(t_n)),$$
$$\tilde{\lambda}_n^{-1}(y - \tilde{y}_n(t+t_n) + \tilde{y}_n(t_n))).$$

根据 $\tilde{\epsilon}_n$ 指数衰减估计 (推论 5.4), 以及 $\frac{1}{2} \leqslant \tilde{\lambda}_n \leqslant 2$, 有

$$\|\zeta_n\|_{L_t^\infty L^2_{B(0,R)^c}} \lesssim e^{-\omega R}.$$

此外, 根据命题 5.5, ϵ 的 $L^2_{x,y}$ 范数和 $H^1_{x,y}$ 范数相似, 则

$$\|\zeta_n\|_{L_t^\infty H^1_{x,y}} \lesssim 1.$$

因此, 在 $t = 0$ 时, 根据 Rellich-Kondrachov 紧致性定理, 对于 $H^1_{x,y}$ 函数 $\zeta_\infty(0)$, 可以取子序列使得 $\zeta_n(0)$ 在 $L^2_{x,y}$ 中强收敛到 $\zeta_\infty(0)$. 通过重新标记, 将这个子序列记为 ζ_n. 现在, 使用局部理论估计来证明这个收敛性在所有时间 t 上成立. 事实上, 我们断言对于每个 $T > 0$, 当 $n \to \infty$ 时,

$$\|\zeta_n(t) - \zeta_\infty(t)\|_{L^\infty_{-T < t < T} L^2_{x,y}} \to 0, \tag{5.78}$$

其中 ζ_∞ 是以 $\zeta_\infty(0)$ 为初值方程 (5.86) 的解. 由于 $\frac{1}{2} \leqslant \tilde{\lambda}_n \leqslant 2$, 这意味着命题中 w_n 到 w_∞ 有相似的收敛性.

为方便起见, 重新定义第二项

$$\bar{Q} \stackrel{\text{def}}{=\!=} \tilde{\lambda}_n^{-1} Q(\tilde{\lambda}_n^{-1}(x - \tilde{x}_n(t + t_n) + \tilde{x}_n(t_n)), \tilde{\lambda}_n^{-1}(y - \tilde{y}_n(t + t_n) + \tilde{y}_n(t_n))).$$

由时间和空间平移不变性, $\tilde{u}_n(x + \tilde{x}_n(t_n), y + \tilde{y}_n(t_n), t + t_n)$ 仍是 ZK 方程 (5.1) 的解, 并且通过计算 ζ_n 满足

$$\partial_t \zeta_n + \partial_x \Delta \zeta_n + \partial_x [3\bar{Q}^2 \zeta_n + 3\bar{Q}\zeta_n^2 b_n + \zeta_n^3 b_n^2]$$

$$= -b_n^{-1}(\tilde{\lambda}_n^{-1})_t \partial_{\lambda^{-1}}\bar{Q} + b_n^{-1}(\tilde{y}_n)_t \partial_y \bar{Q} + b_n^{-1}((\tilde{x}_n)_t - \tilde{\lambda}_n^{-2})\partial_x \bar{Q}$$

$$= (b_n^{-1}\tilde{\lambda}_n^2(\tilde{\lambda}_n)_t)\tilde{\lambda}_n^{-3}\overline{\Lambda Q} + (b_n^{-1}\tilde{\lambda}_n^2(\tilde{y}_n)_t)\tilde{\lambda}_n^{-3}\overline{\partial_y Q} + (b_n^{-1}(\tilde{\lambda}_n^2(\tilde{x}_n)_t - 1))\tilde{\lambda}_n^{-3}\overline{\partial_x Q},$$

其中 $\overline{\Lambda Q}, \overline{\partial_x Q}$, 以及 $\overline{\partial_y Q}$ 的定义参见 $\bar{Q}$ 的形式. 为进一步表达 ζ_n 的方程, 则会出现 $O(b_n)$ 项. 不妨记

$$b_n (\mu_n)_1 = b_n^{-1}\tilde{\lambda}_n^2(\tilde{\lambda}_n)_t - \langle \bar{f}_1, \zeta_n \rangle,$$

$$b_n (\mu_n)_2 = b_n^{-1}(\tilde{\lambda}_n^2(x_n)_t - 1) - \langle \bar{f}_2, \zeta_n \rangle,$$

$$b_n (\mu_n)_3 = b_n^{-1}\tilde{\lambda}_n^2(y_n)_t - \langle \bar{f}_3, \zeta_n \rangle,$$

其中 $|(\mu_n)_j| \lesssim 1$. 那么

$$\partial_t \zeta_n = - \partial_x \Delta \zeta_n - 3\partial_x(\bar{Q}^2 \zeta_n) + \langle \bar{f}_1, \zeta_n \rangle \tilde{\lambda}_n^{-3}\overline{\Lambda Q} + \langle \bar{f}_2, \zeta_n \rangle \tilde{\lambda}_n^{-3}\overline{\partial_x Q}$$

$$+ \langle \bar{f}_3, \zeta_n \rangle \tilde{\lambda}_n^{-3} \overline{\partial_y Q} + b_n (\mu_n)_1 \tilde{\lambda}_n^{-3} \overline{\Lambda Q} + b_n (\mu_n)_2 \tilde{\lambda}_n^{-3} \overline{\partial_x Q}$$
$$+ b_n (\mu_n)_3 \tilde{\lambda}_n^{-3} \overline{\partial_y Q} - 3 b_n \partial_x (Q \zeta_n^2) - b_n^2 \partial_x (\zeta_n^3). \tag{5.79}$$

在时间区间 $-T \leqslant t \leqslant T$ 上, 这些参数是有界的. 首先, 由 $|(\tilde{\lambda}_n)_t| \lesssim \bar{b}_n$ 知

$$|\tilde{\lambda}_n (t + t_n) - \lambda_\infty| \lesssim b_n T + |\tilde{\lambda}_n (t_n) - \lambda_\infty|. \tag{5.80}$$

根据 $\dfrac{1}{2} \leqslant \tilde{\lambda}_n \leqslant 2$ 以及 $\dfrac{1}{2} \leqslant \lambda_\infty \leqslant 2$, 有

$$|\tilde{\lambda}_n (t + t_n)^{-2} - \lambda_\infty^{-2}| \lesssim b_n T + |\tilde{\lambda}_n (t_n) - \lambda_\infty|. \tag{5.81}$$

又因为 $|(\tilde{x}_n)_t - \tilde{\lambda}_n^{-2}| \lesssim b_n$, 有

$$\left| \tilde{x}_n (t + t_n) - \tilde{x}_n (t_n) - \int_0^t \tilde{\lambda}_n (\sigma + t_n)^{-2} \, d\sigma \right| \lesssim b_n t.$$

由 (5.81) 式, 可得

$$|\tilde{x}_n (t + t_n) - \tilde{x}_n (t_n) - \lambda_\infty^{-2} t| \lesssim b_n T + (b_n T + |\tilde{\lambda}_n (t_n) - \lambda_\infty|) T. \tag{5.82}$$

最后, 由 $|(\tilde{y}_n)_t| \lesssim b_n$, 则有

$$|\tilde{y}_n (t + t_n) - \tilde{y}_n (t_n)| \lesssim b_n T. \tag{5.83}$$

为了推导极限 ζ_∞ 的方程, 不妨用它的极限值替换 $\bar{Q}$, 令

$$\hat{Q}(x, y, t) \stackrel{\text{def}}{=\!=} \lambda_\infty^{-1} Q \left(\lambda_\infty^{-1} (x - \lambda_\infty^{-2} t), \lambda_\infty^{-1} y \right), \tag{5.84}$$

$\widehat{\Lambda Q}, \widehat{\partial_x Q}, \widehat{\partial_y Q}$ 的定义类似, 并且舍弃 $O(b_n)$ 项. 注意到 (5.80), (5.82) 和 (5.83) 式意味着对于任意的 f, 当 $n \to \infty$ 时, 有

$$\| \bar{f} - \hat{f} \|_{L_{[-T,T]}^\infty H_{x,y}^1} \to 0. \tag{5.85}$$

至此, 结合 ζ_n 的方程 (5.79) 以及上述的收敛性, 可以推导出极限 ζ_∞ 的方程如下

$$\partial_t \zeta_\infty = - \partial_x \Delta \zeta_\infty - 3 \partial_x (\hat{Q}^2 \zeta_\infty) + \langle \hat{f}_1, \zeta_\infty \rangle \tilde{\lambda}_\infty^{-3} \widehat{\Lambda Q}$$
$$+ \langle \hat{f}_2, \zeta_\infty \rangle \tilde{\lambda}_\infty^{-3} \widehat{\partial_x Q} + \langle \hat{f}_3, \zeta_\infty \rangle \tilde{\lambda}_\infty^{-3} \widehat{\partial_y Q}. \tag{5.86}$$

因此, 令 ζ_∞ 为 $[-T, T]$ 上以 $\zeta_\infty(0)$ 为初值的方程 (5.86) 的解. 下面证明 (5.78) 式. 将 (5.79) 方程中的一些项作如下替换

$$\zeta_n = \rho_n + \zeta_\infty, \qquad\qquad \bar{Q} = \hat{Q} + (\bar{Q} - \hat{Q}),$$

$$\overline{\Lambda Q} = \widehat{\Lambda Q} + (\overline{\Lambda Q} - \widehat{\Lambda Q}), \qquad \overline{\partial_x Q} = \widehat{\partial_x Q} + \left(\overline{\partial_x Q} - \widehat{\partial_x Q}\right),$$

$$\overline{\partial_y Q} = \widehat{\partial_y Q} + \left(\overline{\partial_y Q} - \widehat{\partial_y Q}\right), \qquad \tilde{\lambda}_n = \tilde{\lambda}_\infty + \left(\tilde{\lambda}_n - \tilde{\lambda}_\infty\right).$$

利用方程 (5.86) 来简化得到关于 ρ_n 的方程, 再结合局部理论估计, (5.80), (5.85) 式, 以及 $\|\rho_n(0)\|_{L^2_{x,y}} \to 0$, $b_n \to 0$, 证得 (5.78) 成立. □

5.5.1 线性 Liouville 定理

命题 5.4 (线性 Liouville 定理)   设 $w \in C^0\left(\mathbb{R}_t; H^1_{x,y}\right) \cap C^1\left(\mathbb{R}_t; H^{-2}_{x,y}\right)$ 满足

$$\partial_t w = \partial_x \mathcal{L} w + \alpha \Lambda Q + \beta Q_x + \gamma Q_y,$$

其中 α, β 和 γ 为时间依赖系数. 此外, 设 w 满足正交性条件

$$\langle w, Q^3 \rangle = 0, \quad \langle w, Q_x \rangle = 0, \quad \langle w, Q_y \rangle = 0,$$

以及 x-加权估计

$$\|\langle x \rangle^{1/2+} w\|_{L^\infty_t L^2_{x,y}} < \infty, \tag{5.87}$$

那么, $w \equiv 0$.

证明   断言: w 的 x-加权估计意味着

$$\langle w, Q \rangle = 0. \tag{5.88}$$

事实上, 令

$$F(x,y) = \int_0^x \Lambda Q\,(x',y)\,\mathrm{d}x',$$

它当 $x \to \pm\infty$ 时不衰减. 注意到, 由于 ΛQ 在 x 和 y 中都是偶函数, 所以 $F(x,y)$ 在 x 中是奇函数, 在 y 中是偶函数. 令

$$J(t) = \langle w, F \rangle.$$

尽管当 $x \to \pm\infty$ 时 F 不衰减, 但由于对 w 的 x-衰减假设, 它也是可控的, 具体来说

$$|J(t)|_{L^\infty_t} \leqslant \|\langle x \rangle^{1/2+} w\|_{L^\infty_t L^2_{x,y}} \|\langle x \rangle^{-1/2-} F\|_{L^2_{x,y}} < \infty, \tag{5.89}$$

所以

$$\|\langle x \rangle^{-1/2-} F\|_{L^2_{x,y}} \leqslant \|\Lambda Q\|_{L^1_x L^2_y} < \infty.$$

由于 F 在 x 上是奇函数, ΛQ 在 x 上是偶函数, 所以 $\langle \Lambda Q, F \rangle = 0$. 通过对 x 进行分部积分, 得到 $\langle Q_x, F \rangle = -\langle Q, \Lambda Q \rangle = 0$. 由于 Q_y 在 x 上是偶函数, 而 F 在 x 上是奇函数, 所以 $\langle Q_y, F \rangle = 0$ (或通过 Q_y 在 y 上是奇函数, F 在 y 上是偶函数得到). 根据正交性条件以及 $\mathcal{L}\Lambda Q = -2Q$, 则有

$$J'(t) = 2\langle w, Q \rangle.$$

由于 $\mathcal{L}Q_x = 0, \langle \Lambda Q, Q \rangle = 0, \langle Q_x, Q \rangle = 0$, 以及 $\langle Q_y, Q \rangle = 0$, 有

$$J''(t) = 0.$$

因此, $J(t) = a_0 + a_1 t$, 但根据 (5.89) 式, $J(t)$ 有界, 所以有 $a_1 = 0$, 即 (5.88) 成立.

根据 (5.88) 和 $\mathcal{L}\Lambda Q = -2Q$, 可以得到

$$\partial_t \langle \mathcal{L}w, w \rangle = 0,$$

也就是说, $\langle \mathcal{L}w, w \rangle$ 在时间上是恒定的.

通过平凡估计 $\langle \mathcal{L}w, w \rangle \lesssim \|w\|_{H^1_{x,y}}^2$ 对所有的 t 一致成立, 并且根据线性 Virial 估计 (引理 5.24), 有

$$\int_{-\infty}^{+\infty} \langle \mathcal{L}w, w \rangle \mathrm{d}t \lesssim \|w\|_{L^2_t H^1_{x,y}}^2 \lesssim \|\langle x \rangle^{1/2} w\|_{L^\infty_t L^2_{x,y}}^2 < \infty.$$

由于 $\langle \mathcal{L}w, w \rangle$ 在时间上是恒定的, 这意味着对于所有的 $t \in \mathbb{R}$, 有

$$\langle \mathcal{L}w, w \rangle = 0.$$

根据正交性条件, $\mathcal{L}$ 是严格正定的 (引理 5.5), 这意味着 $w \equiv 0$. 　　□

5.5.2　线性 Virial 估计

引理 5.24 (w 的线性 Virial 估计)　设 $w \in C^0\left(\mathbb{R}_t; H^1_{x,y}\right) \cap C^1\left(\mathbb{R}_t; H^{-2}_{x,y}\right)$ 满足

$$\partial_t w = \partial_x \mathcal{L}w + \alpha \Lambda Q + \beta Q_x + \gamma Q_y,$$

其中 α, β 和 γ 为时间依赖系数. 此外, 设 w 满足正交性条件

$$\langle w, Q^3 \rangle = 0, \quad \langle w, Q_x \rangle = 0, \quad \langle w, Q_y \rangle = 0,$$

那么, 对于 $-\infty < t < \infty$, 有

$$\|w\|_{L^2_t H^1_{x,y}} \lesssim \|\langle x \rangle^{1/2} w\|_{L^\infty_t L^2_{x,y}}. \tag{5.90}$$

证明 不难发现, 引理 5.24 可以退化成引理 5.25 版本. 选取 $\delta > 0$ 小, 令

$$v = (1 - \delta\Delta)^{-1}\mathcal{L}w.$$

由于 $\mathcal{L}Q_x = 0$, $\mathcal{L}Q_y = 0$ 和 $\mathcal{L}\Lambda Q = -2Q$, 通过计算可得

$$\partial_t v = (1 - \delta\Delta)^{-1}\mathcal{L}\partial_t w$$

$$= (1 - \delta\Delta)^{-1}\left[\mathcal{L}\partial_x\mathcal{L}w + \alpha\mathcal{L}\Lambda Q\right]$$

$$= (1 - \delta\Delta)^{-1}\left[\mathcal{L}\partial_x(1 - \delta\Delta)v - 2\alpha Q\right]$$

$$= \mathcal{L}\partial_x v - 2\alpha Q + E_\delta v, \tag{5.91}$$

其中 E_δ 是一个零阶算子, 具有以下性质

$$|\langle\langle x\rangle E_\delta v, v\rangle| \lesssim \delta\|v\|_{H^1_{x,y}}^2. \tag{5.92}$$

为了得到 δ 的幂次, 这里牺牲了正则性. 具体地说, (5.92) 式是通过以下方式推导出来的. 根据定义, 有

$$E_\delta v \stackrel{\text{def}}{=} \left[(1 - \delta\Delta)^{-1}\mathcal{L}(1 - \delta\Delta) - \mathcal{L}\right]\partial_x v - 2\alpha\left((1 - \delta\Delta)^{-1} - 1\right)Q.$$

结合 w 的正交性条件以及用 v 的方程 (5.91), 有 $|\alpha| \lesssim \|v\|_{L^2_{x,y}}$. 将 $\mathcal{L} = 1 - \Delta - 3Q^2$ 代入上述定义中, 得到

$$E_\delta v = -3\left[(1 - \delta\Delta)^{-1}Q^2(1 - \delta\Delta) - Q^2\right]\partial_x v - 2\alpha\left((1 - \delta\Delta)^{-1} - 1\right)Q.$$

使用交换子恒等式

$$Q^2(1 - \delta\Delta) = (1 - \delta\Delta)Q^2 + \delta\left(\Delta Q^2\right) + 2\delta(\nabla Q)\nabla,$$

则可简化为

$$E_\delta v = -3\delta(1 - \delta\Delta)^{-1}\left[\Delta Q^2 + 2\nabla Q \cdot \nabla\right]\partial_x v - 2\alpha\left((1 - \delta\Delta)^{-1} - 1\right)Q.$$

最后, 利用 $(1 - \delta\Delta)^{-1} - 1 = \delta(1 - \delta\Delta)^{-1}\Delta$ 来简化第二项

$$E_\delta v = -3\delta(1 - \delta\Delta)^{-1}\left[\Delta Q^2 + 2\nabla Q \cdot \nabla\right]\partial_x v - 2\delta\alpha(1 - \delta\Delta)^{-1}\Delta Q.$$

从这个公式中, 可以看出 (5.92) 式由引理 5.30 得出. 每个项都含有 δ, 并且每个项都有一个 Q-加权以吸收 (5.92) 式中的 x.

此外, 有

$$\langle v, (1 - \delta\Delta)Q_x \rangle = \langle \mathcal{L}w, Q_x \rangle = \langle w, \mathcal{L}Q_x \rangle = 0,$$

$$\langle v, (1 - \delta\Delta)Q_y \rangle = \langle \mathcal{L}w, Q_y \rangle = \langle w, \mathcal{L}Q_y \rangle = 0.$$

根据正交性条件 $\langle w, Q^3 \rangle = 0$,

$$\langle v, (1 - \delta\Delta)Q \rangle = \langle \mathcal{L}w, Q \rangle = \langle w, \mathcal{L}Q \rangle = -2\langle w, Q^3 \rangle = 0.$$

因此, 根据谱稳定性、给定的 E_δ 误差估计以及引理 5.29 中的 v 到 w 的转换估计, (5.90) 式可以简化为下面的引理 5.25. $\qquad\square$

引理 5.25 (v 的线性 Virial 估计) 设 $v \in C^0\left(\mathbb{R}_t; H_{x,y}^1\right) \cap C^1\left(\mathbb{R}_t; H_{x,y}^{-2}\right)$ 满足

$$\partial_t v = \mathcal{L}\partial_x v - 2\alpha Q,$$

其中 α 为时间依赖系数. 此外, 设 v 满足正交性条件

$$\langle v, Q \rangle = 0, \quad \langle v, Q_x \rangle = 0, \quad \langle v, Q_y \rangle = 0.$$

那么, 对于 $-\infty < t < \infty$, 成立

$$\|v\|_{L_t^2 H_{x,y}^1} \lesssim \|\langle x \rangle^{1/2} v\|_{L_t^\infty L_{x,y}^2}. \tag{5.93}$$

证明 利用正交性条件 $\langle v, Q \rangle = 0$, 可得

$$0 = \partial_t \langle v, Q \rangle = \langle \mathcal{L}\partial_x v, Q \rangle - 2\alpha \langle Q, Q \rangle.$$

则有 $\alpha = \dfrac{\langle v, 3Q^2 Q_x \rangle}{\langle Q, Q \rangle}$, 满足

$$\partial_t v = \mathcal{L}\partial_x v - \frac{\langle v, 6Q^2 Q_x \rangle}{\langle Q, Q \rangle} Q.$$

通过计算

$$-\frac{1}{2}\partial_t \int xv^2 \mathrm{d}x\mathrm{d}y = \langle Bv, v \rangle + \langle Pv, v \rangle, \tag{5.94}$$

其中

$$B = \frac{1}{2} - \frac{3}{2}\partial_x^2 - \frac{1}{2}\partial_y^2 - \frac{3}{2}Q^2 - 3xQQ_x,$$

P 为二阶自共轭算子, 具体形式如下

$$Pv = \frac{1}{2}\frac{6Q^2 Q_x}{\langle Q, Q \rangle}\langle v, xQ \rangle + \frac{1}{2}\frac{xQ}{\langle Q, Q \rangle}\langle v, 6Q^2 Q_x \rangle.$$

算子 $A = B + P$ 的连续谱为 $\left[\dfrac{1}{2}, +\infty\right)$. 通过数值求解器, 找到小于 $\dfrac{1}{2}$ 的特征值和相应的特征函数, 数值方法的详细描述见附录 5.C. 这两个小于 $\dfrac{1}{2}$ 单特征值, 即

$$\lambda_1 = -0.5368, \quad \lambda_2 = -0.1075.$$

用 f_1, f_2 表示相应的归一化特征函数, 并且 $g_1 = \dfrac{Q}{\|Q\|}$, $g_2 = \dfrac{Q_x}{\|Q_x\|}$, 有

$$\langle f_1, g_1 \rangle = 0, \quad \langle f_2, g_1 \rangle = -0.9902,$$

$$\langle f_2, g_2 \rangle = 0, \quad \langle f_1, g_2 \rangle = -0.8739.$$

考虑 $L^2\left(\mathbb{R}^2\right)$ 的闭子空间 H_o, 其空间中的函数在 x 方向上是奇函数 (y 方向上没有限制), 以及另一个闭子空间 H_e, 其空间中的函数在 x 方向上是偶函数 (y 方向上没有限制). 注意到 $L^2\left(\mathbb{R}^2\right) = H_o \oplus H_e$ 是一个正交分解. 此外, 令 P_o 和 P_e 为相应的正交投影, 有 $AP_o = P_o A$ 以及 $AP_e = P_e A$, 因此

$$\langle Av, v \rangle = \langle AP_o v, P_o v \rangle + \langle AP_e v, P_e v \rangle,$$

$$\langle v, v \rangle = \langle P_o v, P_o v \rangle + \langle P_e v, P_e v \rangle.$$

事实上, 一旦得到

$$\langle AP_e v, P_e v \rangle \geqslant \mu_e \langle P_e v, P_e v \rangle,$$

$$\langle AP_o e, P_o v \rangle \geqslant \mu_o \langle P_o v, P_o v \rangle,$$

就有

$$\langle Av, v \rangle \geqslant \min\left(\mu_e, \mu_o\right) \langle v, v \rangle.$$

由于 f_1 和 g_2 属于 H_o, f_2 和 g_1 属于 H_e, 因此, $A|_{H_o}$ 具有谱 $\{\lambda_1\} \cup \left[\dfrac{1}{2}, +\infty\right)$, 并且 f_1 是与 λ_1 相对应的特征函数. 利用引理 5.26, 其中 $H = H_o$ 和 $\lambda_\perp = \dfrac{1}{2}$, 可以得到

$$(\lambda_\perp - \lambda_1) \sin^2 \beta = (0.5 + 0.5368) \times \left(1 - 0.8739^2\right) \approx 0.2450,$$

不难发现

$$\langle AP_o v, P_o v \rangle \geqslant (0.5000 - 0.2450) \langle P_o v, P_o v \rangle.$$

另外, $A|_{H_e}$ 具有谱 $\{\lambda_2\} \cup \left[\dfrac{1}{2}, +\infty\right)$, 并且 f_2 是与 λ_2 相对应的特征函数. 利用引理 5.26, 其中 $H = H_e, \lambda_\perp = \dfrac{1}{2}$, 可以得到

$$(\lambda_\perp - \lambda_2)\sin^2\beta = (0.5000 + 0.10755) \times (1 - 0.9902^2) \approx 0.0118,$$

则有

$$\langle AP_e v, P_e v\rangle \geqslant (0.5000 - 0.0118)\langle P_e v, P_e v\rangle.$$

因此, 当 v 满足两个正交性条件时, 则 $A = B + P$ 是正定的, 并且对 (5.94) 关于时间积分, 然后使用椭圆正则性, 从而得到 (5.93) 式. □

在文献 [31] 的引理 4.9 中, 其谱计算类似地使用了以下角度引理的一个版本.

引理 5.26 (角度引理)　设 A 是 Hilbert 空间 H 上的自共轭算子, 具有特征值 λ_1 和由 e_1 张成的相应特征空间, 满足中 $\|e_1\|_{L^2} = 1$. 令 $P_1 f = \langle f, e_1\rangle e_1$ 为相应的正交投影. 设 $(I - P_1)A$ 的谱以 $\lambda_\perp$ 为界, 并且 $\lambda_\perp > \lambda_1$. 设函数 f 满足 $\|f\|_{L^2} = 1$ 且 $0 \leqslant \beta \leqslant \pi$ 使得 $\cos\beta = \langle f, e_1\rangle$. 那么当 $\langle v, f\rangle = 0$ 时, 有

$$\langle Av, v\rangle \geqslant \left(\lambda_\perp - (\lambda_\perp - \lambda_1)\sin^2\beta\right)\|v\|_H^2.$$

证明　只需假设 $\|v\|_H = 1$. 将 v 和 f 分解为它们在 e_1 的正交投影和它们的正交补

$$v = (\cos\alpha)e_1 + v_\perp, \quad \|v_\perp\|_H = \sin\alpha,$$
$$f = (\cos\beta)e_1 + f_\perp, \quad \|f_\perp\|_H = \sin\beta,$$

其中 $0 \leqslant \alpha, \beta \leqslant \pi$. 然后得到

$$0 = \langle v, f\rangle = \cos\alpha\cos\beta + \langle v_\perp, f_\perp\rangle,$$

由此推导出

$$|\cos\alpha\cos\beta| = |\langle v_\perp, f_\perp\rangle| \leqslant \|v_\perp\|_H \|f_\perp\|_H = \sin\alpha\sin\beta,$$

因此, 可以得出 $|\cos\alpha| \leqslant \sin\beta$. 现在可以根据上述条件得出

$$\langle Av, v\rangle = \lambda_1\cos^2\alpha + \langle Av_\perp, v_\perp\rangle$$
$$\geqslant \lambda_1\cos^2\alpha + \lambda_\perp\sin^2\alpha$$
$$= \lambda_\perp - (\lambda_\perp - \lambda_1)\cos^2\alpha$$
$$\geqslant \lambda_\perp - (\lambda_\perp - \lambda_1)\sin^2\beta. \qquad\square$$

附录 5.A $\|\tilde{\epsilon}_n\|_{L_t^\infty L_{x,y}^2} \sim \|\tilde{\epsilon}_n\|_{L_t^\infty H_{x,y}^1}$

命题 5.5   设 $\alpha(u) \ll 1$ 和 $E(u) < 0$ 使得引理 5.7 中的几何分解成立, 并且有 $\frac{1}{2} \leqslant \lambda(t) \leqslant 2$. 令 $a = \|\epsilon\|_{L_s^\infty H_{x,y}^1}$, $b = \|\epsilon\|_{L_s^\infty L_{x,y}^2}$. 此外, 假设 x-衰减性质成立:

$$\|\epsilon\|_{L_s^\infty L_y^2 L_{|x|>x_0}^2} \lesssim \langle x_0 \rangle^{-1} a^\gamma b^{1-\gamma},$$

其中 $0 \leqslant \gamma < 1$. 那么, $a \sim b$.

证明   证明用到的引理 5.28 稍后给出并证明. 注意到

$$\iint |x| |\epsilon(x,y,s)|^2 \mathrm{d}x\mathrm{d}y$$

$$= \iiint_{z=0}^{|x|} |\epsilon(x,y,s)|^2 \mathrm{d}z\mathrm{d}x\mathrm{d}y$$

$$= \int_{z=0}^{+\infty} \int_{y \in \mathbb{R}} \int_{|x|>z} |\epsilon(x,y,s)|^2 \mathrm{d}x\mathrm{d}y\mathrm{d}z$$

$$\lesssim a^{2\gamma} b^{2-2\gamma} \int_{z=0}^\infty \langle z \rangle^{-2} \mathrm{d}z \lesssim a^{2\gamma} b^{2-2\gamma}.$$

也就是说,

$$\iint |x| |\epsilon(x,y,s)|^2 \mathrm{d}x\mathrm{d}y \lesssim a^{2\gamma} b^{2-2\gamma}. \tag{5.95}$$

由 ϵ 的方程 (5.15), 可得

$$-\frac{1}{2} \partial_s \int x\epsilon(x,y,s)^2 \mathrm{d}x\mathrm{d}y$$

$$= \frac{1}{2} \|\epsilon\|_{L_{x,y}^2}^2 + \frac{3}{2} \|\epsilon_x\|_{L_{x,y}^2}^2 + \frac{1}{2} \|\epsilon_y\|_{L_{x,y}^2}^2 + \frac{3}{2} \int \left(2xQQ_x - Q^2\right) \epsilon^2 \mathrm{d}x\mathrm{d}y$$

$$- \frac{\lambda_s}{\lambda} \langle \epsilon, x\Lambda Q \rangle - \left(\frac{x_s}{\lambda} - 1\right) \langle \epsilon, xQ_x \rangle - \frac{y_s}{\lambda} \langle \epsilon, xQ_y \rangle - \frac{\lambda_s}{\lambda} \int x\epsilon\Lambda\epsilon \mathrm{d}x\mathrm{d}y$$

$$- \left(\frac{x_s}{\lambda} - 1\right) \int x\epsilon\epsilon_x \mathrm{d}x\mathrm{d}y - \frac{\lambda_s}{\lambda} \int x\epsilon\epsilon_y \mathrm{d}x\mathrm{d}y - \int x \left(3Q\epsilon^2 + \epsilon^3\right)_x \mathrm{d}x\mathrm{d}y.$$

通过简单计算有

$$\int x\epsilon\Lambda\epsilon \mathrm{d}x\mathrm{d}y = -\frac{1}{2} \int x\epsilon^2 \mathrm{d}x\mathrm{d}y,$$

$$\int x\epsilon\epsilon_x \mathrm{d}x\mathrm{d}y = -\frac{1}{2}\int \epsilon^2 \mathrm{d}x\mathrm{d}y,$$

$$\int x\epsilon\epsilon_y \mathrm{d}x\mathrm{d}y = 0,$$

根据参数估计 (5.16) 式, 有

$$-\frac{1}{2}\partial_s \int x\epsilon(x,y,s)^2 \mathrm{d}x\mathrm{d}y = \frac{3}{2}\|\epsilon_x\|_{L_{x,y}^2}^2 + \frac{1}{2}\|\epsilon_y\|_{L_{x,y}^2}^2 + E,$$

其中

$$|E| \lesssim b^2 + b\left|\int x\epsilon^2 \mathrm{d}x\mathrm{d}y\right| + \|\epsilon\|_{L_{x,y}^3}^3.$$

由 Gagliardo-Nirenberg 不等式得

$$\|\epsilon\|_{L_{x,y}^3}^3 \lesssim \|\nabla\epsilon\|_{L_{x,y}^2}\|\epsilon\|_{L_{x,y}^2}^2 \lesssim b^2\|\nabla\epsilon\|_{L_{x,y}^2}^2 + b^2.$$

关于 s 积分, 这里 $s_0 - \sigma \leqslant s \leqslant s_0 + \sigma$, $\sigma > 0$ 由引理 5.28 给出, 则有

$$\|\nabla\epsilon\|_{L_{s_0-\sigma,s_0+\sigma}^2 L_{x,y}^2}^2 \lesssim \sigma b^2 + \left\|\int x\epsilon^2 \mathrm{d}x\mathrm{d}y\right\|_{L_{[s_0-\sigma,s_0+\sigma]}^\infty}.$$

结合 (5.95) 式和引理 5.28, 可得

$$\sigma a^2 \lesssim \|\epsilon\|_{L_{s_0-\sigma,s_0+\sigma}^2 H_{x,y}^1}^2 \lesssim \sigma b^2 + a^{2\gamma}b^{2-2\gamma},$$

$\sigma > 0$ 为常数, 则

$$1 \lesssim \left(\frac{b}{a}\right)^2 + \left(\frac{b}{a}\right)^{2-2\gamma} \lesssim \left(\frac{b}{a}\right)^{2-2\gamma},$$

这里利用了 $\frac{b}{a} \leqslant 1$. 因此 $\gamma < 1$, 这意味着 $a \lesssim b$. □

引理 5.27 令 Q 是 x-空间的二进制分解, 特别地, 对于 $k \geqslant 0$, $Q_{-1} = [-1,1]$ 以及 $Q_k = [-2^{k+1}, -2^k] \cup [2^k, 2^{k+1}]$, 当 $\frac{1}{2} \leqslant \lambda \leqslant 2, |x_t| \lesssim 1, |y_t| \lesssim 1$ 时, t 为限制单位大小的时间间隔, 并且

$$\bar{g}(x,y) = \lambda^{-1} g\left(\lambda^{-1}(x - x(t)), \lambda^{-1}(y - y(t))\right), \tag{5.96}$$

那么, 对于 $1 \leqslant p \leqslant \infty$,

$$\|\bar{g}\|_{L_x^p L_{y,t}^\infty} \lesssim \left\|2^{j/p}\|g\|_{L_{x\in Q_j}^\infty L_y^\infty}\right\|_{\ell_j^1}. \tag{5.97}$$

证明 将 x-空间分解为 Q_j 区域, 直接计算即可证明. □

引理 5.28 设 $\alpha(u) \ll 1$ 和 $E(u) < 0$ 使得引理 5.7 中的几何分解成立, 并且有 $\frac{1}{2} \leqslant \lambda(t) \leqslant 2$. 令 $a = \|\epsilon\|_{L_s^\infty H_{x,y}^1}$ 以及 $s_0 \in \mathbb{R}$ 满足 $\|\epsilon(s_0)\|_{H_{x,y}^1} \geqslant \frac{1}{2}a$. 存在常数 $\sigma > 0$ 使得 $s_0 - \sigma \leqslant s \leqslant s_0 + \sigma$, 那么有 $\|\epsilon(s)\|_{H_{x,y}^1} \geqslant \frac{1}{16}a$.

证明 令

$$\zeta(x, y, t) = \lambda^{-1}\epsilon\left(\lambda^{-1}(x - x(t)), \lambda^{-1}(y - y(t)), t\right),$$

并且设 t_0 对应于时间变换中的 s_0. 那么 ζ 满足

$$\partial_t \zeta = -\partial_x \Delta \zeta - 3\partial_x(\bar{Q}^2 \zeta) + \langle \bar{f}_1, \zeta \rangle \lambda^{-3}\overline{\Lambda Q} + \langle \bar{f}_2, \zeta \rangle \lambda^{-3}\overline{\partial_x Q} + \langle \bar{f}_3, \zeta \rangle \lambda^{-3}\overline{\partial_y Q}$$
$$+ \mu_1 \lambda^{-3}\overline{\Lambda Q} + \mu_2 \lambda^{-3}\overline{\partial_x Q} + \mu_3 \lambda^{-3}\overline{\partial_y Q} - 3\partial_x(\bar{Q}\zeta^2) - \partial_x(\zeta^3),$$

其中 $|\mu_j| \lesssim \|\zeta\|_{L_t^\infty L_{x,y}^2}^2$, $\bar{Q}, \overline{\Lambda Q}$ 等定义类似地见 (5.96) 式. 将上述方程表示成 Duhamel 形式, 由 H^1 局部定理可得

$$\|\zeta(t) - U(t)\zeta(t_0)\|_{L_t^\infty H_{x,y}^1}$$
$$\lesssim \left\|\nabla\left(\bar{Q}^2 \zeta\right)\right\|_{L_x^1 L_{y,t}^2} + \left|\langle \bar{f}_1, \zeta \rangle\right| \left\|\nabla\overline{\Lambda Q}\right\|_{L_x^1 L_{y,t}^2}$$
$$+ \left|\langle \bar{f}_2, \zeta \rangle\right| \left\|\nabla\overline{\partial_x Q}\right\|_{L_x^1 L_{y,t}^2} + \left|\langle \bar{f}_3, \zeta \rangle\right| \left\|\nabla\overline{\partial_y Q}\right\|_{L_x^1 L_{y,t}^2}$$
$$+ |\mu_1| \left\|\nabla\overline{\Lambda Q}\right\|_{L_x^1 L_{y,t}^2} + |\mu_2| \left\|\nabla\overline{\partial_x Q}\right\|_{L_x^1 L_{y,t}^2}$$
$$+ |\mu_3| \left\|\nabla\overline{\partial_y Q}\right\|_{L_x^1 L_{y,t}^2} + \left\|\nabla\left(\bar{Q}\zeta^2\right)\right\|_{L_x^1 L_{y,t}^2}$$
$$+ \left\|\nabla\left(\zeta^3\right)\right\|_{L_x^1 L_{y,t}^2},$$

其中 $t_0 \in [t_0 - \sigma, t_0 + \sigma]$. 对于第一项, 可估计为

$$\left\|\nabla\left(\bar{Q}^2 \zeta\right)\right\|_{L_x^1 L_{y,t}^2} \lesssim \|\bar{Q}\overline{\nabla Q}\zeta\|_{L_x^1 L_{y,t}^2} + \|\bar{Q}^2 \nabla \zeta\|_{L_x L_{y,t}^2}$$
$$\lesssim \|\bar{Q}\|_{L_x^4 L_{y,t}^\infty}\|\bar{\nabla}\|_{L_x^4 L_{y,t}^\infty}\|\zeta\|_{L_{x,y,t}^2} + \|\bar{Q}\|_{L_x^4 L_{y,t}^\infty}^2 \|\nabla \zeta\|_{L_{x,y,t}^2}$$
$$\lesssim \sigma^{1/2}\|\zeta\|_{L_t^\infty H_{x,y}^1},$$

这里用到 (5.97) 式. 对于第二项 $\left|\langle \bar{f}_1, \zeta \rangle\right| \|\nabla \overline{\Lambda Q}\|_{L_x^1 L_{y,t}^2}$, 有

$$
\begin{aligned}
\|\nabla \overline{\Lambda Q}\|_{L_x^1 L_{y,t}^2} &= \lambda^{-1} \|\bar{\nabla} \Lambda Q\|_{L_2^1 L_{y,t}^2} \\
&\lesssim \|\overline{\nabla \Lambda Q}\|_{L_x^1 L_{y,t}^\infty}^{1/2} \|\overline{\nabla \Lambda Q}\|_{L_{x,y,t}^1}^{1/2} \\
&\lesssim \sigma^{1/2} \|\overline{\nabla \Lambda Q}\|_{L_x^1 L_{y,t}^\infty}^{1/2} \|\overline{\nabla \Lambda Q}\|_{L_t^\infty L_{x,y}^1}^{1/2},
\end{aligned}
$$

所以,

$$
\left|\langle \bar{f}_1, \zeta \rangle\right| \|\nabla \overline{\Lambda Q}\|_{L_x^1 L_{y,t}^2} \lesssim \|\bar{f}_1\|_{L_t^\infty L_{x,y}^2} \|\zeta\|_{L_t^\infty L_{x,y}^2} \sigma^{1/2} \lesssim \sigma^{1/2} \|\zeta\|_{L_t^\infty L_{x,y}^2}.
$$

第三项至第七项用同样的处理方法可得. 对于第八项 $\left\|\nabla\left(\bar{Q}\zeta^2\right)\right\|_{L_x^1 L_{y,t}^2}$, 由 Hölder 不等式, 有

$$
\begin{aligned}
&\left\|\nabla\left(\bar{Q}\zeta^2\right)\right\|_{L_x^1 L_{y,t}^2} \\
&\lesssim \|\bar{\nabla}\bar{Q}\|_{L_x^\infty L_{y,t}^\infty} \|\zeta\|_{L_2^2 L_{y,t}^2} \|\zeta\|_{L_x^2 L_{y,t}^\infty} + \|Q\|_{L_x^\infty L_{y,t}^\infty} \|\nabla\zeta\|_{L_x^2 L_{y,t}^2} \|\zeta\|_{L_x^2 L_{y,t}^\infty} \\
&\lesssim \sigma^{1/2} \|\zeta\|_{L_t^\infty H_{x,y}^1}.
\end{aligned}
$$

对于最后一项,

$$
\begin{aligned}
\left\|\nabla\left(\zeta^3\right)\right\|_{L_x^1 L_{y,t}^2} &\lesssim \|\zeta\|_{L_x^4 L_{y,t}^\infty}^2 \|\nabla\zeta\|_{L_x^2 L_{y,t}^2} \\
&\lesssim \sigma^{1/2} \|\zeta\|_{L_x^4 L_{y,t}^\infty}^2 \|\nabla\zeta\|_{L_t^\infty L_{x,y}^2} \\
&\lesssim \sigma^{1/2} \|\nabla\zeta\|_{L_t^\infty L_{x,y}^2}.
\end{aligned}
$$

综上述估计, 有

$$
\left| \|\zeta\|_{L_t^\infty H_{x,y}^1} - \|\zeta(t_0)\|_{H_{x,y}^1} \right| \lesssim \|\zeta(t) - U(t)\zeta(t_0)\|_{L_t^\infty H_{x,y}^1} \lesssim \sigma^{1/2} \|\zeta\|_{L_t^\infty H_{x,y}^1}.
$$

那么,

$$
\|\zeta(t_0)\|_{H_{x,y}^1} - C\sigma^{1/2} \|\zeta\|_{L_t^\infty H_{x,y}^1} \leqslant \|\zeta\|_{L_t^\infty H_{x,y}^1} \leqslant \|\zeta(t_0)\|_{H_{x,y}^1} + C\sigma^{1/2} \|\zeta\|_{L_t^\infty H_{x,y}^1},
$$

因此

$$
\frac{\|\zeta(t_0)\|_{H_{x,y}^1}}{1 + C\sigma^{1/2}} \leqslant \|\zeta(t)\|_{L_t^\infty H_{x,y}^1} \leqslant \frac{\|\zeta(t_0)\|_{H_{x,y}^1}}{1 - C\sigma^{1/2}}.
$$

取 σ 足够小使得 $C\sigma^{1/2} \leqslant \dfrac{1}{2}$, 故而引理得证. □

附录 5.B　w 的转换 $v = (1 - \delta\Delta)^{-1}\mathcal{L}w$

本节主要证明了两个引理 (引理 5.30 和引理 5.31), 它们使估计式 (5.93) 转化为估计式 (5.90) (从 v 到 w), 即引理 5.29. 该引理给出与时间 t 无关的空间一致估计.

引理 5.29　设 $v = (1 - \delta\Delta)^{-1}\mathcal{L}w$ 以及 $0 < \delta \leqslant 1$. 那么

$$\|\langle x\rangle^{1/2}v\|_{L^2_{x,y}} \lesssim \delta^{-1}\|\langle x\rangle^{1/2}w\|_{L^2_{x,y}}. \tag{5.98}$$

此外, 设 $\langle w, \nabla Q\rangle = 0$. 那么, 存在 $\delta_0 > 0$ 使得对所有的 $0 < \delta \leqslant \delta_0$, 有

$$\|w\|^2_{L^2_{x,y}} + \delta^{1/4}\|\nabla w\|^2_{L^2_{x,y}} \lesssim \|v\|^2_{L^2_{x,y}} + \delta\|\nabla v\|^2_{L^2_{x,y}}. \tag{5.99}$$

证明　这些估计实际上是引理 5.30 和引理 5.31 的结果. 注意到

$$v = (1 - \delta\Delta)^{-1}\mathcal{L}w = (1 - \delta\Delta)^{-1}\left(1 - \Delta - 3Q^2\right)w$$

$$= (1 - \delta\Delta)^{-1}w - \Delta(1 - \delta\Delta)^{-1}w - 3(1 - \delta\Delta)^{-1}Q^2w.$$

对于第二项, 利用 $-\Delta = -\delta^{-1}\delta\Delta = \delta^{-1}(1 - \delta\Delta) - \delta^{-1}$, 有 $-\Delta(1 - \delta\Delta)^{-1} = \delta^{-1} - \delta^{-1}(1 - \delta\Delta)^{-1}$, 那么

$$v = \left(1 - \delta^{-1}\right)(1 - \delta\Delta)^{-1}w + \delta^{-1}w - 3(1 - \delta\Delta)^{-1}Q^2w.$$

根据引理 5.30, 有

$$\langle x\rangle^{1/2}(1 - \delta\Delta)^{-1}w = \underbrace{\langle x\rangle^{1/2}(1 - \delta\Delta)^{-1}\langle x\rangle^{-1/2}}_{L^2_{x,y} \to L^2_{x,y} \text{ 有界}}\underbrace{\langle x\rangle^{1/2}w}_{\in L^2_{x,y}}.$$

所以 $\langle x\rangle^{1/2}(1 - \delta\Delta)^{-1}w \in L^2_{x,y}$. 类似地, 对于上述表达式中的最后一个项也是如此, 因此完成了 (5.98) 式的证明. 同理, (5.99) 式只是引理 5.31 中 (5.100) 式的改写.　□

引理 5.30　对于任意的 $\alpha \in \mathbb{R}, 0 < \delta \leqslant 1$, 二维算子 $\langle x\rangle^{\alpha}(1 - \delta\Delta)^{-1}\langle x\rangle^{-\alpha}$ 是 $L^2_{x,y} \to L^2_{x,y}$ 有界的, 并且算子范数与 δ 无关.

证明　设 K 是具有 $\hat{k}(\xi, \eta) = \left(1 + |(\xi, \eta)|^2\right)^{-1}$ 的核. 由于 $k(x, y)$ 是径向的, 当 $(x, y) \to 0$ 时, 它的行为类似于 $\ln|(x, y)|$, 当 $|(x, y)| \to \infty$ 时, 则类似于 $|(x, y)|^{-1/2}e^{-|(x, y)|}$. 为了证明该引理, 根据对偶性, 只需对 $\alpha > 0$ 进行证明. 因此, 算子 $\langle x\rangle^{\alpha}(I - \delta\Delta)^{-1}\langle x\rangle^{-\alpha}$ 具有核

$$K((x, y), (x', y')) = \frac{1}{\delta}k\left(\frac{x - x'}{\delta^{1/2}}, \frac{y - y'}{\delta^{1/2}}\right)\frac{\langle x\rangle^{\alpha}}{\langle x'\rangle^{\alpha}}.$$

对于 $\alpha > 0$, 利用 $\langle x \rangle^\alpha \lesssim \langle x - x' \rangle^\alpha + \langle x' \rangle^\alpha \leqslant \left\langle \dfrac{x-x'}{\delta^{1/2}} \right\rangle + \langle x' \rangle^\alpha$ 可得

$$|K((x,y),(x',y'))|$$

$$\leqslant \frac{1}{\delta} \left| k\left(\frac{x-x'}{\delta^{1/2}}, \frac{y-y'}{\delta^{1/2}} \right) \right| \left\langle \frac{x-x'}{\delta^{1/2}} \right\rangle^\alpha + \frac{1}{\delta} \left| k\left(\frac{x-x'}{\delta^{1/2}}, \frac{y-y'}{\delta^{1/2}} \right) \right|.$$

因此, 由 Schur 定理可得

$$\|K((x,y),(x',y'))\|_{L^\infty_{x',y'} L^1_{x,y}} + \|K((x,y),(x',y'))\|_{L^\infty_{x,y} L^1_{x',y'}} \lesssim_\alpha 1. \qquad \square$$

引理 5.31   存在 $\delta_0 > 0$ 使得当 $\langle w, \nabla Q \rangle = 0$ 以及 $0 < \delta \leqslant \delta_0$ 时, 则有

$$\langle (1 - \delta^{1/4}\Delta)w, w \rangle \lesssim \langle (1 - \delta\Delta)v, v \rangle, \tag{5.100}$$

其中 $v = (1 - \delta\Delta)^{-1}\mathcal{L}w$, 并且隐含常数与 δ 无关.

证明   令 $f = (1 - \delta^{1/4}\Delta)^{1/2}w$, 则有

$$\langle f, f \rangle \lesssim \langle \mathcal{L}(1 - \delta^{1/4}\Delta)^{-1/2}f, (1 - \delta\Delta)^{-1}\mathcal{L}(1 - \delta^{1/4}\Delta)^{-1/2}f \rangle,$$

也就说, 在正交性条件给出的子空间上有

$$1 \lesssim (1 - \delta^{1/4}\Delta)^{-1/2}\mathcal{L}(1 - \delta\Delta)^{-1}\mathcal{L}(1 - \delta^{1/4}\Delta)^{-1/2}.$$

根据交换子可得

$$(1 - \delta^{1/4}\Delta)^{-1/2}\mathcal{L}(1 - \delta\Delta)^{-1}\mathcal{L}(1 - \delta^{1/4}\Delta)^{-1/2}$$

$$= (1 - \delta^{1/4}\Delta)^{-1/2}(1 - \delta\Delta)^{-1/2}\mathcal{L}^2(1 - \delta\Delta)^{-1/2}(1 - \delta^{1/4}\Delta)^{-1/2}$$

$$+ (1 - \delta^{1/4}\Delta)^{-1/2}[\mathcal{L}, (1 - \delta\Delta)^{-1/2}](1 - \delta\Delta)^{-1/2}\mathcal{L}(1 - \delta^{1/4}\Delta)^{-1/2}$$

$$- (1 - \delta^{1/4}\Delta)^{-1/2}(1 - \delta\Delta)^{-1/2}\mathcal{L}[\mathcal{L}, (1 - \delta\Delta)^{-1/2}](1 - \delta^{1/4}\Delta)^{-1/2}.$$

由于 $\left(1 - \delta^{1/4}\Delta\right)^{-1/2}\mathcal{L}\left(1 - \delta^{1/4}\Delta\right)^{-1/2}$ 在 $L^2 \to L^2$ 上有界并且算子范数 $\leqslant \delta^{-1/4}$, 利用引理 5.32 可知, 其中第二项和第三项算子在 $L^2 \to L^2$ 上有界并且其范数 $\leqslant \delta^{-1/4}\delta^{1/2} = \delta^{1/4}$. 因此, 对于足够小的 δ_0, 有

$$1 \lesssim (1 - \delta^{1/4}\Delta)^{-1/2}(1 - \delta\Delta)^{-1/2}\mathcal{L}^2(1 - \delta\Delta)^{-1/2}(1 - \delta^{1/4}\Delta)^{-1/2}. \tag{5.101}$$

令

$$g = (1 - \delta\Delta)^{-1/2}(1 - \delta^{1/4}\Delta)^{-1/2}w,$$

使得 (5.101) 可以写为

$$\langle w, w \rangle \lesssim \langle \mathcal{L}^2 g, g \rangle. \tag{5.102}$$

我们断言, 要证明 (5.102), 只需证明 (5.103)

$$\langle g, g \rangle \lesssim \langle \mathcal{L}^2 g, g \rangle. \tag{5.103}$$

为了展示 (5.103) 如何推出 (5.102), 我们观察到以下关系:

$$\|w\|_{L^2}^2 = \|(1 - \delta\Delta)^{1/2}(1 - \delta^{1/4}\Delta)^{1/2}g\|^2 \lesssim \|g\|_{L^2}^2 + \delta^{5/4}\|\Delta g\|_{L^2}^2. \tag{5.104}$$

由标准椭圆正则性估计给出

$$\|(1 - \Delta)g\|_{L^2}^2 \lesssim \langle \mathcal{L}^2 g, g \rangle + \|g\|_{L^2}^2. \tag{5.105}$$

将 (5.105) 代入 (5.104) 可得

$$\|w\|_{L^2}^2 \lesssim \|g\|_{L^2}^2 + \delta^{5/4}\langle \mathcal{L}^2 g, g \rangle. \tag{5.106}$$

因此, 只要有 (5.103) 式, 则结合 (5.106) 和 (5.103) 式可得 (5.102).

下面证明 (5.103) 式. 注意对于 $\mathcal{L}^2$ 的谱 (作为 $\mathcal{L}$ 谱的平方), 0 为其孤立特征值, 并且 ∇Q 为张成的特征空间, 以及 $\mathcal{L}^2$ 的其余谱位于 $[\alpha, +\infty)$ 中的某个 $\alpha > 0$. 由于 $\langle w, \nabla Q \rangle = 0$, 当 $g = w$ 时, (5.103) 将立即得到. 然而, 可以使用引理 5.33 来证明

$$|\langle g, \nabla Q \rangle| \lesssim \delta^{1/4}\|w\|_{L^2}. \tag{5.107}$$

(证明末尾, 解释如何从引理 5.33 获得 (5.107).) 令 P_0 是正交投影算子在 ∇Q 上, $P_c = I - P_0$. 明确地,

$$P_0 g = \frac{\langle g, \nabla Q \rangle}{\|\nabla Q\|_{L^2}} \frac{\nabla Q}{\|\nabla Q\|_{L^2}}.$$

通过 (5.107) 和 (5.106), 得到

$$\|P_0 g\|_{L^2}^2 \lesssim \delta^{1/2}\left(\|g\|_{L^2}^2 + \langle \mathcal{L}^2 g, g \rangle\right). \tag{5.108}$$

由于 $P_c\mathcal{L}^2$ 的谱从 $\alpha > 0$ 开始,

$$\alpha\|P_c g\|_{L^2}^2 \leqslant \langle \mathcal{L}^2 g, g \rangle. \tag{5.109}$$

又因为

$$\|g\|_{L^2}^2 = \|P_0 g\|_{L^2}^2 + \|P_c g\|_{L^2}^2.$$

结合 (5.108) 和 (5.109), 有

$$\|g\|_{L^2}^2 \leqslant \frac{1}{\alpha} \left\langle \mathcal{L}^2 g, g \right\rangle + C\delta^{1/2} \left(\|g\|_{L^2}^2 + \left\langle \mathcal{L}^2 g, g \right\rangle \right).$$

选取足够小的 δ_0 即可证 (5.103).

最后, 给出 (5.107) 的证明. 将引理 5.33 应用于 $f = \left(1 - \delta^{1/4}\Delta\right)^{-1/2} \nabla Q$, 有

$$\left| \left\langle (1 - \delta\Delta)^{-1/2}(1 - \delta^{1/4}\Delta)^{-1/2}\nabla Q, w \right\rangle - \left\langle (1 - \delta^{1/4}\Delta)^{-1/2}\nabla Q, w \right\rangle \right| \lesssim \delta \|w\|_{L^2}.$$

将引理 5.33 中的 δ 替换为 $\delta^{1/4}$, 并且令 $f = \nabla Q$, 可得

$$\left| \left\langle (1 - \delta^{1/4}\Delta)^{-1/2}\nabla Q, w \right\rangle - \left\langle \nabla Q, w \right\rangle \right| \lesssim \delta^{1/4} \|w\|_{L^2}.$$

结合上述两个估计, 有

$$\left| \left\langle (1 - \delta\Delta)^{-1/2}(1 - \delta^{1/4}\Delta)^{-1/2}\nabla Q, w \right\rangle - \left\langle \nabla Q, w \right\rangle \right| \lesssim \delta^{1/4} \|w\|_{L^2}.$$

由于 $\langle \nabla Q, w \rangle = 0$, 这进一步简化为 (5.107). □

在上述引理 5.31 的证明中使用了以下两个交换子引理 (引理 5.32 和引理 5.33).

引理 5.32 (第一交换子引理)　复合算子

$$(1 - \delta^{1/4}\Delta)^{1/2}[\mathcal{L}, (1 - \delta\Delta)^{-1/2}](1 - \delta^{1/4}\Delta)^{-1/2}, \tag{5.110}$$

以及

$$(1 - \delta^{1/4}\Delta)^{-1/2}[\mathcal{L}, (1 - \delta\Delta)^{-1/2}](1 - \delta^{1/4}\Delta)^{+1/2}, \tag{5.111}$$

在 $L^2 \to L^2$ 上有界, 并且算子范数 $\lesssim \delta^{1/2}$.

证明　方便起见, 此证明中令 x 表示二维坐标 $x = (x_1, x_2)$. 由于 (5.111) 是 (5.110) 的共轭转置, 只需要证明关于 (5.110) 的结论成立. 为此, 首先证明

$$[\mathcal{L}, (1 - \delta\Delta)^{-1/2}] \text{ 在} L^2 \to L^2 \text{ 上有界, 且算子范数} \lesssim \delta^{1/2}. \tag{5.112}$$

令 $\hat{k}(\xi) = \left(1 + |\xi|^2\right)^{-1/2}$, 则 $\delta^{-1}k\left(\delta^{-1/2}x\right)$ 的 Fourier 变换为 $\left(1 + \delta|\xi|^2\right)^{-1/2}$. 注意到

$$[\mathcal{L}, (1 - \delta\Delta)^{-1/2}] = -3[Q^2, (1 - \delta\Delta)^{-1/2}].$$

去掉因子 -3, 核为 $K(x, x')$, 其中

$$K(x, x') = \delta^{-1}k(\delta^{-1/2}(x - x'))(Q(x)^2 - Q(x')^2).$$

由于 $\left|Q(x)^2-Q(x')^2\right|\lesssim|x-x'|$, 有

$$|K(x,x')|\lesssim\delta^{1/2}\cdot\delta^{-1}\tilde{k}(\delta^{-1/2}(x-x')),$$

其中 $\bar{k}(x)=|x|k(x)$. 由于 $\tilde{k}\in L^1$, 则有

$$\|K\|_{L^\infty_{x'}L^1_x}\lesssim\delta^{1/2},\quad\|K\|_{L^\infty_xL^1_{x'}}\lesssim\delta^{1/2}.$$

根据 Schur 定理, 可得到 (5.112). 为了证明 (5.110) 在 $L^2\to L^2$ 上有界, 且算子范数 $\lesssim\delta^{1/2}$, 只需证明以下两个结论:

$$[\mathcal{L},(1-\delta\Delta)^{-1/2}](1-\delta^{1/4}\Delta)^{-1/2}\text{ 在}L^2\to L^2\text{ 上有界, 且算子范数}\lesssim\delta^{1/2},\tag{5.113}$$

以及

$$\delta^{1/8}\nabla[\mathcal{L},(1-\delta\Delta)^{-1/2}](1-\delta^{1/4}\Delta)^{-1/2}\text{ 在}L^2\to L^2\text{ 上有界, 且算子范数}\lesssim\delta^{1/2}.\tag{5.114}$$

根据 (5.112) 很容易得到 (5.113), 因为 $\left(1-\delta^{1/4}\Delta\right)^{-1/2}$ 在 $L^2\to L^2$ 上有界, 且算子范数 $\lesssim1$. 对于 (5.114), 利用证明 (5.112) 中引入的符号 $K(x,x')$ 和 k, 算子作用到 f 上得到

$$\delta^{1/8}\nabla_x\int K(x,x')\left[(1-\delta^{1/4}\Delta)^{-1/2}f\right](x')\,\mathrm{d}x'.\tag{5.115}$$

将 $K(x,x')$ 代入, 并分配其 x 导, 有

$$\begin{aligned}(5.115)=\delta^{1/8}&\int[\nabla_x(\delta^{-1}k(\delta^{-1/2}(x-x')))]\\&\times\left(Q^2(x)-Q^2(x')\right)\left[(1-\delta^{1/4}\Delta)^{-1/2}f\right](x')\,\mathrm{d}x'\\&+\delta^{1/8}\int\delta^{-1}k(\delta^{-1/2}(x-x'))(\nabla_xQ^2(x))[(1-\delta^{1/4}\Delta)^{-1/2}f](x')\,\mathrm{d}x'.\end{aligned}$$

在第一项中, 可以将 ∇_x 替换为 $-\nabla_{x'}$, 然后进行分部积分继续推导

$$\begin{aligned}=&\int\delta^{-1}k(\delta^{-1/2}(x-x'))(Q^2(x)-Q^2(x'))\delta^{1/8}\nabla_{x'}[(1-\delta^{1/4}\Delta)^{-1/2}f](x')\,\mathrm{d}x'\\&+\delta^{1/8}\int\delta^{-1}k(\delta^{-1/2}(x-x'))(\nabla\left(Q^2\right)(x)\\&-\nabla\left(Q^2\right)(x'))[(1-\delta^{1/4}\Delta)^{-1/2}f](x')\,\mathrm{d}x'.\end{aligned}$$

根据建立 (5.112) 的相同论证, 第二行是一个作用在 f 上的 $L^2 \to L^2$ 有界算子, 且算子范数 $\lesssim \delta^{1/8} \cdot \delta^{1/2}$. 所以第一行等价于作用在 f 上的算子

$$[\mathcal{L}, (1-\delta\Delta)^{-1/2}]\delta^{1/8}\nabla(1-\delta^{1/4}\Delta)^{-1/2}. \tag{5.116}$$

注意到 $\delta^{1/8}\nabla\left(1-\delta^{1/4}\Delta\right)^{-1/2}$ 在 $L^2 \to L^2$ 上有界, 且算子范数 $\lesssim 1$. 再结合 (5.112) 则说明 (5.116) 在 $L^2 \to L^2$ 上有界, 且算子范数 $\lesssim \delta^{1/2}$, 故而完成 (5.110) 的证明.　　　□

引理 5.33(第二交换子引理)　对于函数 f 和 w, 成立下述估计

$$\left|\langle(1-\delta\Delta)^{-1/2}f,w\rangle - \langle f,w\rangle\right| \lesssim \delta\|f\|_{\dot{H}^2}\|w\|_{L^2}.$$

证明　由于

$$\left|\langle(1-\delta\Delta)^{-1/2}f,w\rangle - \langle f,w\rangle\right| \lesssim \|[(1-\delta\Delta)^{-1/2}-1]f\|_{L^2}\|w\|_{L^2},$$

Fourier 乘子 $(1-\delta\Delta)^{-1/2}-1$ 写成以下形式

$$\left(1+\delta|\xi|^2\right)^{-1/2}-1 = \frac{-\delta|\xi|^2}{(1+\delta|\xi|^2)^{1/2}\left(1+(1+\delta|\xi|^2)^{1/2}\right)},$$

则有

$$\left|\left(1+\delta|\xi|^2\right)^{-1/2}-1\right| \lesssim \delta|\xi|^2,$$

由此可得结论.　　　□

附录 5.C　谱性质的数值方法

这里讨论找以下算子的特征值和特征函数的方法

$$2(B+P) \stackrel{\text{def}}{=\!=} -3\partial_{xx} - \partial_{yy} + 1 - 3Q^2 - 6xQQ_x + 2P, \tag{5.117}$$

其中 P 定义为

$$2Pv = \frac{6Q^2Q_x}{\|Q\|_{L^2}^2}\langle v, xQ\rangle + \frac{xQ}{\|Q\|_{L^2}^2}\langle v, 6Q^2Q_x\rangle. \tag{5.118}$$

类似于文献 [12] 中的过程, 按照以下步骤对算符 $2(B+P)$ 进行数值计算求解:

(1) 将算子离散化为矩阵形式.

(2) 找矩阵的特征值和对应的特征向量. 这些特征值就是 $2(B+P)$ 的谱.

(3) 小于 1 的特征值就是所需要的, 因为根据引理 5.25, $2(B+P)$ 具有连续谱.

在文献 [12] 中已经证明, 利用包含 ARPACK 在内的 MATLAB 命令 eig 或 eigs 是计算大矩阵特征值的一种高效方式. 因此, 只需要说明如何将 $2(B+P)$ 离散化为矩阵形式. 主要利用对 B 进行离散化并加上齐次 Dirichlet 边界条件的标准方法. 具体按照 [73] 中第 6, 9, 12 章的相同步骤进行操作. 接下来, 讨论如何离散化投影算子 P. 这里引入了一种映射方法, 使得映射后的 Chebyshev 插值点在中心区域更加集中, 而这些函数 (基态 Q) 具有最大的幅值和梯度.

5.C.1 转移项的离散化

在这一部分, 主要介绍了对转移项 P 进行离散化的方法. 这里给出了离散化算子 P 的形式

$$Pu = \langle u, f \rangle g,$$

其中 $u, f, g \in L^2(\mathbb{R}^d)$. 为简单起见, 这里只讨论一维情况. 多维情况可以通过标准的数值积分技术进行推广, 例如参见 [73] 中的第 6 和 12 章. 将 $f(x)$ 在点 x_i 处的离散化形式记为 f_i (以及类似的其他变量), 向量 $f = (f_0, f_1, \cdots, f_N)^{\mathrm{T}}$. 仍用 ".*" 表示具有相同维度的向量或矩阵的逐点乘法, 即 $a.*b = (a_0b_0, \cdots, a_Nb_N)^{\mathrm{T}}$. 用 "$*$" 表示常规的向量或矩阵乘法. 令 $w(x)$ 为给定的积分权重. 例如, 如果考虑具有步长 h 的复合梯形法则, 有

$$w = (w_0, w_1, \cdots, w_N)^{\mathrm{T}} = \frac{h}{2}(1, 2, \cdots, 2, 1)^{\mathrm{T}},$$

由于复合梯形规则可以写成

$$\int_a^b f(x)\mathrm{d}x \approx \sum_{i=0}^N f_i w_i = f^{\mathrm{T}} * w.$$

类似地, 如果要计算 Chebyshev Gauss-Lobatto 积分, 需要有

$$\int_{-1}^1 f(x)\mathrm{d}x \approx \sum_{i=0}^N w_i f(x_i) = f^{\mathrm{T}} * w,$$

其中 $w_i = \dfrac{\pi}{N}\sqrt{1-x_i^2}$, $i = 1, 2, \cdots, N-1$, $w_0 = \dfrac{\pi}{2N}\sqrt{1-x_0^2}$, 并且 $w_N = \dfrac{\pi}{2N}\sqrt{1-x_N^2}$. 则有

$$Pu = \langle u, f \rangle g = \left(\sum_{i=0}^{N} w_i f_i u_i \right) g$$

$$= \begin{bmatrix} g_0 \\ g_1 \\ \vdots \\ g_N \end{bmatrix} \left(\sum_{i=0}^{N} w_i f_i u_i \right) = \begin{bmatrix} g_0 \\ g_1 \\ \vdots \\ g_N \end{bmatrix} \left(w^{\mathrm{T}} \cdot * f^{\mathrm{T}} \right) * u$$

$$:= \mathbf{P} u,$$

其中矩阵 $\mathbf{P}$ 是投影算子 P 的离散化近似形式

$$\mathbf{P} = g * (w^{\mathrm{T}} \cdot * f^{\mathrm{T}}). \tag{5.119}$$

很容易看出, 矩阵 $\mathbf{P}$ 是一个稠密矩阵. 这就是为什么在二维计算中只能使用有限数量的谱插值 (例如 Chebyshev 插值) 点. 在下一小节中, 将介绍一种映射, 通过该映射, 将定义域改为 $[-1,1]$ 到 $[-L,L]$, 使得点在中心更加集中.

5.C.2   映射后的 Chebyshev 插值点

我们知道 Q 的衰减非常快, 因此可以取计算平方区域 $[-L,L] \times [-L,L]$ 来近似实际空间 $\mathbb{R}$. 在每个维度上, 不能分配太多的网格点, 但是我们希望在计算域 $[-L,L] \times [-L,L]$ 的中心区域中放置更多的网格点, 因为函数 Q 在该区域具有最大的振幅和梯度. 因此, 基于原始的 Chebyshev 插值点重新分配网格点. 考虑映射 T, 使得点更加集中在原点附近:

$$T : [-1,1] \to [-L,L], \quad T(\xi) = x, \tag{5.120}$$

其中 ξ 表示 Chebyshev 插值点, x 是计算区间中的网格点, 这些网格点在中心更加集中. 使用这些点对基态函数 Q 和算子 $B + P$ 进行离散化. 选择的一个可能的映射是

$$x(\xi) = L \frac{e^{a\xi} - e^{-a\xi}}{e^a - e^{-a}}, \tag{5.121}$$

其中 a 是常数参数.

在计算过程中, 取 $L = 20$, $a = 4$ 或 5. 如果不进行这个过程, 会出现刚度和不准确性的问题, 因为只能使用少数点 (比如 $N = 72$, 在每个维度上要求一个 $72^2 \times 72^2$ 的特征值问题) 来保持计算成本可承受. 而通过这个过程, 可以选择每个维度的网格点数为 $N = 32, 48$ 和 64. 这三种不同的选择导致几乎相同的结果.

需要注意的是, 在应用映射之后, 还需要对 ∂_x 和 ∂_y 进行链式法则的应用. 将 $x_\xi, x_{\xi\xi}, y_\eta, y_{\eta\eta}$ 离散化后的向量仍记为 $x_\xi, x_{\xi\xi}, y_\eta$ 和 $y_{\eta\eta}$. 记 $\mathrm{diag}(v)$ 为由向量 v 生成的对角矩阵. 矩阵 $\mathbf{D}_\xi^{(1)}$ 和 $\mathbf{D}_\xi^{(2)}$ 是由 Chebyshev 结合微分生成的 ∂_ξ 和 $\partial_{\xi\xi}$ 的微分矩阵. 同样地, 可以得到用 ∂_η 和 $\partial_{\eta\eta}$ 表示的微分矩阵 $\mathbf{D}_\eta^{(1)}$ 和 $\mathbf{D}_\eta^{(2)}$.

由链式法则, 可得

$$\tilde{\mathbf{D}}_x^{(1)} = \mathrm{diag}\left(\frac{1}{x_\xi}\right) \mathbf{D}_\xi^{(1)},$$

以及

$$\tilde{\mathbf{D}}_x^{(2)} = \mathrm{diag}\left(\frac{1}{x_\xi^2}\right) \mathbf{D}_\xi^{(2)} + \mathrm{diag}\left(\left(\mathbf{D}_\xi^{(1)} * \frac{1}{x_\xi}\right) . * \frac{1}{x_\xi}\right) \mathbf{D}_\xi^{(1)}.$$

类似地, 可以根据 η 生成微分矩阵 $\tilde{\mathbf{D}}_y^{(1)}$ 和 $\tilde{\mathbf{D}}_y^{(2)}$. 最后, 算子 $B + P$ 在以下形式中进行离散化

$$\mathbf{M} = -3\tilde{\mathbf{D}}_x^{(2)} - \tilde{\mathbf{D}}_y^{(2)} + \mathrm{diag}(\mathbf{1} - 3 * Q^2 - 6 * x . * Q . * Q_x) + \mathbf{P}, \tag{5.122}$$

其中 $\mathbf{P}$ 是由公式 (5.119) 离散化得到的内积矩阵, $\mathbf{1} = (1, 1, \cdots, 1)^{\mathrm{T}}$ 是与变量 Q 等大小的向量.

5.C.3　数值结果 [20]

将算子 $2(B + P)$ 表示为矩阵形式 $\mathbf{M}$, 使用 MATLAB 命令 eigs 寻找小于 $\frac{1}{2}$ 的前几个最小特征值及其对应的特征函数. 将第 i 个特征值和其对应的特征函数分别记为 λ_i 和 ϕ_i. 在计算特征函数 (ϕ_1, ϕ_2) 后, 对它们以及 (Q, Q_x) 进行归一化, 使它们的 L^2 范数为 1. 这四项的内积表示所期望的几何形状.

数值结果给出了算子 $2(B + P)$ 的两个负特征值:

$$\lambda_1 = -1.0735, \quad \lambda_2 = -0.2151. \tag{5.123}$$

得到如下归一化内积矩阵, 即角度:

$$\begin{bmatrix} \langle Q, \phi_1 \rangle & \langle Q, \phi_2 \rangle \\ \langle Q_x, \phi_1 \rangle & \langle Q_x, \phi_2 \rangle \end{bmatrix} = \begin{bmatrix} -0.0000 & 0.9902 \\ 0.8739 & -0.0000 \end{bmatrix}. \tag{5.124}$$

注意到, 使用 $N = 32, 48, 64$ 或 72 的插值点时, 这些值在前四位小数上是一致的.

为了准确性和一致性, 还测试了其他算子, 例如通过测试算子 $\mathcal{L} = -\Delta + 1 - 3Q^2$, 可得到一个负的特征值 -5.4122 和具有特征函数 Q_x 和 Q_y 的双重零特征值.

此外, 还测试了算子 $2B$ (不包含上述的 $2P$ 项). 由于算子 B 可以离散化为稀疏矩阵, 除了使用映射的 Chebyshev 插值法之外, 还可以在每个维度上分配 $N =$

512 个网格点使用有限差分离散化. 这两种不同的离散化方法都得到了几乎相同的结果: 该算子具有一个负特征值 $\lambda(B) = -0.2151$, 其对应的 $[\langle Q, \phi \rangle, \langle Q_x, \phi \rangle] = [0.9902, -0.0000]$. 注意它和 $2(B + P)$ 中的第一个特征值是相同的.

这里检查了以非自伴形式表示的算子 $2P$ 记作 $2\bar{P}$, 即

$$\langle 2\bar{P}v, v \rangle = \frac{4}{\|Q\|_2^2} \langle v, 3Q^2 Q_x \rangle \langle v, xQ \rangle.$$

通过使用公式 (5.119) 对 $2\bar{P}$ 进行离散化. 得到了以下的数值结果:

$$\lambda_1 = -0.2151, \quad \lambda_2 = 0.3580, \tag{5.125}$$

以及

$$\begin{bmatrix} \langle Q, \phi_1 \rangle & \langle Q, \phi_2 \rangle \\ \langle Q_x, \phi_1 \rangle & \langle Q_x, \phi_2 \rangle \end{bmatrix} = \begin{bmatrix} 0.9902 & 0.0000 \\ 0.0000 & -0.9790 \end{bmatrix}. \tag{5.126}$$

观察到第一个特征值没有变化, 而第二个特征值发生了变化.

然后, 将 $\bar{P}$ 重写为自伴随形式 (用 $\tilde{P}$ 表示), 如下

$$\tilde{P}u = \frac{1}{2} \langle u, f \rangle g + \frac{1}{2} \langle u, f \rangle g,$$

然后得到与 (5.123) 和 (5.124) 相同的结果. 这表明自伴随表示法是数值计算中的一个重要特征. 同时也注意到特征值 $\lambda = -0.2151$ 是稳定的, 并且直接依赖于基态 Q.

5.C.4   基态 Q 的计算

虽然可以直接在二维空间中计算基态, 但为了减少计算成本和数值误差, 采用来自于一维径向方程

$$-R_{rr} - \frac{1}{r} R_r + R - R^3 = 0, \quad R_r(0) = 0, \quad R\left(\frac{3}{2} L\right) = 0$$

来计算, 使用重新调整方法 (参见 [22] 的第 24 章), 然后通过插值将解扩展到二维空间. 将 $r \in [0, 1.5 \times L]$ 设为一维中的坐标, R 为从坐标 r 计算得到的基态. 然后, 基于 R 生成 Q 的二维函数. 取 $x \in [-L, L]$, 作为在一维中使用的离散插值点. 然后, 通过 MATLAB 命令 meshgrid 生成 2D 网格如下

$$[X, Y] = \text{meshgrid}(x).$$

接下来, 可以通过 MATLAB 命令 interp1 进行形状保持的三次样条插值来得到描述 2D 基态 Q 的矩阵 $\mathbf{Q}$, 即

$$\mathbf{Q} = \mathrm{interp1}\left(r, R, \sqrt{X^2 + Y^2}, '\mathrm{pchip}'\right).$$

参 考 文 献

[1] Alejo M A, Muñoz C, Vega L. The Gardner equation and the L^2-stability of the N-soliton solution of the Korteweg-de Vries equation. Trans. Am. Math. Soc., 2013, 365: 195-212.

[2] Asad R, Simpson G. Embedded eigenvalues and the nonlinear Schrödinger equation. J. Math. Phys., 2011, 52: 033511.

[3] Bhattacharya D, Farah L G, Roudenko S. Global well-posedness for low regularity data in the 2d modified Zakharov-Kuznetsov equation. J. Differ. Equ., 2020, 268(12): 7962-7997.

[4] Berestycki H, Lions P L. Nonlinear scalar field equations, I existence of a ground state. Arch. Rational Mech. Anal., 1983, 82: 313-345.

[5] Bejenaru I, Herr S, Tataru D. A convolution estimate for two-dimensional hypersurfaces. Rev. Mat. Iberoam., 2010, 26(2): 707-728.

[6] Béthuel F, Gravejat P, Smets D. Asymptotic stability in the energy space for dark solitons of the Gross-Pitaevskii equation. Annales Scientifiques de L'École Normale Supérieure, 2015, 48(6): 1327-1381.

[7] Bona J L, Souganidis P, Strauss W. Stability and instability of solitary waves of Korteweg-de Vries type. Proc. Roy. Soc., 1987, 111: 395-412.

[8] Buslaev V S, Perel'man G S. Scattering for the nonlinear Schrödinger equation: States that are close to a soliton. (Russian. Russian summary) Algebra i Analiz., 1992, 4(6): 63-102; translation in St. Petersburg Math.J., 1993, 4(6): 1111-1142 .

[9] Bustamante E, Isaza P, Mejía J. On the support of solutions to the Zakharov-Kuznetsov equation. J. Differ. Equ., 2011, 251: 2728-2736.

[10] Bustamante E, Isaza P, Mejía J. On uniqueness properties of solutions of the Zakharov-Kuznetsov equation. J. Funct. Anal., 2013, 264: 2529-2549 .

[11] Carbery A, Kenig C E, Ziesler S. Restriction for homogeneous polynomial surfaces in $\mathbb{R}^3$. Trans. Am. Math. Soc., 2013, 365: 2367-2407.

[12] Chang S M, Gustafson S, Nakanishi K, Tsai T-P. Spectra of linearized operators for NLS solitary waves. SIAM J. Math. Anal., 2007, 39(4): 1070-1111.

[13] Côte R. Construction of solutions to the L^2-critical KdV equation with a given asymptotic behavior. Duke Math. J., 2007, 138: 487-531.

[14] de Bouard A. Stability and instability of some nonlinear dispersive solitary waves in higher dimension. Proc. R. Soc., 1996, 126: 89-112.

[15] del Pino M, Kowalczyk M, Pacard F, Wei J. The Toda system and multiple-end solutions of autonomous planar elliptic problems. Adv. Math., 2010, 224(4): 1462-1516.

[16] El Dika K. Asymptotic Stability of solitary waves for the Benjamin-Bona-Mahony equation. Disc. Cont. Dyn. Syst., 2005, 13: 583-622.

[17] Faminskii A V, Bona J L, Dougalis V A, Karakashian O A, McKinney W R. Numerical simulation of singular solutions of the generalized Korteweg-de Vries equation. Mathematical Problems in the Theory of Water Waves (Luminy, 1995). Contemp. Math., 200. Providence, RI: Amer. Math. Soc., 1996, 29: 17-29.

[18] Faminskii A V. The Cauchy problem for the Zakharov-Kuznetsov equation. Differ. Equ., 1995, 31(6): 1002-1012.

[19] Farah L G, Linares F, Pastor A. A note on the 2D generalized Zakharov-Kuznetsov equation: Local, global and scattering results. J. Differ. Equ., 2012, 253: 2558-2571.

[20] Farah L G, Holmer J, Roudenko S, Yang K. Blow-up in finite or infinite time of the 2D cubic Zakharov-Kuznetsov equation. 10.48550/arXiv.1810.05121, 2018.

[21] Farah L G, Holmer J, Roudenko S. On instability of solitons in the 2d cubic Zakharov-Kuznetsov equation. São Paulo J. Math. Sci., 2019, 13(2): 435-446.

[22] Fibich G. The Nonlinear Schrödinger Equation, Singular Solutions and Optical Collapse. Cham: Appl. Math. Sci. Springer, 2015.

[23] Fibich G, Merle F, Raphaël P. Proof of a spectral property related to the singularity formation for the L^2 critical nonlinear Schrödinger equation. Physica D, 2006, 220(1): 1-13.

[24] Gravejat P, Smets D. Asymptotic stability of the black soliton for the Gross–Pitaevskii equation. Proc. London Math. Soc., 2015, 111: 305-353.

[25] Grünrock A. A remark on the modified Zakharov-Kuznetsov equation in three space dimensions. Math. Res. Lett., 2014, 21(1): 127-131.

[26] Grünrock A, Herr S. The Fourier restriction norm method for the Zakharov-Kuznetsov equation. Disc. Contin. Dyn. Syst. Ser. A, 2014, 34: 2061-2068.

[27] Axel Grunrock. On the generalized Zakharov-Kuznetsov equation at critical regularity. arXiv: 1509. 09146, 2015.

[28] Guo Y, Pu X. KdV limit of the Euler-Poisson system. Arch. Ration. Mech. Anal., 2014, 211: 673-710.

[29] Han-Kwan D. From Vlasov-Poisson to Korteweg-de Vries and Zakharov-Kuznetsov. Commun. Math. Phys., 2013, 324: 961-993.

[30] Herr S, Kinoshita S. Subcritical well-posedness results for the Zakharov-Kuznetsov equation in dimension three and higher. Annales de l'Institut Fourier, 2023, 73(3): 1203-1267.

[31] Holmer J, Perelman G, Zworski M. Effective dynamics of double solitons for perturbed mKdV. Comm. Math. Phys., 2011, 305(2): 363-425.

[32] Kato T. Well-posedness for the generalized Zakharov-Kuznetsov equation on modulation spaces. J. Fourier Anal. Appl., 2017, 23: 612-655.

[33] Kato T. The Cauchy problem for the generalized Zakharov-Kuznetsov equation on modulation spaces. J. Differential Equations, 2018, 264(5): 3402-3444.

[34] Kenig C E, Martel Y. Asymptotic stability of solitons for the Benjamin-Ono equation. Rev. Math. Iberoamericana, 2009, 25(3): 909-970.

[35] Kinoshita S. Well-posedness for the Cauchy problem of the modified Zakharov-Kuznetsov equation. arXiv:1911.13265, 2019.

[36] Kinoshita S. Global well-posedness for the Cauchy problem of the Zakharov-Kuznetsov equation in 2D. Annales de l'Institut Henri Poincaré C, Analyse Non Linéaire, 2021, 38(2): 451-505.

[37] Kopylova E, Komech A I. On asymptotic stability of kink for relativistic Ginzburg-Landau equations. Arch. Ration. Mech. Anal., 2011, 202(1): 213-245.

[38] Kowalczyk M, Martel Y, Muñoz C. Kink dynamics in the ϕ^4 model: Asymptotic stability for odd perturbations in the energy space. J. Amer. Math. Soc., 2017, 30: 769-798.

[39] Kuznetsov E A, Zakharov V E. On three dimensional solitons. Sov. Phys. JETP, 1974, 39: 285-286.

[40] Kwong M K. Uniqueness of positive radial solutions of $\Delta u - u + u^p$ in $\mathbb{R}^n$. Arch. Rational Mech. Anal., 1989, 105: 243-266.

[41] Krieger J, Schlag W. Stable manifolds for all monic supercritical focusing nonlinear Schrödinger equations in one dimension. J. Amer. Math. Soc., 2006, 19(4): 815-920.

[42] Lannes D, Linares F, Saut J-C. The Cauchy problem for the Euler-Poisson system and derivation of the Zakharov-Kuznetsov equation. Prog. Nonlinear Differ. Equ. Appl., 2013, 84: 181-213.

[43] Laurent C, Martel Y. Smoothness and exponential decay of L^2-compact solutions of the generalized KdV equations. Commun. Part. Differ. Equ., 2005, 29: 157-171.

[44] Li Q X, Huo Z H, Jia Y L. Global well-posedness for the 3D Zakharov-Kuznetsov equation in energy space H^1. Discrete Contin. Dyn. Syst. D - S, 2016, 9(6): 1797-1851.

[45] Linares F, Pastor A. Well-posedness for the two-dimensional modified Zakharov-Kuznetsov equation. SIAM J. Math. Anal., 2009, 41(4): 1323-1339.

[46] Linares F, Pastor A. Local and global well-posedness for the 2D generalized Zakharov-Kuznetsov Equation. J. Funct. Anal., 2011, 260: 1060-1085.

[47] Linares F, Saut J-C. The Cauchy problem for the 3D Zakharov-Kuznetsov equation. Discr. Contin. Dyn. Syst., 2009, 24(2): 547-565.

[48] Liu Y. Blow up and instability of solitary-wave solutions to a generalized Kadomtsev-Petviashvili equation. Trans. Amer. Math. Soc., 2001, 353: 191-208.

[49] Martel Y. Linear Problems related to asymptotic stability of solitons of the generalized KdV equations. SIAM J. Math. Anal., 2006, 38: 759-781.

[50] Martel Y, Merle F. Asymptotic stability of solitons for subcritical generalized KdV equations. Arch. Ration. Mech. Anal., 2001, 157: 219-254.

[51] Martel Y, Merle F. Instability of solitons for the critical generalized Korteweg-de Vries equation. Geom. Funct. Anal., 2001, 11: 74-123.

[52] Martel Y, Merle F. Stability of blow-up profile and lower bounds for blow-up rate for the critical generalized KdV equation. Ann. Math., 2002, 155: 235-280.

[53] Martel Y, Merle F. Asymptotic Stability of solitons of the subcritical gKdV equations revisited. Nonlinearity, 2005, 18: 55-80.

[54] Martel Y, Merle F. Asymptotic stability of solitons of the gKdV equations with general nonlinearity. Math. Ann., 2008, 341: 391-427.

[55] Martel Y, Merle F, Tsai T P. Stability and asymptotic stability in the energy space of the sum of N solitons for subcritical gKdV equations. Commun. Math. Phys., 2002, 231: 347-373.

[56] Martel Y, Merle F. Liouville theorem for the critical generalized Korteweg-de Vries equation. J. Math. Pures Appl., 2000, 79(9): 339-425.

[57] Martel Y, Merle F. Blow up in finite time and dynamics of blow up solutions for the L^2-critical generalized KdV equation. J. Amer. Math. Soc., 2002, 15: 617-664.

[58] Maysaa A-Q, Saima R, Fahd J, Madeeha T, Abdullah M A. New computations for the two-mode version of the fractional Zakharov-Kuznetsov model in plasma fluid by means of the shehu decomposition method. AIMS Mathematics, 2022, 7: 2044-2060.

[59] Merle F. Existence of blow-up solutions in the energy space for the critical generalized KdV equation. J. Amer. Math. Soc., 2001, 14(3): 555-578.

[60] Martel Y. Linear problems related to asymptotic stability of solitons of the generalized KdV equations. SIAM J. Math. Anal., 2006, 38: 759-781.

[61] Marzuola J L, Simpson G. Spectral analysis for matrix Hamiltonian operators. Nonlinearity, 2011, 24(2): 389-429 .

[62] Merle F, Vega L. L^2 stability of solitons for KdV equation. Int. Math. Res. Not., 2003, 13: 735-753.

[63] Merle F. Existence of blow-up solutions in the energy space for the critical generalized KdV equation. J. Amer. Math. Soc., 2001, 14(3): 555-578.

[64] Mizumachi T. Large time asymptotics of solutions around solitary waves to the generalized Korteweg-de Vries equations. SIAM J. Math. Anal., 2001, 32: 1050-1080.

[65] Mizumachi T, Tzvetkov N. L^2 stability of solitary waves for the KdV equation via Pego and Weinstein's method. arXiv:1403.5321, 2014.

[66] Maris M. Existence of nonstationary bubbles in higher dimensions. Journal De Mathematiques Pures Et Appliquees, 2002, 81: 1207-1239.

[67] Molinet L, Pilod D. Bilinear Strichartz estimates for the Zakharov-Kuznetsov equation and applications. Ann. Inst. H. Poincaré, Annal. Non., 2015, 32: 347-371.

[68] Molinet L, Ribaud F. Well-posedness results for the generalized Benjamin-Ono equation with small initial data. J. Math. Pures Appl., 2004, 83(9): 277-311.

[69] Panthee M. A note on the unique continuation property for Zakharov-Kuznetsov equation. Nonlinear Anal., 2004, 59(3): 425-438.

[70] Pego R L, Weinstein M. Asymptotic stability of solitary waves. Commun. Math. Phys., 1994, 164: 305-349.

[71] Ribaud F, Vento S. Well-posedness results for the 3D Zakharov-Kuznetsov equation. SIAM J. Math. Anal., 2012, 44: 2289-2304.

[72] Ribaud F, Vento S. A note on the Cauchy problem for the 2D generalized Zakharov-Kuznetsov equations. C. R. Acad. Sci. Paris, 2012, 350: 499-503.

[73] Trefethen L N. Spectral Method in Matlab. Philadelphia: SIAM, 2000.

[74] Saut J C. Remarks on the generalized Kadomtsev-Petviashvili equations. Indiana Math. J., 1993, 42(3): 1011-1026.

[75] Simpson G, Zwiers I. Vortex collapse for the L^2-critical nonlinear Schrödinger equation. J. Math. Phys., 2011, 52: 083503.

[76] Soffer A, Weinstein M I. Resonances, radiation damping and instability in Hamiltonian nonlinear wave equations. Invent. Math., 1999, 136(1): 9-74.

[77] Turitsyn S, Falkovitch G. Stability of magneto elastic solitons and self-focusing of sound in antiferromagnet. Soviet Phys. JETP, 1985, 62: 146-152.

[78] Wazwaz A M. The extended tanh method for the Zakharov-Kuznetsov (ZK) equation, the modified ZK equation, and its generalized forms. Commun. Nonlinear Sci. Numer. Simul., 2008, 13(6): 1039-1047.

[79] Weinstein M I. Modulational stability of ground states of nonlinear Schrödinger equations. SIAM J. Math. Anal., 1985, 16: 472-491 .

[80] Zakharov V E, Kuznetsov E A. Three-dimensional solutions. Soviet Physics Uspekhi, 1974, 39: 285-286.

[81] Zakharov V E, Kuznetsov E A. Hamiltonian formalism for nonlinear waves. Physics-Uspekhi, 1997, 40(11): 1087.

"非线性发展方程动力系统丛书"已出版书目